信息与通信工程专业核心教材

数字信号处理原理及其 MATLAB 实现

（第 4 版）

丛玉良　等编著

电子工業出版社

Publishing House of Electronics Industry

北京·BEIJING

内容简介

本书系统地介绍了数字信号处理的基本理论、基本分析方法、相应算法及其软件实现。全书共 10 章,内容包括离散时间信号与系统的时域分析、离散时间信号与系统的 z 域分析和频域分析、离散傅里叶变换、离散傅里叶变换的快速算法及其他变换、数字滤波器概论、IIR 数字滤波器设计和 FIR 数字滤波器设计、数字谱分析、数字信号处理应用简介和 MATLAB 简介。

本书力求深入浅出,强调基本理论、基本概念和基本方法,注重数学概念和物理概念,并将计算机仿真软件 MATLAB 与教材内容紧密结合。书中各章节都附有例题、习题、上机练习题及 MATLAB 演示程序,以便使读者能更好地理解和掌握数字信号处理的基础理论和基本分析方法。

本书可作为高等院校通信工程、电子信息工程、空间信息与数字技术、测控技术及仪器、计算机科学与技术、工业电气自动化,以及电子科学与技术等专业本科生的教材,也可作为有关领域的科技工作者和工程技术人员的自学参考书。

图书在版编目(CIP)数据

数字信号处理原理及其 MATLAB 实现/丛玉良等编著. —4 版. —北京:电子工业出版社,2023.4
ISBN 978-7-121-45320-5

Ⅰ.①数⋯　Ⅱ.①丛⋯　Ⅲ.①Matlab 软件-应用-数字信号处理-高等学校-教材　Ⅳ.①TN911.72

中国国家版本馆 CIP 数据核字(2023)第 051798 号

责任编辑:韩同平

印　　　刷:三河市鑫金马印装有限公司
装　　　订:三河市鑫金马印装有限公司
出版发行:电子工业出版社
　　　　　北京市海淀区万寿路 173 信箱　邮编:100036
开　　　本:787×1092　1/16　印张:19　字数:608 千字
版　　　次:2005 年 7 月第 1 版
　　　　　2023 年 4 月第 4 版
印　　　次:2023 年 4 月第 1 次印刷
定　　　价:69.90 元

第4版前言

数字信号处理是20世纪60年代中期随着数字电子计算机和大规模集成电路技术的不断进步而迅速发展起来的一门新兴学科,数字信号处理理论、算法及实现手段近年来取得了飞速的进步,已广泛应用于雷达、通信、声呐、语音、图像、地震、遥感遥测、地质勘探、航空航天、生物医学工程等科学技术领域,是在这些领域中进行信号处理的重要工具。

本教材第1版、第2版、第3版分别于2005年、2009年、2015年出版,承蒙广大师生的厚爱,被多所大学选作教材。

本教材的主要特点如下:

1. 教材结构循序渐进,内容深入浅出

首先介绍数字信号处理基础理论部分:离散时间信号与系统的时域分析、离散时间信号与系统的z域分析和频域分析、离散傅里叶变换及其快速算法;然后讨论数字信号处理理论的两大应用分支:数字滤波器部分和数字谱分析部分。数字滤波器部分先研究数字滤波器的基本原理、分类和结构,然后分别讨论IIR数字滤波器和FIR数字滤波器设计;数字谱分析部分先讨论确定性信号的频谱分析,然后讨论随机信号的描述及通过线性时不变系统的分析,经典功率谱估计方法和现代谱估计方法。最后给出数字信号处理理论的应用,包括语音信号处理、雷达信号处理、实时通信信号处理等,以及MATLAB的应用基础。本教材系统地讨论了数字信号处理的基础理论、基本概念和基本分析方法,逻辑清晰,易于掌握。

2. 引入MATLAB,将抽象理论直观化

传统的数字信号处理课程大多侧重于算法的理论及其推导,较少涉及实现方法及相关的软硬件技术,学生学起来容易感到枯燥、难懂,理解困难。本教材在阐明数字信号处理基础理论的同时,结合MATLAB语言来实现对数字信号的分析、处理,以验证理论给出的重要结论。本教材对大部分例题都给出了具体的MATLAB程序,学生通过上机实验可以加深对理论问题的理解。

3. 融入相关数字资源,补充扩展知识,加深理解

针对章节内容的知识难点和重点,引入相关数字资源,适当地方进行知识点总结和例题补充,帮助学生深刻理解知识点之间的内在联系,牢固掌握数字信号处理的基本原理和基本分析方法,激发学生学习兴趣,提高教材的可读性。补充扩展压缩感知技术、信息新鲜度概念等内容。

本教材第4版所做的修订主要包括:增加了全通系统和最小相位系统定义和说明;增加了线性相位FIR数字滤波器的网络结构;增加了现代谱估计的ESPRIT方法;增加了雷达信号处理、无线感知网络中的信号处理、实时通信系统信号处理等应用;增加了部分例题和习题解答,对部分知识点增加了二维码音频总结讲解;突出理论和实际相结合;凝炼了部分章节内容,使学生更好地掌握数字信号处理的基本理论、基本方法和基本应用。

对于电子信息工程、通信工程、空间信息与数字技术专业,本教材的参考学时数为54学时;其他专业的建议参考学时数为40学时,可以只讲前7章。

2020年吉林大学丛玉良老师负责的数字信号处理课程被评为首批国家级一流本科线下课程,课程组的几位骨干教师均参与了本次教材修订工作。其中丛玉良老师负责修订第

1 章和第 2 章并录制了教材的音频内容,林琳老师负责修订第 3 章和第 4 章,朴美兰老师负责修订第 5 章、第 6 章和第 7 章,王波老师负责修订第 8 章,胡封晔老师负责修订第 9 章。何冠辰同学和程曦同学参与了部分修订工作。我们要特别感谢参加本书第 1 版、第 2 版和第 3 版编写工作的所有老师!

　　由于编著者水平有限,书中难免有错误和不妥之处,恳请读者批评指正。作者联系方式:910827070@ qq. com。

编著者

目　录

绪 论

数字信号处理(Digital Signal Processing)是一门新兴学科,它研究用数字方式进行信号处理,即利用数字计算机或专用数字处理设备对信号进行分析、变换、综合、滤波、估计与识别等处理。随着大规模集成电路和计算机技术的迅猛发展,数字信号处理技术已广泛应用于通信、语音、雷达、地震预报、声呐、遥感、生物医学、电视、控制系统、水利工程、故障检测、仪器仪表等领域,对许多学科的发展起到了重大的推动作用。

1. 数字信号处理系统的基本组成

客观世界存在着大量的模拟信号,在工程中大量地使用"数字系统"来处理模拟信号。处理模拟信号的典型系统如图 0-1 所示,它是一个模拟和数字的混合系统,一般称其为数字信号处理系统。图 0-1 中模拟信号 $x(t)$ 经 A/D 变换器抽样(抽样周期为 T)后成为仅在一系列时间点 $0,1T,2T,\cdots,nT$ 上有定义的等间隔的离散时间信号 $x(nT)$。实际上,抽样过程是对模拟信号的时间量化过程。然后,在 A/D 变换器的保持电路中将抽样信号 $x(nT)$ 进行幅度量化(如 8 位 A/D 变换器,只能表示 $2^8 = 256$ 种不同的信号幅度,这时信号幅度用量化电平表示),当离散时间信号幅度与量化电平不相同时,就要以最接近的一个量化电平来近似它。因此,模拟信号经 A/D 变换器后,不仅时间量化了,而且幅度也量化了,这种信号称为数字信号,它是数的序列,可用 $x(n)$ 来表示,每个数用有限个二进制数码表示。一般地,将数字信号存储在数字信号处理器的存储器中,成为按顺序排列的数组。序列 $x(n)$ 可由抽样时间信号产生,也可以由其他非时间信号产生,这使得数字信号处理技术适用于更广泛的领域。

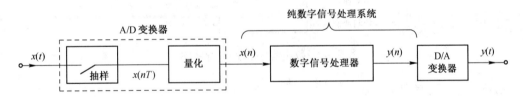

图 0-1　数字信号处理系统

图 0-1 中的数字信号处理器是数字信号处理系统的核心部分,其输入是数字信号 $x(n)$,在处理器中对信号进行加工处理,得到输出数字信号 $y(n)$。然后,$y(n)$ 通过 D/A 变换器,将数字序列变换成模拟信号 $y(t)$,这些信号在时间点 $0,1T,2T,\cdots,nT$ 上的幅度应等于序列 $y(n)$ 中相应数码所代表的数值大小。

图 0-1 讨论的是处理模拟信号的数字系统。在实际应用中,输入端还需加抗混叠滤波器,其作用是将输入信号中高于某一频率(称为折叠频率,等于抽样频率的一半)的分量加以滤除,以避免频谱混叠。在输出端需加低通滤波器,以滤除掉不需要的高频分量,平滑所需的模拟输出信号。此外,实际系统并不一定包括图 0-1 中的所有部分,如某些系统只需数字输出,那么就不需要 D/A 变换器。另一些系统,其输入是数字信号,因此就不需要 A/D 变换器。对于纯数字系统,则只需要数字信号处理器这一核心部分。

2. 数字信号处理的学科概貌

数字信号处理的学科概貌如图 0-2 所示。其中离散时间线性时(移)不变系统理论和离散傅里叶变换是数字信号处理领域的理论基础。而数字滤波和频谱分析是数字信号处理理论的两个主要学科分支。

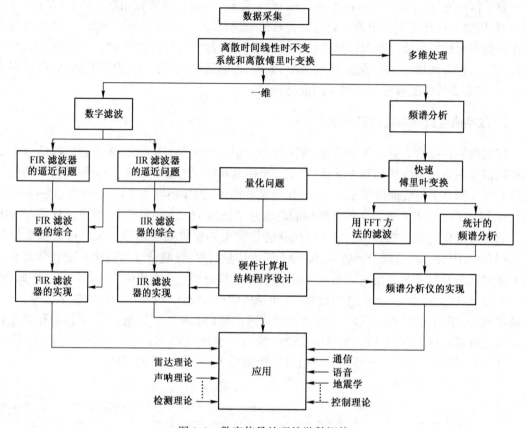

图 0-2　数字信号处理的学科概貌

数字信号处理学科包含：

- 信号的采集,包括 A/D、D/A 技术,抽样、多速率抽样,量化噪声分析等。
- 离散信号的分析,包括时域及频域分析、离散傅里叶变换理论。
- 离散时间线性时不变系统分析。
- 数字滤波技术。
- 信号的建模,包括 AR,MA,ARMA,PRONY 等各种模型。
- 信号估计理论,包括最大似然估计、最小二乘估计等。
- 谱分析理论,包括确定性信号谱分析和随机信号谱分析等。
- 自适应信号处理。
- 信号处理中的特殊算法,如同态处理、奇异值分解及信号重建等。
- 数字信号处理的实现。
- 数字信号处理的应用。

3. 数字信号处理系统的特点

与模拟信号处理系统相比,数字信号处理系统具有以下优点:

(1) 精度高。模拟信号处理系统中元器件的精度很难达到 10^{-3} 以上,而数字信号处理系统只要 17 位字长就可达到 10^{-5} 的精度,可获得高性能指标。

(2) 灵活性强。通过修改存储器中数字信号处理系统的系数值,就可以得到不同的系统,比改变模拟系统方便得多。

(3) 可靠性好。模拟信号处理系统元器件的各种参数易受到温度的影响,随环境条件的变化而变化,并且容易出现电磁感应、杂散效应。而数字信号处理系统由性能一致、为数不多的大规模集成电路芯片构成,只有两个信号电平"0"、"1",因此受周围环境温度及噪声的影响较小,可靠性好。

(4) 容易大规模集成。由于数字部件有高度规范性,便于大规模集成、大规模生产。

(5) 时分复用。将各路输入信号接至一个多路开关,在同步器控制下,按一定的时间顺序依次进行 A/D 变换和数字处理,各路处理结果用位于输出端的分路器按一定的时间顺序分离开来,分别输出。时分复用使设备利用率提高、成本降低。

(6) 多维处理。利用庞大的存储单元,可以存储一帧或数帧图像信号,实现二维甚至多维信号的处理,包括二维或多维滤波、二维或多维谱分析等。

由于数字信号处理系统具有许多突出的优点,因而它在许多领域都得到了广泛的应用。

4. 数字信号处理的应用

近年来,数字信号处理正以崭新的面貌出现在科学技术的各个领域中,在雷达、声呐、地震学、语音处理、数据通信及生物医学信号处理等众多领域具有广泛的应用。它综合了系统理论、统计学、数值分析、计算机科学和超大规模集成电路等学科的理论和技术,独立地成为一门具有普遍意义的学科,在我们所面临的信息革命中起着重要的作用。可以说,数字信号处理几乎涉及所有的工程技术领域。

- 信号变换与滤波:包括数字滤波、卷积、相关、希尔伯特(Hilbert)变换、快速傅里叶变换(FFT)、自适应滤波等。
- 语音信号处理:包括语音分析、语音识别、语音编码、语音合成、语音增强等。
- 图形和图像处理:包括图像变换、图像复原、图像重建、图像压缩、图像增强、模式识别、计算机视觉、图像分割等。
- 自动控制:包括机器人控制、伺服控制等。
- 仪器:包括频谱分析仪、函数发生器、锁相环、地震信号处理器、瞬态分析仪等。
- 通信:包括各种调制解调技术、自适应均衡、纠错编码、信道复用、移动通信、卫星通信、数据加密和解密技术等。
- 医疗:包括远程医疗监护、健康助理、超声仪器、核磁共振等。
- 军事:包括雷达信号处理、声呐信号处理、航空航天测试、天线、定位系统等。

第1章　离散时间信号与系统的时域分析

本章主要讨论离散时间信号和离散时间系统的基本概念,重点研究线性时不变离散系统。首先介绍离散时间信号序列,然后分析线性时不变系统的特点及描述该系统的两种方法——离散卷积和常系数线性差分方程。

1.1　离散时间信号——序列

信号是信息的载体,信息是信号的具体内容。信号处理泛指对信号的各种加工、变换。在数字信号处理中,信号是用有限精度的数的序列来表示的,而用数字运算来实现。科研和工程实际中经常需要进行信号处理,以提取、利用信号中携带的有用信息。

根据信号的不同特点,它可以表示成一维变量或多维变量的函数。例如,语音信号可以表示为时间的函数,而静止图像可以表示为两个空间变量的亮度函数,视频图像是三维信号,传感器阵列也是多维信号。一维变量可以是时间,也可以是其他参量,习惯上将其看成是时间。

一维信号可以有以下几种不同形式:

(1)连续时间信号:在连续时间范围内有定义的信号,信号的幅值可以是连续数值,也可以是离散数值。幅值和时间都连续的信号又称为模拟信号。实际上连续时间信号与模拟信号在概念上常常通用。

(2)离散时间信号:时间变量离散化的信号。连续时间信号经过抽样,就可以得到离散时间信号。通常抽样时间间隔是均匀的,所以得到的信号可以称为等间隔离散时间信号。

(3)数字信号:时间和幅值都离散化的信号。

对于离散时间信号,它只在一系列互相分离的时间点上有定义,而在其他时间点上无定义。若抽样周期为 T,则可用 $x(nT)$ 表示离散时间信号在 nT 点上的值,n 为整数。在离散时间信号的传输与处理设备中,常把 $x(nT)$ 放在存储器中,供随时取用。

离散时间信号处理常常是非实时的,即先记录数据后分析,或短时间内存入,在较长时间后才能完成对数据的分析处理。所以,所谓 $x(nT)$ 仅仅是存储器中按一定顺序排列的一组数。因此,往往不用 nT 作为变量,直接用 $x(n)$ 表示第 n 个离散时间点的值,而将序列表示成 $\{x(n)\}$。但为了方便,常将 $\{x(n)\}$ 简单表示为 $x(n)$,不用加注括号。

离散时间信号——序列 $x(n)$ 可由连续时间信号抽样获得。但 $x(n)$ 具有更加广泛的意义,它不但可以表示时间信号,也可表示非时间信号,例如某一时刻,全国各城市的气温就不是一个按时间顺序排列的序列。

对于 $x(n)$ 来说,n 应为整数。若 n 为非整数,则 $x(n)$ 毫无意义。$x(n)$ 常用图形表示,如图 1-1 所示。图中线段长短表示序列数值的大小。

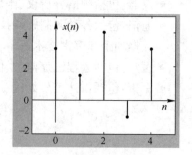

图 1-1　离散时间信号

1.1.1 序列的基本运算

与连续时间信号的运算规则类似,离散时间信号也有相应的运算规则。下面讨论序列的几种基本运算及运算规则。

1. 序列相加

序列 $x(n)$ 与序列 $y(n)$ 之和,是指两个序列同序号的数值逐项相加而构成一个新的序列 $z(n)$,表示为

$$z(n) = x(n) + y(n)$$

【例 1.1】 已知

$$x(n) = \begin{cases} 2^{-n} + 5 & n \geqslant -1 \\ 0 & n < -1 \end{cases}$$

$$y(n) = \begin{cases} n + 2 & n \geqslant 0 \\ 3(2^n) & n < 0 \end{cases}$$

求 $x(n)$ 与 $y(n)$ 之和。

解:

$$z(n) = x(n) + y(n) = \begin{cases} 2^{-n} + n + 7 & n \geqslant 0 \\ 17/2 & n = -1 \\ 3(2^n) & n < -1 \end{cases}$$

2. 序列相乘

序列 $x(n)$ 与序列 $y(n)$ 相乘,表示同序号的数值逐项对应相乘而构成一个新的序列 $z(n)$,表示为

$$z(n) = x(n)y(n)$$

【例 1.2】 对于例 1.1 中序列 $x(n)$、$y(n)$,求 $z(n) = x(n)y(n)$。

解:

$$z(n) = x(n)y(n) = \begin{cases} n2^{-n} + 2^{-n+1} + 5n + 10 & n \geqslant 0 \\ 21/2 & n = -1 \\ 0 & n < -1 \end{cases}$$

【例 1.3】 已知序列

$$x_1(n) = \sin(\omega_0 n) \qquad \omega_0 = \pi/20, -20 \leqslant n \leqslant 20;$$
$$x_2(n) = a^n \qquad a = 1.05, -20 \leqslant n \leqslant 20;$$

分别求两序列相加及相乘

$$y_1(n) = x_1(n) + x_2(n)$$
$$y_2(n) = x_1(n)x_2(n)$$

下面给出两序列相加及相乘的 MATLAB 实现程序及图形(见图 1-2)。

```
w0 = pi/20;a = 1.05;
n1 = [-20:20];n2 = [-20:20];
```

```
subplot(2,2,1),stem(n1,sin(w0.*n1),'.k');axis([-20,20,-1,3]);
subplot(2,2,2),stem(n2,a.^n2,'.k');axis([-20,20,-1,3]);
n=[min(min(n1),min(n2)):max(max(n1),max(n2))];
x1=zeros(1,length(n));
x2=zeros(1,length(n));
x1([find((n>=min(n1))&(n<=max(n1)))])=sin(w0.*n1);
x2([find((n>=min(n2))&(n<=max(n2)))])=a.^n2;
y1=x1+x2;
y2=x1.*x2;
subplot(2,2,3);stem(n,y1,'.k');axis([-20,20,-1,3]);
subplot(2,2,4);stem(n,y2,'.k');axis([-20,20,-1,3]);
```

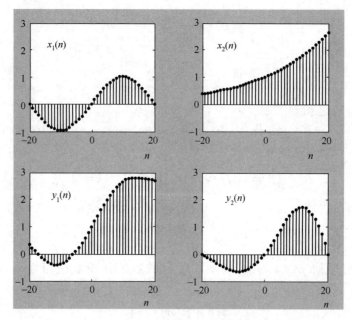

图 1-2　序列相加及相乘

3. 序列移位(延迟)

设某一序列为 $x(n)$,则 $x(n+m)$ 为原序列 $x(n)$ 逐项依次左移 m 位而得的一个新序列,$x(n-m)$ 为原序列 $x(n)$ 逐项依次右移 m 位而得的一个新序列,其中 m 为正整数。

【例 1.4】　设 $x(n)=\{1,2,3,4,5,5,4,3,2,1\}$ 且 $n=\{0,1,2,3,4,5,6,7,8,9\}$,下面给出序列 $x(n)$ 及其移位 $x(n-2)$、$x(n+2)$ 的 MATLAB 实现程序及图形(见图 1-3)。

```
n1=[0:9];
x=[1,2,3,4,5,5,4,3,2,1];
subplot(3,1,1);stem(n1,x,'.b'),axis([-3,12,0,5])
n2=n1-2;
subplot(3,1,2);stem(n2,x,'.b'),axis([-3,12,0,5])
n3=n1+2;
subplot(3,1,3);stem(n3,x,'.b'),axis([-3,12,0,5])
```

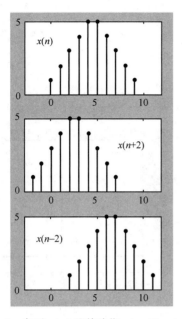

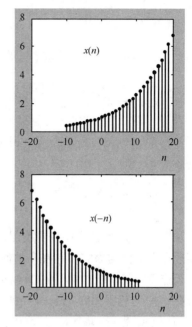

图 1-3 序列 $x(n)$ 及其移位 $x(n-2)$、$x(n+2)$　　　　图 1-4 序列 $x(n)$ 及其反褶序列 $x(-n)$

4. 序列反褶

如果序列为 $x(n)$,则 $x(-n)$ 是以 $n=0$ 的纵轴为对称轴将序列 $x(n)$ 加以反褶。

【例 1.5】 已知序列

$$x(n)=\begin{cases}2^n+5 & n\geqslant 1\\ 0 & n<1\end{cases}$$

求 $x(n)$ 的反褶序列。

解:$x(n)$ 的反褶序列为

$$x(-n)=\begin{cases}2^{-n}+5 & n\leqslant -1\\ 0 & n>-1\end{cases}$$

设 $x(n)=a^n$,$a=1.1$,$-10\leqslant n\leqslant 20$,下面给出序列 $x(n)$ 及其反褶序列 $x(-n)$ 的 MATLAB 实现程序及图形(见图 1-4)。

```
a=1.1;
n=[-10:20];x=a.^n;
subplot(2,1,1);stem(n,x,'.k');axis([-20,20,0,8])
n=fliplr(-n);x=fliplr(x);
subplot(2,1,2);stem(n,x,'.k');axis([-20,20,0,8])
```

1.1.2　常用典型序列

1. 单位冲激序列(单位抽样序列)

单位冲激序列用符号 $\delta(n)$ 表示,定义为

$$\delta(n) = \begin{cases} 1 & n=0 \\ 0 & n \neq 0 \end{cases} \tag{1-1}$$

下面给出单位冲激序列 $\delta(n)$ 的 MATLAB 实现程序：

```
function [x,nx]=delta(n)
x=(n==0);
nx=n;
```

单位冲激序列 $\delta(n)$ 也可以在 MATLAB 中用 zeros 函数来实现：

```
x=zeros(1,N);
x(1)=1;
```

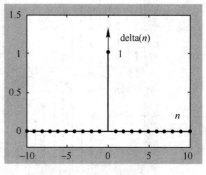

图 1-5 单位冲激序列

如图 1-5 所示，这个序列在变量 $n=0$ 时取值为 1，其余离散点上取值均为零。它在离散时间系统中起的作用类似于连续时间系统中单位冲激函数 $\delta(t)$。但应注意，$\delta(t)$ 在 $t \to 0$ 时趋于无穷，是一种数学极限，并不是现实的信号，而 $\delta(n)$ 是一个现实信号，$\delta(0)=1$ 是一个有限值。

2. 单位阶跃序列

单位阶跃序列用符号 $u(n)$ 表示，定义为

$$u(n) = \begin{cases} 1 & n \geq 0 \\ 0 & n < 0 \end{cases} \tag{1-2}$$

下面给出单位阶跃序列 $u(n)$ 的 MATLAB 实现程序：

```
function u=u(n)
u=[n>=0];
nu=n;
```

单位阶跃序列 $u(n)$ 也可以在 MATLAB 中用 ones 函数来实现：

```
x=ones(1,N);
```

如图 1-6 所示，它在离散时间系统中起的作用类似于连续时间系统中的单位阶跃函数 $u(t)$。但 $u(t)$ 在 $t=0$ 时发生跳变，往往不予定义（有时也定义为 $1/2$），而 $u(n)$ 在 $n=0$ 时，定义为 $u(0)=1$。

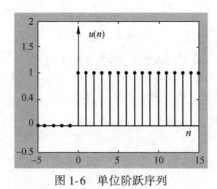

图 1-6 单位阶跃序列

3. 矩形序列

矩形序列用符号 $R_N(n)$ 表示,定义为

$$R_N(n) = \begin{cases} 1 & 0 \leqslant n \leqslant N-1 \\ 0 & n<0, n \geqslant N \end{cases} \qquad (1-3)$$

下面给出矩形序列 $R_N(n)$ 的 MATLAB 实现程序:

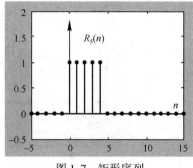

图 1-7　矩形序列

```
function [x,nx] = RNn(N,n)
x = [(n>=0)&(n<=N-1)];
nx = n;
```

当 $N=5$ 时的 $R_5(n)$ 如图 1-7 所示。

如图 1-7 所示,$R_N(n)$ 从 $n=0 \sim N-1$,共有 N 个幅度为 1 的数值,其余离散点上取值均为 0。这类似于连续时间系统中的矩形脉冲。

显然,$\delta(n)$,$u(n)$,$R_N(n)$ 三种序列有如下关系:

$$\delta(n) = u(n) - u(n-1)$$

$$u(n) = \sum_{m=0}^{\infty} \delta(n-m) = \delta(n) + \delta(n-1) + \delta(n-2) + \cdots$$

$$R_N(n) = u(n) - u(n-N)$$

$$R_N(n) = \sum_{m=0}^{N-1} \delta(n-m) = \delta(n) + \delta(n-1) + \cdots + \delta[n-(N-1)]$$

4. 实指数序列

实指数序列定义为

$$x(n) = a^n u(n) \qquad (1-4)$$

式中,a 为实数。

下面给出它的 MATLAB 实现程序:

```
a1 = 1.1;a2 = 0.9;a3 = -1.1;a4 = -0.9;
n = [-5:15];
x1 = (a1.^n).*u(n);x2 = (a2.^n).*u(n);x3 = (a3.^n).*u(n);x4 = (a4.^n).*u(n);
subplot(2,2,1);stem(n,x1,'.k');axis([-5,15,-0.5,5]);
subplot(2,2,2);stem(n,x2,'.k');axis([-5,15,-0.2,1.2]);
subplot(2,2,3);stem(n,x3,'.k');axis([-5,15,-6,4]);
subplot(2,2,4);stem(n,x4,'.k');axis([-5,15,-1,1.2]);
```

如图 1-8 所示,当 $|a|>1$ 时,序列发散;当 $|a|<1$ 时,序列收敛;a 为负数时,序列是正、负摆动的。

5. 正弦序列

正弦序列定义为

$$x(n) = A\sin(\omega_0 n + \phi) \qquad (1-5)$$

式中,A 为幅度,ω_0 为数字域频率,ω_0 的单位为弧度(rad),ϕ 为初始相位,ϕ 的单位为弧度。二维码 1-1 给出了数字域频率 ω 和模拟角频率 Ω 之间的关系。

二维码 1-1

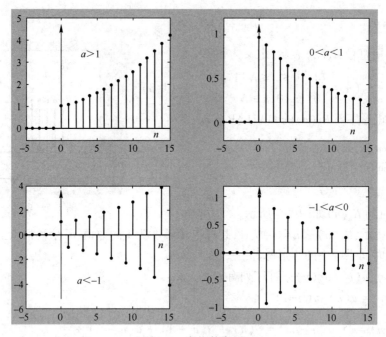

图 1-8 实指数序列

下面给出正弦序列 $x(n) = \sin(\omega_0 n)$，且 $\omega_0 = \pi/15$ 的 MATLAB 实现程序：

```
w=pi/15;
n=[-15:15];
x=sin(w.*n);
stem(n,x,'.k');axis([-15,15,-2,2])
```

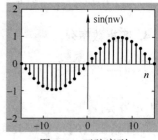

图 1-9　正弦序列

如图 1-9 所示，其包络值按正弦规律变化。正弦序列的数字域频率反映了序列变化的快慢。例如 $\omega_0 = 0.01\pi$，则序列每 200 个点重复一次正弦循环；若 $\omega_0 = 0.1\pi$，则序列每 20 个点重复一次正弦循环。

6. 复指数序列

复指数序列定义为

$$x(n) = \mathrm{e}^{(\sigma + \mathrm{j}\omega_0)n} = \mathrm{e}^{\sigma n}\cos(\omega_0 n) + \mathrm{j}\mathrm{e}^{\sigma n}\sin(\omega_0 n) \tag{1-6}$$

$\sigma = 0$ 是最常用的一种形式

$$x(n) = \mathrm{e}^{\mathrm{j}\omega_0 n} = \cos(\omega_0 n) + \mathrm{j}\sin(\omega_0 n) \tag{1-7}$$

若用极坐标表示，则

$$x(n) = |x(n)| \mathrm{e}^{\mathrm{j}\arg[x(n)]}$$

下面给出复指数序列 $\mathrm{e}^{\mathrm{j}\omega_0 n}$（$\omega_0 = \pi/15$）的幅度和相位的 MATLAB 实现程序：

```
w0=pi/15;
n=[-15:15];
x=exp(j.*w0.*n);
subplot(1,2,1);stem(n,abs(x),'.k');axis([-15,15,-0.2,1.5]);
subplot(1,2,2);stem(n,angle(x),'.k');
```

因此,可得 $|x(n)| = 1$, $\arg[x(n)] = \operatorname{argtan} \dfrac{\sin\omega_0 n}{\cos\omega_0 n} = \omega_0 n + k\pi$, k 为整数。图 1-10 中画出了 $x(n)$ 的幅度和相位。而 $x(n)$ 的图形需在三维空间中画出。

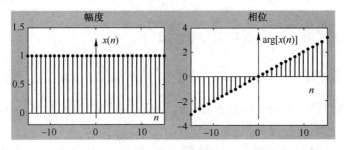

图 1-10 $e^{j\omega_0 n}$ 幅度和相位

复指数序列 $e^{j\omega_0 n}$ 作为序列分解的基本单元,在序列的傅里叶变换中起着重要作用,它类似于连续时间系统中的复指数信号 $e^{j\Omega t}$。

1.1.3　序列的周期性

对于所有 n 值,如果存在一个最小的正整数 N,满足

$$x(n) = x(n+rN) \tag{1-8}$$

则称序列 $x(n)$ 为周期序列,N 为周期,r 为任意整数。图 1-11 所示为 $N = 10$ 的周期序列。

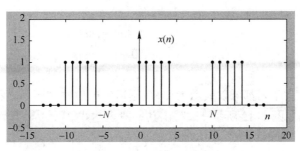

图 1-11　周期序列

下面讨论正弦序列的周期性。

由于　　　　　　　　　　$x(n) = A\sin(\omega_0 n + \varphi)$

则　　　　　　$x(n+N) = A\sin[\omega_0(n+N) + \varphi] = A\sin(\omega_0 n + \omega_0 N + \varphi)$

若使　　　　　　　　　　$x(n) = x(n+N)$

则有　　　　　　　　　　$\omega_0 N = 2\pi k$

$$N = \frac{2\pi k}{\omega_0}$$

式中,N 为正整数,k 为任意整数。

下面分几种情况进行讨论。

(1) 当 $\dfrac{2\pi}{\omega_0}$ 为整数,则 $k=1$ 时,$N = \dfrac{2\pi}{\omega_0}$ 为最小正整数,即正弦序列是周期序列,其周期为 $\dfrac{2\pi}{\omega_0}$。

(2) 当 $\dfrac{2\pi}{\omega_0}$ 不是整数而是一有理数时(有理数可表示成分数),即

$$\frac{2\pi}{\omega_0} = \frac{Q}{P}$$

式中,Q、P 为互质的整数。要使 $N = \frac{2\pi}{\omega_0}k = \frac{Q}{P}k$ 为最小正整数,只有取 $k = P$,此时 $N = Q$ 为最小正整数,即正弦序列是周期序列,其周期为 Q,大于 $\frac{2\pi}{\omega_0}$。

(3) 当 $\frac{2\pi}{\omega_0}$ 为无理数时,则无论 k 取什么整数,均不能使 N 为整数。此时正弦序列不是周期序列。这和连续时间信号的情况是不一样的。因为复指数序列 $e^{j\omega_0 n} = \cos(\omega_0 n) + j\sin(\omega_0 n)$,所以其周期性的判别与正弦序列相同。

无论正弦序列或复指数序列是否为周期序列,参数 ω_0 均称为它们的数字域频率,有时也简称为频率。正弦序列的周期性的进一步说明可见二维码 1-2。

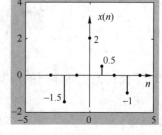

二维码 1-2

1.1.4 任意序列的一般表示方法及序列的能量

1. 序列的一般表示方法

利用单位冲激序列的定义和序列移位(延迟)的概念,可以写出任意序列 $x(n)$ 的一般表达式

$$x(n) = \sum_{m=-\infty}^{\infty} x(m)\delta(n-m) \tag{1-9}$$

显然,这是因为只有当 $m=n$ 时,$\delta(n-m)=1$,因而

$$x(m)\delta(n-m) = \begin{cases} x(n) & m=n \\ 0 & m \neq n \end{cases}$$

所以式(1-9)成立。

式(1-9)表明,任意序列都可以表示为加权、延迟的单位冲激序列之和。

【例 1.6】 $x(n)$ 如图 1-12 所示,试写出其一般表达式。

解: 由图可知

$$x(n) = -1.5\delta(n+2) + 2\delta(n) + 0.5\delta(n-1) - \delta(n-3)$$

2. 序列的能量

时域序列 $x(n)$ 的能量定义为序列各抽样值的平方和,即

$$E = \sum_{n=-\infty}^{\infty} |x(n)|^2$$

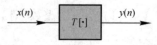

图 1-12 例 1.6 的图

1.2 线性时不变系统

离散时间系统本质上是将输入序列变换为输出序列的一种运算。如图 1-13 所示,输入序列 $x(n)$ 与输出序列 $y(n)$ 之间的关系为

$$y(n) = T[x(n)]$$

式中,符号 $T[\cdot]$ 表示运算关系,由具体的系统确定。对变换 $T[\cdot]$ 加上不同的约束条件,可以定义不同种类的离散时间系统。

图 1-13 离散时间系统

1. 线性系统

若系统满足均匀性和可加性,则称此系统为线性系统。对于给定系统 $T[\ \cdot\ ]$,如果单独输入 $x_1(n)$ 或 $x_2(n)$ 时,输出分别为 $y_1(n)$、$y_2(n)$,即

$$y_1(n) = T[x_1(n)]$$
$$y_2(n) = T[x_2(n)]$$

那么当输入为 $c_1x_1(n) + c_2x_2(n)$ 时,输出为 $c_1y_1(n) + c_2y_2(n)$,式中,c_1、c_2 为任意常数,即

$$T[c_1x_1(n) + c_2x_2(n)] = c_1T[x_1(n)] + c_2T[x_2(n)] = c_1y_1(n) + c_2y_2(n) \qquad (1\text{-}10)$$

则该系统满足叠加原理,为线性系统,如图 1-14 所示。

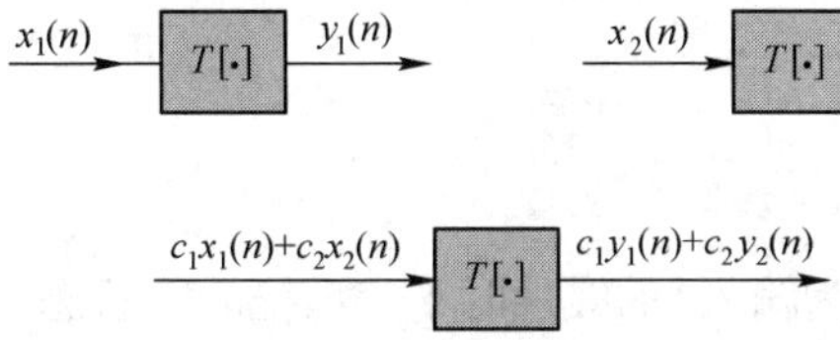

图 1-14　线性系统

【例 1.7】　试判断 $y(n) = 5x(n) + 7$ 所表示的系统是否为线性系统。

解:

因为
$$y_1(n) = T[x_1(n)] = 5x_1(n) + 7$$
$$y_2(n) = T[x_2(n)] = 5x_2(n) + 7$$
$$c_1y_1(n) + c_2y_2(n) = 5c_1x_1(n) + 5c_2x_2(n) + 7(c_1 + c_2)$$

而
$$T[c_1x_1(n) + c_2x_2(n)] = 5[c_1x_1(n) + c_2x_2(n)] + 7$$

所以
$$T[c_1x_1(n) + c_2x_2(n)] \neq c_1y_1(n) + c_2y_2(n)$$

因此,此系统不是线性系统。

这个系统总的输出可看成两部分之和:一部分是线性系统 $T[x(n)] = 5x(n)$ 的输出,另一部分是系统初始储能 $y_0(n) = 7$ 的零输入响应。其零输入响应不为零,故不是线性系统。

2. 时不变系统

若系统输出与输入信号加于系统的时刻无关,则称此系统为时不变系统(或称移不变系统)。即若输入为 $x(n)$,产生的输出为 $y(n)$,可表示为

$$T[x(n)] = y(n)$$

当输入为 $x(n-m)$ 时,系统输出为

$$T[x(n-m)] = y(n-m) \qquad (1\text{-}11)$$

式中,m 为任意整数,则该系统特性不随时间改变,为时不变系统,如图 1-15 所示。

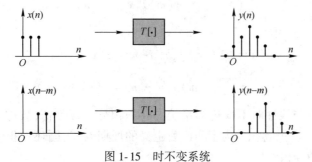

图 1-15　时不变系统

【例 1.8】 试判断 $y(n)=5x(n)+7$ 是否为时不变系统。

解：因为
$$T[x(n-m)]=5x(n-m)+7$$
$$y(n-m)=5x(n-m)+7$$

所以
$$T[x(n-m)]=y(n-m)$$

故 $y(n)=5x(n)+7$ 是时不变系统。

既满足线性条件，又满足时不变条件的系统，称为线性时不变系统。这是工程中常遇到的一类系统，可以用离散卷积或常系数线性差分方程来描述。

1.3 离 散 卷 积

1. 单位冲激响应

以 $\delta(n)$ 作为激励（激励也称为输入）的线性时不变系统的零状态响应（响应也称为输出）称为单位冲激响应（或单位抽样响应），记做 $h(n)$，即
$$h(n)=T[\delta(n)] \tag{1-12}$$

所谓零状态是指激励接入系统时，系统处于静止状态（系统无储能）。也就是说，在 $n=n_0$ 激励接入系统时，$y(n_0-1)$、$y(n_0-2)$、$\cdots$、$y(n_0-N)$ 全为零。

单位冲激响应 $h(n)$ 类似于连续时间系统中的单位冲激函数 $\delta(t)$ 作为输入引起的系统冲激响应 $h(t)$。

因为单位冲激响应 $h(n)$ 表征了系统自身的性能，所以在时域分析中可以根据 $h(n)$ 来判断系统的某些重要特性，如因果性、稳定性等。

2. 离散卷积

若已知线性时不变系统的单位冲激响应 $h(n)$，则可以得到该系统对任意输入序列 $x(n)$ 的输出 $y(n)$。

由式（1-9）可知，任意一个输入序列可表示为
$$x(n)=\sum_{m=-\infty}^{\infty} x(m)\delta(n-m)$$

则系统输出为
$$y(n)=T[x(n)]=T\Big[\sum_{m=-\infty}^{\infty} x(m)\delta(n-m)\Big]$$

由于系统是线性的，可得
$$y(n)=\sum_{m=-\infty}^{\infty} x(m)T[\delta(n-m)]$$

又由于系统是时不变的，可得
$$h(n)=T[\delta(n)],h(n-m)=T[\delta(n-m)]$$

因此
$$y(n)=\sum_{m=-\infty}^{\infty} x(m)h(n-m)=x(n)*h(n) \tag{1-13}$$

式（1-13）的运算与线性时不变连续系统的卷积积分运算类似，故称为卷积或离散卷积。式（1-13）中符号"$*$"表示卷积。为了与以后定义的周期卷积、循环卷积相区别，式（1-13）定义的运算又称为线性卷积。

线性卷积的物理意义是求线性时不变系统的零状态响应。

对于式(1-13)，如果 $x(n)$、$h(n)$ 均为有限长

$$x(n) = \begin{cases} x(n) & 0 \leqslant n \leqslant N-1 \\ 0 & \text{其他} \end{cases}$$

$$h(n) = \begin{cases} h(n) & 0 \leqslant n \leqslant M-1 \\ 0 & \text{其他} \end{cases}$$

即 $x(m)$ 非零值区间为 $\qquad 0 \leqslant m \leqslant N-1$

$h(n-m)$ 非零值区间为 $\qquad 0 \leqslant n-m \leqslant M-1$

将以上两个不等式相加得 $\qquad 0 \leqslant n \leqslant N+M-2$

在此区间外不是 $x(m)$ 为零，就是 $h(n-m)$ 为零，所以 $y(n)$ 长为 $N+M-1$。即两个长分别为 N 和 M 的有限长序列的卷积结果是一个长为 $N+M-1$ 的序列。这样，式(1-13)可改写成

$$y(n) = \sum_{m=0}^{n} x(m)h(n-m) \quad 0 \leqslant n \leqslant N+M-2 \tag{1-14}$$

3. 离散卷积性质

离散卷积运算有如下性质。

● "筛选"特性

$$x(n) * \delta(n) = x(n) \tag{1-15}$$

● 满足交换律

$$y(n) = x(n) * h(n) = h(n) * x(n) \tag{1-16}$$

● 服从分配律

$$y(n) = x(n) * [h_1(n)+h_2(n)] = x(n) * h_1(n)+x(n) * h_2(n) \tag{1-17}$$

其意义为：两个并联系统可以等效成一个单个系统，其单位冲激响应等于两个并联系统的单位冲激响应之和，如图 1-16 所示。

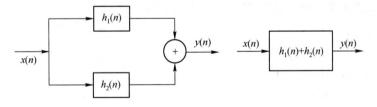

图 1-16　等效并联系统

● 服从结合律

$$\begin{aligned} y(n) &= [x(n) * h_1(n)] * h_2(n) = [x(n) * h_2(n)] * h_1(n) \\ &= x(n) * [h_1(n) * h_2(n)] \end{aligned} \tag{1-18}$$

其意义为：级联系统总的输入/输出关系与系统级联次序无关，如图 1-17 所示。

4. 离散卷积的计算

离散卷积的计算可以直接利用式(1-13)，也可以采用"反褶、平移、相乘、取和"的图解方法。图解方法计算离散卷积的步骤如下：

(1) 将序列 $x(n)$ 和 $h(n)$ 的变量 n 替换为 m，得序列 $x(m)$ 和 $h(m)$。

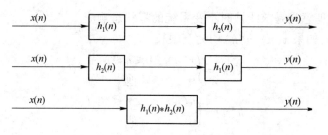

图 1-17　等效级联系统

（2）将 $h(m)$ 以纵坐标为对称轴反褶，得 $h(-m)$。

（3）将 $h(-m)=h(0-m)$ 移位 n 点，得序列 $h(n-m)$。当 n 为正数时，右移 n；当 n 为负数时，左移 n。

（4）将序列 $h(n-m)$ 与 $x(m)$ 对应项相乘，得新序列 $x(m)h(n-m)$。

（5）求新序列各项之和，得 n 时刻的系统输出。

对 $n=\cdots,-1,0,1,\cdots$ 重复上述步骤中的第（3）～（5），可得输出序列 $y(n)$ 在不同时刻的值。

【例 1.9】　已知系统输入为

$$x(n)=\begin{cases} 1 & 0\leqslant n\leqslant 4 \\ 0 & \text{其他} \end{cases}$$

系统的单位冲激响应为

$$h(n)=\begin{cases} \dfrac{1}{2} & 0\leqslant n\leqslant 5 \\ 0 & \text{其他} \end{cases}$$

求系统的零状态响应。

解： 用作图法，如图 1-18 所示。

下面给出离散卷积图解方法的 MATLAB 实现程序：

```
n=[-10:10];
x=zeros(1,length(n));
x([find((n>=0)&(n<=4))])=1;
h=zeros(1,length(n));
h([find((n>=0)&(n<=5))])=0.5;
subplot(3,2,1);stem(n,x,'*k');
subplot(3,2,3);stem(n,h,'k');
n1=fliplr(-n);h1=fliplr(h);
subplot(3,2,5);stem(n,x,'*k');hold on;stem(n1,h1,'k');
h2=[0,h1];h2(length(h2))=[];n2=n1;
subplot(3,2,2);stem(n,x,'*k');hold on;stem(n2,h2,'k');
h3=[0,h2];h3(length(h3))=[];n3=n2;
subplot(3,2,4);stem(n,x,'*k');hold on;stem(n3,h3,'k');
n4=-n;nmin=min(n1)-max(n4);nmax=max(n1)-min(n4);n=nmin:nmax;
y=conv(x,h);
subplot(3,2,6);stem(n,y,'.k');
```

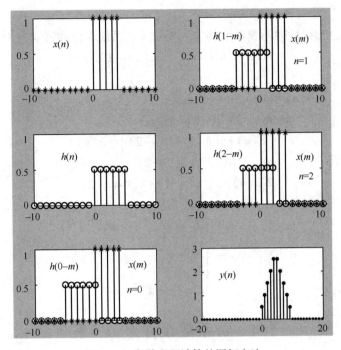

图 1-18 离散卷积计算的图解方法

也可以直接用 MATLAB 函数计算离散卷积,方法如下:

$$a = [1,1,1,1,1];$$
$$b = [0.5,0.5,0.5,0.5,0.5,0.5];$$
$$c = \mathrm{conv}(a,b);$$

c =

Columns 1 through 7

 0.5000   1.0000   1.5000   2.0000   2.5000   2.5000   2.0000

Columns 8 through 10

 1.5000   1.0000   0.5000

可见与图解方法计算结果相同。

MATLAB 函数 conv 只能计算从零开始的两个右边序列的卷积,上面所编程序则对序列没有此限制,适用范围更广。

【例 1.10】 已知线性时不变系统输入为 $x(n)$,系统单位冲激响应为 $h(n)$,设

$$x(n) = u(n), \qquad h(n) = \delta(n) - \delta(n-3)$$

求系统的输出 $y(n)$。

解:
$$
\begin{aligned}
y(n) &= x(n) * h(n) \\
&= \sum_{m=-\infty}^{\infty} x(m)h(n-m) \\
&= \sum_{m=0}^{\infty} u(m)\left[\delta(n-m) - \delta(n-m-3)\right] \\
&= u(n) - u(n-3) \\
&= \delta(n) + \delta(n-1) + \delta(n-2)
\end{aligned}
$$

$$= R_3(n)$$

【例1.11】　已知线性时不变系统的输入为 $x(n)$，系统单位冲激响应为 $h(n)$，设

$$x(n) = R_3(n), \qquad h(n) = 2^n u(n)$$

求系统的输出 $y(n)$。

解：
$$
\begin{aligned}
y(n) &= x(n) * h(n) \\
&= R_3(n) * h(n) \\
&= [\delta(n) + \delta(n-1) + \delta(n-2)] * h(n) \\
&= h(n) + h(n-1) + h(n-2) \\
&= 2^n u(n) + 2^{n-1} u(n-1) + 2^{n-2} u(n-2)
\end{aligned}
$$

因此

$$
y(n) = \begin{cases}
0 & n < 0 \\
1 & n = 0 \\
3 & n = 1 \\
2^n + 2^{n-1} + 2^{n-2} & n \geqslant 2
\end{cases}
$$

1.4　常系数线性差分方程

描述连续时间系统的方程是微分方程。对于离散时间系统，由于它的变量 n 是离散整型变量，所以只能用差分方程加以描述。

在连续时间系统中，基本运算关系是微分、乘系数和相加，基本单元是电阻、电容和电感等。与此对应，在离散时间系统中，基本运算关系是延迟（移位）、乘系数和相加，基本单元是延迟器、乘法器和加法器，其符号示意图如图1-19所示。

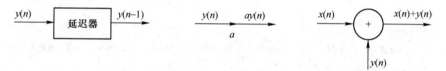

图1-19　延迟器、乘法器、加法器示意图

【例1.12】　系统结构图如图1-20所示，试写出描述该系统的差分方程。

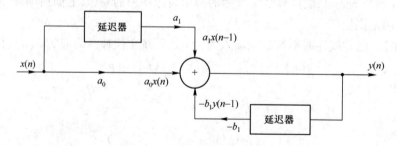

图1-20　例1.12的系统结构图

解：根据图1-20可写出

$$y(n) = a_0 x(n) + a_1 x(n-1) - b_1 y(n-1) \tag{1-19}$$

可以认为，图1-20是式（1-19）所描述的离散时间系统的硬件原理结构图。反之，可以认为

式(1-19)是图1-20所描述离散时间系统的软件算法。

一般而言,一个线性时不变系统可以用常系数线性差分方程来描述,其形式为

$$y(n)+a_1y(n-1)+\cdots+a_{N-1}y(n-N+1)+a_Ny(n-N)$$
$$=b_0x(n)+b_1x(n-1)+\cdots+b_{M-1}x(n-M+1)+b_Mx(n-M)$$

即

$$\sum_{i=0}^{N}a_iy(n-i)=\sum_{j=0}^{M}b_jx(n-j) \tag{1-20}$$

式中,a_i、b_j为常数($a_0=1$),差分方程为N阶。差分方程的阶数等于未知序列变量最高序号与最低序号之差。例如,式(1-19)为一阶差分方程。若系数中含有n,则称为变系数线性差分方程。

求解常系数线性差分方程常采用以下几种方法:

- 递推法,又称迭代法:给定输入序列$x(n)$和初始条件$y(-1)$,$\cdots$,$y(-N)$,就可以直接由式(1-20)计算$n \geq 0$时的输出$y(n)$。该方法简单方便,但只能给出数值解,不能直接给出一个完整的解析式作为解(也称闭式解)。
- 时域经典法:与高等数学中求解微分方程的步骤相同,先分别求齐次解与特解,然后代入边界条件求待定系数。
- 卷积法:利用离散卷积求系统的零状态响应。
- z变换法:这种方法简便而有效,将在第2章中进行讨论。

1. 常系数线性差分方程的递推解法

差分方程在给定输入和初始条件下,可用递推法求系统的输出。如果输入是$\delta(n)$,则系统输出就是单位冲激响应$h(n)$。下面举例加以说明。

【例1.13】 已知差分方程

$$y(n)=x(n)+ay(n-1)$$
$$y(n)=0,n<0; \qquad h(n)=0,n<0$$

求此系统的单位冲激响应$h(n)$。

解:令$x(n)=\delta(n)$,此时系统输出$y(n)$就是$h(n)$,则方程变为

$$h(n)=ah(n-1)+\delta(n)$$

又因为$h(n)=0,n<0$,所以

$$h(0)=ah(-1)+1=1$$
$$h(1)=ah(0)+0=a$$
$$h(2)=ah(1)+0=a^2$$
$$\vdots$$
$$h(n)=ah(n-1)+0=a^n$$

因此系统的单位冲激响应为

$$h(n)=a^nu(n)$$

下面给出当$a=2$时系统单位冲激响应$h(n)$的MATLAB实现程序:

```
a=[1,-2];
b=[1];
h=impz(b,a,10);
h =
    1 2 4 8 16 32 64 128 256 512
```

2. 常系数线性差分方程的经典解法

常系数线性差分方程可表示为

$$y(n) + \sum_{i=1}^{N} a_i y(n-i) = \sum_{j=0}^{M} b_j x(n-j)$$

其齐次方程为

$$y(n) + \sum_{i=1}^{N} a_i y(n-i) = 0$$

特征方程为

$$\alpha^N + \sum_{i=1}^{N} \alpha^{N-i} a_i = 0$$

如果特征方程有 k 个不相等的单根,则齐次方程解的形式为

$$y_H(n) = \sum_{i=1}^{k} c_i \alpha_i^n \tag{1-21}$$

式中,c_i 是由边界条件决定的系数。

如果特征方程有 k 重根 α_β,则齐次方程解的形式为

$$y_H(n) = \left(\sum_{i=1}^{k} c_i n^{k-i} \right) \alpha_\beta^n \tag{1-22}$$

式中,c_i 由边界条件决定。

【例 1.14】 差分方程为

$$y(n) - 3y(n-1) + 3y(n-2) - y(n-3) = x(n)$$

其中 $x(n) = \delta(n)$;$y(n) = 0, n < 0$。求 $y(n)$。

解: 差分方程的特征方程为

$$\alpha^3 - 3\alpha^2 + 3\alpha - 1 = 0$$

解得

$$\alpha_1 = \alpha_2 = \alpha_3 = 1$$

故齐次解为

$$y_H(n) = c_1 n^2 + c_2 n + c_3$$

因为系统处于零状态,所以 $y(-1) = 0, y(-2) = 0, y(-3) = 0$。又由于 $x(n) = \delta(n)$,则 $n = 0$ 时,差分方程为

$$y(0) - 3y(-1) + 3y(-2) - y(-3) = \delta(0) = 1$$

因此 $y(0) = 1$。

将 $y(0) = 1, y(-1) = 0, y(-2) = 0$ 代入齐次解得

$$\begin{cases} y(0) = c_3 = 1 \\ y(-1) = c_1 - c_2 + c_3 = 0 \\ y(-2) = 4c_1 - 2c_2 + c_3 = 0 \end{cases}$$

解得 $c_1 = 1/2, c_2 = 3/2, c_3 = 1$。因此系统输出为

$$y(n) = \frac{1}{2}(n^2 + 3n + 2) u(n)$$

下面给出差分方程解法的 MATLAB 实现程序。其差分方程计算结果如图 1-21 所示。

```
n=[-5:20];
b=[1];
a=[1,-3,3,-1];
```

```
x = ( n = = 0 );
y0 = filter( b, a, x );
subplot( 2, 1, 1 ), stem( n, y0, '. b' );
y1 = ( 0.5. * ( n.^2+3. * n+2) ). * ( n>=0 );
subplot( 2, 1, 2 ), stem( n, y1, ' * b' );
```

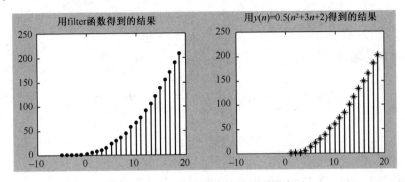

图 1-21 差分方程计算结果的图形表示

同时可以用 MATLAB 求出此差分方程所表示系统的单位冲激响应。因为系统输入为单位冲激序列,所以其单位冲激响应与系统的输出完全相同。

```
a = [ 1, -3, 3, -1 ];
b = [ 1 ];
h = impz( b, a, 20 );
h =
 1 3 6 10 15 21 28 36 45 55 66 78 91 105 120 136 105 120 136 153 171 190 210
```

1.5 物理可实现系统

稳定的因果系统是物理可实现系统。

1. 稳定系统

只要输入是有界的,输出必定是有界的系统,称为稳定系统。所谓有界是指在任何时刻 $x(n)$ 都为有限值, 即 $|x(n)| \leqslant c < \infty$。例如, $u(n)$ 在任何时刻都小于 2, 所以是有界的; 而 $x(n) = a^n (a>1)$ 就不是有界的。

对线性时不变系统而言,稳定的充分必要条件是其单位冲激响应绝对可和,即满足

$$\sum_{n=-\infty}^{\infty} |h(n)| < \infty \tag{1-23}$$

上述结论可证明如下:

(1) 充分条件。设式(1-23)成立, 而 $x(n)$ 为一有界输入序列, 且 $|x(n)| < c, c$ 为某一常数, 则对于线性时不变系统

$$|y(n)| = \left| \sum_{m=-\infty}^{\infty} x(n-m)h(m) \right| \leqslant \sum_{m=-\infty}^{\infty} |x(n-m)h(m)|$$

$$= \sum_{m=-\infty}^{\infty} |x(n-m)||h(m)| \leqslant c \sum_{m=-\infty}^{\infty} |h(m)| < \infty$$

即系统输出有界,故原条件是充分条件。

(2) 必要条件。利用反证法。假设式(1-23)不成立,即

$$\sum_{n=-\infty}^{\infty} |h(n)| = \infty$$

则对有界输入序列

$$x(n) = \begin{cases} 1 & h(-n) \geq 0 \\ -1 & h(-n) < 0 \end{cases}$$

系统在 $n=0$ 时刻的输出为

$$y(0) = \sum_{m=-\infty}^{\infty} x(m)h(0-m) = \sum_{m=-\infty}^{\infty} |h(-m)|$$

$$= \sum_{m=-\infty}^{\infty} |h(m)| = \infty$$

显然输出 $y(0)$ 是无界的,这不符合稳定的条件,因此假设不成立。所以 $\sum_{n=-\infty}^{\infty} |h(n)| < \infty$ 是系统稳定的必要条件。

因此,式(1-23)是构成一个稳定系统的充分必要条件。

2. 因果系统

所谓因果系统,就是输出不能领先于输入的系统。系统无输入就不能有输出。也就是说,因果系统的输出与未来的输入无关,不能预测将来的输入对现在的输出的影响。即因果系统的输出 $y(n)$ 仅取决于激励 $x(n)$、$x(n-1)$、$x(n-2)$、$\cdots$,而与 $x(n+1)$、$x(n+2)$、$\cdots$ 无关。如果系统的输出 $y(n)$ 还与未来的输入 $x(n+1)$、$x(n+2)$、$\cdots$ 有关,则这种系统在时间上违背了因果关系,称为非因果系统。物理可实现系统不可能在某个输入作用之前就有预感并提前响应,所以非因果系统又称为不可实现系统。

一个线性时不变系统为因果系统的充分必要条件是

$$h(n) = 0 \qquad n < 0 \tag{1-24}$$

其意义是:由于系统在 $n=0$ 时刻输入单位冲激序列 $\delta(n)$,因而从 $n=0$ 时刻开始,系统才能有输出,而在此时刻之前不应有输出。

上述结论证明如下:

(1) 充分条件。设式(1-24)成立,则对于线性时不变系统,其输出为

$$y(n) = \sum_{m=-\infty}^{\infty} x(m)h(n-m)$$

$$= \sum_{m=-\infty}^{\infty} h(m)x(n-m)$$

$$= \sum_{m=-\infty}^{-1} h(m)x(n-m) + \sum_{m=0}^{\infty} h(m)x(n-m)$$

由于式(1-24)成立,因而

$$\sum_{m=-\infty}^{-1} h(m)x(n-m) = 0$$

所以

$$y(n) = \sum_{m=0}^{\infty} h(m)x(n-m)$$

此时系统输出 $y(n)$ 只与 $x(n)$、$x(n-1)$、$x(n-2)$、…有关，而与 $x(n+1)$、$x(n+2)$、…无关，因而是因果的。

（2）必要条件。利用反证法。假设式（1-24）不成立，即

$$h(n) \neq 0 \qquad n<0$$

则线性时不变系统输出为

$$y(n) = \sum_{m=-\infty}^{-1} h(m)x(n-m) + \sum_{m=0}^{\infty} h(m)x(n-m)$$

由假设条件可知，上式第一个求和项不全为零，此时系统输出 $y(n)$ 与 $x(n+1)$、$x(n+2)$、…有关，这不符合因果性条件，所以假设不成立。因而 $n<0$ 时，$h(n)=0$ 是因果系统的必要条件。

因此，式（1-24）是构成一个因果系统的充分必要条件。

若任意序列 $x(n)$ 满足：$n<0$ 时，$x(n)=0$，则 $x(n)$ 称为因果序列；$n>0$ 时，$x(n)=0$，则 $x(n)$ 称为逆因果序列。

既满足稳定条件又满足因果条件的线性时不变系统，称为物理可实现系统。这种系统的单位冲激响应既是单边的，又是绝对可和的，即

$$h(n) = 0 \qquad n<0$$

$$\sum_{n=0}^{\infty} |h(n)| < \infty$$

物理可实现系统是数字系统设计的目标，因此判定系统是否可实现有着重要的实际意义。

但也有一些重要的系统，如理想低通滤波器、理想微分器等，是非因果的不可实现系统。如果考虑到数字信号处理可以是非实时的，即使是实时的，也允许有较大的延迟，这样对于某一个输出 $y(n)$ 来说，已有大量未来输入 $x(n+1)$、$x(n+2)$、…记录在存储器中供使用，可以接近于实现这些非因果系统。数字系统比模拟系统更易获得逼近理想的特性，这是数字系统优于模拟系统的特点之一。

【例 1.15】 已知线性时不变系统的单位冲激响应为

$$h(n) = a^n u(n)$$

试分析该系统的因果性和稳定性。

解：显然 $n<0$ 时，$h(n)=0$，因此该系统是因果系统。

而

$$\sum_{n=-\infty}^{\infty} |h(n)| = \sum_{n=0}^{\infty} |a|^n = \begin{cases} \dfrac{1}{1-|a|} & |a|<1 \\ \infty & |a| \geq 1 \end{cases}$$

所以 $|a|<1$ 时该系统为稳定系统。

【例 1.16】 已知线性时不变系统的单位冲激响应为

$$h(n) = -a^n u(-n-1)$$

试分析该系统的因果性和稳定性。

解：显然 $n<0$ 时，$h(n) \neq 0$，因此该系统是非因果系统。

而

$$\sum_{n=-\infty}^{\infty} |h(n)| = \sum_{n=-\infty}^{-1} |a|^n = \sum_{n=1}^{\infty} |a|^{-n} = \sum_{n=1}^{\infty} \frac{1}{|a|^n} = \sum_{n=0}^{\infty} \frac{1}{|a|^n} - 1$$

$$= \begin{cases} \dfrac{1}{|a|-1} & |a|>1 \\ \infty & |a| \leq 1 \end{cases}$$

所以 $|a|>1$ 时该系统为稳定系统。

【例 1. 17】 已知某系统

$$T[x(n)] = \sum_{k=n-n_0}^{n+n_0} x(k)$$

式中，n_0 为固定值。试分析该系统的稳定性和因果性。

解： 根据定义，若 $|x(n)| < M$ 有界，则

$$|T[x(n)]| \leqslant \sum_{k=n-n_0}^{n+n_0} |x(k)| < |2n_0 + 1|M < \infty$$

所以 $T[\cdot]$ 为稳定系统。

因为 $T[x(n)]$ 与 $x(n)$ 将来值有关，所以 $T[\cdot]$ 为非因果系统。

本 章 小 结

本章主要介绍离散时间信号、离散时间线性时不变系统的基础知识。重点是离散卷积的基本概念和计算。应掌握以下主要内容：

（1）离散时间系统的信号是序列 $x(n)$，几种常见序列有单位冲激序列 $\delta(n)$、单位阶跃序列 $u(n)$、矩形序列 $R_N(n)$、指数序列 $a^n u(n)$、正弦序列 $A\sin(\omega_0 n + \phi)$ 和复指数序列 $e^{(\sigma+j\omega_0)n}$。

（2）离散时间系统中线性系统、时不变系统、因果系统、稳定系统、物理可实现系统的判定条件。

（3）离散卷积是线性时不变系统的非参数描述，公式为

$$y(n) = \sum_{m=-\infty}^{\infty} x(m)h(n-m)$$

（4）描述线性时不变系统的方程是常系数线性差分方程，即

$$y(n) + \sum_{i=1}^{N} a_i y(n-i) = \sum_{j=0}^{M} b_j x(n-j)$$

式中，a_i, b_j 为常数。

习　　题

1.1　画出以下各序列的图形。

（1）$x(n) = (-2)^n u(n)$；　　　　　　（2）$x(n) = (-2)^{n-1} u(n-1)$；

（3）$x(n) = \left(\dfrac{1}{2}\right)^{n-1} u(n)$；　　　　　（4）$x(n) = \left(-\dfrac{1}{2}\right)^{-n} u(n)$；

（5）$x(n) = -\left(\dfrac{1}{2}\right)^n u(-n)$；　　　　（6）$x(n) = \left(\dfrac{1}{2}\right)^{n+1} u(n+1)$。

1.2　判断以下序列是否为周期序列，若是，确定其周期。

（1）$x(n) = A\cos\left(\dfrac{2n\pi}{7} - \dfrac{\pi}{8}\right)$；　　　（2）$x(n) = e^{j\left(\frac{n}{8} - \pi\right)}$。

1.3　列出如图 1-22 所示系统的差分方程。已知边界条件为 $y(-1) = 0$，分别求出以下输入序列时的 $y(n)$，并画出图形。

（1）$x(n) = \delta(n)$；　　　（2）$x(n) = u(n)$；　　　（3）$x(n) = R_N(n)$。

图 1-22　某离散时间系统

1.4　已知线性时不变系统的单位冲激响应 $h(n)$ 及输入 $x(n)$,求输出序列 $y(n)$,并画出 $y(n)$ 的图形。

(1) $h(n) = R_N(n)$, $x(n) = R_N(n)$;

(2) $h(n) = 2^n R_4(n)$, $x(n) = \delta(n) - \delta(n-2)$;

(3) $h(n) = 0.5^n u(n)$, $x(n) = R_5(n)$ 。

1.5　如图 1-22 所示,若初始条件 $y(n) = 0(n \geq 0)$,求在输入 $x(n) = \delta(n)$ 时,输出序列 $y(n)$,并画图。

1.6　已知描述系统的差分方程为

$$y(n) = \sum_{r=0}^{7} b_r x(n-r)$$

(1) 试画出此离散系统的方框图。

(2) 如果 $y(-1) = 0$, $x(n) = \delta(n)$,试求出 $y(n)$,并指出此时 $y(n)$ 有何特点? 这种特点与系统结构有何关系?

1.7　以下所示各系统中, $x(n)$ 表示输入, $y(n)$ 表示输出,判断系统是否线性,是否时变。

(1) $y(n) = 2x(n) + 3$; 　　　(2) $y(n) = x(n)\sin\left(\dfrac{2\pi}{7}n + \dfrac{\pi}{6}\right)$; 　　　(3) $y(n) = [x(n)]^2$ 。

1.8　以下各序列是系统的单位冲激响应 $h(n)$,试指出系统的因果性及稳定性。

(1) $\delta(n)$; 　　(2) $\delta(n-n_0)$, $n_0 \geq 0$ 或 $n_0 < 0$; 　　(3) $u(n)$; 　　(4) $u(3-n)$;

(5) $2^n u(n)$; 　　(6) $2^n R_N(n)$; 　　　　　　　　(7) $\dfrac{1}{n} u(n)$; 　　(8) $\dfrac{1}{n!} u(n)$ 。

1.9　用卷积求系统输出 $y(n)$ 。

(1) $x(n) = \alpha^n u(n)$, $0 < \alpha < 1$; $h(n) = \beta^n u(n)$, $0 < \beta < 1$, $\beta \neq \alpha$ 。

(2) $x(n) = u(n)$; $h(n) = \delta(n-2) - \delta(n-3)$ 。

1.10　试证明卷积结合律,即

$$y(n) = [x(n) * h_1(n)] * h_2(n) = x(n) * [h_1(n) * h_2(n)]$$

1.11　(1) 设 $x(n) = u(n) - u(n-10)$,试用 MATLAB 将它分解为偶分量和奇分量。

(2) 将 $x(n)$ 作为一个单位冲激响应为 $h(n) = (0.8)^n u(n)$ 的线性时不变系统的输入,求输出 $y(n)$ 。

1.12　给出以下两个序列

$x(n) = [3,11,7,0,-1,4,2]$, $-3 \leq n \leq 3$; $h(n) = [2,3,0,-5,2,1]$, $-1 \leq n \leq 4$

试用 MATLAB 求其卷积: $y(n) = x(n) * h(n)$ 。

1.13　计算下面两个序列的卷积: $y(n) = x(n) * h(n)$ 。

$$h(n) = \begin{cases} \alpha^n & 0 \leq n \leq N-1 \\ 0 & \text{其他} \end{cases}$$

$$x(n) = \begin{cases} \beta^{n-n_0} & n_0 \leq n \\ 0 & n < n_0 \end{cases}$$

第2章 离散时间信号与系统的 z 域分析和频域分析

在离散时间系统理论研究中，z 变换是一种重要的数学工具。z 变换是表示和处理序列的一种运算函数，它把离散时间系统的数学模型——差分方程转化为代数方程，使其求解过程得到简化。它类似于连续时间系统中的拉普拉斯变换：将线性微分方程转化为代数方程。z 变换在离散时间系统中的作用与地位也类似于连续时间系统中的拉普拉斯变换。

本章首先讨论 z 变换和 z 反变换的定义，然后讨论 z 变换的性质，以及它与拉普拉斯变换、傅里叶变换的关系。在此基础上研究差分方程的 z 域解法，并研究离散时间系统的系统函数和频率响应。

2.1 z 变换的定义及收敛域

2.1.1 z 变换的定义

序列 $x(n)$ 的 z 变换定义为

$$X(z) = \sum_{n=-\infty}^{\infty} x(n)z^{-n} \tag{2-1}$$

式中，z 是一个连续的复变量。$X(z)$ 是关于 z^{-1} 的幂级数，在数学上属于复变函数中的罗朗（Laurent）级数，其系数是序列 $x(n)$ 的值。在研究 z 变换时可以运用复变函数中所有的定理。$X(z)$ 具有罗朗级数的收敛性和解析性，即式（2-1）绝对可和则收敛，式（2-1）在收敛域内处处解析（可导）。

把 z 写成极坐标形式 $z=re^{j\omega}$，代入式（2-1）得

$$X(re^{j\omega}) = \sum_{n=-\infty}^{\infty} x(n)r^{-n}e^{-j\omega n} \tag{2-2}$$

由式（2-2）可以看出，z 变换可以解释为：序列 $x(n)$ 乘以 r^{-n} 的傅里叶变换。当 $r=1$ 时，式（2-2）即为序列的傅里叶变换。因子 r^{-n} 的引入使得有些序列的傅里叶变换虽然不存在，但其 z 变换却存在。例如，序列 $u(n)$ 不满足绝对可和条件，其傅里叶变换不收敛，但只要 $1<r<\infty$，则序列 $u(n)$ 的 z 变换是收敛的。

因此，z 变换是傅里叶变换的推广，傅里叶变换是 z 变换的特例——单位圆上的 z 变换。

一般地，把 $x(n)$ 的 z 变换记为

$$X(z) = \mathscr{Z}[x(n)]$$

z 变换可以分为双边 z 变换和单边 z 变换两大类。双边 z 变换的定义，即式（2-1）。单边 z 变换定义为

$$X(z) = \sum_{n=0}^{\infty} x(n)z^{-n} \tag{2-3}$$

对于因果序列，$n<0$ 时，$x(n)=0$，其单边 z 变换与双边 z 变换相等。

2.1.2 z 变换的收敛域

式（2-1）定义的 z 变换并不一定对所有 z 值都收敛。只有当其收敛时，z 变换才有意

义。对于任意给定的有界序列 $x(n)$，使式(2-1)表示的级数收敛的所有 z 值集合称为 $X(z)$ 的收敛域。

确定 z 变换的收敛域是很重要的。举例说明如下：

已知两个序列

$$x_1(n) = \begin{cases} a^n & n \geqslant 0 \\ 0 & n < 0 \end{cases}, \qquad x_2(n) = \begin{cases} 0 & n \geqslant 0 \\ -a^n & n < 0 \end{cases}$$

根据式(2-1)求其 z 变换

$$X_1(z) = \sum_{n=-\infty}^{\infty} x_1(n) z^{-n} = \sum_{n=0}^{\infty} (az^{-1})^n$$

上式为等比序列，当 $|az^{-1}| < 1$ 时该序列收敛，即 $|z| > |a|$ 时，有

$$X_1(z) = \frac{1}{1 - az^{-1}} = \frac{z}{z-a}$$

同理

$$X_2(z) = \sum_{n=-\infty}^{-1} x_2(n) z^{-n} = \sum_{n=-\infty}^{-1} (-a^n) z^{-n} = 1 - \sum_{n=0}^{\infty} (a^{-1}z)^n$$

上式也为等比序列，当 $|a^{-1}z| < 1$ 时该序列收敛，即 $|z| < |a|$ 时，有

$$X_2(z) = 1 - \frac{1}{1 - a^{-1}z} = \frac{z}{z-a}$$

由两个不同的序列 $x_1(n)$、$x_2(n)$ 得到了相同的 z 变换表达式 $\frac{z}{z-a}$。但对于 $X_1(z)$，表达式 $\frac{z}{z-a}$ 只有在 $|z| > |a|$ 时才有意义；对于 $X_2(z)$，表达式 $\frac{z}{z-a}$ 只有在 $|z| < |a|$ 时才有意义。这说明 z 变换表达式及其收敛域二者结合在一起与序列才有一一对应关系。若仅有 z 变换表达式，而不规定其收敛域，那么这个 z 变换表达式所对应的序列将不是唯一的。

根据级数理论，式(2-1)所表示的级数收敛的充分必要条件是满足绝对可和条件，即要求

$$\sum_{n=-\infty}^{\infty} |x(n) z^{-n}| < \infty$$

上式的左边构成正项级数。通常可以利用以下两种方法判别正项级数的收敛性。

- 比值判定法：若有一个正项级数 $\sum_{n=-\infty}^{\infty} |a_n|$，令它的后项与前项比值的极限等于 ρ，即

$$\lim_{n \to \infty} \left| \frac{a_{n+1}}{a_n} \right| = \rho$$

则当 $\rho < 1$ 时，级数收敛；$\rho > 1$ 时，级数发散；$\rho = 1$ 时，级数可能收敛，也可能发散。

- 根值判定法：令正项级数一般项 $|a_n|$ 的 n 次根的极限等于 ρ，即

$$\lim_{n \to \infty} \sqrt[n]{|a_n|} = \rho$$

则当 $\rho < 1$ 时，级数收敛；$\rho > 1$ 时，级数发散；$\rho = 1$ 时，级数可能收敛，也可能发散。

下面利用上述判定法讨论几类序列的 z 变换的收敛域。

1. 有限长序列

序列 $x(n)$ 在有限长度($n_1 \leqslant n \leqslant n_2$)内具有非零值，在此长度外皆为零，则 $x(n)$ 称为有限长序列，即

$$x(n) = \begin{cases} x(n) & n_1 \leqslant n \leqslant n_2 \\ 0 & \text{其他} \end{cases}$$

有限长序列 $x(n)$ 的 z 变换为

$$X(z) = \sum_{n=n_1}^{n_2} x(n) z^{-n}$$

由于 n_1、n_2 都是有限整数，因此上式是一个有限项级数和，其收敛域应满足

$$\sum_{n=n_1}^{n_2} |x(n) z^{-n}| \leqslant \sum_{n=n_1}^{n_2} |x(n)| \, |z^{-n}| < \infty$$

因为 $\sum\limits_{n=n_1}^{n_2} |x(n)|$ 为有限值，所以有限长序列的 z 变换的收敛域取决于

$$|z^{-n}| < \infty \qquad n_1 \leqslant n \leqslant n_2$$

因此有限长序列 z 变换的最小收敛域为

$$0 < |z| < \infty$$

若对 n_1、n_2 加以限制，则收敛域可以进一步扩大。若 $n_1 \geqslant 0$，$z = \infty$ 时，则 $|z^{-n}| = 0$，此时收敛域为 $0 < |z| \leqslant \infty$；若 $n_2 \leqslant 0$，$z = 0$ 时，则 $|z^{-n}| = 0$，此时收敛域为 $0 \leqslant |z| < \infty$。

有限长序列及其 z 变换的收敛域如图 2-1 所示。有限长序列的 z 变换及其收敛域的推导可参见二维码 2-1。

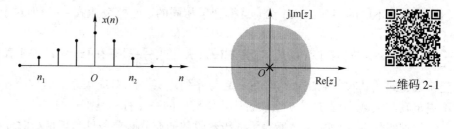

图 2-1　有限长序列及其 z 变换的收敛域
$n_1 < 0, n_2 > 0; z = 0, z = \infty$ 除外

二维码 2-1

2. 右边序列

序列 $x(n)$ 只在 $n \geqslant n_1$ 时为非零有限值，而 $n < n_1$ 时 $x(n) = 0$，则称 $x(n)$ 为右边序列，即

$$x(n) = \begin{cases} x(n) & n \geqslant n_1 \\ 0 & n < n_1 \end{cases}$$

右边序列 $x(n)$ 的 z 变换为

$$X(z) = \sum_{n=n_1}^{\infty} x(n) z^{-n} \tag{2-4}$$

根据级数理论，若满足

$$\lim_{n \to \infty} \sqrt[n]{|x(n) z^{-n}|} < 1$$

则
$$|z| > \lim_{n \to \infty} \sqrt[n]{|x(n)|} = R_1$$

因此右边序列的 z 变换的收敛域是半径为 R_1 的圆的外部区域。由式 (2-4) 可知，$n_1 > 0$ 时，收敛域包括 $z = \infty$ 处，即 $|z| > R_1$；当 $n_1 = 0$ 时，右边序列为因果序列，其收敛域为 $|z| > R_1$；当 $n_1 < 0$ 时，收敛域不包括 $z = \infty$ 处，即 $R_1 < |z| < \infty$。

右边序列及其 z 变换的收敛域如图 2-2 所示。

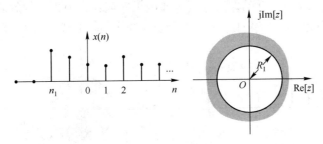

图 2-2 右边序列及其 z 变换的收敛域($n_1 < 0, z = \infty$ 除外)

根据级数理论,在收敛域内函数必须是解析的,因此此收敛域内不允许有极点存在。所以对于右边序列,如果其 z 变换表达式有 N 个有限极点 $\{z_i\}_1^N$,那么收敛域一定是在模值为最大的一个极点所在圆以外,即

$$R_1 = \max\{|z_1|, |z_2|, \cdots, |z_N|\}$$

对于因果序列,∞ 处不能有极点。因果序列及其 z 变换的收敛域如图 2-3 所示。

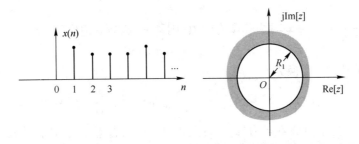

图 2-3 因果序列及其 z 变换的收敛域(包括 $z = \infty$)

3. 左边序列

$x(n)$ 只在 $n \leq n_2$ 时为非零有限值,而 $n > n_2$ 时 $x(n) = 0$,则 $x(n)$ 称为左边序列,即

$$x(n) = \begin{cases} x(n) & n \leq n_2 \\ 0 & n > n_2 \end{cases}$$

左边序列 $x(n)$ 的 z 变换为

$$X(z) = \sum_{n = -\infty}^{n_2} x(n) z^{-n} \tag{2-5}$$

令 $n = -m$,得

$$X(z) = \sum_{m = -n_2}^{\infty} x(-m) z^{m}$$

令 $m = n$,得

$$X(z) = \sum_{n = -n_2}^{\infty} x(-n) z^{n}$$

根据级数理论,若满足

$$\lim_{n \to \infty} \sqrt[n]{|x(-n) z^n|} < 1$$

则

$$|z| < \frac{1}{\lim\limits_{n \to \infty} \sqrt[n]{|x(-n)|}} = R_2$$

因此左边序列的 z 变换的收敛域是半径为 R_2 的圆的内部区域。由式(2-5)可知,$n_2 > 0$ 时,收敛域不包括 $z = 0$,即 $0 < |z| < R_2$,$n_2 > 0$ 的左边序列为非因果序列;$n_2 \leqslant 0$ 时,收敛域包括 $z = 0$,即 $|z| < R_2$,$n_2 \leqslant 0$ 的左边序列为逆因果序列,左边序列及其 z 变换的收敛域如图 2-4 所示。

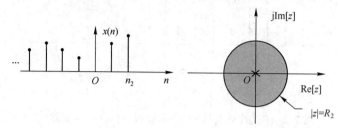

图 2-4   左边序列($n_2 > 0$)及其 z 变换的收敛域($z = 0$ 除外)

对于左边序列,如果其 z 变换表达式有 N 个极点存在,那么收敛域一定是在模值为最小的一个极点所在圆以内,这样 $X(z)$ 才能在整个圆中解析,即

$$R_2 = \min\{|z_1|, |z_2|, \cdots, |z_N|\}$$

4. 双边序列

序列 $x(n)$ 在 $-\infty \leqslant n \leqslant \infty$ 时为非零有限值,则称 $x(n)$ 为双边序列,即

$$x(n), \quad -\infty \leqslant n \leqslant \infty$$

双边序列 $x(n)$ 的 z 变换为

$$X(z) = \sum_{n=-\infty}^{\infty} x(n)z^{-n} = \sum_{n=-\infty}^{-1} x(n)z^{-n} + \sum_{n=0}^{\infty} x(n)z^{-n}$$

上式第一项为左边序列,其收敛域为 $|z| < R_2$;上式第二项为右边序列,其收敛域为 $|z| > R_1$。$X(z)$ 收敛域为两者公共部分,当 $R_2 > R_1$ 时,收敛域为 $R_1 < |z| < R_2$ 的环域;当 $R_2 < R_1$ 时,两者不存在公共收敛域,$X(z)$ 不收敛。

双边序列及其 z 变换的收敛域如图 2-5 所示。

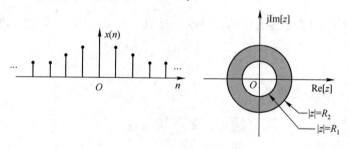

图 2-5   双边序列及其 z 变换的收敛域

【例 2.1】   已知 $x(n) = \delta(n)$,求其 z 变换。

解:这是一个有限长序列的特例,有

$$X(z) = \sum_{n=-\infty}^{\infty} \delta(n)z^{-n} = 1 \qquad 0 \leqslant |z| \leqslant \infty$$

收敛域是整个 z 平面,如图 2-6 所示。

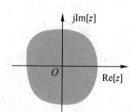

图 2-6 $\delta(n)$ 的收敛域(全部 z 平面)

【例 2.2】 已知 $x(n)=R_N(n)$，求其 z 变换。

解：
$$X(z) = \sum_{n=-\infty}^{\infty} R_N(n)z^{-n} = \sum_{n=0}^{N-1} z^{-n}$$
$$= \frac{1-z^{-N}}{1-z^{-1}} \qquad 0 < |z| \leqslant \infty$$

【例 2.3】 已知 $x(n)=a^n u(n)$，求其 z 变换。

解：这是一个右边序列，且是因果序列，其 z 变换为
$$X(z) = \sum_{n=-\infty}^{\infty} a^n u(n)z^{-n}$$
$$= \sum_{n=0}^{\infty} a^n z^{-n} = \sum_{n=0}^{\infty} (az^{-1})^n$$
$$= \frac{1}{1-az^{-1}} = \frac{z}{z-a} \qquad |z| > |a|$$

这是一个无穷项等比级数求和，只有在 $|az^{-1}|<1$，即 $|z|>|a|$ 处收敛，故得到以上闭合形式表达式，其收敛域如图 2-7 所示。$X(z)$ 在 $z=a$ 处有一个极点，在 $z=0$ 处有一个零点，收敛域正是该极点所在圆 $|z|=|a|$ 以外的区域。

其 MATLAB 实现程序如下：

```
syms n a z;
Xz=symsum(a^n/z^n,n,0,inf)
```

运行结果如下：
$$X(z) = \frac{-z}{a-z} = \frac{z}{z-a}$$

【例 2.4】 已知 $x(n)=b^n u(-n)$，求其 z 变换。

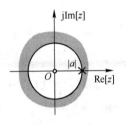

图 2-7 $x(n)=a^n u(n)$ 的收敛域

解： $X(z) = \sum_{n=-\infty}^{\infty} x(n)z^{-n} = \sum_{n=-\infty}^{0} b^n z^{-n} = \sum_{n=-\infty}^{0} (b^{-1}z)^{-n}$

令 $m=-n$，得 $X(z) = \sum_{m=0}^{\infty} (b^{-1}z)^m = \frac{1}{1-b^{-1}z} = \frac{b}{b-z} \qquad |z| < |b|$

其收敛域为 $|b^{-1}z|<1$，即 $|z|<|b|$，整个收敛域在极点所在圆以内的区域，如图 2-8 所示。

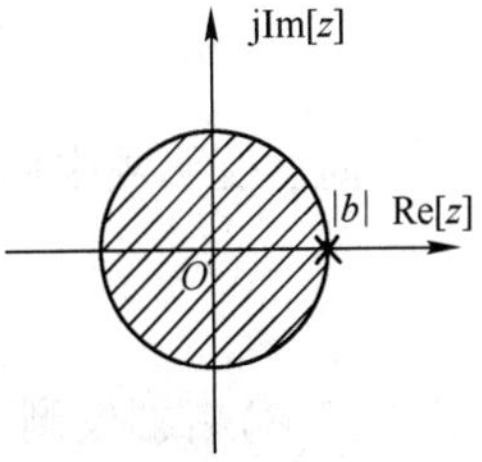

【例 2.5】 已知双边序列
$$x(n) = \begin{cases} a^n & n \geqslant 0 \\ -b^n & n < 0 \end{cases}$$

求其 z 变换。

解： $X(z) = \sum_{n=-\infty}^{\infty} [a^n u(n) - b^n u(-n-1)]z^{-n}$
$$= \sum_{n=0}^{\infty} a^n z^{-n} - \sum_{n=-\infty}^{-1} b^n z^{-n}$$

图 2-8 $x(n)=b^n u(-n)$ 的收敛域

$$= \sum_{n=0}^{\infty} (az^{-1})^n - \sum_{n=0}^{\infty} (b^{-1}z)^n + 1$$

因此,当 $|z| > |a|$ 时上式第一项收敛;当 $|z| < |b|$ 时上式第二项收敛。所以当 $|a| < |b|$ 时,$X(z)$ 的收敛域如图 2-9 所示。$X(z)$ 的表达式为

$$X(z) = \frac{z}{z-a} + \frac{z}{z-b} \qquad |a| < |z| < |b|$$

显然,当 $|a| > |b|$ 时,$X(z)$ 不收敛。

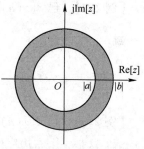

图 2-9　例 2.5 的收敛域

2.2　z 反变换

已知序列的 z 变换 $X(z)$ 及其收敛域,反过来求序列 $x(n)$ 的变换,称为 z 反变换。

求 z 反变换通常有以下几种方法:留数法、幂级数展开法、长除法和部分分式展开法。

2.2.1　留数法

如果

$$X(z) = \sum_{n=-\infty}^{\infty} x(n)z^{-n} \qquad R_1 < |z| < R_2$$

则 $X(z)$ 的反变换为

$$x(n) = \frac{1}{2\pi j} \oint_c X(z)z^{n-1}\mathrm{d}z \qquad c \in (R_1, R_2) \tag{2-6}$$

积分路径 c 是一条在 $X(z)$ 收敛域内逆时针方向绕原点一周的单围线,如图 2-10 所示。

下面对式 (2-6) 加以证明。

证明：在 $X(z) = \sum_{n=-\infty}^{\infty} x(n)z^{-n}$ 两端同乘 z^{m-1} 得

$$X(z)z^{m-1} = \Big[\sum_{n=-\infty}^{\infty} x(n)z^{-n} \Big] z^{m-1}$$

在收敛域内任选一条逆时针方向环绕原点一周的单围线 c,沿 c 进行积分

$$\oint_c X(z)z^{m-1}\mathrm{d}z = \oint_c \Big[\sum_{n=-\infty}^{\infty} x(n)z^{-n} \Big] z^{m-1}\mathrm{d}z \tag{2-7}$$

将积分与求和次序互换,可得

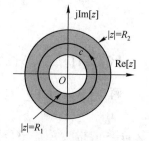

图 2-10　围线积分路径

$$\oint_c X(z)z^{m-1}\mathrm{d}z = \sum_{n=-\infty}^{\infty} x(n) \oint_c z^{m-n-1}\mathrm{d}z \tag{2-8}$$

根据复变函数中柯西定理

$$\oint_c z^{k-1}\mathrm{d}z = \begin{cases} 2\pi j & k = 0 \\ 0 & k \neq 0 \end{cases}$$

所以式 (2-8) 右端仅剩下 $m = n$ 一项,其余全为零,于是式 (2-8) 变换成

$$\oint_c X(z)z^{n-1}\mathrm{d}z = 2\pi j x(n)$$

因此

$$x(n) = \frac{1}{2\pi j} \oint_c X(z)z^{n-1}\mathrm{d}z$$

如果 $X(z)$ 的极点个数有限,则式(2-6)的积分可以用留数定理求解。

设 $\{a_k\}$ 与 $\{b_k\}$ 分别是 $X(z)z^{n-1}$ 在有限 z 平面上围线 c 内部与外部的两组极点,则可根据复变函数中的留数定理来求解,即

$$x(n) = \sum_k \text{Res}[X(z)z^{n-1}, a_k] \tag{2-9}$$

或

$$x(n) = -\sum_k \text{Res}[X(z)z^{n-1}, b_k] - \text{Res}[X(z)z^{n-1}, \infty]$$

当 $X(z)z^{n-1}$ 在 $z=\infty$ 处有二阶或二阶以上的零点,即 $X(z)z^{n-1}$ 的分母多项式的阶数比分子多项式的阶数高二阶或二阶以上时,无穷远处的留数为零,因此上式可表示为

$$x(n) = -\sum_k \text{Res}[X(z)z^{n-1}, b_k] \tag{2-10}$$

在利用留数定理求 z 反变换时,首先应根据 $X(z)$ 的收敛域确定 $x(n)$ 的性质(左边、右边、双边序列),然后根据极点位置选择式(2-9)或式(2-10)。围线 c 内的极点一般对应于一个因果序列,而围线 c 外的极点对应于一个逆因果序列,因此当 $n \geq 0$ 时选择式(2-9),当 $n<0$ 时选择式(2-10)。应强调指出,式(2-9)、式(2-10)两式求的是 $X(z)z^{n-1}$ 的留数,要注意 $X(z)$ 乘以 z^{n-1} 后在 $z=0$ 处极点的变化。

如果 z_k 为单极点,则根据留数定理得

$$\text{Res}[X(z)z^{n-1}, z_k] = (z-z_k)X(z)z^{n-1}\Big|_{z=z_k} \tag{2-11}$$

如果 z_k 为 N 阶极点,则根据留数定理有

$$\text{Res}[X(z)z^{n-1}, z_k] = \frac{1}{(N-1)!} \frac{\text{d}^{N-1}}{\text{d}z^{N-1}}\left[(z-z_k)^N X(z)z^{n-1}\right]\Big|_{z=z_k} \tag{2-12}$$

【例2.6】 已知

$$X(z) = \frac{1}{(1-z^{-1})(1-\text{e}^{-T}z^{-1})} \qquad |z|>1$$

求 $x(n)$。

解:因为 $X(z)$ 的收敛域为 $|z|>1$,所以 $x(n)$ 为因果序列,即 $n \geq 0$ 时 $x(n)$ 有非零值,$n<0$ 时 $x(n)=0$。若在 $|z|>1$ 的收敛域内任选一条包围所有极点的单围线 c,则

$$X(z)z^{n-1} = \frac{z^{n-1}}{(1-z^{-1})(1-\text{e}^{-T}z^{-1})} = \frac{z^{n+1}}{(z-1)(z-\text{e}^{-T})}$$

因此,当 $n \geq 0$ 时,$X(z)z^{n-1}$ 只有两个极点 $z=1$ 和 $z=\text{e}^{-T}$ 被 c 包围,应按式(2-9)计算,有

$$x(n) = \text{Res}[X(z)z^{n-1}, 1] + \text{Res}[X(z)z^{n-1}, \text{e}^{-T}]$$

$$= \frac{1}{1-\text{e}^{-T}} + \frac{\text{e}^{-(n+1)T}}{\text{e}^{-T}-1}$$

$$= \frac{1-\text{e}^{-(n+1)T}}{1-\text{e}^{-T}} \qquad n \geq 0$$

【例2.7】 已知

$$X(z) = \frac{1-a^2}{(1-az)(1-az^{-1})} \qquad |a|<|z|<|a^{-1}|, 0<|a|<1$$

求 $x(n)$。

解:由于 $X(z)$ 的收敛域为 $|a|<|z|<|a^{-1}|$,所以 $x(n)$ 为双边序列。

根据双边序列特点取围线 c 如图2-11所示。

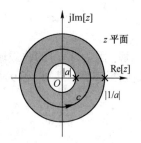

图2-11 双边序列围线积分

因为
$$X(z)z^{n-1} = \frac{(1-a^2)z^{n-1}}{(1-az)(1-az^{-1})}$$
$$= \frac{(1-a^2)z^n}{(1-az)(z-a)}$$

故当 $n \geq 0$ 时,围线 c 内只包含极点 $z=a$,根据式(2-9)得
$$x(n) = \mathrm{Res}[X(z)z^{n-1},a]$$
$$= \left[(z-a)\frac{(1-a^2)z^n}{(1-az)(z-a)}\right]_{z=a} = a^n$$

当 $n<0$ 时,围线 c 外只含有 $z=a^{-1}$ 一个极点,根据式(2-10)得
$$x(n) = -\mathrm{Res}[X(z)z^{n-1},a^{-1}] = a^{-n}$$

由此可得
$$x(n) = \begin{cases} a^n & n \geq 0 \\ a^{-n} & n<0 \end{cases}$$

$a=0.5$ 时求解 $x(n)$ 的 MATLAB 的实现程序如下。b 和 a 的值分别是 $X(z)$ 分子、分母按 z^{-1} 从零开始升幂排列的系数。

```
clear
b=[0,0.75];
a=[-0.5,1.25,-0.5];
[r,p,k]=residue(b,a)
r =
    -1
     1
p =
   2.0000
   0.5000
k =
   []
```

所以
$$x(n) = -2^n u(-n-1) + 0.5^n u(n)$$

$X(z)$ 的零、极点如图 2-12 所示。求解 $X(z)$ 的零、极点的 MATLAB 实现程序如下:

```
clear
b=[0,0.75];
a=[-0.5,1.25,-0.5];
zplane(b,a)
```

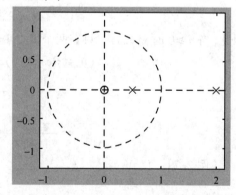

图 2-12　$X(z)$ 的零、极点

【例 2.8】　已知
$$X(z) = \frac{z^3+2z^2+1}{z(z-1)(z-0.5)} \qquad |z|>1$$

求 $x(n)$。

解:因为 $X(z)$ 的收敛域为 $|z|>1$,所以 $x(n)$ 必然是因果序列。由式(2-9)知
$$x(n) = \sum_k \mathrm{Res}[X(z)z^{n-1},a_k]$$
$$= \sum_k \mathrm{Res}\left[\frac{z^3+2z^2+1}{(z-1)(z-0.5)}z^{n-2},a_k\right]$$

当 $n \geq 2$ 时，$X(z)z^{n-1}$ 只含有两个一阶极点：$z_1 = 1$，$z_2 = 0.5$。此时

$$x(n) = \left[\left(\frac{z^3 + 2z^2 + 1}{z - 0.5}\right)z^{n-2}\right]_{z=1} + \left[\left(\frac{z^3 + 2z^2 + 1}{z - 1}\right)z^{n-2}\right]_{z=0.5}$$
$$= 8 - 13(0.5)^n \qquad n \geq 2$$

当 $n = 0$ 时，$X(z)z^{n-1}$ 除含有两个一阶极点：$z_1 = 1$，$z_2 = 0.5$ 外，还含有一个二阶极点：$z_3 = 0$，由式(2-9)可分别求出它们的留数

$$\text{Res}\left[X(z)z^{n-1}\right]_{z=1} = \left[\frac{z^3 + 2z^3 + 1}{z(z-1)(z-0.5)}(z-1)z^{-1}\right]_{z=1} = 8$$

$$\text{Res}\left[X(z)z^{n-1}\right]_{z=0.5} = \left[\frac{z^3 + 2z^2 + 1}{z(z-1)(z-0.5)}(z-0.5)z^{-1}\right]_{z=0.5} = -13$$

对二阶极点，有

$$\text{Res}\left[X(z)z^{n-1}\right]_{z=0} = \frac{1}{(2-1)!}\left\{\frac{\mathrm{d}}{\mathrm{d}z}\left[z^2 \frac{z^3 + 2z^2 + 1}{z(z-1)(z-0.5)}z^{-1}\right]\right\}_{z=0} = 6$$

这样 $x(n) = 8 - 13 + 6 = 1 \qquad n = 0$

当 $n = 1$ 时，$X(z)z^{n-1}$ 有三个一阶极点：$z_1 = 1$，$z_2 = 0.5$，$z_3 = 0$，按同样方法可以分别求出它们的留数分别为 8、-6.5 和 2，这样

$$x(n) = 8 - 6.5 + 2 = 3.5 \qquad n = 1$$

综合上述结果，可以得到

$$x(n) = \begin{cases} 0 & n < 0 \\ 1 & n = 0 \\ 3.5 & n = 1 \\ 8 - 13 \times 0.5^n & n \geq 2 \end{cases}$$

所以 $x(n) = (8 - 13 \times 0.5^n)u(n) + 6\delta(n) + 2\delta(n-1)$

求解 $x(n)$ 的 MATLAB 的实现程序如下：

```
clear
b=[0,1,2,0,1];
a=[1,-1.5,0.5,0,0];
[r,p,k]=residue(b,a)
r=
    8
   -13
    6
    2
p=
    1.0000
    0.5000
    0
    0
k=
    []
```

$$x(n) = r_1 p_1^n u(n) + r_2 p_2^n u(n) + r_3 \delta(n) + r_4 \delta(n-1)$$

此题编写 MATLAB 程序时，应按 $\dfrac{X(z)}{z}$ 的系数输入 b 和 a。

$X(z)$ 的零、极点如图 2-13 所示。求解 $X(z)$ 的零、极点的 MATLAB 实现程序如下：

```
clear
b=[0,1,2,0,1];
a=[1,-1.5,0.5,0,0];
[z,p,k]=tf2zp(b,a);
zplane(b,a)
z=
    -2.2056
    0.1028 + 0.6655j
    0.1028 - 0.6655j
p =
    0
    0
    1.0000
    0.5000
k =
    1
```

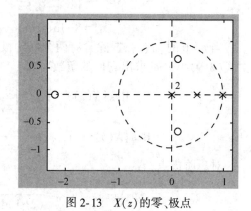

图 2-13 $X(z)$ 的零、极点

因此可得 $X(z)$ 的零点为-2.2056,0.1028+0.6655j,0.1028-0.6655j;$X(z)$ 的极点为 0,0,1.0000,0.5000;$X(z)$ 的增益系数为 1。

2.2.2 幂级数展开法和长除法

因为 $x(n)$ 的 z 变换定义为 z^{-1} 的幂级数 $X(z) = \sum_{n=-\infty}^{\infty} x(n)z^{-n}$,所以只要在收敛域内,把 $X(z)$ 展开成幂级数,级数的系数就是 $x(n)$。

【例 2.9】 已知

$$X(z) = \ln(1+az^{-1}) \qquad |z|>a, |a|<1$$

求 $x(n)$。

解:根据常用级数公式

$$\ln(1+x) = x - \frac{x^2}{2} + \frac{x^3}{3} - \cdots + (-1)^{n+1}\frac{x^n}{n}, \quad -1<x \leqslant 1$$

则

$$\begin{aligned}
X(z) &= \ln(1+az^{-1}) \\
&= az^{-1} - \frac{a^2z^2}{2} + \frac{a^3z^{-3}}{3} - \frac{a^4z^4}{4} + \cdots + (-1)^{n+1}\frac{(az^{-1})^n}{n} \\
&= \sum_{n=1}^{\infty} (-1)^{n+1}\frac{a^n}{n}z^{-n} \qquad |a|<1
\end{aligned}$$

因此

$$x(n) = \begin{cases} (-1)^{n+1}\dfrac{a^n}{n} & n \geqslant 1 \\ 0 & n \leqslant 0 \end{cases}$$

当 $X(z)$ 是有理函数,即 $X(z) = \dfrac{N(z)}{D(z)}$ 时,也可以利用长除法把 $X(z)$ 展成 z^{-1} 的幂级数。利用长除法解题时,应首先根据 $X(z)$ 的收敛域,判定 $x(n)$ 是右边序列,还是左边序列。如果 $x(n)$ 是右边序列,则将 $N(z)$、$D(z)$ 按 z^{-1} 升幂(或 z 降幂)排列进行相除;如果 $x(n)$ 为左边序列,则将 $N(z)$、$D(z)$ 按 z^{-1} 降幂(或 z 升幂)排列进行相除,相除后要写出级数通式,其系数即为 $x(n)$。

【例 2.10】 已知

$$X(z) = \frac{z}{(z-1)^2} \qquad |z|>1$$

求 $x(n)$。

解：因为 $X(z)$ 的收敛域为 $|z|>1$，所以 $x(n)$ 是右边序列，而且是因果序列。$X(z)$ 按 z 的降幂排列，有

$$X(z) = \frac{z}{z^2 - 2z + 1}$$

用长除法运算：

$$
\begin{array}{r}
z^{-1} \quad +2z^{-2} \quad +3z^{-3} \quad + \cdots \\
z^2 - 2z + 1 \,\overline{\smash{\big)}\, z \qquad\qquad\qquad\qquad\qquad} \\
\underline{z \qquad -2 \qquad +z^{-1}} \\
2 \qquad -z^{-1} \\
\underline{2 \qquad -4z^{-1} + 2z^{-2}} \\
3z^{-1} - 2z^{-2} \\
\underline{3z^{-1} - 6z^{-2} + 3z^{-3}} \\
4z^{-2} - 3z^{-3}
\end{array}
$$

可得

$$X(z) = z^{-1} + 2z^{-2} + 3z^{-3} + \cdots = \sum_{n=0}^{\infty} n z^{-n}$$

因此

$$x(n) = nu(n)$$

【例 2.11】 已知

$$X(z) = \frac{1 + 2z^{-1}}{1 - 2z^{-1} + z^{-2}} \qquad |z| < 1$$

求 $x(n)$。

解：因为 $X(z)$ 的收敛域为 $|z| < 1$，所以 $x(n)$ 为左边序列。$X(z)$ 按 z^{-1} 降幂排列，用长除法展开成级数，得

$$X(z) = 2z + 5z^2 + \cdots$$
$$= \sum_{n=1}^{\infty} (3n - 1) z^n$$
$$= -\sum_{n=-\infty}^{-1} (3n + 1) z^{-n}$$

因此

$$x(n) = -(3n + 1) u(-n - 1)$$

$X(z)$ 的零、极点如图 2-14 所示。

求解 $X(z)$ 的零、极点的 MATLAB 实现程序如下。

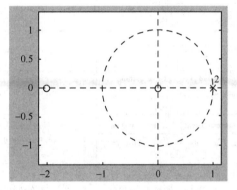

图 2-14 $X(z)$ 的零、极点

```
clear
b=[1,2];
a=[1,-2,1];
zplane(b,a)
```

2.2.3 部分分式展开法

序列的 z 变换一般可以表示成 z^{-1} 有理分式形式，即

$$X(z) = \frac{B(z)}{A(z)} = \frac{b_0 + b_1 z^{-1} + \cdots + b_M z^{-M}}{a_0 + a_1 z^{-1} + \cdots + a_N z^{-N}}$$

$$= \sum_{k=1}^{N} \frac{A_k}{1 - p_k z^{-1}} + \sum_{k=0}^{M-N} B_k z^{-k} \quad (M \geqslant N)$$

A_k 是单极点的留数，B_k 可由长除法计算得到。

当分子多项式的阶次小于分母多项式的阶次,即 $M<N$ 时,z 变换是一种线性变换,可以把它分解成许多常见的部分分式之和,然后查表 2-1 分别求出各部分的 z 反变换,把这些反变换相加即可得 $x(n)$。此时有

$$X(z) = \frac{b_0 + b_1 z^{-1} + \cdots + b_M z^{-M}}{\prod\limits_{k=1}^{N}(1 - p_k z^{-1})} = \sum_{k=1}^{N} \frac{A_k}{1 - p_k z^{-1}}, \quad M < N$$

$$A_k = (1 - p_k z^{-1}) X(z)\big|_{z=p_k}$$

另外一种方法,$X(z)$ 还可以表示成 z 的有理分式形式

$$X(z) = \frac{B(z)}{A(z)} = \frac{b_0 + b_1 z + \cdots + b_M z^M}{a_0 + a_1 z + \cdots + a_N z^N}$$

表 2-1 z 反变换表

z 变换($\lvert z \rvert > R$)	序 列	z 变换($\lvert z \rvert < R$)	序 列
1	$\delta(n)$		
$\dfrac{z}{z-1}$	$u(n)$		
$\dfrac{z}{z-a}$	$a^n u(n)$	$\dfrac{z}{z-a}$	$-a^n u(-n-1)$
$\dfrac{z}{(z-1)^2}$	$nu(n)$		
$\dfrac{az}{(z-a)^2}$	$na^n u(n)$		
$\dfrac{z^N-1}{z^{N-1}(z-1)} = \dfrac{1-z^{-N}}{1-z^{-1}}$ $\lvert z \rvert > 0$	$R_N(n)$		
$\dfrac{z}{z-\mathrm{e}^{-\mathrm{j}\omega_0}} = \dfrac{1}{1-\mathrm{e}^{-\mathrm{j}\omega_0}z^{-1}}$ $\lvert z \rvert > 1$	$\mathrm{e}^{-\mathrm{j}\omega_0 n} u(n)$		
$\dfrac{z\sin\omega_0}{z^2-2z\cos\omega_0+1} = \dfrac{z^{-1}\sin\omega_0}{1-2z^{-1}\cos\omega_0+z^{-2}}$ $\lvert z \rvert > 1$	$\sin(\omega_0 n)u(n)$		
$\dfrac{z^2-z\cos\omega_0}{z^2-2z\cos\omega_0+1} = \dfrac{1-z^{-1}\cos\omega_0}{1-2z^{-1}\cos\omega_0+z^{-2}}$ $\lvert z \rvert > 1$	$\cos(\omega_0 n)u(n)$		
$\dfrac{z^{-1}\mathrm{e}^{-a}\sin\omega_0}{1-2z^{-1}\mathrm{e}^{-a}\cos\omega_0+z^{-2}\mathrm{e}^{-2a}}$ $\lvert z \rvert > \mathrm{e}^{-a}$	$\mathrm{e}^{-an}\sin(\omega_0 n)u(n)$		
$\dfrac{1-z^{-1}\mathrm{e}^{-a}\cos\omega_0}{1-2z^{-1}\mathrm{e}^{-a}\cos\omega_0+z^{-2}\mathrm{e}^{-2a}}$ $\lvert z \rvert > \mathrm{e}^{-a}$	$\mathrm{e}^{-an}\cos(\omega_0 n)u(n)$		
$\dfrac{z}{(z-1)^3}$	$\dfrac{n(n-1)}{2!}u(n)$		
$\dfrac{z}{(z-1)^4}$	$\dfrac{n(n-1)(n-2)}{3!}u(n)$		
$\dfrac{z}{(z-1)^{m+1}}$	$\dfrac{n(n-1)\cdots(n-m+1)}{m!}u(n)$		
$\dfrac{z^2}{(z-a)^2}$	$(n+1)a^n u(n)$	$\dfrac{z^2}{(z-a)^2}$	$-(n+1)a^n u(-n-1)$
$\dfrac{z^3}{(z-a)^3}$	$\dfrac{(n+1)(n+2)}{2!}a^n u(n)$	$\dfrac{z^3}{(z-a)^3}$	$-\dfrac{(n+1)(n+2)}{2!}a^n u(-n-1)$
$\dfrac{z^4}{(z-a)^4}$	$\dfrac{(n+1)(n+2)(n+3)}{3!}a^n u(n)$	$\dfrac{z^4}{(z-a)^4}$	$-\dfrac{(n+1)(n+2)(n+3)}{3!}a^n u(-n-1)$
$\dfrac{z^{m+1}}{(z-a)^{m+1}}$	$\dfrac{(n+1)(n+2)\cdots(n+m)}{m!}a^n u(n)$	$\dfrac{z^{m+1}}{(z-a)^{m+1}}$	$-\dfrac{(n+1)(n+2)\cdots(n+m)}{m!}a^n u(-n-1)$

如果设 $M=N$，$X(z)$ 只含有一阶极点，则 $X(z)$ 可以展开成

$$X(z) = A_0 + \sum_{m=1}^{k} \frac{A_m z}{z - z_m} \tag{2-13}$$

因此

$$\frac{X(z)}{z} = \frac{A_0}{z} + \sum_{m=1}^{k} \frac{A_m}{z - z_m}$$

式中，A_0、A_m 分别为 $\dfrac{X(z)}{z}$ 在 $z=0$，$z=z_m$ 处极点的留数，即

$$A_0 = \mathrm{Res}\left[\frac{X(z)}{z}, 0\right] = X(0) = \frac{b_0}{a_0}$$

$$A_m = \mathrm{Res}\left[\frac{X(z)}{z}, z_m\right] = \left[(z - z_m)\frac{X(z)}{z}\right]_{z = z_m}$$

若式(2-13)的收敛域为 $|z| > R_1$，则 $x(n)$ 为因果序列，即

$$x(n) = A_0\delta(n) + \sum_{m=1}^{k} A_m(z_m)^n u(n) \tag{2-14}$$

若式(2-13)的收敛域为 $|z| < R_2$，则 $x(n)$ 为左边序列；当收敛域包括 $z=0$ 时，$x(n)$ 为逆因果序列，即

$$x(n) = A_0\delta(n) - \sum_{m=1}^{k} A_m(z_m)^n u(-n-1) \tag{2-15}$$

若式(2-13)的收敛域为 $R_1 < |z| < R_2$，则 $x(n)$ 为双边序列，可根据具体情况进行讨论。

如果 $X(z)$ 存在高阶极点，对式(2-13)适当加以修改，也可以采用类似方法求解。

【例 2.12】 已知

$$X(z) = \frac{z^2}{z^2 - 1.5z + 0.5} \qquad |z| > 1$$

求 $x(n)$。

解：
$$X(z) = \frac{z^2}{z^2 - 1.5z + 0.5} = \frac{z^2}{(z-1)(z-0.5)}$$

$X(z)$ 有 $z_1 = 0.5$，$z_2 = 1$ 两个单极点，其留数分别为

$$A_2 = \left[\frac{X(z)}{z}(z-1)\right]_{z=1} = 2$$

$$A_1 = \left[\frac{X(z)}{z}(z-0.5)\right]_{z=0.5} = -1$$

$$A_0 = [X(z)]_{z=0} = 0$$

因此展开 $X(z)$ 得
$$X(z) = \frac{2z}{z-1} - \frac{z}{z-0.5}$$

又因为 $|z| > 1$，所以 $x(n)$ 为因果序列，根据式(2-14)得

$$x(n) = (2 - 0.5^n)u(n)$$

求解 $x(n)$ 的 MATLAB 实现程序如下：

```
clear
b=[0,1,0];
a=[1,-1.5,0.5];
[r,p,k]=residue(b,a)


r =
```

$$p =$$

$$\begin{matrix} 2 \\ -1 \end{matrix}$$

$$\begin{matrix} 1.0000 \\ 0.5000 \end{matrix}$$

$$k =$$

$$[\,]$$

故 $$x(n)=(2-0.5^{n})u(n)$$

此题编写 MATLAB 程序时，按 $\dfrac{X(z)}{z}$ 的系数输入 b 和 a。

2.3　z 变换性质

z 变换是分析离散时间系统的有力工具。在离散时间系统中经常对序列进行延迟、相加、相乘和卷积等计算，因此熟练掌握 z 变换性质对简化分析过程和解决问题有着重要意义。下面介绍几个常用性质。

1. 线性特性

z 变换的线性特性表现在它的均匀性与可加性。

若 $$\mathscr{Z}\left[x(n)\right]=X(z) \qquad R_{x_1}<|z|<R_{x_2}$$

$$\mathscr{Z}\left[y(n)\right]=Y(z) \qquad R_{y_1}<|z|<R_{y_2}$$

则 $$\mathscr{Z}\left[ax(n)+by(n)\right]=aX(z)+bY(z)$$

$$\max[R_{x_1},R_{y_1}]<|z|<\min[R_{x_2},R_{y_2}]$$

图 2-15　公共收敛域 $R_1<|z|<R_2$

如图 2-15 所示，式中 a,b 为任意常数。

在 $aX(z)+bY(z)$ 中，如果出现某些零、极点相抵消，收敛域可能扩大。

【例 2.13】　求序列 $a^n u(n)-a^n u(n-1)$ 的 z 变换。

解：由 $x(n)=a^n u(n)$，得

$$X(z)=\frac{z}{z-a} \qquad |z|>|a|$$

由 $y(n)=a^n u(n-1)$，得

$$Y(z)=\frac{a}{z-a} \qquad |z|>|a|$$

于是有 $$\mathscr{Z}\left[x(n)-y(n)\right]=\frac{z-a}{z-a}=1$$

因此，收敛域扩展到整个 z 平面。

【例 2.14】　求下列序列的 z 变换

（1）$\cos(\omega_0 n)u(n)$；（2）$\sin(\omega_0 n)u(n)$。

解：若 $$x(n)=\mathrm{e}^{-\mathrm{j}\omega_0 n}u(n)=\cos(\omega_0 n)u(n)-\mathrm{j}\sin(\omega_0 n)u(n)$$

则有 $$X(z)=\mathscr{Z}\left[\cos(\omega_0 n)u(n)\right]-\mathrm{j}\mathscr{Z}\left[\sin(\omega_0 n)u(n)\right] \tag{2-16}$$

$$X(z) = \sum_{n=0}^{\infty} e^{-j\omega_0 n} z^{-n} = \sum_{n=0}^{\infty} (e^{-j\omega_0} z^{-1})^n$$

$$= \frac{1}{1-e^{-j\omega_0} z^{-1}} = \frac{1}{1-(\cos\omega_0 - j\sin\omega_0) z^{-1}}$$

$$= \frac{1-z^{-1}\cos\omega_0}{1-2z^{-1}\cos\omega_0 + z^{-2}} - j\frac{z^{-1}\sin\omega_0}{1-2z^{-1}\cos\omega_0 + z^{-2}} \qquad |z|>1 \qquad (2\text{-}17)$$

比较式(2-16)与式(2-17),得

$$\mathscr{Z}[\cos(\omega_0 n) u(n)] = \frac{1-z^{-1}\cos\omega_0}{1-2z^{-1}\cos\omega_0 + z^{-2}} \qquad |z|>1$$

$$\mathscr{Z}[\sin(\omega_0 n) u(n)] = \frac{z^{-1}\sin\omega_0}{1-2z^{-1}\cos\omega_0 + z^{-2}} \qquad |z|>1$$

2. 位移特性

位移特性表示序列移位后 z 变换与原序列 z 变换之间的关系。下面分双边 z 变换和单边 z 变换两种情况分别加以讨论。

(1) 双边 z 变换

若序列 $x(n)$ 的双边 z 变换为

$$\mathscr{Z}[x(n)] = X(z)$$

则序列移位后,它的双边 z 变换为

$$\mathscr{Z}[x(n-m)] = z^{-m} X(z) \qquad (2\text{-}18)$$

$$\mathscr{Z}[x(n+m)] = z^{m} X(z) \qquad m \text{ 为任意正整数} \qquad (2\text{-}19)$$

证明:根据双边 z 变换定义得

$$\mathscr{Z}[x(n-m)] = \sum_{n=-\infty}^{\infty} x(n-m) z^{-n}$$

令 $n-m=k$,得

$$\mathscr{Z}[x(n-m)] = \sum_{k=-\infty}^{\infty} x(k) z^{-(k+m)} = z^{-m} \sum_{k=-\infty}^{\infty} x(k) z^{-k}$$

$$= z^{-m} X(z)$$

由于 z^{-m} 乘以 $X(z)$,仅对 $X(z)$ 在 $z=0$, $z=\infty$ 处的极点有影响,因此 $z^{-m} X(z)$ 的收敛域除了在 $z=0$, $z=\infty$ 点有可能发生变化外,其余与 $X(z)$ 相同。

同理可证: $\qquad \mathscr{Z}[x(n+m)] = z^{m} X(z)$

(2) 单边 z 变换

若已知 $\qquad \mathscr{Z}[x(n) u(n)] = X(z)$

则 $\qquad \mathscr{Z}[x(n+m) u(n)] = z^{m} \left[X(z) - \sum_{k=0}^{m-1} x(k) z^{-k} \right] \qquad (2\text{-}20)$

$$\mathscr{Z}[x(n-m) u(n)] = z^{-m} \left[X(z) + \sum_{k=-m}^{-1} x(k) z^{-k} \right] \qquad (2\text{-}21)$$

式中,m 为任意正整数。式(2-20)、式(2-21)两式中第一项 $z^{m} X(z)$、$z^{-m} X(z)$ 仅可能在 $z=0$, $z=\infty$ 处与 $X(z)$ 的收敛域有所不同;式(2-20)、式(2-21)两式中第二项为有限长序列,其最小收敛域为 $0<|z|<\infty$,也仅可能在 $z=0$, $z=\infty$ 处与 $X(z)$ 的收敛域有所不同。因此,式(2-20)、式(2-21)收敛域除了在 $z=0$, $z=\infty$ 处需另加讨论外,其余与 $X(z)$ 相同。

证明： 根据单边 z 变换定义

$$\mathscr{Z}\left[x(n-m)u(n)\right]=\sum_{n=0}^{\infty}x(n-m)z^{-n}$$

$$=z^{-m}\sum_{n=0}^{\infty}x(n-m)z^{-(n-m)}$$

令 $k=n-m$，得

$$\mathscr{Z}\left[x(n-m)u(n)\right]=z^{-m}\sum_{k=-m}^{\infty}x(k)z^{-k}$$

$$=z^{-m}\left[\sum_{k=0}^{\infty}x(k)z^{-k}+\sum_{k=-m}^{-1}x(k)z^{-k}\right]$$

$$=z^{-m}\left[X(z)+\sum_{k=-m}^{-1}x(k)z^{-k}\right]$$

同理可证：
$$\mathscr{Z}\left[x(n+m)u(n)\right]=z^{m}\left[X(z)-\sum_{k=0}^{m-1}x(k)z^{-k}\right]$$

3. 序列指数加权

若已知
$$X(z)=\mathscr{Z}\left[x(n)\right]\qquad R_{x_1}<|z|<R_{x_2}$$

则
$$\mathscr{Z}\left[a^{n}x(n)\right]=X(a^{-1}z)\qquad R_{x_1}<|a^{-1}z|<R_{x_2}\qquad（a\ 为常数）\qquad(2\text{-}22)$$

证明：
$$\mathscr{Z}\left[a^{n}x(n)\right]=\sum_{n=-\infty}^{\infty}a^{n}x(n)z^{-n}$$

$$=\sum_{n=-\infty}^{\infty}x(n)(a^{-1}z)^{-n}$$

$$=X(a^{-1}z)$$

可见，$x(n)$ 乘以指数序列等效于 z 平面尺寸的展缩。

同样可以得到下列关系：

$$\mathscr{Z}\left[a^{-n}x(n)\right]=X(az)\qquad R_{x_1}<|az|<R_{x_2}\qquad(2\text{-}23)$$

4. 序列线性加权

若已知
$$X(z)=\mathscr{Z}\left[x(n)\right]\qquad R_{x_1}<|z|<R_{x_2}$$

则
$$\mathscr{Z}\left[nx(n)\right]=-z\frac{\mathrm{d}X(z)}{\mathrm{d}z}\qquad R_{x_1}<|z|<R_{x_2}\qquad(2\text{-}24)$$

证明： 因为 z 变换在其收敛域内处处解析，则

$$\frac{\mathrm{d}X(z)}{\mathrm{d}z}=\frac{\mathrm{d}}{\mathrm{d}z}\left[\sum_{n=-\infty}^{\infty}x(n)z^{-n}\right]=\sum_{n=-\infty}^{\infty}x(n)\frac{\mathrm{d}z^{-n}}{\mathrm{d}z}$$

$$=-\sum_{n=-\infty}^{\infty}nx(n)z^{-n-1}=-z^{-1}\sum_{n=-\infty}^{\infty}nx(n)z^{-n}$$

$$=-z^{-1}\mathscr{Z}\left[nx(n)\right]$$

所以
$$\mathscr{Z}\left[nx(n)\right]=-z\frac{\mathrm{d}X(z)}{\mathrm{d}z}\qquad R_{x_1}<|z|<R_{x_2}$$

可见序列线性加权（乘 n）等效于其 z 变换取导数且乘以 $-z$。

同理可得：

$$\mathscr{Z}\left[n^2 x(n)\right] = \mathscr{Z}\left[n \cdot nx(n)\right] = -z\frac{\mathrm{d}}{\mathrm{d}z}\mathscr{Z}\left[nx(n)\right]$$

$$= -z\frac{\mathrm{d}}{\mathrm{d}z}\left[-z\frac{\mathrm{d}X(z)}{\mathrm{d}z}\right]$$

$$= z^2\frac{\mathrm{d}^2 X(z)}{\mathrm{d}z^2} + z\frac{\mathrm{d}X(z)}{\mathrm{d}z} \tag{2-25}$$

【例 2.15】 已知

$$\mathscr{Z}\left[u(n)\right] = \frac{z}{z-1} \qquad |z| > 1$$

求 $nu(n)$ 的 z 变换。

解：
$$\mathscr{Z}\left[nu(n)\right] = -z\frac{\mathrm{d}}{\mathrm{d}z}\mathscr{Z}\left[u(n)\right] = -z\frac{\mathrm{d}}{\mathrm{d}z}\left(\frac{z}{z-1}\right)$$

$$= \frac{z}{(z-1)^2} \qquad |z| > 1$$

5. 初值定理

若 $x(n)$ 是因果序列，且已知

$$X(z) = \mathscr{Z}\left[x(n)\right] = \sum_{n=0}^{\infty} x(n)z^{-n}$$

则
$$x(0) = \lim_{z \to \infty} X(z) \tag{2-26}$$

证明： 因为
$$X(z) = \sum_{n=0}^{\infty} x(n)z^{-n}$$

$$= x(0) + x(1)z^{-1} + x(2)z^{-2} + \cdots$$

当 $z \to \infty$ 时，上式中除 $x(0)$ 外，其他各项都趋近于零，所以

$$\lim_{z \to \infty} X(z) = \lim_{z \to \infty} \sum_{n=0}^{\infty} x(n)z^{-n} = x(0)$$

6. 终值定理

若 $x(n)$ 是因果序列，且已知

$$X(z) = \mathscr{Z}\left[x(n)\right] = \sum_{n=0}^{\infty} x(n)z^{-n}$$

则
$$\lim_{n \to \infty} x(n) = \lim_{z \to 1}\left[(z-1)X(z)\right] \tag{2-27}$$

证明： 第一种方法。

因为
$$\mathscr{Z}\left[x(n+1) - x(n)\right] = zX(z) - zx(0) - X(z)$$

$$= (z-1)X(z) - zx(0)$$

取极限得
$$\lim_{z \to 1}(z-1)X(z) = x(0) + \lim_{z \to 1}\sum_{n=0}^{\infty}\left[x(n+1) - x(n)\right]z^{-n}$$

$$= x(0) + \left[x(1) - x(0)\right] + \left[x(2) - x(1)\right] + \left[x(3) - x(2)\right] + \cdots$$

$$= x(0) - x(0) + x(1) - x(1) + \cdots + x(\infty)$$

$$= x(\infty)$$

所以
$$\lim_{z \to 1}(z-1)X(z) = x(\infty)$$

由以上推导可以看出,只有当$n \to \infty$时$x(n)$收敛才可应用终值定理,即要求$X(z)$的全部极点除有一个一阶极点在$z=1$处外,其余全部在单位圆内。

(2)第二种方法。

$$(z-1)X(z) = zX(z) - X(z) = \mathscr{Z}[x(n+1) - x(n)]$$

$$= \sum_{n=-\infty}^{\infty} [x(n+1) - x(n)]z^{-n}$$

利用因果序列可得

$$(z-1)X(z) = \sum_{n=-1}^{\infty} [x(n+1) - x(n)]z^{-n}$$

$$= \lim_{n \to \infty} \sum_{m=-1}^{n} [x(m+1) - x(m)]z^{-m}$$

由于$x(n)$是因果序列,$X(z)$的极点在单位圆内最多只有$z=1$处有一阶极点,故$(z-1)X(z)$可以将$z=1$的极点抵消,$(z-1)X(z)$的收敛域为$1 \leqslant |z| \leqslant \infty$,所以取$z \to 1$的极限

$$\lim_{z \to 1} [(z-1)X(z)] = \lim_{z \to 1} \left[\lim_{n \to \infty} \sum_{m=-1}^{n} [x(m+1) - x(m)]z^{-m} \right]$$

$$= \lim_{n \to \infty} \sum_{m=-1}^{n} [x(m+1) - x(m)]$$

$$= \lim_{n \to \infty} \{ [x(0)-0] + [x(1)-x(0)] + [x(2)-x(1)] + \cdots + [x(n+1)-x(n)] \}$$

$$= \lim_{n \to \infty} [x(n+1)] = x(\infty)$$

7. 时域卷积定理

如果
$$X(z) = \mathscr{Z}[x(n)] \qquad R_{x_1} < |z| < R_{x_2}$$

$$H(z) = \mathscr{Z}[h(n)] \qquad R_{h_1} < |z| < R_{h_2}$$

则
$$\mathscr{Z}[x(n) * h(n)] = X(z)H(z)$$

$$\max[R_{x_1}, R_{h_1}] < |z| < \min[R_{x_2}, R_{h_2}] \tag{2-28}$$

证明:根据z变换定义,有

$$\mathscr{Z}[x(n) * h(n)] = \sum_{n=-\infty}^{\infty} [x(n) * h(n)]z^{-n}$$

$$= \sum_{n=-\infty}^{\infty} \left[\sum_{m=-\infty}^{\infty} x(m)h(n-m) \right] z^{-n}$$

$$= \sum_{m=-\infty}^{\infty} x(m) \left[\sum_{n=-\infty}^{\infty} h(n-m)z^{-(n-m)} \right] z^{-m}$$

$$= \sum_{m=-\infty}^{\infty} x(m)z^{-m}H(z)$$

$$= X(z)H(z)$$

时域卷积定理表明:两序列在时域中卷积,等效于在z域中两序列z变换的乘积。若$x(n)$、$h(n)$分别为线性时不变系统的输入和单位冲激响应,那么在求系统输出时,可以避免卷积运算而用$y(n) = \mathscr{Z}^{-1}[X(z)H(z)]$求得。所以这个定理可大大简化系统分析,其应用十分广泛。

【例2.16】 已知

$$x(n) = a^n u(n), h(n) = b^n u(n) - ab^{n-1}u(n-1)$$

求$y(n) = x(n) * h(n)$。

解：因为

$$X(z)=\mathscr{Z}\left[x(n)\right]=\frac{z}{z-a} \qquad |z|>|a|$$

$$H(z)=\mathscr{Z}\left[h(n)\right]=\frac{z}{z-b}-\frac{a}{z-b}=\frac{z-a}{z-b} \qquad |z|>|b|$$

所以

$$Y(z)=X(z)H(z)=\frac{z}{z-b} \qquad |z|>|b|$$

在收敛域 $|z|>|b|$ 内任选一条包围极点 $z=b$ 的单封闭曲线 c，根据式(2-9)可得

$$y(n)=x(n)*h(n)=\mathscr{Z}^{-1}\left[Y(z)\right]=b^{n}u(n)$$

【例 2.17】 已知系统单位冲激响应为

$$h(n)=a^{n}u(n) \qquad |a|<1$$

求系统的单位阶跃响应 $y(n)$。

解：因为输入 $x(n)=u(n)$，所以

$$X(z)=\sum_{n=0}^{\infty}z^{-n}=\frac{1}{1-z^{-1}} \qquad |z|>1$$

$h(n)$ 的 z 变换为

$$H(z)=\sum_{n=0}^{\infty}a^{n}z^{-n}=\frac{1}{1-az^{-1}} \qquad |z|>|a|$$

因此根据时域卷积定理，系统输出 $y(n)$ 的 z 变换为

$$Y(z)=X(z)H(z)=\frac{1}{(1-az^{-1})(1-z^{-1})}=\frac{z^{2}}{(z-a)(z-1)}$$

其收敛域应是 $X(z)$ 与 $H(z)$ 收敛域的重叠部分，即 $|z|>1$。系统输出 $y(n)=\mathscr{Z}^{-1}\left[Y(z)\right]$，因为 $Y(z)$ 收敛域为 $|z|>1$，所以 $y(n)$ 为因果序列。又因为

$$Y(z)z^{n-1}=\frac{z^{n+1}}{(z-a)(z-1)}$$

所以可在收敛域 $|z|>1$ 内任选一条包围原点的单封闭曲线 c。

当 $n\geqslant 0$ 时，$Y(z)z^{n-1}$ 在围线 c 内有两个极点：$z=a,z=1$，因此

$$y(n)=\mathrm{Res}\left[Y(z)z^{n-1},a\right]+\mathrm{Res}\left[Y(z)z^{n-1},1\right]$$

$$=\frac{1}{1-a}+\frac{a^{n+1}}{a-1}=\frac{1-a^{n+1}}{1-a}u(n)$$

8. z 域卷积定理

若

$$\mathscr{Z}\left[x(n)\right]=X(z) \qquad R_{x_1}<|z|<R_{x_2}$$

$$\mathscr{Z}\left[y(n)\right]=Y(z) \qquad R_{y_1}<|z|<R_{y_2}$$

则

$$\mathscr{Z}\left[x(n)y(n)\right]=\frac{1}{2\pi\mathrm{j}}\oint_{c_1}X(v)Y\left(\frac{z}{v}\right)v^{-1}\mathrm{d}v \tag{2-29}$$

$$=\frac{1}{2\pi\mathrm{j}}\oint_{c_2}X\left(\frac{z}{v}\right)Y(v)v^{-1}\mathrm{d}v \tag{2-30}$$

最小收敛域为

$$R_{x_1}R_{y_1}<|z|<R_{x_2}R_{y_2}$$

式中，c_1 为 v 平面上 $X(v)$ 与 $Y\left(\dfrac{z}{v}\right)$ 公共收敛域内一条逆时针包围原点的单封闭曲线；c_2 为 v

平面上 $X\left(\dfrac{z}{v}\right)$ 与 $Y(v)$ 公共收敛域内一条逆时针包围原点的单封闭曲线。

证明：
$$\mathscr{Z}\left[x(n)y(n)\right]=\sum_{n=-\infty}^{\infty}\left[x(n)y(n)\right]z^{-n}=W(z)$$

其中
$$x(n)=\frac{1}{2\pi\mathrm{j}}\oint_{c_1}X(v)v^{n-1}\mathrm{d}v \qquad R_{x_1}<|v|<R_{x_2}$$

于是得
$$W(z)=\frac{1}{2\pi\mathrm{j}}\sum_{n=-\infty}^{\infty}\oint_{c_1}X(v)y(n)v^{n-1}z^{-n}\mathrm{d}v$$

$$=\frac{1}{2\pi\mathrm{j}}\oint_{c_1}X(v)v^{-1}\sum_{n=-\infty}^{\infty}y(n)\left(\frac{z}{v}\right)^{-n}\mathrm{d}v$$

在收敛域：$R_{y_1}<\left|\dfrac{z}{v}\right|<R_{y_2}$ 内，有

$$\sum_{n=-\infty}^{\infty}y(n)\left(\frac{z}{v}\right)^{-n}=Y\left(\frac{z}{v}\right)$$

因此
$$W(z)=\frac{1}{2\pi\mathrm{j}}\oint_{c_1}X(v)Y\left(\frac{z}{v}\right)v^{-1}\mathrm{d}v$$

同理可证
$$W(z)=\frac{1}{2\pi\mathrm{j}}\oint_{c_2}X\left(\frac{z}{v}\right)Y(v)v^{-1}\mathrm{d}v$$

把 $v=\rho\mathrm{e}^{\mathrm{j}\theta}$，$z=r\mathrm{e}^{\mathrm{j}\varphi}$ 代入式(2-29)得

$$\mathscr{Z}\left[x(n)y(n)\right]=\frac{1}{2\pi}\int_{-\pi}^{\pi}X(\rho\mathrm{e}^{\mathrm{j}\theta})Y\left[\frac{r}{\rho}\mathrm{e}^{\mathrm{j}(\varphi-\theta)}\right]\mathrm{d}\theta$$

可以认为上式是 $X(\rho\mathrm{e}^{\mathrm{j}\theta})$ 与 $Y(\rho\mathrm{e}^{\mathrm{j}\theta})$ 的卷积，所以称此定理为复卷积定理。

式(2-29)、式(2-30)两式通常可用留数定理来求解，但应注意正确选择围线 c。

【例 2.18】 已知
$$x(n)=a^n u(n)，\qquad y(n)=b^n u(n)$$
求 $W(z)=\mathscr{Z}\left[x(n)y(n)\right]$。

解：
$$X(z)=\mathscr{Z}\left[x(n)\right]=\frac{z}{z-a}\qquad |z|>|a|$$

$$Y(z)=\mathscr{Z}\left[y(n)\right]=\frac{z}{z-b}\qquad |z|>|b|$$

利用复卷积公式(式(2-30))有

$$W(z)=\mathscr{Z}\left[x(n)y(n)\right]=\frac{1}{2\pi\mathrm{j}}\oint_{c_2}\frac{\dfrac{z}{v}}{\dfrac{z}{v}-a}\frac{v}{v-b}\frac{1}{v}\mathrm{d}v$$

$$=\frac{1}{2\pi\mathrm{j}}\oint_{c_2}\frac{\dfrac{z}{v}}{\left(\dfrac{z}{v}-a\right)(v-b)}\mathrm{d}v$$

收敛域为 $\left|\dfrac{z}{v}\right|>|a|$ 对于 $\left[X\left(\dfrac{z}{v}\right)\right]$ 与 $|v|>|b|$ 对 $[Y(v)]$ 的重叠部分，即 $|b|<|v|<\left|\dfrac{z}{a}\right|$。

在收敛域内任选一条包围原点的单封闭曲线 c_2，c_2 内只包围一个极点 $v=b$。

利用留数定理可得

$$W(z) = \mathscr{Z}\left[x(n)y(n)\right]$$

$$= \mathrm{Res}\left[\frac{\dfrac{z}{v}}{\left(\dfrac{z}{v}-a\right)(v-b)}, b\right] = (v-b)\frac{\dfrac{z}{v}}{\left(\dfrac{z}{v}-a\right)(v-b)}\Bigg|_{v=b}$$

$$= \frac{\dfrac{z}{b}}{\dfrac{z}{b}-a} = \frac{z}{z-ab} \qquad |z|>|ab|$$

9. 巴塞伐尔定理（Parseval Theory）

利用 z 域卷积定理很容易把频域的巴塞伐尔定理推广至 z 域中。

若
$$\mathscr{Z}\left[x(n)\right]=X(z) \qquad R_{x_1}<|z|<R_{x_2}$$
$$\mathscr{Z}\left[h^*(n)\right]=H^*(z^*) \qquad R_{h_1}<|z|<R_{h_2}$$

且
$$R_{x_1}R_{h_1}<1, R_{x_2}R_{h_2}>1$$

则
$$\sum_{n=-\infty}^{\infty}x(n)h^*(n) = \frac{1}{2\pi\mathrm{j}}\oint_c X(v)H^*\left(\frac{1}{v^*}\right)v^{-1}\mathrm{d}v \qquad (2\text{-}31)$$

式中，c 为 v 平面 $X(v)$ 与 $H^*\left(\dfrac{1}{v^*}\right)$ 的公共收敛域内一条逆时针包围原点的单封闭曲线。

证明： 根据复卷积定理

$$\mathscr{Z}\left[x(n)h^*(n)\right] = \frac{1}{2\pi\mathrm{j}}\oint_c X(v)H^*\left(\frac{z^*}{v^*}\right)v^{-1}\mathrm{d}v \qquad R_{x_1}R_{h_1}<|z|<R_{x_2}R_{h_2}$$

因为定理条件规定
$$R_{x_1}R_{h_1}<1<R_{x_2}R_{h_2}$$

所以上式在单位圆上收敛，且有

$$\sum_{n=-\infty}^{\infty}\left[x(n)h^*(n)\right]z^{-n}\Bigg|_{z=1} = \sum_{n=-\infty}^{\infty}\left[x(n)h^*(n)\right] = \frac{1}{2\pi\mathrm{j}}\oint_c X(v)H^*\left(\frac{1}{v^*}\right)v^{-1}\mathrm{d}v$$

因为式（2-31）在单位圆上收敛，取积分围线为单位圆，即 $v=\mathrm{e}^{\mathrm{j}\omega}$，所以

$$\sum_{n=-\infty}^{\infty}x(n)h^*(n) = \frac{1}{2\pi}\int_{-\pi}^{\pi}X(\mathrm{e}^{\mathrm{j}\omega})H^*(\mathrm{e}^{\mathrm{j}\omega})\mathrm{d}\omega$$

设 $h(n)=x(n)$，则上式为

$$\sum_{n=-\infty}^{\infty}|x(n)|^2 = \frac{1}{2\pi}\int_{-\pi}^{\pi}|X(\mathrm{e}^{\mathrm{j}\omega})|^2\mathrm{d}\omega \qquad (2\text{-}32)$$

式（2-32）表明：在离散时域计算序列总能量等于频域中利用频谱计算的能量。这是巴塞伐尔定理的频域表示方式，也是最常见的一种表示方式。

2.4　z 变换与其他变换之间的关系

z 变换、拉普拉斯变换和傅里叶变换并不是孤立存在的，它们之间有着密切的联系，在一

定条件下可以互相转换。

2.4.1 z 变换与拉普拉斯变换的关系

模拟信号 $x(t)$ 的理想冲激抽样表达式为

$$x_s(t) = x(t) \sum_{n=-\infty}^{\infty} \delta(t-nT) = \sum_{n=-\infty}^{\infty} x(nT)\delta(t-nT)$$

将上式两边取拉普拉斯变换得

$$X_s(s) = \int_{-\infty}^{\infty} x_s(t)\mathrm{e}^{-st}\mathrm{d}t = \sum_{n=-\infty}^{\infty} x(nT)\mathrm{e}^{-nsT}$$

设 $s = \dfrac{1}{T}\ln z$，或者 $\mathrm{e}^{sT} = z$，代入上式得

$$X_s(s)\Big|_{s=\frac{1}{T}\ln z} = \sum_{n=-\infty}^{\infty} x(nT)z^{-n} = X(z)$$

故

$$X_s(s)\Big|_{s=\frac{1}{T}\ln z} = X(z)$$

或

$$X(z)\Big|_{z=\mathrm{e}^{sT}} = X_s(s) \tag{2-33}$$

因此，复变量 z 与 s 有下列关系

$$z = \mathrm{e}^{sT} \tag{2-34}$$

式中，T 为序列的抽样周期。

为了说明 s 与 z 的映射关系，将 s 表示成直角坐标形式，而将 z 表示成极坐标形式，即

$$s = \sigma + \mathrm{j}\Omega, \quad z = r\mathrm{e}^{\mathrm{j}\omega}$$

将 s、z 代入式(2-34)得

$$r\mathrm{e}^{\mathrm{j}\omega} = \mathrm{e}^{(\sigma+\mathrm{j}\Omega)T} = \mathrm{e}^{\sigma T}\mathrm{e}^{\mathrm{j}\Omega T}$$

于是有

$$r = \mathrm{e}^{\sigma T} \tag{2-35}$$

$$\omega = \Omega T \tag{2-36}$$

以上两式表明 s 平面与 z 平面之间有如下映射关系：

（1）s 平面上的虚轴（$\sigma=0, s=\mathrm{j}\Omega$）映射到 z 平面是单位圆（$r=1$），其右半平面（$\sigma>0$）映射到 z 平面是单位圆的圆外（$r>1$），其左半平面（$\sigma<0$）映射到 z 平面是单位圆的圆内（$r<1$）。

（2）s 平面的实轴（$\Omega=0, s=\sigma$）映射到 z 平面是正实轴（$\omega=0$），s 平面平行于实轴的直线（Ω 为常数）映射到 z 平面是过原点的射线。

（3）由于 $\mathrm{e}^{\mathrm{j}\omega}$ 是 ω 的周期函数，因此 Ω 每增加一个 $2\pi/T$，ω 就增加一个 2π，即重复旋转一周，z 平面重叠一次。所以 s 平面与 z 平面的映射关系并不是单值的。其映射关系分别如图 2-16 和图 2-17 所示。

由拉普拉斯变换（简称拉氏变换）理论可知，模拟信号 $x(t)$ 的拉氏变换 $X(s)$ 与 $x(t)$ 的抽样信号 $x_s(t)$ 的拉氏变换 $X_s(s)$ 有如下关系

$$X_s(s) = \frac{1}{T} \sum_{m=-\infty}^{\infty} X(s - \mathrm{j}m\Omega_s) \tag{2-37}$$

式中，$\Omega_s = 2\pi f_s = 2\pi/T$。

因此根据式(2-33)、式(2-37)可以得到

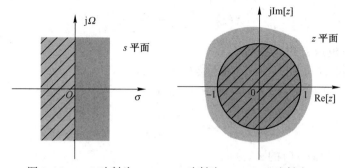

图 2-16　$\sigma>0$ 映射为 $r>1$, $\sigma=0$ 映射为 $r=1$, $\sigma<0$ 映射为 $r<1$

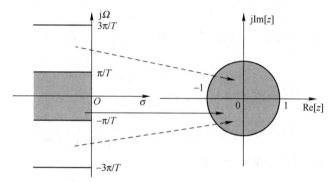

图 2-17　s 平面与 z 平面的多值映射关系

以 s 平面左边平面为例, 右半平面类似

$$X(z)\ \bigg|_{z=e^{sT}} = X_s(s) = \frac{1}{T}\sum_{m=-\infty}^{\infty} X(s - jm\Omega_s) \tag{2-38}$$

式 (2-38) 反映了模拟信号的拉氏变换在 s 平面上沿虚轴周期延拓, 周期为 Ω_s, 同时反映了模拟信号的拉氏变换每一个周期与整个 z 平面成映射关系, 它揭示了 s 平面与 z 平面映射关系的非单值性。

式 (2-38) 即为 z 变换与拉氏变换的关系。

如果已知信号的拉氏变换, 可对其求拉氏反变换, 再抽样后求其 z 变换, 可得

$$\begin{aligned}
X(z) &= \sum_{n=0}^{\infty}\left[\frac{1}{2\pi j}\int_{\sigma-j\infty}^{\sigma+j\infty} X(s)\,e^{snT}ds\right]z^{-n} \\
&= \frac{1}{2\pi j}\int_{\sigma-j\infty}^{\sigma+j\infty} X(s)\sum_{n=0}^{\infty} e^{snT}z^{-n}ds \\
&= \frac{1}{2\pi j}\int_{\sigma-j\infty}^{\sigma+j\infty} \frac{X(s)}{1 - e^{sT}z^{-1}}ds \\
&= \sum_{k}\text{Res}\left[\frac{X(s)}{1 - e^{sT}z^{-1}}, s_k\right]
\end{aligned} \tag{2-39}$$

式中, s_k 表示 $X(s)$ 的极点。

如果 $x(t)$ 的拉氏变换 $X(s)$ 为部分分式形式, 且只含有一阶极点 s_k, 即

$$X(s) = \sum_{k} \frac{A_k}{s - s_k} \tag{2-40}$$

此时, $x_s(t)$ 的 z 变换必然为

$$X(z) = \sum_k \frac{A_k}{1 - z^{-1} e^{s_k T}} \tag{2-41}$$

式中,A_k 为 $X(s)$ 在极点 s_k 处的留数。

因此,只要已知 $X(s)$ 的 A_k 和 s_k,可直接写出 $X(z)$。

【例 2. 19】 已知 $$x(t) = \sin(\omega_0 t) u(t)$$

$$X(s) = \frac{\omega_0}{s^2 + \omega_0^2}$$

求抽样信号 $\sin(\omega_0 nT) u(nT)$ 的 z 变换。

解:因为 $$X(s) = \frac{\omega_0}{(s - j\omega_0)(s + j\omega_0)}$$

所以 $X(s)$ 有两个极点 $s_1 = j\omega_0, s_2 = -j\omega_0$,其留数分别为 $A_1 = -j/2, A_2 = j/2$,于是有

$$X(s) = \frac{-j/2}{s - j\omega_0} + \frac{j/2}{s + j\omega_0}$$

根据式(2-41)可以得到 $x(t)$ 的 z 变换为

$$X(z) = \frac{-j/2}{1 - z^{-1} e^{j\omega_0 T}} + \frac{j/2}{1 - z^{-1} e^{-j\omega_0 T}} = \frac{z^{-1} \sin\omega_0 T}{1 - 2z^{-1} \cos\omega_0 T + z^{-2}}$$

显然其结果与按定义求得的结果完全一致。

2.4.2 z 变换与序列傅里叶变换的关系

由 s 平面与 z 平面的映射关系可知:s 平面虚轴映射到 z 平面单位圆上,s 平面虚轴上的拉氏变换就是傅里叶变换。因此,单位圆上的 z 变换即为序列的傅里叶变换。因此,若 $X(z) = \sum_{n=-\infty}^{\infty} x(n) z^{-n}$ 在 $|z| = 1$ 上收敛,则序列 $x(n)$ 的傅里叶变换为

$$X(z)\Big|_{z = e^{j\omega}} = X(e^{j\omega}) = \sum_{n=-\infty}^{\infty} x(n) e^{-j\omega n} \tag{2-42}$$

根据 z 反变换公式

$$x(n) = \frac{1}{2\pi j} \oint_c X(z) z^{n-1} dz$$

如果选择上式中积分围线为单位圆,那么

$$x(n) = \frac{1}{2\pi} \int_{-\pi}^{\pi} X(e^{j\omega}) e^{j\omega n} d\omega \tag{2-43}$$

这样式(2-42)与式(2-43)就构成了序列的傅里叶变换对

$$X(e^{j\omega}) = \sum_{n=-\infty}^{\infty} x(n) e^{-j\omega n} \tag{2-44}$$

$$x(n) = \frac{1}{2\pi} \int_{-\pi}^{\pi} X(e^{j\omega}) e^{j\omega n} d\omega \tag{2-45}$$

因为序列的傅里叶变换是单位圆上的 z 变换,所以它的一切特性都可以直接由 z 变换特性得到。$X(e^{j\omega})$ 称为序列 $x(n)$ 的傅里叶变换或频谱。$X(e^{j\omega})$ 是 ω 的连续周期函数,周期为 2π。将 $s = j\Omega, z = e^{j\omega}, \omega = \Omega T$ 代入式(2-38)有

$$X(e^{j\omega}) = \frac{1}{T} \sum_{m=-\infty}^{\infty} X(j\Omega - jm\Omega_s) = \frac{1}{T} \sum_{m=-\infty}^{\infty} X\left(j\frac{\omega - 2\pi m}{T}\right) \tag{2-46}$$

式中，$\Omega_s = 2\pi/T$。

式(2-46)说明，虚轴上的拉氏变换，即理想抽样信号频谱(序列傅里叶变换)是其相应的连续时间信号频谱的周期延拓，周期为Ω_s。同时式(2-46)也说明，数字频谱是其相应连续时间信号频谱周期延拓后再对抽样周期的归一化。称ω为数字域频率，Ω为模拟角频率。$\omega = \Omega T$表示z平面角度变量ω与s平面频率变量Ω的关系。所谓数字域频率实质是$\omega = \Omega/f_s$，即模拟角频率对抽样频率的归一化。这个概念经常用在数字滤波器与数字谱分析中。

【例 2.20】 已知有限长序列$x(n)$的z变换为

$$X(z) = 1 - z^{-8}$$

求其傅里叶变换及幅度、相位。

解： 由$X(z)$的表达式可知，该序列的z变换在平面$z=0$处有8阶极点，同时有8个零点均匀分布在单位圆上，即

$$z^{-8} = 1 = e^{j2k\pi} \qquad 0 \leq k \leq 7$$

$$z_k = e^{j\frac{2k\pi}{8}} \qquad 0 \leq k \leq 7$$

由式(2-42)可得该序列的傅里叶变换为

$$X(e^{j\omega}) = 1 - e^{-j8\omega} = 1 - \cos 8\omega + j\sin 8\omega$$

故$X(e^{j\omega})$的幅度为

$$|X(e^{j\omega})| = \sqrt{(1-\cos 8\omega)^2 + \sin^2 8\omega} = \sqrt{2 - 2\cos 8\omega} = 2|\sin(4\omega)|$$

$X(e^{j\omega})$的相位为

$$\varphi(\omega) = \arctan \frac{\sin 8\omega}{1 - \cos 8\omega}$$

图 2-18 所示为$X(e^{j\omega})$的幅度和相位。

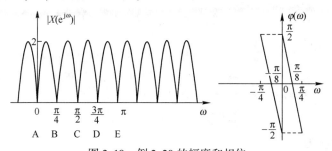

图 2-18　例 2.20 的幅度和相位

总之，对连续时间信号可以采用拉氏变换、傅里叶变换进行分析。傅里叶变换是虚轴上的拉氏变换，反映信号频谱。对于离散时间信号(序列)，相应可采用z变换及序列傅里叶变换分析。序列傅里叶变换是单位圆上的z变换，反映的是序列频谱。理想抽样沟通了连续时间信号拉氏变换、傅里叶变换与抽样后序列z变换，以及序列傅里叶变换之间的关系。二维码 2-2 给出了z变换和其他变换之间的关系图。

二维码 2-2

2.5　差分方程的 z 域解法

z变换可以将时域中的差分方程变换成z域的代数方程来求解，使差分方程的求解大为简化。

线性时不变系统可以用常系数线性差分方程来描述,即

$$y(n) = \sum_{j=0}^{M} b_j x(n-j) - \sum_{i=1}^{N} a_i y(n-i)$$

也可以写成

$$\sum_{i=0}^{N} a_i y(n-i) = \sum_{j=0}^{M} b_j x(n-j)$$

式中,$a_0 = 1$。将上式两边取单边 z 变换得

$$\sum_{i=0}^{N} a_i z^{-i} \left[Y(z) + \sum_{l=-i}^{-1} y(l) z^{-l} \right] = \sum_{j=0}^{M} b_j z^{-j} \left[X(z) + \sum_{m=-j}^{-1} x(m) z^{-m} \right]$$

整理后得

$$Y(z) = \frac{\sum\limits_{j=0}^{M} b_j z^{-j} X(z)}{\sum\limits_{i=0}^{N} a_i z^{-i}} + \frac{\sum\limits_{j=0}^{M} \left[b_j z^{-j} \sum\limits_{m=-j}^{-1} x(m) z^{-m} \right]}{\sum\limits_{i=0}^{N} a_i z^{-i}} - \frac{\sum\limits_{i=0}^{N} \left[a_i z^{-i} \sum\limits_{l=-i}^{-1} y(l) z^{-l} \right]}{\sum\limits_{i=0}^{N} a_i z^{-i}} \qquad (2\text{-}47)$$

如果系统处于零输入状态,即 $x(n) = 0$,则式(2-47)中第一、二项为零,可得系统零输入响应的 z 变换为

$$Y(z) = - \frac{\sum\limits_{i=0}^{N} \left[a_i z^{-i} \sum\limits_{l=-i}^{-1} y(l) z^{-l} \right]}{\sum\limits_{i=0}^{N} a_i z^{-i}} \qquad (2\text{-}48)$$

因此系统零输入响应为

$$y(n) = \mathscr{Z}^{-1} \left[Y(z) \right]$$

如果系统处于零状态,设 $n=0$ 时接入 $x(n)$,则 $l<0$ 时 $y(l) = 0$。式(2-47)中第三项为零,那么系统零状态响应的 z 变换为

$$Y(z) = \frac{\sum\limits_{j=0}^{M} \left[b_j z^{-j} X(z) \right]}{\sum\limits_{i=0}^{N} a_i z^{-i}} + \frac{\sum\limits_{j=0}^{M} \left[b_j z^{-j} \sum\limits_{m=-j}^{-1} x(m) z^{-m} \right]}{\sum\limits_{i=0}^{N} a_i z^{-i}} \qquad (2\text{-}49)$$

因此系统零状态响应为

$$y(n) = \mathscr{Z}^{-1} \left[Y(z) \right]$$

如果激励 $x(n)$ 为因果序列,求零状态响应时,式(2-47)中第二、三项为零,那么此时系统零状态响应的 z 变换为

$$Y(z) = \frac{\sum\limits_{j=0}^{M} \left[b_j z^{-j} X(z) \right]}{\sum\limits_{i=0}^{N} a_i z^{-i}} \qquad (2\text{-}50)$$

因此
$$y(n) = \mathscr{Z}^{-1} \left[Y(z) \right]$$

【例 2.21】 已知离散时间系统的差分方程为

$$y(n) - b y(n-1) = x(n)$$

求以下几种情况时系统的输出 $y(n)$。

(1) $x(n) = a^n u(n)$，$y(-1) = 0$；　(2) $x(n) = 0$，$y(-1) = 5$，$|a| > |b|$；

(3) $x(n) = a^n u(n)$，$y(-1) = 5$，$|a| > |b|$。

解：对差分方程两边取单边 z 变换得

$$Y(z) - bz^{-1}Y(z) - by(-1) = X(z) \qquad (2\text{-}51)$$

因为 $y(-1) = 0$，所以

$$Y(z) - bz^{-1}Y(z) = X(z)$$

得

$$Y(z) = \frac{X(z)}{1 - bz^{-1}}$$

(1) $x(n) = a^n u(n)$ 的 z 变换为

$$X(z) = \frac{z}{z - a} \qquad |z| > |a|$$

于是有

$$Y(z) = \frac{z^2}{(z-a)(z-b)} = \frac{1}{a-b}\left(\frac{az}{z-a} - \frac{bz}{z-b}\right) \qquad |z| > |a|$$

对其求反变换得

$$y(n) = \frac{1}{a-b}(a^{n+1} - b^{n+1})u(n)$$

此时得到的是系统零状态响应。

(2) 将 $x(n) = 0$，$X(z) = 0$，$y(-1) = 5$ 代入式 (2-51) 有

$$Y(z) - bz^{-1}Y(z) - 5b = 0$$

即

$$Y(z) = \frac{5bz}{z - b} \qquad |z| > |b|$$

对其求反变换得

$$y(n) = 5b^{n+1}u(n)$$

此时得到的是系统的零输入响应。

(3) 由式 (2-51) 得

$$Y(z) = \frac{X(z)}{1 - bz^{-1}} + \frac{by(-1)}{1 - bz^{-1}}$$

将 $X(z) = \dfrac{z}{z-a}$，$y(-1) = 5$ 代入上式有

$$Y(z) = \frac{z^2}{(z-a)(z-b)} + \frac{5bz}{z-b}$$

$$= \frac{a}{a-b}\frac{z}{z-a} - \frac{b}{a-b}\frac{z}{z-b} + \frac{5bz}{z-b} \qquad |z| > |a|$$

对其求反变换，得到系统总的输出为

$$y(n) = \frac{1}{a-b}(a^{n+1} - b^{n+1}) + 5b^{n+1} \qquad n \geq 0$$

设 $a = 1.01$，$b = 1.1$，求解系统输出 $y(n)$ 的 MATLAB 实现程序如下：

```
clear
a = 1.01;
b = 1.1;
B = [1,0];
A = [1,-b];
Y = [5];X = [];
n = [0:30];
x1n = a.^n;
y1n = filter(B,A,x1n);
subplot(3,1,1)
stem(n,y1n,'.k');axis([0,30,0,300])
xic = filtic(B,A,Y,X);
x2n = zeros(1,length(n));
y2n = filter(B,A,x2n,xic);
subplot(3,1,2)
stem(n,y2n,'.k');axis([0,30,0,300])
x3n = x1n;
y3n = filter(B,A,x3n,xic);
subplot(3,1,3)
stem(n,y3n,'.k');axis([0,30,0,300])
```

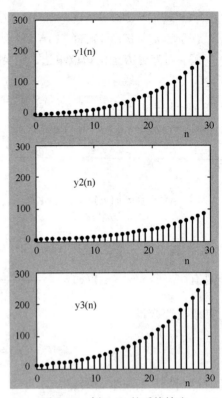

图 2-19　例 2.21 的系统输出

系统输出($a=1.01, b=1.1$)如图 2-19 所示。

2.6　离散时间系统的系统函数和频率响应

2.6.1　系统函数

对于线性时不变系统,当系统处于零状态时,输入 $x(n)$ 为因果序列,则有

$$Y(z) = \frac{X(z) \sum\limits_{j=0}^{M} b_j z^{-j}}{\sum\limits_{i=0}^{N} a_i z^{-i}}$$

定义系统函数

$$H(z) = \frac{Y(z)}{X(z)} = \frac{\sum\limits_{j=0}^{M} b_j z^{-j}}{\sum\limits_{i=0}^{N} a_i z^{-i}} \tag{2-52}$$

式中,$Y(z)$ 是系统零状态响应的 z 变换,$X(z)$ 是输入序列的 z 变换,则有

$$Y(z) = H(z)X(z) \tag{2-53}$$

由第 1 章知道,系统零状态响应可用系统输入与系统单位冲激响应的卷积表示,即

$$y(n) = x(n) * h(n) \tag{2-54}$$

又由 z 变换的时域卷积定理,对照式(2-53)和式(2-54)可知,系统函数与系统的单位冲激响应是一对 z 变换:

$$H(z) = \sum_{n=-\infty}^{\infty} h(n) z^{-n} \qquad (2\text{-}55)$$

$$h(n) = \frac{1}{2\pi j} \oint_c H(z) z^{n-1} dz \qquad (2\text{-}56)$$

系统函数决定系统结构,是系统的数学模型,也是设计系统的依据。

【例2.22】 已知线性时不变因果系统的差分方程为

$$y(n) - ay(n-1) = bx(n) \qquad y(-1) = 0$$

求系统函数及单位冲激响应。

解:将差分方程两边取单边 z 变换得

$$Y(z) - az^{-1}Y(z) - ay(-1) = bX(z)$$

将 $y(-1) = 0$ 代入上式有

$$Y(z) - az^{-1}Y(z) = bX(z)$$

则该系统的系统函数为

$$H(z) = \frac{Y(z)}{X(z)} = \frac{b}{1 - az^{-1}} = \frac{bz}{z-a} \quad |z| > |a|$$

系统的单位冲激响应为

$$h(n) = ba^n u(n)$$

设 $a = 0.5, b = 2$,系统零、极点如图 2-20 所示。

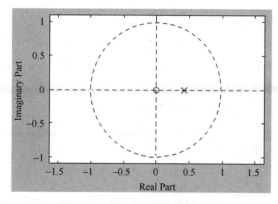

图 2-20　例 2.22 系统的零、极点

求解系统零、极点的 MATLAB 实现程序如下:

```
clear
b=[2,0];
a=[1,-0.5];
zplane(b,a);
```

2.6.2　离散时间系统的因果性和稳定性

第 1 章指出,若 $n<0$ 时,$h(n) = 0$,则系统为因果系统。由 $h(n)$ 的 z 变换得

$$H(z) = \sum_{n=0}^{\infty} h(n) z^{-n}$$

因为 $h(n)$ 为因果序列,所以 $H(z)$ 的收敛域($|z| > R_1$)为某圆外部。因此得到结论:当 $H(z)$ 的收敛域大于某圆外部(包括 ∞ 点)时,系统为因果系统。

第 1 章还指出,若 $\sum\limits_{n=-\infty}^{\infty} |h(n)| < \infty$,则系统为稳定系统。因为 $H(z) = \sum\limits_{n=-\infty}^{\infty} h(n)z^{-n}$,设 $|z|=1$ 时 $H(z)$ 收敛,即 $H(z)\Big|_{|z|=1} = \sum\limits_{n=-\infty}^{\infty} |h(n)| < \infty$,所以系统稳定。

因此得出结论:当 $H(z)$ 的收敛域包括单位圆时($|z|=1$),系统为稳定系统。

综上所述,如果系统是稳定的因果系统,则其系统函数 $H(z)$ 的收敛域为

$$r \leq |z| \leq \infty \qquad 0<r<1 \tag{2-57}$$

也就是说系统函数的全部极点必须在单位圆内。

2.6.3 系统的频率响应

设输入序列是频率为 ω 的复指数序列,即

$$x(n) = e^{j\omega n} \qquad -\infty<n<\infty$$

线性时不变系统的单位冲激响应为 $h(n)$,根据卷积公式可得系统输出

$$y(n) = \sum_{m=-\infty}^{\infty} h(m)e^{j\omega(n-m)} = e^{j\omega n}\sum_{m=-\infty}^{\infty} h(m)e^{-j\omega m}$$
$$= H(e^{j\omega})e^{j\omega n} \tag{2-58}$$

式中
$$H(e^{j\omega}) = \sum_{n=-\infty}^{\infty} h(n)e^{-j\omega n} \tag{2-59}$$

称为线性时不变系统的频率响应。

显然,系统的输出也是一个复指数序列,其频率与输入序列频率相同,而输出序列的幅度和相位则由 $H(e^{j\omega})$ 决定,所以 $H(e^{j\omega})$ 反映复指数序列通过线性时不变系统后复振幅(包括幅度和相位)的变化,它是频率 ω 的函数。

系统的频率响应 $H(e^{j\omega})$ 也可由系统函数中令 $z=e^{j\omega}$ 得到,即

$$H(e^{j\omega}) = H(z)\Big|_{z=e^{j\omega}} \tag{2-60}$$

如果系统输入为正弦序列,即

$$x(n) = A\cos(\omega_0 n + \varphi)$$

根据欧拉公式
$$x(n) = \frac{A}{2}\left[e^{j\omega_0 n}e^{j\varphi} + e^{-j\omega_0 n}e^{-j\varphi} \right]$$

和式(2-58)可以直接写出线性时不变系统对正弦序列的输出

$$y(n) = \frac{A}{2}\left[H(e^{j\omega})e^{j\omega_0 n}e^{j\varphi} + H(e^{-j\omega})e^{-j\omega_0 n}e^{-j\varphi} \right]$$

设 $H(e^{j\omega}) = |H(e^{j\omega})|e^{j\theta}$,则

$$H(e^{-j\omega}) = |H(e^{j\omega})|e^{-j\theta}$$

其中 $|H(e^{j\omega})|$ 和 $\theta = \arg[H(e^{j\omega})]$ 分别称为系统的幅度响应、相位响应。

这样
$$y(n) = A|H(e^{j\omega_0})|\cos(\omega_0 n + \varphi + \theta) \tag{2-61}$$

式(2-61)说明:线性时不变系统对正弦序列的稳态响应仍然是一个正弦序列,其频率与输入序列相同,其幅度与相位取决于系统频率响应。二维码 2-3 给出计算例题。

综合以上分析,系统频率响应 $H(e^{j\omega})$ 反映了线性时不变系统对不同频率输入序列的不同传输能力。ω 是输入序列的频率,可为任意值,$H(e^{j\omega})$ 是 ω 的连续函

二维码 2-3

数;又因为 $e^{j\omega n}=e^{j(\omega+2k\pi)n}$（$k$ 为任意整数），所以 $H(e^{j\omega})$ 又是 ω 的周期函数,周期为 2π。因此只需在 $-\pi\leqslant\omega\leqslant\pi$,或者 $-\Omega_s/2\leqslant\Omega\leqslant\Omega_s/2$ 区间来研究系统频率响应。

因为
$$H(e^{j\omega}) = \sum_{n=-\infty}^{\infty} h(n)e^{-j\omega n}$$
$$= \sum_{n=-\infty}^{\infty} h(n)\cos(\omega n) - j\sum_{n=-\infty}^{\infty} h(n)\sin(\omega n)$$

所以其实部为 $H_r(e^{j\omega}) = \sum_{n=-\infty}^{\infty} h(n)\cos(\omega n)$,是 ω 的偶函数；

其虚部为 $H_i(e^{j\omega}) = -\sum_{n=-\infty}^{\infty} h(n)\sin(\omega n)$,是 ω 的奇函数；

其模 $|H(e^{j\omega})| = \sqrt{H_r^2(e^{j\omega})+H_i^2(e^{j\omega})}$,是 ω 的偶函数；

其相位 $\arg[H(e^{j\omega})] = \arctan\left[\dfrac{H_i(e^{j\omega})}{H_r(e^{j\omega})}\right]$,是 ω 的奇函数。

因此研究系统频率响应,只要在 $0\leqslant\omega\leqslant\pi$,或者 $0\leqslant\Omega\leqslant\Omega_s/2$ 范围内研究即可。

类似于模拟滤波器,离散时间系统按其频率响应,也有低通、高通、带通、带阻和全通之分。图 2-21 所示为离散时间系统各种频率响应,其性质只限于 $0\leqslant\omega\leqslant\pi$ 范围内来区分。

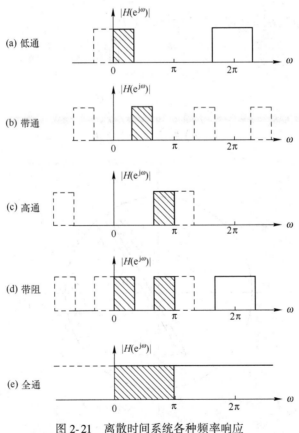

图 2-21　离散时间系统各种频率响应

2.6.4　系统频率响应的几何确定法

根据系统函数 $H(z)$ 的零、极点在 z 平面上的分布,可以用几何确定法简便地求出离散时间系统频率响应。

已知一个系统函数,其零、极点表达式为

$$H(z) = A \frac{\prod\limits_{r=1}^{M}(z - c_r)}{\prod\limits_{k=1}^{N}(z - d_k)} \tag{2-62}$$

系统频率响应为

$$H(e^{j\omega}) = A \frac{\prod\limits_{r=1}^{M}(e^{j\omega} - c_r)}{\prod\limits_{k=1}^{N}(e^{j\omega} - d_k)} \tag{2-63}$$

如图 2-22 所示,$C_r = e^{j\omega} - c_r$ 是一个由零点 c_r 指向单位圆 $e^{j\omega}$ 点的向量,称为零矢量。同样,$D_k = e^{j\omega} - d_k$ 是一个由极点 d_k 指向 $e^{j\omega}$ 的向量,称为极矢量。这样,式(2-63)可以写成

$$H(e^{j\omega}) = A \frac{\prod\limits_{r=1}^{M}C_r}{\prod\limits_{k=1}^{N}D_k}$$

用极坐标表示 $C_r = C_r e^{j\varphi_r}$,$D_k = D_k e^{j\theta_k}$,于是幅度响应为

$$|H(e^{j\omega})| = |A| \frac{\prod\limits_{r=1}^{M}C_r}{\prod\limits_{k=1}^{N}D_k} \tag{2-64}$$

相位响应为
$$\varphi(\omega) = \sum_{r=1}^{M} \varphi_r - \sum_{k=1}^{N} \theta_k \tag{2-65}$$

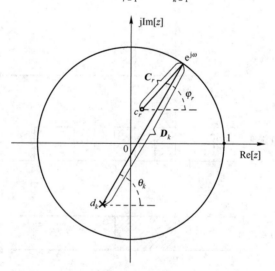

图 2-22 几何法确定 $H(e^{j\omega})$

如图 2-22 所示,如果沿单位圆转一周,当靠近某个 d_k 附近时,由于极矢量 D_k 最短,$|H(e^{j\omega})|$ 有可能在此处产生峰值,并且 D_k 越短,峰值越大。当 d_k 处于单位圆上时,$|H(e^{j\omega})| = \infty$,该系统处于不稳

定状态,这是实际系统所不希望的。当 $e^{j\omega}$ 靠近某一个零点 c_r 附近时,$|H(e^{j\omega})|$ 出现谷点,并且 c_r 越靠近单位圆,谷点越接近于零;当 c_r 在单位圆上时,则谷点为零,即 $|H(e^{j\omega})|=0$。

通过几何确定法可以简单、直观、近似地分析系统的频率响应,同时可更直接地理解零、极点分布对于系统频率响应的影响。

【例 2. 23】 用几何确定法求出图 2-23 所示系统的频率响应。

解:根据图 2-23,其差分方程为

$$y(n) = ay(n-1) + x(n)$$

系统函数为 $\quad H(z) = \dfrac{z}{z-a} \qquad |z| > a \qquad\qquad (2\text{-}66)$

系统频率响应为 $\quad H(e^{j\omega}) = \dfrac{e^{j\omega}}{e^{j\omega}-a} = \dfrac{1}{(1-a\cos\omega)+\mathrm{j}a\sin\omega}$

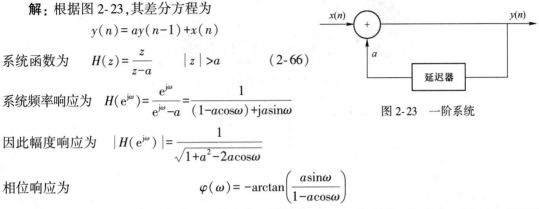

图 2-23 一阶系统

因此幅度响应为 $\quad |H(e^{j\omega})| = \dfrac{1}{\sqrt{1+a^2-2a\cos\omega}}$

相位响应为 $\qquad\qquad \varphi(\omega) = -\arctan\left(\dfrac{a\sin\omega}{1-a\cos\omega}\right)$

由式(2-66)可知,系统函数在 $z=0$ 处存在一阶零点,在 $z=a$ 处存在一阶极点。图 2-24 所示为根据 $0<a<1$,$-1<a<0$,$a=0$ 三种情况分别用几何法求出的幅度响应和相位响应示意图。

图 2-24 说明,当 $0<a<1$ 时,系统呈低通特性;当 $-1<a<0$ 时,系统呈高通特性;当 $a=0$ 时,系统为全通。同时图 2-24 还说明,在系统结构(如图 2-23 所示)一定时,其频率响应随参数 a 变化而变化,了解这一点,对今后理解数字滤波器结构、参数、特性之间的关系很有好处。

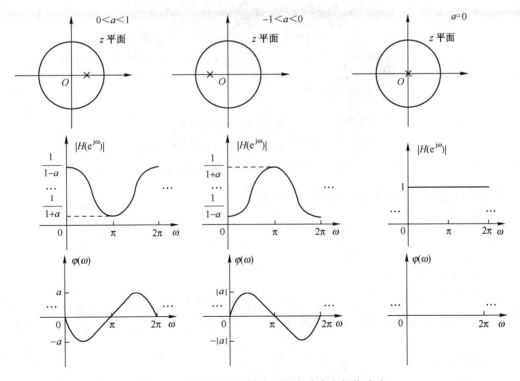

图 2-24 参数变化时系统的幅度响应和相位响应

设 $a = 0.9$，系统零、极点如图 2-25 所示。

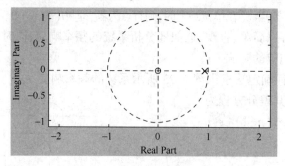

图 2-25　例 2.23 系统的零、极点

求解系统零、极点的 MATLAB 实现程序如下：

```
clear
b = [1,0];
a = [1,-0.9];
zplane(b,a);
```

设 $a = 0.9$，系统频率响应的幅度和相位如图 2-26 所示。

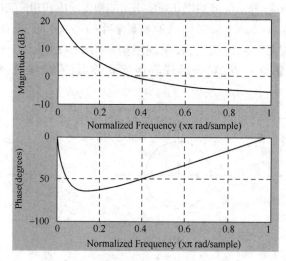

图 2-26　例 2.23 系统频率响应的幅度和相位（$a = 0.9$）

求解系统频率响应的 MATLAB 实现程序如下：

```
clear
b = [1,0];
a = [1,-0.9];
w = pi * freqspace(100);
freqz(b,a,w);
```

2.6.5　全通系统和最小相位系统

1. 全通系统

全通系统是指幅度响应 $|H(e^{j\omega})|$ 恒为常数（通常取 1）的系统。全通系统在滤波器设计、

滤波器组、相位均衡和多速率信号处理等方面有广泛应用。

一阶全通系统的系统函数可以表示为：

$$H_{\mathrm{ap}}(z) = \frac{z^{-1}-a^*}{1-az^{-1}} \tag{2-66}$$

$$H_{\mathrm{ap}}(\mathrm{e}^{\mathrm{j}\omega}) = \frac{\mathrm{e}^{-\mathrm{j}\omega}-a^*}{1-a\mathrm{e}^{-\mathrm{j}\omega}} = \mathrm{e}^{-\mathrm{j}\omega}\frac{1-a^*\,\mathrm{e}^{\mathrm{j}\omega}}{1-a\mathrm{e}^{-\mathrm{j}\omega}} \tag{2-67}$$

$$\left| H_{\mathrm{ap}}(\mathrm{e}^{\mathrm{j}\omega}) \right| = 1 \tag{2-68}$$

全通系统让输入信号中所有频率分量以恒定的增益或衰减通过系统。

实值单位冲激响应的全通系统的系统函数可分解为因式相乘，其复数极点以共轭对出现，即

$$H_{\mathrm{ap}}(z) = A\prod^{M_c}\frac{z^{-1}-d_k}{1-d_kz^{-1}} \cdot \prod^{M_r}\frac{(z^{-1}-e_k^*)(z^{-1}-e_k)}{(1-e_kz^{-1})(1-e_k^*z^{-1})} \tag{2-69}$$

对物理可实现系统有：$|d_k|<1$，$|e_k|<1$。

零点和极点的个数：$M = N = M_c + 2M_r$。

全通系统的极点在单位圆内，零点在单位圆外，极点与零点以单位圆呈镜像分布，见图2-27。

令 $a = r\mathrm{e}^{\mathrm{j}\theta}$，$r<1$，为正实数，代入式（2-67）可得其相位响应为

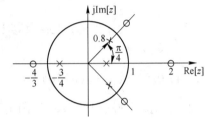

图 2-27 全通系统零、极点示例

$$\varphi(\omega) = \arg\left[H_{\mathrm{ap}}(\mathrm{e}^{\mathrm{j}\omega}) \right] = \arg\left[\frac{\mathrm{e}^{-\mathrm{j}\omega}-r\mathrm{e}^{-\mathrm{j}\theta}}{1-r\mathrm{e}^{\mathrm{j}\theta}\mathrm{e}^{-\mathrm{j}\omega}} \right]$$

$$= -\omega - 2\arctan\left[\frac{r\sin(\omega-\theta)}{1-r\cos(\omega-\theta)} \right] \tag{2-70}$$

上式对 $\varphi(\omega)$ 微分，分析可得 $\dfrac{\mathrm{d}\varphi(\omega)}{\mathrm{d}\omega}<0$。

全通系统的相位响应是单调下降的。

2. 最小相位系统

最小相位系统是指其系统函数全部极点和零点都在单位圆内的因果稳定系统。准确地说最小相位系统是最小相位延迟系统。

任何系统都可以表示成一个最小相位系统和一个全通系统的级联：

$$H(z) = H_{\min}(z)H_{\mathrm{ap}}(z) \tag{2-71}$$

最大相位系统是指其系统函数全部极点在单位圆内，全部零点在单位圆外的因果稳定系统。

本 章 小 结

本章主要介绍 z 变换的定义、收敛域及其性质，z 反变换，离散时间信号与系统的频域分析、z 域分析的原理与方法。重点是 z 变换和序列傅里叶变换的定义以及离散时间系统的 z 域、频域分析方法。应掌握以下主要内容：

（1）z 变换的定义。z 变换实质上是把序列变换到连续复平面的 z 域加以分析和处理，z

是一个连续的复变量。

（2）z 变换表达式及其收敛域与序列具有一一对应关系。若仅有 z 变换表达式，则它与序列的对应关系往往是多值的。根据收敛域判定序列性质，在 z 反变换中具有重要意义。

（3）z 变换的性质。z 变换共有 8 条性质，其中最常用的有位移特性和时域卷积定理。

（4）z 反变换及其计算方法：留数定理、幂级数展开法和部分分式法等。

（5）z 变换与拉普拉斯变换、傅里叶变换之间的关系。

（6）系统函数的零、极点决定系统特性，根据系统函数的收敛域可给出因果系统、稳定系统及物理可实现系统的判定条件。

（7）系统频率响应 $H(e^{j\omega})$ 是 ω 的连续周期函数，其周期为 2π，且 $|H(e^{j\omega})|$ 是偶函数，$\varphi(\omega)$ 是奇函数。

习　题

2.1　求下列序列的 z 变换及其零、极点。

（1）$\delta(n-n_0)$　　　　（2）$0.5^n u(n)$　　　　（3）$-0.5^n u(n-1)$

（4）$0.5^n[u(n)-u(n-10)]$　　（5）$0.5^n u(n)+0.3^n u(n)$　　（6）$\delta(n)-\dfrac{1}{8}\delta(n-3)$

2.2　求下列序列的 z 变换，画出零、极点图。

（1）$x(n)=Ar^n\cos(n\omega_0+\varphi)u(n)$　　　　$0<r<1$

（2）$x(n)=\begin{cases}1 & 0\leqslant n\leqslant N-1 \\ 0 & n\geqslant N, n<0\end{cases}$

（3）$a^n u(n)+b^n u(-n-1)$

（4）$a^{|n|}$　　　　$0<|a|<1$

（5）$e^{(\sigma+3\omega_0)n}u(n)$

2.3　求下列 $X(z)$ 的反变换。

（1）$X(z)=\dfrac{1}{1+0.5z^{-1}}$　　$|z|>\dfrac{1}{2}$　　（3）$X(z)=\dfrac{1-0.5z^{-1}}{1-0.25z^{-2}}$　　$|z|>\dfrac{1}{2}$

（2）$X(z)=\dfrac{1-0.5z^{-1}}{1+\dfrac{3}{4}z^{-1}+\dfrac{1}{8}z^{-2}}$　　$|z|>\dfrac{1}{2}$　　（4）$X(z)=\dfrac{1-az^{-1}}{z^{-1}-a}$　　$|z|>\left|\dfrac{1}{a}\right|$

2.4　用三种方法（留数法、长除法、部分分式法）求下列 $X(z)$ 的反变换。

（1）$X(z)=\dfrac{1}{1-0.5z^{-1}}$　　　$|z|>0.5$

（2）$X(z)=\dfrac{1}{1-0.5z^{-1}}$　　　$|z|<0.5$

2.5　已知 $x(n)$ 的 z 变换为 $X(z)$，试证明下列关系。

（1）$\mathscr{Z}[nx(n)]=-z\dfrac{\mathrm{d}X(z)}{\mathrm{d}z}$　　（2）$\mathscr{Z}[x^*(n)]=X^*(z^*)$　　（3）$\mathscr{Z}[x(-n)]=X(z^{-1})$

2.6　求下列 $X(z)$ 的反变换。

（1）$X(z)=\dfrac{z}{(z-1)^2(z-2)}$　　$|z|>2$

(2) $X(z) = \dfrac{z^2}{(ze-1)^3}$ $\qquad |z| > \dfrac{1}{e}$

(3) $X(z) = \dfrac{10}{(1-0.5z^{-1})(1-0.3z^{-1})}$ $\qquad |z| > 0.5$

(4) $X(z) = \dfrac{1+z^{-1}}{1-2z^{-1}\cos\omega + z^{-2}}$ $\qquad |z| > 1$

(5) $X(z) = \dfrac{z^{-2}}{1+z^{-2}}$ $\qquad |z| > 1$

2.7 已知 $X(z) = \dfrac{-3z^{-1}}{2-5z^{-1}+2z^{-2}}$，在下列三种收敛情况下，求其反变换。

(1) $|z| > 2$ $\qquad$ (2) $|z| < 0.5$ $\qquad$ (3) $0.5 < |z| < 2$。

2.8 利用卷积定理求 $x(n) * h(n)$，已知

(1) $x(n) = a^n u(n)$, $\qquad h(n) = b^n u(-n)$

(2) $x(n) = a^n u(n)$, $\qquad h(n) = \delta(n-2)$

(3) $x(n) = a^n u(n)$, $\qquad h(n) = u(n)$

2.9 用 z 域卷积定理求序列 $e^{-bn}\sin(\omega_0 n)u(n)$ 的 z 变换。

2.10 已知 $x(n)$、$y(n)$，用直接相乘和复卷积公式求 $\mathscr{Z}[x(n)y(n)]$。

(1) $x(n) = a^n u(n)$ $\qquad 0 < |a| < 1$ $\qquad y(n) = \sin(\omega_0 n)$

(2) $x(n) = a^{|n|} u(n)$ $\qquad 0 < |a| < 1$ $\qquad y(n) = b^n u(n)$ $\qquad |b| < \dfrac{1}{|a|}$

2.11 用单边 z 变换求解下列差分方程。

(1) $y(n) - 0.9y(n-1) = 0.05u(n)$ $\qquad y(-1) = 0$

(2) $y(n) + 5y(n-1) = u(n)$ $\qquad y(-1) = 0$

2.12 已知系统差分方程

$$y(n) + y(n-1) = nx(n)$$

(1) 求系统函数 $H(z)$ 及单位冲激响应 $h(n)$，并说明系统的稳定性。

(2) 若系统为零状态，如果 $x(n) = 10u(n)$，求系统输出。

2.13 已知系统函数

$$H(z) = \frac{z}{z-k}$$

(1) 写出对应差分方程。

(2) 画出系统结构图。

(3) 求系统频率响应，并画出 $k = 0.5, 1, 0$ 三种情况下系统的幅度响应和相位响应。

2.14 已知序列的 z 变换 $X(z)$，求序列频谱 $X(e^{j\omega})$ 并画出其幅度和相位。

(1) $\dfrac{1}{1-2az^{-1}\cos\omega_0 + a^2 z^{-2}}$ $\qquad 0 < a < 1$

(2) $\dfrac{1-az^{-1}}{z^{-1}-a}$ $\qquad a > 1$

2.15 对因果序列，初值定理为：$x(0) = \lim\limits_{z \to \infty} X(z)$。

(1) 如果序列为 $n > 0$ 时，$x(n) = 0$，问相应的定理是什么？

（2）讨论一个序列 $x(n)$，其 z 变换为

$$X(z) = \frac{\dfrac{7}{12} - \dfrac{19}{24}z^{-1}}{1 - \dfrac{5}{2}z^{-1} + z^{-2}}$$

$X(z)$ 的收敛域包括单位圆，试求其 $x(0)$（序列）值。

2.16 若 $x_1(n)$、$x_2(n)$ 是因果稳定序列，求证

$$\frac{1}{2\pi}\int_{-\pi}^{\pi} X_1(e^{j\omega})X_2(e^{j\omega})\,d\omega = \left[\frac{1}{2\pi}\int_{-\pi}^{\pi} X_1(e^{j\omega})\,d\omega\right]\left[\frac{1}{2\pi}\int_{-\pi}^{\pi} X_2(e^{j\omega})\,d\omega\right]$$

2.17 已知用差分方程描述的一个线性时不变因果系统为

$$y(n) = y(n-1) + y(n-2) + x(n-1)$$

（1）求这个系统的系统函数 $H(z) = \dfrac{Y(z)}{X(z)}$，画出 $H(z)$ 的零、极点图，并指出其收敛域；

（2）求此系统的单位冲激响应；

（3）此系统是一个不稳定系统，请找出一个满足上述差分方程的稳定（非因果）系统的单位冲激响应。

2.18 设

$$X(z) = \frac{2 + 3z^{-1}}{1 - z^{-1} + 0.8z^{-2}} \qquad |z| > 0.9$$

（1）求出 $x(n)$，使其不包含复数项；

（2）用 MATLAB 计算 $x(n)$ 的前 20 个点，并与（1）的结果比较。

2.19 一个数字滤波器的差分方程为

$$y(n) = x(n) + x(n-1) + 0.9y(n-1) - 0.81y(n-2)$$

（1）用 MATLAB 中 freqz 函数画出该滤波器的幅度响应和相位响应曲线，注意在 $\omega = \pi/3$ 和 $\omega = \pi$ 时的幅度和相位值；

（2）产生信号 $x(n) = \sin\left(\dfrac{n\pi}{3}\right) + 5\cos(n\pi)$ 的 200 个点，并使其通过滤波器，把输出的稳态部分与 $x(n)$ 比较，讨论滤波器如何影响两个正弦波的幅度和相位。

2.20 用单边 z 变换解下面的差分方程。

$$y(n) = 0.5y(n-1) + 0.25y(n-2) + x(n) \qquad n \geqslant 0$$

$$y(-1) = 1, \ y(-2) = 2$$

$$x(n) = (0.8)^n u(n)$$

用 MATLAB 解出 $y(n)$ 的前 20 个点，并与推导出的答案比较。

第 3 章　离散傅里叶变换

计算机是进行数字信号处理的主要工具,计算机只能处理有限长序列,这就决定了有限长序列处理在数字信号处理中的重要地位。离散傅里叶变换建立了有限长序列与其近似频谱之间的联系,在理论上具有重要意义。它的一个显著特点就是时域和频域都是有限长序列,易于用计算机或专用数字信号处理设备来实现,而且由于离散傅里叶变换有其快速算法,即快速傅里叶变换(FFT),因此它在数字信号处理技术中起着核心作用。

本章从离散傅里叶级数入手,引出离散傅里叶变换的概念,并讨论离散傅里叶变换的性质,以及它与其他变换之间的关系。几种傅里叶变换形式参见二维码 3-1。

二维码 3-1

3.1　离散傅里叶级数(DFS)

设 $x_p(n)$ 是周期为 N 的周期序列,对于所有 n 值满足

$$x_p(n) = x_p(n+rN)$$

式中,r 为任意整数。

对于周期序列,不能进行 z 变换,因为当 n 从 $-\infty \sim \infty$ 变化,序列周而复始永不衰减,在 z 平面上任何地方都找不到一个衰减因子 $|z|$ 能使 $x_p(n)z^{-n}$ 绝对可和,它在 z 平面上不存在收敛域,所以周期序列的 z 变换无意义。

但是,正如连续时间周期信号可以用傅里叶级数研究分析一样,周期序列也可以用离散傅里叶级数来研究分析。

3.1.1　离散傅里叶级数的定义

离散傅里叶级数定义为

$$x_p(n) = \frac{1}{N} \sum_{k=0}^{N-1} X_p(k) e^{j\frac{2\pi}{N}nk} \tag{3-1}$$

可见式(3-1)把周期为 N 的周期序列表示成 N 个正弦序列或复指数序列之和的形式。周期为 N 的正弦序列的基频为 $e^{j\frac{2\pi}{N}n}$,k 次谐波为 $e^{j\frac{2\pi}{N}nk}$,$X_p(k)$ 为谐波系数。它只有 N 个独立分量,这是因为周期为 N 的周期序列虽然无限长,但它实质上只有 N 个独立信息。根据信息论理论,它变换到频域后也只能有 N 个独立信息,否则将出现二意性。

谐波系数 $X_p(k)$ 可以直接从式(3-1)求得。

将式(3-1)两端乘以 $e^{-j\frac{2\pi}{N}nm}$ 并对 n 在 $0 \sim N-1$ 求和可得

$$\sum_{n=0}^{N-1} x_p(n) e^{-j\frac{2\pi}{N}nm} = \frac{1}{N} \sum_{n=0}^{N-1} \sum_{k=0}^{N-1} X_p(k) e^{j\frac{2\pi}{N}n(k-m)}$$

$$= \sum_{k=0}^{N-1} X_p(k) \left[\frac{1}{N} \sum_{n=0}^{N-1} e^{j\frac{2\pi}{N}n(k-m)} \right]$$

因为

$$\frac{1}{N} \sum_{n=0}^{N-1} e^{j\frac{2\pi}{N}n(k-m)} = \frac{1}{N} \frac{1 - e^{j\frac{2\pi}{N}(k-m)N}}{1 - e^{j\frac{2\pi}{N}(k-m)}} = \begin{cases} 1, & k = m \\ 0, & k \neq m \end{cases} = \delta(k-m) \tag{3-2}$$

所以
$$\sum_{n=0}^{N-1} x_{\mathrm{p}}(n)\,\mathrm{e}^{-\mathrm{j}\frac{2\pi}{N}nm} = \sum_{k=0}^{N-1} X_{\mathrm{p}}(k)\delta(k-m)$$

这样
$$X_{\mathrm{p}}(m) = \sum_{n=0}^{N-1} x_{\mathrm{p}}(n)\,\mathrm{e}^{-\mathrm{j}\frac{2\pi}{N}nm}$$

用 k 代替 m 得
$$X_{\mathrm{p}}(k) = \sum_{n=0}^{N-1} x_{\mathrm{p}}(n)\,\mathrm{e}^{-\mathrm{j}\frac{2\pi}{N}nk} \tag{3-3}$$

令 $W_N = \mathrm{e}^{-\mathrm{j}\frac{2\pi}{N}}$，则式(3-1)、式(3-3)可表示为

$$\mathrm{DFS}[x_{\mathrm{p}}(n)] = X_{\mathrm{p}}(k) = \sum_{n=0}^{N-1} x_{\mathrm{p}}(n) W_N^{nk} \tag{3-4}$$

$$\mathrm{IDFS}[X_{\mathrm{p}}(k)] = x_{\mathrm{p}}(n) = \frac{1}{N}\sum_{k=0}^{N-1} X_{\mathrm{p}}(k) W_N^{-nk} \tag{3-5}$$

式(3-4)与式(3-5)构成周期序列的离散傅里叶级数变换关系。其中 $x_{\mathrm{p}}(n)$、$X_{\mathrm{p}}(k)$ 都是周期为 N 的周期序列，DFS[·]表示离散傅里叶级数正变换，IDFS[·]表示离散傅里叶级数反变换。

习惯上，对于周期为 N 的周期序列，把 $0 \leqslant n \leqslant N-1$ 区间称为主值区，把 $x_{\mathrm{p}}(0) \sim x_{\mathrm{p}}(N-1)$ 称为 $x_{\mathrm{p}}(n)$ 的主值序列。同样也称 $X_{\mathrm{p}}(0) \sim X_{\mathrm{p}}(N-1)$ 为 $X_{\mathrm{p}}(k)$ 的主值序列。

3.1.2 离散傅里叶级数的性质

离散傅里叶级数具有以下一些性质。

1. 线性特性

两个周期为 N 的周期序列 $x_{\mathrm{p}}(n)$、$y_{\mathrm{p}}(n)$，其离散傅里叶级数分别为 $X_{\mathrm{p}}(k)$、$Y_{\mathrm{p}}(k)$，则有
$$\mathrm{DFS}[ax_{\mathrm{p}}(n)+by_{\mathrm{p}}(n)] = aX_{\mathrm{p}}(k)+bY_{\mathrm{p}}(k) \tag{3-6}$$
式中，a、b 为任意常数。此特性可根据 DFS 的定义证明。

2. 序列位移特性

周期序列 $x_{\mathrm{p}}(n)$ 的离散傅里叶级数为 $X_{\mathrm{p}}(k)$，当 m 和 l 为任意整数时有
$$\mathrm{DFS}[x_{\mathrm{p}}(n+m)] = W_N^{-km} X_{\mathrm{p}}(k) \tag{3-7}$$
$$\mathrm{IDFS}[X_{\mathrm{p}}(k+l)] = W_N^{nl} x_{\mathrm{p}}(n) \tag{3-8}$$

证明： 根据定义

$$\mathrm{DFS}[x_{\mathrm{p}}(n+m)] = \sum_{n=0}^{N-1} x_{\mathrm{p}}(n+m) W_N^{kn}$$

令 $n+m=r$，则 $n=r-m$，代入上式有

$$\mathrm{DFS}[x_{\mathrm{p}}(n+m)] = \sum_{r=m}^{m+N-1} x_{\mathrm{p}}(r) W_N^{k(r-m)} = W_N^{-km}\left[\sum_{r=0}^{N-1} x_{\mathrm{p}}(r) W_N^{kr}\right]$$
$$= W_N^{-km} X_{\mathrm{p}}(k)$$

证明过程中利用了序列的周期特性，对 r 从 $m \sim m+N-1$ 求和，等效于从 $0 \sim N-1$ 求和。用类似的方法可证明式(3-8)。

3. 周期卷积特性

周期卷积特性又称周期卷积定理。

周期卷积定理： 如果 $x_{p1}(n)$、$x_{p2}(n)$ 都是周期为 N 的周期序列，有

$$X_{p1}(k) = \sum_{n=0}^{N-1} x_{p1}(n) W_N^{nk}, \qquad X_{p2}(k) = \sum_{n=0}^{N-1} x_{p2}(n) W_N^{nk}$$

且 $X_{p3}(k) = X_{p1}(k) X_{p2}(k)$，则

$$
\begin{aligned}
x_{p3}(n) = \mathrm{IDFS}[X_{p3}(k)] &= \sum_{m=0}^{N-1} x_{p1}(m) x_{p2}(n-m) \\
&= \sum_{m=0}^{N-1} x_{p2}(m) x_{p1}(n-m)
\end{aligned}
\tag{3-9}
$$

证明：

$$x_{p3}(n) = \mathrm{IDFS}[X_{p3}(k)] = \frac{1}{N} \sum_{k=0}^{N-1} X_{p3}(k) W_N^{-nk}$$

$$= \frac{1}{N} \sum_{k=0}^{N-1} [X_{p1}(k) X_{p2}(k)] W_N^{-nk}$$

$$= \frac{1}{N} \sum_{k=0}^{N-1} \left[\sum_{m=0}^{N-1} x_{p1}(m) W_N^{mk} \right] \left[\sum_{r=0}^{N-1} x_{p2}(r) W_N^{rk} \right] W_N^{-nk}$$

$$= \sum_{m=0}^{N-1} x_{p1}(m) \sum_{r=0}^{N-1} x_{p2}(r) \left[\frac{1}{N} \sum_{k=0}^{N-1} W_N^{-k(n-m-r)} \right]$$

其中

$$\frac{1}{N} \sum_{k=0}^{N-1} W_N^{-k(n-m-r)} = \begin{cases} 1, & r = n-m \\ 0, & r \neq n-m \end{cases} = \delta[r-(n-m)]$$

则

$$x_{p3}(n) = \sum_{m=0}^{N-1} x_{p1}(m) \sum_{r=0}^{N-1} x_{p2}(r) \delta[r-(n-m)]$$

$$= \sum_{m=0}^{N-1} x_{p1}(m) x_{p2}(n-m)$$

同理可证

$$x_{p3}(n) = \sum_{m=0}^{N-1} x_{p2}(m) x_{p1}(n-m)$$

应该指出，式(3-9)中 $x_{p2}(n-m)$、$x_{p1}(m)$ 都是变量 m 的周期序列，周期为 N。卷积结果 $x_{p3}(n)$ 也是以 N 为周期的周期序列。由于求和仅在一个周期内进行，因此称之为周期卷积。它与第 1 章介绍的线性卷积的主要区别是，线性卷积求和区间是从负无穷到正无穷。

由于 DFS 和 IDFS 的对称性，DFS 还存在频域周期卷积特性。即

若

$$x_{p3}(n) = x_{p1}(n) x_{p2}(n)$$

则

$$
\begin{aligned}
X_{p3}(k) = \mathrm{DFS}[x_{p3}(n)] &= \frac{1}{N} \sum_{l=0}^{N-1} X_{p1}(l) X_{p2}(k-l) \\
&= \frac{1}{N} \sum_{l=0}^{N-1} X_{p2}(l) X_{p1}(k-l)
\end{aligned}
\tag{3-10}
$$

其证明方法同前。

【例 3.1】 已知 $x_p(n)$ 是周期为 N 的周期序列，且

$$X_{1p}(k) = \sum_{n=0}^{N-1} x_p(n) W_N^{nk}, \quad X_{2p}(k) = \sum_{n=m_1}^{m_2} x_p(n) W_N^{nk}$$

$m_1 = rN + n_1$，$m_2 = rN + n_1 + N - 1$，$0 \leqslant n_1 \leqslant N-1$，$r$ 为任意整数。

求证：$X_{1p}(k) = X_{2p}(k)$。

证明： 由于

$$X_{2p}(k) = \sum_{n=rN+n_1}^{rN+n_1+N-1} x_p(n) W_N^{nk}$$

令 $m = n - rN$，则上式成为

$$X_{2p}(k) = \sum_{m=n_1}^{n_1+N-1} x_p(m+rN) W_N^{(m+rN)k}$$

又因为

$$x_p(m+rN) = x_p(m), \qquad W_N^{(m+rN)k} = W_N^{mk}$$

所以

$$X_{2p}(k) = \sum_{m=n_1}^{n_1+N-1} x_p(m) W_N^{mk} = \sum_{m=n_1}^{N-1} x_p(m) W_N^{mk} + \sum_{m=N}^{n_1+N-1} x_p(m) W_N^{mk}$$

对于上式第二项，设 $l = m - N$，则

$$\sum_{m=N}^{n_1+N-1} x_p(m) W_N^{mk} = \sum_{l=0}^{n_1-1} x_p(l+N) W_N^{(l+N)k} = \sum_{l=0}^{n_1-1} x_p(l) W_N^{lk}$$

令 $l = m$，则

$$上式 = \sum_{m=0}^{n_1-1} x_p(m) W_N^{mk}$$

将上式代入 $X_{2p}(k)$ 的表达式有

$$X_{2p}(k) = \sum_{m=n_1}^{N-1} x_p(m) W_N^{mk} + \sum_{m=0}^{n_1-1} x_p(m) W_N^{mk}$$

$$= \sum_{m=0}^{N-1} x_p(m) W_N^{mk} = X_{1p}(k)$$

此题证明了一个很重要的结论：对以 N 为周期的周期序列 $x_p(n)$，任取一个周期（$rN+n_1 \leqslant n \leqslant rN+n_1+N-1$）求得的离散傅里叶级数 $X_{2p}(k)$，与在 $x_p(n)$ 主值区（$0 \leqslant n \leqslant N-1$）求得的离散傅里叶级数 $X_{1p}(k)$ 相同。

【例 3. 2】 已知 $x_{p1}(n)$，$x_{p2}(n)$ 的周期为 N，有

$$x_{p3}(n) = \sum_{m=0}^{N-1} x_{p1}(m) x_{p2}(n-m)$$

$$x_{p4}(n) = \sum_{m=m_1}^{m_2} x_{p1}(m) x_{p2}(n-m)$$

其中 $m_1 = rN+n_1$，$m_2 = rN+n_1+N-1$，$0 \leqslant n_1 \leqslant N-1$。

求证：$x_{p3}(n) = x_{p4}(n)$。

证明：

$$x_{p4}(n) = \sum_{m=rN+n_1}^{rN+n_1+N-1} x_{p1}(m) x_{p2}(n-m)$$

令 $L = m - rN - n_1$，则

$$上式 = \sum_{L=0}^{N-1} x_{p1}(L+rN+n_1) x_{p2}[n-(L+rN+n_1)]$$

$$= \sum_{L=0}^{N-1} x_{p1}(L+n_1) x_{p2}[n-(L+n_1)]$$

令 $i + n_1 = N$，则

$$上式 = \sum_{L=0}^{i-1} x_{p1}(L+n_1) x_{p2}[n-(L+n_1)] + \sum_{L=i}^{N-1} x_{p1}(L+n_1) x_{p2}[n-(L+n_1)]$$

令 $L + n_1 = m$，则

$$上式 = \sum_{m=n_1}^{n_1+i-1} x_{p1}(m) x_{p2}(n-m) + \sum_{m=n_1+i}^{n_1+N-1} x_{p1}(m) x_{p2}(n-m)$$

由于 $i + n_1 = N$,则

$$\text{上式} = \sum_{m=n_1}^{N-1} x_{p1}(m)x_{p2}(n-m) + \sum_{m=N}^{n_1+N-1} x_{p1}(m)x_{p2}(n-m)$$

对于上式第二项,设 $J = m-N$,则

$$\sum_{m=N}^{n_1+N-1} x_{p1}(m)x_{p2}(n-m) = \sum_{J=0}^{n_1-1} x_{p1}(J+N)x_{p2}(n-J-N)$$

$$= \sum_{J=0}^{n_1-1} x_{p1}(J)x_{p2}(n-J)$$

$$= \sum_{m=0}^{n_1-1} x_{p1}(m)x_{p2}(n-m)$$

于是可得

$$x_{p4}(n) = \sum_{m=n_1}^{N-1} x_{p1}(m)x_{p2}(n-m) + \sum_{m=0}^{n_1-1} x_{p1}(m)x_{p2}(n-m)$$

$$= \sum_{m=0}^{N-1} x_{p1}(m)x_{p2}(n-m)$$

$$= x_{p3}(n)$$

此题证明了另外一个重要的结论:即对于两个周期为 N 的周期序列,任取一个周期 $(rN+n_1 \leqslant n \leqslant rN+n_1+N-1)$ 进行周期卷积,卷积结果与在 $(0 \leqslant n \leqslant N-1)$ 主值区内进行的周期卷积结果相同。因此周期卷积也可以用反褶、平移、相乘、取和的几何法求解。

【例 3.3】 已知周期序列如图 3-1 所示。求

(1) 其离散傅里叶级数 $X_p(k)$ 的幅度和相位。

(2) 在周期序列上任意截取一个周期(如 $5 \leqslant n \leqslant 14$),求其离散傅里叶级数 $X_p(k)$ 并与(1)中结果相比较。

解:(1) 由图 3-1 可知,周期序列周期 $N=10$,因此

$$X_p(k) = \sum_{n=0}^{9} x_p(n)W_{10}^{nk} = \sum_{n=0}^{4} W_{10}^{nk} = \sum_{n=0}^{4} e^{-j\frac{2\pi}{10}nk}$$

$$= \frac{1-(e^{-j\frac{2\pi}{10}k})^5}{1-e^{-j\frac{2\pi}{10}k}} = \frac{e^{j\frac{5}{10}\pi k} - e^{-j\frac{5}{10}\pi k}}{e^{j\frac{\pi}{10}k} - e^{-j\frac{\pi}{10}k}} \cdot \frac{e^{-j\frac{5}{10}\pi k}}{e^{-j\frac{\pi}{10}k}}$$

$$= \frac{\sin\left(\frac{5}{10}\pi k\right)}{\sin\left(\frac{\pi}{10}k\right)} e^{-j\frac{4}{10}\pi k}$$

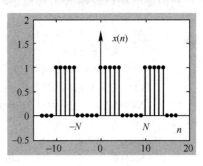

图 3-1 例 3.3 的周期序列

所以

$$|X_p(k)| = \left| \frac{\sin\left(\frac{5}{10}\pi k\right)}{\sin\left(\frac{\pi}{10}k\right)} \right|$$

$$\arg[X_p(k)] = -\frac{4}{10}\pi k$$

(2) 设 $5 \leqslant n \leqslant 14$,离散傅里叶级数为

$$X_{2p}(k) = \sum_{n=5}^{14} x_p(n)W_{10}^{nk} = \sum_{n=10}^{14} W_{10}^{nk} = \sum_{n=10}^{14} e^{-j\frac{2\pi}{10}nk}$$

$$= \frac{(e^{-j\frac{2\pi}{10}k})^{10} - (e^{-j\frac{2\pi}{10}k})^{15}}{1 - e^{-j\frac{2\pi}{10}k}} = \frac{1 - (e^{-j\frac{2\pi}{10}k})^{5}}{1 - e^{-j\frac{2\pi}{10}k}} = \frac{\sin\left(\frac{5}{10}\pi k\right)}{\sin\left(\frac{\pi}{10}k\right)}e^{-j\frac{4}{10}\pi k}$$

求得的离散傅里叶级数与(1)中结果相同。

构造离散傅里叶级数正反变换函数的 MATLAB 实现程序如下,其中 dfs(xn,N)为离散傅里叶级数正变换,idfs(Xk,N)为离散傅里叶级数反变换。

```
function [Xk] = dfs(xn,N)
    n = [0:1:N-1];
    k = n;
    WN = exp(-j * 2 * pi/N);
    nk = n' * k;
    WNnk = WN. ^nk;
    Xk = xn * WNnk;
    end
function [xn] = idfs(Xk,N)
    n = [0:1:N-1];
    k = n;
    WN = exp(-j * 2 * pi/N);
    nk = n' * k;
    WNnk = WN. ^(-nk);
    xn = (Xk * WNnk)/N;
    end
```

利用离散傅里叶级数正变换函数求解离散傅里叶级数的 MATLAB 实现程序如下:

```
xn = [1,1,1,1,1,0,0,0,0,0];N = 10;
Xk = dfs(xn,N)
n = 0 : 9;stem(n,abs(Xk));
xn = [1,1,1,1,1,0,0,0,0,0];N = 10;
Xk = dfs(xn,N);n = 0 : 9;stem(n,angle(Xk),'. k')
Xk =
Columns 1 through 4
  5. 0000          1.0000-3.0777i    -0.0000 + 0.0000i    1.0000 - 0.7265i

Columns 5 through 8
  -0.0000 + 0.0000i  1.0000 - 0.0000i  -0.0000 - 0.0000i  1.0000 + 0.7265i

Columns 9 through 10
  -0.0000 - 0.0000i  1.0000 + 3.0777i
```

【例3.4】 已知 $N = 4$ 的周期序列 $x_{p1}(n)$、$x_{p2}(n)$ 分别如图 3-2(a)和(b)所示。

$$x_{p1}(n) = \begin{cases} 1 & n=0 \\ 2 & n=1 \\ 3 & n=2 \\ 4 & n=3 \end{cases} \qquad x_{p2}(n) = \begin{cases} 4 & n=0 \\ 3 & n=1 \\ 2 & n=2 \\ 1 & n=3 \end{cases}$$

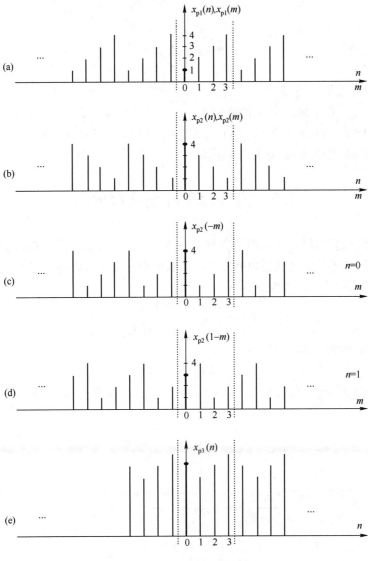

图 3-2 周期卷积图解

用几何作图法求

$$x_{p3}(n) = \sum_{m=0}^{N-1} x_{p1}(m) x_{p2}(n-m)$$

解：反褶 $x_{p2}(m)$，如图 3-2(c)所示，得 $x_{p2}(-m)$。将图 3-2(a)与图 3-2(c)($0 \leqslant n \leqslant 3$)对应值相乘求和得

$$x_{p3}(0) = 4+2+6+12 = 24$$

右移 $x_{p2}(-m)$ 如图 3-2(d)所示，将图 3-2(a)与图 3-2(d)($0 \leqslant n \leqslant 3$)对应值相乘求和得

$$x_{p3}(1) = 3+8+3+8 = 22$$

同理可得 $\qquad x_{p3}(2) = 24, \qquad x_{p3}(3) = 30$

这样
$$x_{p3}(n) = \begin{cases} 24 & n=0 \\ 22 & n=1 \\ 24 & n=2 \\ 30 & n=3 \end{cases}$$

用同样方法继续计算可得

$$x_{p3}(4) = 24, \qquad x_{p3}(5) = 22, \qquad x_{p3}(6) = 24, \qquad x_{p3}(7) = 30$$

因为 $x_{p3}(0) = x_{p3}(4)$，$x_{p3}(1) = x_{p3}(5)$，$x_{p3}(2) = x_{p3}(6)$，$x_{p3}(3) = x_{p3}(7)$，…，所以 $x_{p3}(n)$ 也是以 $N=4$ 为周期的周期序列,如图 3-2(e) 所示。

3.2 离散傅里叶变换(DFT)

周期序列虽然是无限长序列,但是它只含有 N 个独立信息,因此周期序列与有限长序列有着本质的联系,这正是由离散傅里叶级数向离散傅里叶变换过渡的关键所在。

设 $x(n)$ 为有限长序列,长度为 N,有

$$x(n) = \begin{cases} x(n) & 0 \le n \le N-1 \\ 0 & 其他 \end{cases}$$

设 $x_p(n)$ 是周期为 N 的周期序列,有

$$x_p(n) = x(n+rN)$$

有限长序列和周期序列关系如图 3-3 所示。$x_p(n)$ 实质上是 $x(n)$ 以 N 为周期的周期延拓。

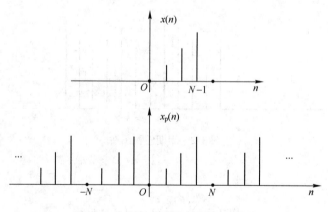

图 3-3 有限长序列和周期序列关系

因此,有限长序列 $x(n)$ 与周期序列 $x_p(n)$ 的关系如下: $x_p(n)$ 是 $x(n)$ 以 N 为周期的周期延拓,记为 $x_p(n) = x((n))_N$；$x(n)$ 是 $x_p(n)$ 的主值序列,记为 $x(n) = x_p(n)R_N(n)$。

其中 $x((n))_N$ 是余数运算表达式,令

$$n = rN + n_1, \qquad 0 \le n_1 \le N-1$$

则
$$((n))_N = n_1, \qquad\qquad x((n))_N = x(n_1)$$

它表明,此运算符号要求将 n 被 N 除,整数商为 r,余数是 n_1。此 n_1 就是 $((n))_N$ 的解。

显然,对于周期序列有

$$x(rN+n_1) = x_p(n_1)$$

式中，$x_p(n_1)$ 是主值区的样值。

例如，若 $x_p(n)$ 是 $N=4$ 的周期序列，对于 $n=11$，则有 $x_p(11) = x((11))_4 = x(3)$。这是由于 $11 = 2 \times 4 + 3$，故 $((11))_4 = 3$。

下面给出离散傅里叶变换的定义。

设有限长序列 $x(n)$ 长为 $N(0 \le n \le N-1)$，其离散傅里叶变换是一个长为 N 的频域有限长序列 $(0 \le k \le N-1)$，其正、反变换为

$$X(k) = \text{DFT}[x(n)] = \sum_{n=0}^{N-1} x(n) W_N^{nk} \qquad 0 \le k \le N-1 \tag{3-11}$$

$$x(n) = \text{IDFT}[X(k)] = \frac{1}{N} \sum_{k=0}^{N-1} X(k) W_N^{-nk} \qquad 0 \le n \le N-1 \tag{3-12}$$

式中，$W_N = e^{-j\frac{2\pi}{N}}$，$\text{DFT}[x(n)]$ 表示离散傅里叶正变换，$\text{IDFT}[X(k)]$ 表示离散傅里叶反变换。

由于 $x(n) = x_p(n) R_N(n)$，对于周期序列 $x_p(n)$ 仅有 N 个独立样值，对任何一个周期进行研究就可以得到它的全部信息。在主值区研究 $x_p(n)$ 与研究 $x(n)$ 是等价的，因此在主值区计算 DFS 和 DFT 是相等的，所以 DFT 计算公式形式与 DFS 基本相同。其关系为

$$x(n) = x_p(n) R_N(n) \tag{3-13}$$

$$X(k) = X_p(k) R_N(k) \tag{3-14}$$

因此，离散傅里叶变换的实质是：把有限长序列当作周期序列的主值序列进行 DFS 变换，$x(n)$、$X(k)$ 的长度均为 N，都有 N 个独立值，因此二者具有的信息量是相等的。已知 $x(n)$ 可以唯一地确定 $X(k)$，已知 $X(k)$ 可以唯一地确定 $x(n)$。DFT 和 DFS 关系图参见二维码 3-2。

二维码 3-2

因为离散傅里叶变换在时域 $x(n)$、频域 $X(k)$ 都是离散的、有限长的，所以可以很方便地利用计算机完成它们之间的变换。这是离散傅里叶变换的最大优点之一。

虽然离散傅里叶变换是两个有限长序列之间的变换，但它们是利用 DFS 关系推导出来的，因而隐含着周期性。

$x(n)$ 的离散傅里叶变换 $X(k)$，是 $x(n)$ 的频谱 $X(e^{j\omega})$ 在主值区 $0 \le \omega \le 2\pi$ 的 N 点均匀抽样，是其频谱的一个近似。

【例 3.5】 求矩形序列 $x(n) = R_N(n)$ 的 DFT。

解：
$$X(k) = \sum_{n=0}^{N-1} R_N(n) W_N^{nk} = \sum_{n=0}^{N-1} W_N^{nk} = \sum_{n=0}^{N-1} (e^{-j\frac{2\pi}{N}k})^n$$

$$= \begin{cases} \dfrac{1 - (e^{-j\frac{2\pi}{N}k})^N}{1 - e^{-j\frac{2\pi}{N}k}} = 0 & k \ne 0 \\ N & k = 0 \end{cases}$$

$$= N\delta(k) \qquad 0 \le k \le N-1$$

上式中，当 $k=0$ 时，对应 $e^{-j\frac{2\pi}{N}k} = 1$，因此 $X(0) = N$。当 $k = 1, 2, 3, \cdots, N-1$ 时，则有 $e^{-j\frac{2\pi}{N}k} \ne 1$，但是 $(e^{-j\frac{2\pi}{N}k})^N = e^{-j2\pi k} = 1$，所以当 $k \ne 0$ 时，$X(k) = 0$，即

$$X(1) = X(2) = \cdots = X(N-1) = 0$$

【例 3.6】 已知有限长序列

$$x(n) = \begin{cases} a^n & 0 \leqslant n \leqslant N-1 \\ 0 & \text{其他} \end{cases}$$

求 $x(n)$ 的离散傅里叶变换(设 $a = 0.9, N = 8$)。

解:根据定义,$x(n)$ 的离散傅里叶变换为

$$X(k) = \sum_{n=0}^{N-1} a^n W_N^{nk} = \sum_{n=0}^{N-1} (a W_N^k)^n$$

$$= \frac{1 - (a W_N^k)^N}{1 - a W_N^k} = \frac{1 - a^N}{1 - a W_N^k} \quad 0 \leqslant k \leqslant N-1$$

将 $a = 0.7, N = 8$ 代入得

$$X(k) = \frac{0.94}{1 - 0.7\cos\dfrac{2\pi}{8}k + j0.7\sin\dfrac{2\pi}{8}k}$$

所以有

$$|X(k)| = \frac{0.94}{\sqrt{\left(1 - 0.7\cos\dfrac{2\pi}{8}k\right)^2 + \left(0.7\sin\dfrac{2\pi}{8}k\right)^2}}$$

$$= \frac{0.94}{\sqrt{1.49 - 1.4\cos\dfrac{\pi}{4}k}}$$

$$\varphi(k) = \arctan\left(\frac{-0.7\sin\dfrac{\pi}{4}k}{1 - 0.7\cos\dfrac{\pi}{4}k}\right)$$

构造离散傅里叶正、反变换函数的 MATLAB 实现程序如下,其中 dft(xn,N) 为离散傅里叶正变换,idft(Xk,N) 为离散傅里叶反变换:

```
function [Xk] = dft(xn, N)
        n = [0:1:N-1];
        k = n;
        WN = exp(-j * 2 * pi/N);
        nk = n' * k;
        WNnk = WN. ^nk;
        Xk = xn * WNnk
        end
function [xn] = idft(Xk, N)
        n = [0:1:N-1];
        k = n;
        WN = exp(-j * 2 * pi/N);
        nk = n' * k;
        WNnk = WN. ^(-nk);
        xn = (Xk * WNnk)/N;
        end
```

利用离散傅里叶变换函数求解序列离散傅里叶变换的 MATLAB 实现程序如下($a = 0.7$, $N = 8$):

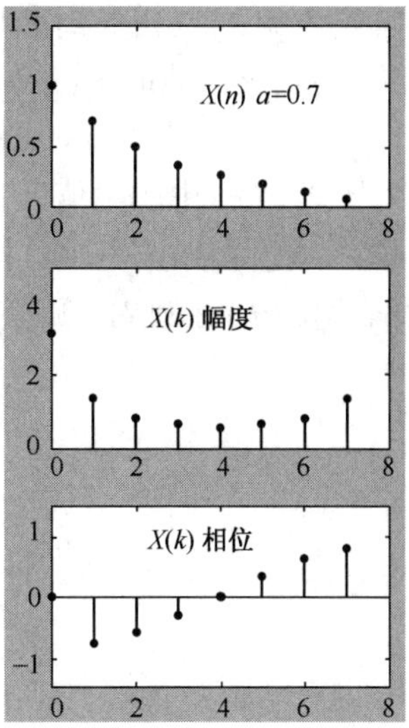

图 3-4 $X(k)$ 的幅度与相位

```
clear
N = 8;
a = 0.7;
n = [0:7];
xn = a.^n;
Xk = dft(xn,N);
subplot(3,1,1)
stem(n,xn,'.k');axis([0,8,0,1.5])
subplot(3,1,2)
stem(n,abs(Xk),'.k');axis([0,8,0,5])
subplot(3,1,3)
stem(n,angle(Xk),'.k');axis([0,8,-1.5,1.5])
```

图 3-4 所示为 $X(k)$ 的幅度与相位。DFT 补充计算例题见二维码 3-3。

二维码 3-3

3.3 离散傅里叶变换的性质

本节讨论离散傅里叶变换的性质,这些性质对离散时间系统的分析、运算和基本概念的巩固有很大帮助,特别是 DFT 的卷积、相关、对称等性质,在信号处理技术的应用中起重要作用。

3.3.1 线性特性

若两个有限长序列 $x_1(n)$、$x_2(n)$ 进行如下线性组合

$$y(n) = ax_1(n) + bx_2(n)$$

则 $y(n)$ 的离散傅里叶变换为

$$Y(k) = aX_1(k) + bX_2(k) \tag{3-15}$$

如果 $x_1(n)$ 长为 N_1,$x_2(n)$ 长为 N_2,则 $y(n)$ 长为 $N = \max[N_1, N_2]$。

设 $N_2 > N_1$,则

$$X_1(k) = \sum_{n=0}^{N_2-1} x_1(n) W_{N_2}^{nk}$$

$$X_2(k) = \sum_{n=0}^{N_2-1} x_2(n) W_{N_2}^{nk}$$

注意 $X_1(k)$ 是 $x_1(n)$ 补 $N_2 - N_1$ 个零后的离散傅里叶变换。

3.3.2 圆周位移特性

1. 圆周位移定义

有限长序列 $x(n)$ 的圆周位移定义为

$$y(n) = x((n-m))_N R_N(n) \tag{3-16}$$

其意义如图 3-5 所示。

首先将 $x(n)$ 延拓成周期序列 $x_p(n) = x((n))_N$，然后将 $x_p(n)$ 右位移 m 位，$x_p(n-m) = x((n-m))_N$，最后截取 $x_p(n-m)$ 主值

$$y(n) = x_p(n-m)R_N(n) = x((n-m))_N R_N(n)$$

对图 3-5(c)中的主值区进行观察，发现移出主值区的样值，等于移入主值区的样值。这种移位可以想象成序列 $x(n)$ 排列在一个 N 等分的圆周上，N 个样值点首尾相接，沿圆周顺移 m 位(表示 $x(n)$ 在圆周上旋转 m 位)，因此得名"圆周位移"，或者叫作"循环位移"。

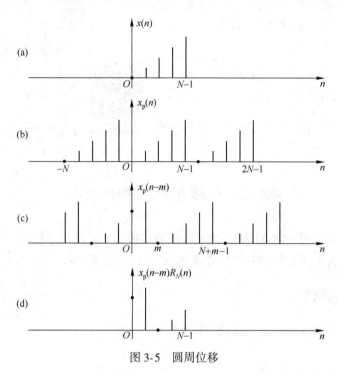

图 3-5 圆周位移

2. 圆周位移定理

若 $$\text{DFT}[x(n)] = X(k), \qquad y(n) = x((n-m))_N R_N(n)$$

则 $$\text{DFT}[y(n)] = W_N^{mk} X(k) \tag{3-17}$$

证明：

$$\begin{aligned}
\text{DFT}[y(n)] &= \text{DFT}[x((n-m))_N R_N(n)] \\
&= \text{DFT}[x_p(n-m)R_N(n)] \\
&= \sum_{n=0}^{N-1} x_p(n-m)R_N(n) W_N^{nk}
\end{aligned}$$

令 $i = n - m$，则

$$\begin{aligned}
\text{上式} &= \Big[\sum_{i=-m}^{N-m-1} x_p(i) W_N^{ik}\Big] W_N^{mk} \\
&= \Big[\sum_{i=0}^{N-1} x_p(i) W_N^{ik}\Big] W_N^{mk} \\
&= W_N^{mk} X(k)
\end{aligned}$$

圆周位移定理表明：序列 $x(n)$ 圆周位移 $-m$ 位后的 DFT 为 $X(k)$ 乘以相移因子 W_N^{mk}，说明

在时域中圆周位移 $-m$ 位仅使频域信号产生 $\mathrm{e}^{-\mathrm{j}\frac{2\pi}{N}mk}$ 的相移,而幅度不发生变化,即

$$\mid W_N^{mk}X(k)\mid = \mid X(k)\mid$$

根据时域、频域对偶关系,不难证明在频域中,若

$$Y(k)=X((k-l))_N R_N(k),X(k)=\mathrm{DFT}[x(n)]$$

则

$$\mathrm{IDFT}[Y(k)]=x(n)W_N^{-ln} \tag{3-18}$$

式(3-18)说明:$x(n)$ 乘以 W_N^{-ln},则其离散傅里叶变换圆周位移 l 位。$W_N^{-ln}x(n)$ 相当于时域将 $x(n)$ 进行复调制,其结果使整个频谱产生搬移。

3.3.3 循环卷积特性

1. 循环卷积定义

两个长为 N 的有限长序列 $x(n)$ 和 $h(n)$ 的循环卷积定义为:把有限长序列 $x(n)$ 和 $h(n)$ 分别延拓成以 N 为周期的周期序列 $x_\mathrm{p}(n)$、$h_\mathrm{p}(n)$,求这两个序列的周期卷积,然后截取主值序列,记为

$$
\begin{aligned}
y(n) &= x(n) \circledast h(n) \\
&= \sum_{m=0}^{N-1} x(m)h((n-m))_N R_N(n) \\
&= \sum_{m=0}^{N-1} x((n-m))_N h(m) R_N(n)
\end{aligned}
\tag{3-19}
$$

式中,$\circledast$ 表示循环卷积,以便与线性卷积区别。

可见有限长序列的循环卷积与周期卷积之间的关系类似于 DFT 与 DFS 之间的关系,它们在主值区的结果是相同的,因此可以把有限长序列延拓成周期序列,进行周期卷积,然后取主值的办法计算循环卷积。

简化的计算方法是:把序列 $x(n)$ 顺时针分布在 N 等分的圆周上,而序列 $h(n)$ 按时间轴与 $x(n)$ 相反方向分布在另一个同心圆上,每当两个圆停留在一定相对位置上,两个序列相乘取和,即得到卷积序列中的一个值。依次在不同位置上相乘、取和,就得到全部卷积结果。因此循环卷积也叫圆周卷积。下面举例说明这种计算方法。

【例 3.7】 已知长为 4 的两个有限长序列为

$$x(n)=(n+1)R_4(n) \qquad h(n)=(4-n)R_4(n)$$

如图 3-6(a)及(b)所示。求循环卷积 $y(n)=x(n)\circledast h(n)$。

解:如图 3-6(c)所示,将 $x(n)$ 按顺时针方向均匀分布在内圆上,$h(n)$ 按逆时针方向均匀分布在外圆上。此时内、外圆零点对齐,求得

$$
\begin{aligned}
y(0) &= x(0)h(0)+x(1)h(3)+x(2)h(2)+x(3)h(1) \\
&= 4+6+2+12=24
\end{aligned}
$$

如图 3-6(d)所示,将 $h(n)$ 在圆周上顺时针圆移一位,使 $x(0)$ 与 $h(1)$ 对齐,求得

$$
\begin{aligned}
y(1) &= x(0)h(1)+x(1)h(0)+x(2)h(3)+x(3)h(2) \\
&= 3+8+3+8=22
\end{aligned}
$$

同理可得

$$y(2)=x(0)h(2)+x(1)h(1)+x(2)h(0)+x(3)h(3)=24$$

$$y(3)=x(0)h(3)+x(1)h(2)+x(2)h(1)+x(3)h(0)=30$$

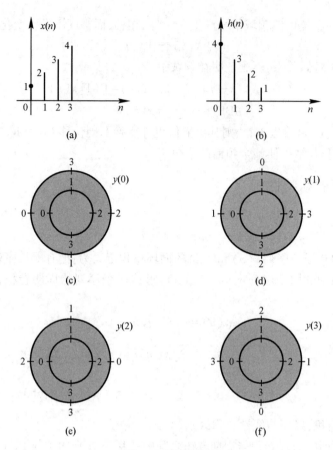

图 3-6 循环卷积

这里特别构建了一个循环卷积函数,专门用来计算两个序列(假设均从 0 点开始)的循环卷积,以后计算循环卷积时只要调用这个函数即可。

```
function y = circonv(x1,x2)
%构建一个 toeplitz 矩阵 M,让其各列分别为 x2(-m),x2(1-m),x2(2-m),…
%这里的两个序列 x1,x2 都是假设从 0 开始,一直到 N;
xn2 = [x2(1),fliplr(x2)];
xn2(length(xn2)) = [];
C = xn2;                    %toeplitz 矩阵第一列
R = x2;                     %toeplitz 矩阵第一行
M = toeplitz(C,R)
y = x1 * (M);
end
```

利用循环卷积函数求解循环卷积的 MATLAB 实现程序如下:

```
clear
x1 = [1,2,3,4];
x2 = [4,3,2,1];
y = circonv(x1,x2)
y = [24,22,24,30]
```

参与循环卷积的两个序列及循环卷积的结果如图 3-7 所示。由计算可知这种方法与图解简化方法所求的循环卷积结果完全相同。

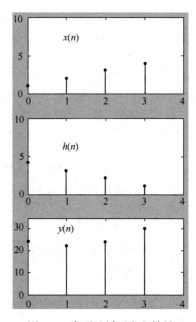

图 3-7 序列及循环卷积结果

2. 循环卷积定理

对于长为 N 的有限长序列 $x(n)$、$h(n)$，若

$$X(k) = \mathrm{DFT}[x(n)] \qquad H(k) = \mathrm{DFT}[h(n)]$$

且
$$Y(k) = X(k)H(k)$$

则
$$
\begin{aligned}
y(n) &= \mathrm{IDFT}[Y(k)] \\
&= \sum_{m=0}^{N-1} x(m)h((n-m))_N R_N(n) \\
&= \sum_{m=0}^{N-1} h(m)x((n-m))_N R_N(n)
\end{aligned}
\tag{3-20}
$$

证明：
$$
\begin{aligned}
\mathrm{IDFT}[Y(k)] &= \frac{1}{N}\sum_{k=0}^{N-1}[X(k)H(k)]W_N^{-nk} \\
&= \frac{1}{N}\sum_{k=0}^{N-1}\left[\sum_{m=0}^{N-1}x(m)W_N^{mk}\right]H(k)W_N^{-nk} \\
&= \sum_{m=0}^{N-1}x(m)\left[\frac{1}{N}\sum_{k=0}^{N-1}H(k)W_N^{mk}W_N^{-nk}\right]
\end{aligned}
$$

根据圆周位移定理

$$\frac{1}{N}\sum_{k=0}^{N-1}[H(k)W_N^{mk}]W_N^{-nk} = h((n-m))_N R_N(n)$$

因此
$$\mathrm{IDFT}[Y(k)] = \sum_{m=0}^{N-1}x(m)h((n-m))_N R_N(n)$$

同理可证
$$\mathrm{IDFT}[Y(k)] = \sum_{m=0}^{N-1}h(m)x((n-m))_N R_N(n)$$

【例 3.8】 已知长为 4 的两个有限长序列

$$x(n) = (n+1)R_4(n) \qquad h(n) = (4-n)R_4(n)$$

利用 MATLAB 由循环卷积定理求解循环卷积 $y(n) = x(n) \circledast h(n)$。

解：利用循环卷积定理求解循环卷积的 MATLAB 实现程序如下：

```
x1=[1,2,3,4];
xn=x1;
N=4;
y1=dft(xn,N);
x2=[4,3,2,1];
xn=x2;
y2=dft(xn,N);
y=y1.*y2;
Xk=y;
x=idft(Xk,N);
```

y1 =

  10.0000   −2.0000 + 2.0000i   −2.0000 − 0.0000i   −2.0000 − 2.0000i

y2 =

  10.0000   2.0000 − 2.0000i   2.0000 − 0.0000i   2.0000 + 2.0000i

y =

  1.0e+002 *

  1.0000   0 + 0.0800i   −0.0400 − 0.0000i   0.0000 − 0.0800i

x =

  24.0000 + 0.0000i   22.0000 − 0.0000i   24.0000 − 0.0000i   30.0000 − 0.0000i

由上述计算可知,这种方法与图解法及循环卷积函数法所求的循环卷积结果完全相同。

3.3.4 对称特性

由于实际问题中遇到的序列绝大多数是实序列,因此本节重点介绍实序列离散傅里叶变换的两条对称特性。

1. 实序列 $x(n)$ 的离散傅里叶变换 $X(k)$ 为复数,其实部 $X_r(k)$ 为偶函数,虚部 $X_i(k)$ 为奇函数。

证明：设 $x(n)$ 为实序列,长为 N,有

$$X(k) = \sum_{n=0}^{N-1} x(n) W_N^{nk} = \sum_{n=0}^{N-1} x(n) e^{-j\frac{2\pi}{N}nk}$$

$$= \sum_{n=0}^{N-1} x(n) \cos\left(\frac{2\pi}{N}nk\right) - j \sum_{n=0}^{N-1} x(n) \sin\left(\frac{2\pi}{N}nk\right)$$

其实部为

$$X_r(k) = \sum_{n=0}^{N-1} x(n) \cos\left(\frac{2\pi}{N}nk\right)$$

其虚部为

$$X_i(k) = -\sum_{n=0}^{N-1} x(n) \sin\left(\frac{2\pi}{N}nk\right)$$

显然可得:

① $X_r((-k))_N R_N(k) = X_r(k)$，$X_r(k)$ 为 k 的偶函数;

② $X_i((-k))_N R_N(k) = -X_i(k)$，$X_i(k)$ 为 k 的奇函数;

③ $X(k) = X_r(k) + jX_i(k)$，为复数。

2. 实序列 $x(n)$ 的离散傅里叶变换,在 $0 \leqslant n \leqslant N-1$ 区间内,对于 $N/2$ 点呈对称分布。 $|X(k)|$ 是偶对称,$\arg[X(k)]$ 是奇对称[注意:认为 $X(N) = X(0)$]。

证明：对于长为 N 的实序列,由对称特性 1 可得

$$X(k) = X_r(k) + jX_i(k)$$

将 $X(k)$ 以 N 为周期进行周期延拓,即

$$X_p(k) = \sum_{r=-\infty}^{\infty} X(k + rN) = X((k))_N$$

所以

$$X_p(k) = X_{rp}(k) + jX_{ip}(k)$$

$$X_p(-k) = X_{rp}(-k) + jX_{ip}(-k)$$

式中,$X_{rp}(k)$ 为偶函数,$X_{ip}(k)$ 为奇函数。因此

$$X_p(-k) = X_{rp}(k) - jX_{ip}(k)$$

故
$$X_p(-k) = X_p^*(k)$$

因为 $X_p(k)$ 是以 N 为周期的周期函数,这样
$$X_p^*(k) = X_p(N-k)$$
$$X_p^*(k)R_N(k) = X_p(N-k)R_N(k)$$

所以
$$X^*(k) = X(N-k)$$

上式中的共轭关系表示幅度相等,但相位相反,即
$$|X(k)| = |X(N-k)|, \qquad \arg[X(k)] = -\arg[X(N-k)]$$

令 $k=m$,得
$$|X(m)| = |X(N-m)|, \qquad \arg[X(m)] = -\arg[X(N-m)]$$

再令 $m = \dfrac{N}{2}+k, 0 \leqslant k \leqslant \dfrac{N}{2}$,则

$$\left| X\left(\frac{N}{2}+k\right) \right| = \left| X\left(\frac{N}{2}-k\right) \right| \tag{3-21}$$

$$\arg\left[X\left(\frac{N}{2}+k\right) \right] = -\arg\left[X\left(\frac{N}{2}-k\right) \right] \tag{3-22}$$

式(3-21)表明:$|X(k)|$ 以 $N/2$ 点偶对称;式(3-22)表明:$\arg[X(k)]$ 以 $N/2$ 点奇对称。这种对称关系在实际信号分析中很有用。例如,当编好一个离散傅里叶变换程序时,首先让它处理一个实序列,如果计算结果 $|X(k)|$ 不满足上述关系,则程序存在问题,反之程序基本正确。因此这种对称关系是定性分析离散傅里叶变换程序的有效方法。

离散傅里叶变换存在着一系列奇偶虚实关系和对称性。其主要特性如表 3-1 所示。

表 3-1 DFT 的奇偶虚实特性

$x(n)$	$X(k)$
实函数	实部为偶、虚部为奇
实偶函数	实偶函数
实奇函数	虚奇函数
虚函数	实部为奇、虚部为偶
虚偶函数	虚偶函数
虚奇函数	实奇函数

3.3.5 相关特性

在检测技术中,相关检测已发展成一个独立的分支,它已引起人们的广泛注意。离散傅里叶变换的相关特性是相关检测技术的主要理论基础之一。在随机信号处理中,可以用相关函数来表示一个平稳随机过程的统计特性。下面对离散相关函数(线性相关)和循环相关定理(圆相关)分别加以介绍。

1. 离散相关函数

对于两个离散序列 $x_1(n)$、$x_2(n)$,定义

$$r_{1,2}(n) = \sum_{m=-\infty}^{\infty} x_1(m)x_2(m-n) \tag{3-23}$$

$$r_{2,1}(n) = \sum_{m=-\infty}^{\infty} x_2(m)x_1(m-n) \tag{3-24}$$

$r_{1,2}(n)$ 为 $x_1(n)$ 与 $x_2(n)$ 的互相关函数;$r_{2,1}(n)$ 为 $x_2(n)$ 与 $x_1(n)$ 的互相关函数;当 $x_1(n) = x_2(n)$ 时,$r(n) = r_{1,2}(n) = r_{2,1}(n)$ 为自相关函数。根据定义可以证明,自相关函数是偶函数,即 $r(-n) = r(n)$。

相关函数(式(3-23)与式(3-24))与线性卷积表达式类似。它们之间的关系是:$x_1(n)$ 与

$x_2(n)$ 的相关函数 $r_{1,2}(n)$，等于 $x_1(n)$ 与 $x_2(n)$ 的反时间信号 $x_2(-n)$ 的线性卷积。

证明如下：

令 $l=n-m$，并设 $g(l)=x_2(-l)$，将其代入式（3-23），可得

$$r_{1,2}(n) = \sum_{l=-\infty}^{\infty} x_1(n-l)x_2(-l)$$

$$= \sum_{l=-\infty}^{\infty} g(l)x_1(n-l)$$

$$= g(n) * x_1(n)$$

$$= x_1(n) * x_2(-n)$$

但是相关函数与线性卷积又有很大差别。例如，线性卷积满足交换律：

$$x_1(n) * x_2(n) = x_2(n) * x_1(n)$$

而相关函数 $r_{1,2}(n) \neq r_{2,1}(n)$。可以证明 $r_{1,2}(n) = r_{2,1}(-n)$。

2. 循环相关定理

若 $x_1(n)$、$x_2(n)$ 都是长为 N 的实序列，则

$$\begin{cases} \tilde{r}_{1,2}(n) = \sum_{m=0}^{N-1} x_1(m)x_2((m-n))_N R_N(n) & 0 \leq n \leq N-1 \\ R_{1,2}(k) = X_1(k)X_2^*(k) & 0 \leq k \leq N-1 \end{cases} \tag{3-25}$$

$$\begin{cases} \tilde{r}_{2,1}(n) = \sum_{m=0}^{N-1} x_2(m)x_1((m-n))_N R_N(n) & 0 \leq n \leq N-1 \\ R_{2,1}(k) = X_2(k)X_1^*(k) & 0 \leq k \leq N-1 \end{cases} \tag{3-26}$$

式中

$$X_1(k) = \text{DFT}[x_1(n)], \quad X_2(k) = \text{DFT}[x_2(n)]$$

$$R_{1,2}(k) = \text{DFT}[\tilde{r}_{1,2}(n)], R_{2,1}(k) = \text{DFT}[\tilde{r}_{2,1}(n)]$$

【例 3.9】 已知长为 4 的两个有限长序列

$$x(n) = (n+1)R_4(n) \qquad h(n) = (4-n)R_4(n)$$

利用 MATLAB 由循环相关定理求循环相关

$$\tilde{r}_{1,2}(n) = \sum_{m=0}^{N-1} x_1(m)x_2((m-n))_N R_N(n)$$

解：利用循环相关定理求解循环相关的 MATLAB 实现程序如下：

```
x1 = [1,2,3,4];
xn = x1;
N = 4;
y1 = dft(xn,N);
x2 = [4,3,2,1];
xn = x2;
y2 = dft(xn,N);
y = y1. * conj(y2);
Xk = y;
x = idft(Xk,N);
x =

20.0000 - 0.0000i   26.0000 - 0.0000i   28.0000 + 0.0000i   26.0000 + 0.0000i
```

3.3.6 DFT 形式下的巴塞伐尔定理

若已知长为 N 的序列 $x(n)$, $X(k) = \mathrm{DFT}[x(n)]$,则

$$\sum_{n=0}^{N-1} |x(n)|^2 = \frac{1}{N} \sum_{k=0}^{N-1} |X(k)|^2 \tag{3-27}$$

如果 $x(n)$ 为实序列,则

$$\sum_{n=0}^{N-1} x^2(n) = \frac{1}{N} \sum_{k=0}^{N-1} |X(k)|^2$$

证明:在相关特性中,若 $x_1(n) = x_2(n) = x(n)$ 为实序列

$$\tilde{r}_{1,2}(n) = \frac{1}{N} \sum_{k=0}^{N-1} R_{1,2}(k) W_N^{-nk}$$

则

$$\sum_{m=0}^{N-1} x(m)x(m-n) = \frac{1}{N} \sum_{k=0}^{N-1} X(k) X^*(k) W_N^{-nk}$$

因此

$$\sum_{m=0}^{N-1} x(m)x(m-n) = \frac{1}{N} \sum_{k=0}^{N-1} |X(k)|^2 W_N^{-nk}$$

令 $n = 0$,则

$$\sum_{m=0}^{N-1} x^2(m) = \frac{1}{N} \sum_{k=0}^{N-1} |X(k)|^2$$

再令 $m = n$,则

$$\sum_{n=0}^{N-1} x^2(n) = \frac{1}{N} \sum_{k=0}^{N-1} |X(k)|^2$$

式(3-27)表明:在一个频率带限之内的有限时间信号 $x(n)$ 的能量与在频域计算的能量是相等的。因此,巴塞伐尔定理又称能量定理。

3.4 离散傅里叶变换与其他变换之间的关系

1. 离散傅里叶变换与 z 变换之间的关系

有限长序列的 z 变换为

$$X(z) = \sum_{n=0}^{N-1} x(n) z^{-n}$$

如果 $X(z)$ 在单位圆上收敛,令 $z = W_N^{-k}$,那么

$$X(z) \bigg|_{z=W_N^{-k}} = \sum_{n=0}^{N-1} x(n) W_N^{nk} = \mathrm{DFT}[x(n)]$$

式中,$W_N^k = \mathrm{e}^{-\mathrm{j}\frac{2\pi}{N}k}$。所以,离散傅里叶变换与 z 变换的关系为

$$X(k) = X(z) \bigg|_{z=W_N^{-k}} \tag{3-28}$$

式(3-28)说明,有限长序列的傅里叶变换等于它的 z 变换在单位圆上每隔 $2\pi/N$ 弧度的均匀抽样。

2. 用有限长序列 $X(k)$ 表示 $X(z)$

有限长序列的 z 变换为

$$X(z) = \sum_{n=0}^{N-1} x(n) z^{-n} \qquad (3\text{-}29)$$

由离散傅里叶反变换得到

$$x(n) = \frac{1}{N} \sum_{k=0}^{N-1} X(k) W_N^{-nk} \qquad (3\text{-}30)$$

将 $x(n)$ 代入式(3-29)得

$$X(z) = \sum_{n=0}^{N-1} \left[\frac{1}{N} \sum_{k=0}^{N-1} X(k) W_N^{-nk} \right] z^{-n} = \sum_{k=0}^{N-1} X(k) \left[\frac{1}{N} \sum_{n=0}^{N-1} (W_N^{-k} z^{-1})^n \right]$$

$$= \sum_{k=0}^{N-1} X(k) \left\{ \frac{1}{N} \left[\frac{1 - (W_N^{-k} z^{-1})^N}{1 - W_N^{-k} z^{-1}} \right] \right\} = \sum_{k=0}^{N-1} X(k) \left[\frac{1}{N} \frac{1 - z^{-N}}{1 - W_N^{-k} z^{-1}} \right]$$

设 $\phi_k(z) = \dfrac{1}{N} \dfrac{1-z^{-N}}{1-W_N^{-k} z^{-1}}$，上式成为

$$X(z) = \sum_{k=0}^{N-1} X(k) \phi_k(z) \qquad (3\text{-}31)$$

式中，$\phi_k(z)$ 为内插函数，它是 z 的连续函数。

式(3-31)说明，长为 N 的序列 $x(n)$ 的 z 变换 $X(z)$ 可由 N 个内插函数 $\phi_k(z)$，$0 \leqslant k \leqslant N-1$，乘以加权系数 $X(k)$ 叠加而成。

3. 用离散傅里叶变换表示序列的傅里叶变换[用 $X(k)$ 表示 $X(\mathrm{e}^{j\omega})$]

由式(2-42)知道：如果序列的 z 变换在单位圆上收敛，则序列的傅里叶变换等于单位圆上的 z 变换，即

$$X(\mathrm{e}^{j\omega}) = X(z) \bigg|_{z=\mathrm{e}^{j\omega}}$$

根据式(3-31)可以得到

$$X(\mathrm{e}^{j\omega}) = X(z) \bigg|_{z=\mathrm{e}^{j\omega}} = \sum_{k=0}^{N-1} X(k) \phi_k(\mathrm{e}^{j\omega}) \qquad (3\text{-}32)$$

其中

$$\phi_k(\mathrm{e}^{j\omega}) = \frac{1}{N} \frac{1 - \mathrm{e}^{-j\omega N}}{1 - \mathrm{e}^{-j\left(\omega - \frac{2k\pi}{N}\right)}}$$

$$= \frac{1}{N} \frac{\mathrm{e}^{j\frac{\omega N}{2}} - \mathrm{e}^{-j\frac{\omega N}{2}}}{\mathrm{e}^{\frac{j}{2}\left(\omega - \frac{2k\pi}{N}\right)} - \mathrm{e}^{-\frac{j}{2}\left(\omega - \frac{2k\pi}{N}\right)}} \frac{\mathrm{e}^{-j\frac{\omega N}{2}}}{\mathrm{e}^{\frac{j}{2}\left(\omega - \frac{2k\pi}{N}\right)}}$$

$$= \frac{1}{N} \frac{\sin\left(\dfrac{\omega N}{2}\right)}{\sin\left[\dfrac{1}{2}\left(\omega - \dfrac{2k\pi}{N}\right)\right]} \mathrm{e}^{-j\left(\frac{\omega N}{2} - \frac{\omega}{2} + \frac{k\pi}{N}\right)} \qquad (3\text{-}33)$$

设

$$\phi(\omega') = \frac{1}{N} \frac{\sin\left(\dfrac{\omega' N}{2}\right)}{\sin\left(\dfrac{\omega'}{2}\right)} \mathrm{e}^{-j\omega'\left(\frac{N-1}{2}\right)} \qquad (3\text{-}34)$$

将 $\omega' = \omega - \dfrac{2k\pi}{N}$ 代入上式得

$$\phi\left(\omega-\frac{2k\pi}{N}\right)=\frac{1}{N}\frac{\sin\left[\frac{1}{2}\left(\omega-\frac{2k\pi}{N}\right)N\right]}{\sin\left[\frac{1}{2}\left(\omega-\frac{2k\pi}{N}\right)\right]}e^{-j\left(\omega-\frac{2k\pi}{N}\right)\left(\frac{N-1}{2}\right)}$$

$$=\frac{1}{N}\frac{\sin\left(\frac{\omega N}{2}\right)}{\sin\left[\frac{1}{2}\left(\omega-\frac{2k\pi}{N}\right)\right]}e^{-j\left(\frac{\omega N}{2}-\frac{\omega}{2}+\frac{k\pi}{N}\right)} \tag{3-35}$$

比较式(3-33)与式(3-35)得

$$\phi_k(e^{j\omega})=\phi\left(\omega-\frac{2k\pi}{N}\right) \tag{3-36}$$

所以,式(3-32)变成

$$X(e^{j\omega})=\sum_{k=0}^{N-1}X(k)\phi\left(\omega-\frac{2k\pi}{N}\right) \tag{3-37}$$

式中,$\phi(\omega)$为内插函数,它是 ω 的连续函数。

式(3-37)说明,整个 $X(e^{j\omega})$ 由 N 个内插函数 $\phi\left(\omega-\frac{2k\pi}{N}\right)$ 乘上加权值 $X(k)$ 叠加而成,每个抽样点上的 $X(e^{j\omega})$ 值就等于该点上的 $X(k)$,抽样点间的 $X(e^{j\omega})$ 值则由各个内插函数叠加而成。

3.5 线性卷积与线性相关的 DFT 算法

在各个领域中,凡是可以用傅里叶变换进行分析、综合、变换的问题,如频谱分析、数字滤波、统计数据分析处理等,都可以运用 DFT 来进行处理或予以实现。本节主要讨论线性卷积和线性相关的 DFT 算法。

3.5.1 计算循环卷积和线性卷积

循环卷积和线性卷积都是两个序列在时域中的运算。根据时域和频域的对应关系,它们也可以先变换到频域进行相应运算后,再将结果变换到时域。

1. 循环卷积的快速计算

循环卷积的定义式为

$$x_3(n)=x_1(n)\circledast x_2(n)=\sum_{m=0}^{N-1}x_1(m)x_2((n-m))_N R_N(n)$$

$$=\sum_{m=0}^{N-1}x_2(m)x_1((n-m))_N R_N(n) \qquad 0\leqslant n\leqslant N-1$$

根据循环卷积定理,可以用以下方法计算两序列 $x_1(n)$ 和 $x_2(n)$ 的循环卷积:

(1) $X_1(k)=\mathrm{DFT}[x_1(n)]$

(2) $X_2(k)=\mathrm{DFT}[x_2(n)]$ $0\leqslant k\leqslant N-1$ $0\leqslant n\leqslant N-1$

(3) $X_3(k)=X_1(k)X_2(k)$

(4) $x_3(n)=\mathrm{IDFT}[X_3(k)]$

2. 线性卷积与循环卷积的关系

设 $x(n)$ 是长为 N 的序列，$h(n)$ 是长为 M 的序列，其线性卷积为

$$y(n) = x(n) * h(n) = \sum_{m=-\infty}^{\infty} x(m)h(n-m) \tag{3-38}$$

由假设知，$x(m)$ 的非零区间为

$$0 \leqslant m \leqslant N-1 \tag{3-39}$$

而 $h(n-m)$ 的非零区间为

$$0 \leqslant n-m \leqslant M-1 \tag{3-40}$$

将式 (3-39) 和式 (3-40) 相加，得 $y(n)$ 的非零区间为

$$0 \leqslant n \leqslant N+M-2 \tag{3-41}$$

在此区间外，$x(m) = 0$ 或 $h(n-m) = 0$，而 $y(n)$ 也是一个有限长序列，长度为 $N+M-1$。

令 $L \geqslant N+M-1$，将 $x(n)$ 和 $h(n)$ 分别补零延长到 L。对长为 L 的 $x(n)$ 和 $h(n)$ 进行循环卷积，其结果同 $x(n)$ 与 $h(n)$ 线性卷积结果完全一致。这是因为在计算长为 L 的 $x(n)$ 和 $h(n)$ 的循环卷积时，$x(m)$ 的非零区间为 $0 \leqslant m \leqslant L-1$，而在此范围 $h((-m))_N R_N(m)$ 的 L 点循环位移与 $h(-m)$ 的线性位移没有差别。因此，线性卷积与循环卷积的这种关系是普遍成立的，可用公式表示为：当 $L \geqslant N+M-1$ 时

$$x(n) * h(n) = x(n) \circledast h(n) \tag{3-42}$$

3. 线性卷积的快速计算

实际中往往利用循环卷积定理来计算线性卷积，其步骤如下：

（1）将原序列补零延长到 $L \geqslant N+M-1$，得 $x(n)$、$h(n)$，$0 \leqslant n \leqslant L-1$。

（2）$X(k) = \text{DFT}\big[(x(n)\big]$　　$H(k) = \text{DFT}\big[h(n)\big]$

（3）$Y(k) = H(k)X(k)$　　　　　　　　$\left.\right\} \quad 0 \leqslant k \leqslant L-1$

（4）$y(n) = \text{IDFT}\big[Y(k)\big]$

上述结论适用于 $x(n)$、$h(n)$ 两序列长度比较接近或者相等的情况。如果 $x(n)$、$h(n)$ 长度相差较多，例如 $h(n)$ 为某滤波器的单位冲激响应，长度有限，用它来处理一个很长的信号 $x(n)$，按上述方法 $h(n)$ 需补许多零后才能再进行计算，这时运算时间不但不会减少，反而会增加。

4. 重叠相加法

为了保持快速卷积法的优越性，可以将 $x(n)$ 分为许多小段，每小段长与 $h(n)$ 接近，将 $x(n)$ 的每个小段与 $h(n)$ 做卷积，最后取和。

设 $x(n)$、$h(n)$ 均为因果序列，$h(n)$ 长为 N，$x(n)$ 长为 N_1，且 $N_1 \gg N$。

将 $x(n)$ 分成若干小段，每段为 M，如图 3-8 所示，设 $x_i(n)$ 表示第 i 段序列

$$x_i(n) = \begin{cases} x(n) & iM \leqslant n \leqslant (i+1)M-1 \\ 0 & n\text{ 为其他} \end{cases}$$

则

$$x(n) = \sum_{i=0}^{p-1} x_i(n) \qquad p = \frac{N_1}{M}$$

这样
$$y(n) = x(n) * h(n) = \sum_{i=0}^{p-1} x_i(n) * h(n) = \sum_{i=0}^{p-1} y_i(n)$$

式中,$y_i(n) = x_i(n) * h(n)$。将 $x_i(n)$、$h(n)$ 补零使其长度为 $L = N + M - 1$,这样

$$y_i(n) = x_i(n) * h(n) = x_i(n) ⊛ h(n)$$

值得注意的是,$y_i(n)$ 长为 $N + M - 1$,而 $x_i(n)$ 的有效长度为 M,故相邻的 $y_i(n)$ 必有 $N-1$ 长度重叠,见图 3-8。之所以发生重叠,是因为每段序列与单位冲激响应的线性卷积通常大于原序列长度。因此,$y(n) = \sum_{i=0}^{p-1} y_i(n)$ 是对重叠部分以及不重叠部分相加共同构成的输出。通常称为"重叠相加法"。

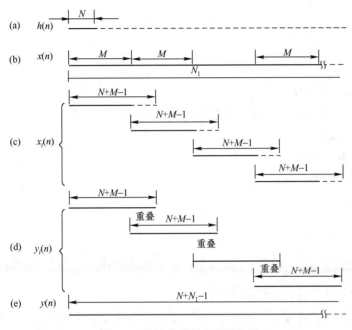

图 3-8　快速卷积的重叠相加法

因此,重叠相加法用 DFT 计算需要以下五步:

(1) $H(k) = \mathrm{DFT}[h(n)]$

(2) $X_i(k) = \mathrm{DFT}[x_i(n)]$

(3) $Y_i(k) = H(k)X_i(k)$ 　　　　$L \geq N + M - 1$

(4) $y_i(n) = \mathrm{IDFT}[Y_i(k)]$

(5) $y(n) = \sum_{i=0}^{p-1} y_i(n)$

这种方法充分发挥了循环卷积的优越性,计算速度大大提高。本方法对于处理无限长信号,例如语音信号等十分有效。如果对它们不采用分段卷积,将迟迟得不出结果。另外还有一些方法,如重叠保留法等,对于处理无限长信号也十分有效。

【例 3.10】 已知长为 4 的两个有限长序列为

$$x(n) = (n+1)R_4(n) \qquad h(n) = (4-n)R_4(n)$$

利用 MATLAB 根据循环卷积定理求循环卷积 $y(n) = x(n) ⊛ h(n)$。

解:利用循环卷积定理求解循环卷积的 MATLAB 实现程序如下:

```
x1=[1,2,3,4,0,0,0];x2=[4,3,2,1,0,0,0];
y1=dft(x1,7);
y2=dft(x2,7);
y=y1.*y2;x=idft(y,7);
```

运行结果为:

```
x =
    4.0000  11.0000  20.0000  30.0000  20.0000  11.0000  4.0000
```

而直接利用卷积函数求解循环卷积的 MATLAB 实现程序如下:

```
x1=[1,2,3,4];
x2=[4,3,2,1];
x3=conv(x1,x2);
```

运行结果为:

```
x3 =
    4 11 20 30 20 11
```

利用 3.3 所给出的循环卷积函数求解循环卷积的 MATLAB 实现程序如下:

```
x1=[1,2,3,4,0,0,0];
x2=[4,3,2,1,0,0,0];
x4=circonv(x1,x2)
```

运行结果为:

```
x4 =
    4 11 20 30 20 11 4
```

由此可见这几种方法计算结果一致。本题循环卷积和线性卷积结果相同。

3.5.2 计算循环相关和线性相关

在信号处理中,相关概念是十分重要的,它不仅本身有着重要的物理意义,而且在功率谱估计上有着重要应用。目前相关检测技术已经成为一门独立的学科。

1. 循环相关的快速计算

根据循环相关定理,若 $x_1(n)$、$x_2(n)$ 是长为 N 的实序列,则

$$\tilde{r}_{1,2}(n) = \sum_{m=0}^{N-1} x_1(m) x_2((m-n))_N R_N(n)$$

$$R_{1,2}(k) = X_1(k) X_2^*(k)$$

可用以下方法计算两序列 $x_1(n)$ 和 $x_2(n)$ 的循环相关:

(1) $X_1(k) = \mathrm{DFT}[x_1(n)]$

(2) $X_2(k) = \mathrm{DFT}[x_2(n)]$

$$0 \leqslant k \leqslant N-1 \qquad 0 \leqslant n \leqslant N-1$$

(3) $R_{1,2}(k) = X_1(k) X_2^*(k)$

(4) $\tilde{r}_{1,2}(n) = \mathrm{IDFT}[R_{1,2}(k)]$

2. 线性相关的快速计算

在 3.3.5 节曾证明过 $x_1(n)$ 与 $x_2(n)$ 的线性相关函数 $r_{1,2}(n)$ 等于 $x_1(n)$ 与 $x_2(n)$ 的反时间

```
```

信号 $x_2(-n)$ 的卷积,即

$$r_{1,2}(n) = \sum_{m=-\infty}^{\infty} x_1(m) x_2(m-n) = x_1(n) * x_2(-n)$$

因此,与用循环卷积计算线性卷积类似,当 $x_1(n)$、$x_2(n)$ 长度分别为 N、M 时,将 $x_1(n)$、$x_2(n)$ 补零延长,得

$$x_1(n) = \begin{cases} x_1(n) & 0 \leqslant n \leqslant N-1 \\ 0 & N \leqslant n \leqslant L-1 \end{cases}, \qquad x_2(n) = \begin{cases} x_2(n) & 0 \leqslant n \leqslant M-1 \\ 0 & M \leqslant n \leqslant L-1 \end{cases}$$

则当 $L \geqslant N+M-1$ 时,$x_1(n)$、$x_2(n)$ 的循环相关等于线性相关,即

$$r_{1,2}(n) = \tilde{r}_{1,2}(n)$$

因此,可用以下方法计算 $x_1(n)$ 和 $x_2(n)$ 的线性相关:

(1) 将原序列补零延长到 $L \geqslant N+M-1$,得 $x_1(n)$、$x_2(n)$,$0 \leqslant n \leqslant L-1$。

(2) $X_1(k) = \text{DFT}[x_1(n)]$,$X_2(k) = \text{DFT}[x_2(n)]$

(3) $R_{1,2}(k) = X_1(k) X_2^*(k)$ $\qquad\qquad\qquad 0 \leqslant k \leqslant L-1$

(4) $\tilde{r}_{1,2}(n) = \text{IDFT}[R_{1,2}(k)]$ $\qquad 0 \leqslant n \leqslant L-1$

3.6 信号的描述方法

在第 1~3 章中,已经讨论过几种形式的信号描述方法。根据"时间"或"频率"是取连续值还是离散值,以及是周期的还是非周期的,可将信号的描述方法分成不同形式,总结如下:

1. 拉普拉斯变换

● 时域:连续实数时间变量的函数;

● s 域:连续复数频率变量的函数。

双边拉普拉斯变换关系如下:

$$X(s) = \int_{-\infty}^{\infty} x(t) e^{-st} dt$$

$$x(t) = \frac{1}{2\pi j} \int_{\sigma-j\infty}^{\sigma+j\infty} X(s) e^{st} ds$$

2. z 变换

● 时域:离散整型时间变量的函数;

● z 域:连续复数频率变量的函数。

双边 z 变换关系如下:

$$X(z) = \sum_{n=-\infty}^{\infty} x(n) z^{-n}$$

$$x(n) = \frac{1}{2\pi j} \oint_c X(z) z^{n-1} dz \qquad\qquad c \in (R_1, R_2)$$

3. 连续时间的傅里叶变换

● 时域:连续实数时间变量的非周期函数;

● 频域:连续复数频率变量的非周期函数。

变换关系如下：

$$X(\mathrm{j}\Omega) = \int_{-\infty}^{\infty} x(t)\,\mathrm{e}^{-\mathrm{j}\Omega t}\,\mathrm{d}t$$

$$x(t) = \frac{1}{2\pi}\int_{-\infty}^{\infty} X(\mathrm{j}\Omega)\,\mathrm{e}^{\mathrm{j}\Omega t}\,\mathrm{d}\Omega$$

4. 离散时间序列的傅里叶变换

- 时域：离散整型时间变量的非周期函数；
- 频域：连续复数频率变量的周期函数。

变换关系如下：

$$X(\mathrm{e}^{\mathrm{j}\omega}) = \sum_{n=-\infty}^{\infty} x(n)\,\mathrm{e}^{-\mathrm{j}\omega n}$$

$$x(n) = \frac{1}{2\pi}\int_{-\pi}^{\pi} X(\mathrm{e}^{\mathrm{j}\omega})\,\mathrm{e}^{\mathrm{j}\omega n}\,\mathrm{d}\omega$$

5. 傅里叶级数

- 时域：连续实数时间变量的周期函数；
- 频域：离散整型频率变量的非周期函数。

变换关系如下：

$$X(\mathrm{j}k\Omega_0) = \frac{1}{T}\int_{-\frac{T}{2}}^{\frac{T}{2}} \widetilde{x}(t)\,\mathrm{e}^{-\mathrm{j}k\Omega_0 t}\,\mathrm{d}t$$

$$\widetilde{x}(t) = \sum_{k=-\infty}^{\infty} X(\mathrm{j}k\Omega_0)\,\mathrm{e}^{\mathrm{j}k\Omega_0 t}$$

6. 离散傅里叶级数

- 时域：离散整型时间变量的周期函数；
- 频域：离散整型频率变量的周期函数。

变换关系如下：

$$X_{\mathrm{p}}(k) = \sum_{n=0}^{N-1} x_{\mathrm{p}}(n)\,\mathrm{e}^{-\mathrm{j}\frac{2\pi}{N}nk}$$

$$x_{\mathrm{p}}(n) = \frac{1}{N}\sum_{k=0}^{N-1} X_{\mathrm{p}}(k)\,\mathrm{e}^{\mathrm{j}\frac{2\pi}{N}nk}$$

7. 离散傅里叶变换

- 时域：离散整型时间变量的非周期函数；
- 频域：离散整型频率变量的非周期函数。

变换关系如下：

$$X(k) = \sum_{n=0}^{N-1} x(n)\,\mathrm{e}^{-\mathrm{j}\frac{2\pi}{N}nk} \qquad 0 \leqslant k \leqslant N-1$$

$$x(n) = \frac{1}{N}\sum_{k=0}^{N-1} X(k)\,\mathrm{e}^{\mathrm{j}\frac{2\pi}{N}nk} \qquad 0 \leqslant n \leqslant N-1$$

本 章 小 结

本章主要介绍离散傅里叶级数(DFS)的定义及性质,离散傅里叶变换(DFT)基础知识:从离散傅里叶级数导出离散傅里叶变换的过程、离散傅里叶变换的性质、离散傅里叶变换与其他变换之间的关系。重点是离散傅里叶变换的定义及性质。应掌握以下主要内容:

(1) 周期序列的离散傅里叶级数(DFS)

$$X_p(k) = \sum_{n=0}^{N-1} x_p(n) W_N^{nk}$$

$$x_p(n) = \frac{1}{N} \sum_{k=0}^{N-1} X_p(k) W_N^{-nk}$$

$x_p(n)$、$X_p(k)$都是以 N 为周期的周期序列,它们都是无限长序列。

(2) 离散傅里叶变换(DFT)

$$X(k) = \sum_{n=0}^{N-1} x(n) W_N^{nk} \qquad 0 \leqslant k \leqslant N-1$$

$$x(n) = \frac{1}{N} \sum_{k=0}^{N-1} X(k) W_N^{-nk} \qquad 0 \leqslant n \leqslant N-1$$

离散傅里叶变换的最大特点是其时域、频域都是离散的有限长序列,这使得计算机大有用武之地,因而使离散傅里叶变换成为数字信号处理的核心。

(3) 离散傅里叶变换的性质。

习 题

3.1 已知 $x(n) = R_4(n)$,$x_p(n) = \sum_{r=-\infty}^{\infty} x(n+8r)$。求 $X_p(k)$,并作出 $x_p(n)$、$X_p(k)$ 的图形。

3.2 如果周期序列 $x_p(n)$ 为实序列,求证:$X_p(k) = X_p^*(-k)$。

3.3 若周期实序列 $x_p(n)$ 是 n 的偶函数,则 $X_p(k)$ 也是实序列且为 k 的偶函数。试进行证明。

3.4 设 $x(n) = \begin{cases} 1 & 0 \leqslant n \leqslant 3 \\ 0 & 其他 \end{cases}$, $h(n) = \begin{cases} 1 & 4 \leqslant n \leqslant 6 \\ 0 & 其他 \end{cases}$

$$x_p(n) = \sum_{r=-\infty}^{\infty} x(n+7r), \qquad h_p(n) = \sum_{r=-\infty}^{\infty} h(n+7r)$$

求 $x_p(n)$ 与 $h_p(n)$ 的周期卷积。

3.5 已知有限长序列 $x(n) = \begin{cases} 1 & n=0 \\ 2 & n=1 \\ -1 & n=2 \\ 4 & n=3 \end{cases}$

求 DFT$[x(n)]$,再计算 IDFT$[X(k)]$。

3.6 用封闭表达式求下列有限长序列的离散傅里叶变换。

（1）$x(n)=\delta(n)$　　　（2）$x(n)=\delta(n-n_0)$

（3）$x(n)=a^n R_N(n)$　　（4）$x(n)=e^{j\omega_0 n}R_N(n)$

3.7　已知有限长序列 $x_1(n)=nR_6(n)$，　$x_2(n)=\delta(n-2)$，画出其循环卷积图形。

3.8　已知有限长序列 $x(n)$，$\mathrm{DFT}[x(n)]=X(k)$，试利用频移定理求

（1）$\mathrm{DFT}\left[x(n)\cos\left(\dfrac{2\pi l}{N}n\right)\right]$　　　　　　（2）$\mathrm{DFT}\left[x(n)\sin\left(\dfrac{2\pi l}{N}n\right)\right]$

3.9　证明：

（1）若 $x(n)$ 实偶对称，即 $x(n)=x(N-n)$，则 $X(k)$ 也是实偶对称。

（2）若 $x(n)$ 实奇对称，则 $X(k)$ 为纯虚数并奇对称。

3.10　如果有限长序列 $x(n)=R_N(n)$

（1）求 $\mathscr{Z}[x(n)]$，并画出其零、极点图。

（2）求频谱 $X(e^{j\omega})$，并画出幅度和相位。

（3）求 $\mathrm{DFT}[x(n)]$，并画出幅度和相位。

3.11　已知序列 $x(n)=a^n u(n)$，$0<a<1$。

（1）求 $\mathscr{Z}[x(n)]$。

（2）对 $X(z)$ 在单位圆上 N 等分抽样，计算 $X(k)=X(z)\big|_{z=W_N^{-k}}$。

（3）求 $\mathrm{IDFT}[X(k)]$。

3.12　已知 $x(n)$ 是长为 N 的有限长序列，并且 $X(k)=\mathrm{DFT}[x(n)]$，设

$$y(n)=\sum_{r=0}^{N-1}x(n+rN)$$

求 $\mathrm{DFT}[y(n)]$ 与 $X(k)$ 之间关系。

3.13　如果 $x_p(n)$ 既是一个周期为 N，也是一个周期为 $2N$ 的周期序列，它们所对应的傅里叶级数分别是 $X_{1p}(k)$ 和 $X_{2p}(k)$，试求用 $X_{1p}(k)$ 表示的 $X_{2p}(k)$ 的表达式。

3.14　已知序列 $x(n)=(3,11,7,0,-1,4,2)$，令 $y(n)$ 为 $x(n)$ 加入噪声干扰并移位后的序列：

$$y(n)=x(n-2)+\omega(n)$$

其中 $\omega(n)$ 为具有零均值和单位方差的高斯序列。用 MATLAB 计算 $x(n)$ 和 $y(n)$ 之间的互相关。

3.15　一个对称矩形脉冲

$$\omega_R(n)=\begin{cases}1 & -N\leqslant n\leqslant N\\0 & \text{其他}\end{cases}$$

（1）用 MATLAB 求出当 $N=5,15,25,100$ 时的离散傅里叶变换。

（2）对该变换乘以因子，使 $X(e^{j0})=1$，在 $[-\pi,\pi]$ 区间画出归一化的离散傅里叶变换。

（3）研究这些曲线，并讨论它们随 N 变化的关系。

第4章 离散傅里叶变换的快速算法及其他变换

快速傅里叶变换(FFT)并不是一种新的变换,它是离散傅里叶变换(DFT)的一种快速算法。

我们已经知道,离散傅里叶变换(DFT)在数字信号处理领域中占有极为重要的地位,它是对离散信号进行谱分析的有力工具。但是,由于 DFT 计算冗长和繁琐,它在相当长的时间里并没有得到真正的应用。直到 1965 年库利(J. W. Cooley)和图基(J. W. Tukey)在 *Mathematics of Computation* 杂志上发表了著名的"机器计算傅里叶级数的一种算法",提出了 DFT 的一种快速算法,后来又有桑德(G. Sande)和图基的快速算法相继出现,情况才发生了根本的改变。之后,又出现了各种各样计算 DFT 的方法,这些方法统称为快速傅里叶变换(Fast Fourier Transform),简称为 FFT。FFT 的出现,使 DFT 运算大为简化,运算时间一般可缩短 1~2 个数量级,从而使 DFT 运算在实际中真正得到了广泛的应用,这对数字信号处理学科的发展具有划时代的意义。

本章主要介绍时间抽选(Decimation In Time)奇偶分解 FFT 算法和频率抽选(Decimation In Frequency)奇偶分解 FFT 算法,这两种算法都是基 2 算法(Radix-2 Algorithm),然后简要介绍其他基的快速傅里叶变换算法,最后简单讨论 FFT 算法的一些应用。

4.1 提高 DFT 运算速度的主要方法

DFT 运算公式为

$$X(k) = \mathrm{DFT}[x(n)] = \sum_{n=0}^{N-1} x(n) W_N^{nk} \quad 0 \leqslant k \leqslant N-1$$

设 $0 \leqslant i \leqslant N-1$,计算 $X(i)$ 的展开式如下:

$$X(i) = x(0) W_N^{0i} + x(1) W_N^{1i} + x(2) W_N^{2i} + \cdots + x(N-1) W_N^{(N-1)i} \tag{4-1}$$

完成上述计算需要 N 次复数乘法,$(N-1)$ 次复数加法。而计算整个 $X(k)$,要对式(4-1)进行 N 次计算。因此完成 N 点 DFT 运算要进行 N^2 次复数乘法,$N(N-1)$ 次复数加法。我们知道复数运算实际上是由实数运算来完成的,因此有

$$\begin{aligned}
X(k) &= \sum_{n=0}^{N-1} x(n) W_N^{nk} \\
&= \sum_{n=0}^{N-1} \{\mathrm{Re}[x(n)] + \mathrm{jIm}[x(n)]\} \{\mathrm{Re}[W_N^{nk}] + \mathrm{jIm}[W_N^{nk}]\} \\
&= \sum_{n=0}^{N-1} \{\{\mathrm{Re}[x(n)]\mathrm{Re}[W_N^{nk}] - \mathrm{Im}[x(n)]\mathrm{Im}[W_N^{nk}]\} + \\
&\quad \mathrm{j}\{\mathrm{Re}[x(n)]\mathrm{Im}[W_N^{nk}] + \mathrm{Im}[x(n)]\mathrm{Re}[W_N^{nk}]\}\}
\end{aligned} \tag{4-2}$$

由上式可见,每次复数乘法需用 4 次实数乘法和 2 次实数加法,每次复数加法需 2 次实数加法来完成。因而每运算一个 $X(i)$ 需要 $4N$ 次实数乘法,以及

$$2N + 2(N-1) = 4N-2$$

次实数加法。所以计算整个 $X(k)$ 总共需要 $4N^2$ 次实数乘法，以及

$$N\times2(2N-1)=N(4N-2)$$

次实数加法。

上述统计与实际需要运算的次数有些出入，因为某些 W_N^{nk} 可能是 1 或 j，不必进行相乘，但为了比较，一般不考虑这种特殊情况，而是把 W_N^{nk} 都看成复数，当 N 很大时，这种特例也很少。

因为在 DFT 运算中，乘法次数和加法次数都与 N^2 成正比，所以当 N 较大时，其运算量十分可观。例如，工程应用中常取 $N=1024$，计算 DFT 需要一百多万次复数乘法运算，这很难满足实时信号处理的要求。

对于离散傅里叶反变换

$$\begin{aligned}x(n)&=\text{IDFT}[X(k)]\\&=\frac{1}{N}\sum_{k=0}^{N-1}X(k)W_N^{-nk}\quad 0\leqslant n\leqslant N-1\end{aligned}$$

可以看出，IDFT 与 DFT 具有相同的运算结构，只是多乘一个常数 $1/N$，所以 IDFT 与 DFT 的运算量几乎相同。

目前主要采用以下两种方法来提高 DFT 的运算速度：

(1) 把长度为 N 的序列的 DFT 逐次分解成长度较短的序列的 DFT 来计算。

如果长度为 N 的序列的 DFT，能分解成两个长度为 $N/2$ 的序列的 DFT 来计算，需要 $2\times\left(\frac{N}{2}\right)^2=N^2/2$ 次复数乘法，$2\times\frac{N}{2}\left(\frac{N}{2}-1\right)=N\left(\frac{N}{2}-1\right)$ 次复数加法运算。这样分解后 DFT 的计算工作量比直接计算 DFT 的工作量大约要减小一半。

(2) 利用 W_N^{nk} 的周期性和对称性，在 DFT 运算中适当地进行归类，以提高运算速度。

周期性 $\quad W_N^{n(rN-k)}=W_N^{nrN}W_N^{-nk}=W_N^{-nk}$，$r$ 为任意整数，$W_N^{nrN}=1$

对称性 $\quad W_N^{nk+\frac{N}{2}}=-W_N^{nk}$，$W_N^{\frac{N}{2}}=-1$，$(W_N^{nk})^*=W_N^{-nk}$

FFT 算法正是基于这样的思路而发展起来的。它的算法大致可以分成两大类，即时间抽选 FFT 算法和频率抽选 FFT 算法。

【例 4.1】 分析 $N=8$ 时离散傅里叶变换的对称性及在简化运算中的作用。

解：离散傅里叶变换式为

$$X(k)=\sum_{n=0}^{7}x(n)W_8^{nk}$$

因此 $\quad X(1)=x(0)W_8^0+x(1)W_8^1+x(2)W_8^2+x(3)W_8^3+x(4)W_8^4+x(5)W_8^5+x(6)W_8^6+x(7)W_8^7 \quad (4\text{-}3)$

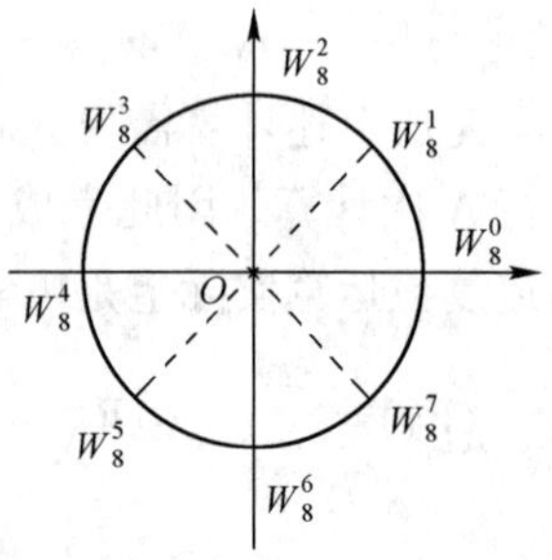

图 4-1 W_8^{nk} 的对称性

W_8^{nk} 的对称性如图 4-1 所示。根据对称性有

$$W_8^0=-W_8^4\quad W_8^1=-W_8^5\quad W_8^2=-W_8^6\quad W_8^3=-W_8^7$$

这样，式(4-3)变成

$$\begin{aligned}X(1)=&[x(0)-x(4)]W_8^0+[x(1)-x(5)]W_8^1+\\&[x(2)-x(6)]W_8^2+[x(3)-x(7)]W_8^3\end{aligned}\qquad(4\text{-}4)$$

式(4-3)的计算需要 8 次复数乘法，7 次复数加法；应用对称性归类后，式(4-4)需要 4 次复数乘法、7 次复数加法运算。因此，大大减少了乘法次数。

4.2 时间抽选奇偶分解 FFT 算法

这种算法的核心是将 $x(n)$ 按 n 为奇数、偶数分成两组,用两个长度为 $N/2$ 的序列的 DFT 完成一个长度为 N 的序列的 DFT 计算。因为是在时域进行序列的分解,所以称其为"时间抽选"。

4.2.1 算法原理

设序列 $x(n)$ 的长度 $N = 2^M$,M 为正整数。如果不满足这个条件,可以对 $x(n)$ 补上若干个零值点,达到这一要求。这种 N 为 2 的正整数次幂的 FFT,也称基-2 FFT。

序列 $x(n)$ 的离散傅里叶变换为

$$X(k) = \sum_{n=0}^{N-1} x(n) W_N^{nk} \quad 0 \le k \le N-1$$

将 $x(n)$ 按 n 为奇数、偶数分成两组,得到

$$X(k) = \sum_{n为偶数} x(n) W_N^{nk} + \sum_{n为奇数} x(n) W_N^{nk}$$

令偶数 $n = 2r$、奇数 $n = 2r+1$,$0 \le r \le \dfrac{N}{2} - 1$,这样

$$X(k) = \sum_{r=0}^{\frac{N}{2}-1} x(2r) W_N^{2rk} + \sum_{r=0}^{\frac{N}{2}-1} x(2r+1) W_N^{(2r+1)k}$$

$$= \sum_{r=0}^{\frac{N}{2}-1} x(2r) (W_N^2)^{rk} + \sum_{r=0}^{\frac{N}{2}-1} x(2r+1) (W_N^2)^{rk} W_N^k$$

因为 $W_N^2 = e^{-j\frac{2\pi}{N} \times 2} = e^{-j\frac{2\pi}{N/2}} = W_{N/2}$,所以

$$X(k) = \sum_{r=0}^{\frac{N}{2}-1} x(2r) W_{N/2}^{rk} + W_N^k \sum_{r=0}^{\frac{N}{2}-1} x(2r+1) W_{N/2}^{rk} \tag{4-5}$$

设
$$X_1(k) = \sum_{r=0}^{\frac{N}{2}-1} x(2r) W_{N/2}^{rk} \tag{4-6}$$

$$X_2(k) = \sum_{r=0}^{\frac{N}{2}-1} x(2r+1) W_{N/2}^{rk} \quad 0 \le k \le \frac{N}{2} - 1 \tag{4-7}$$

注意 $X_1(k)$、$X_2(k)$ 均为 $N/2$ 点 DFT。这样,式(4-5)改写为

$$X(k) = X_1(k) + W_N^k X_2(k) \quad 0 \le k \le \frac{N}{2} - 1 \tag{4-8}$$

由于 $0 \le k \le \dfrac{N}{2} - 1$,因此上式仅能表示 $\dfrac{N}{2}$ 点 $X(k)$。对于 $X(k)$,$\dfrac{N}{2} \le k \le N-1$ 的后一半可以利用 DFT 隐含的周期性来获得。因为 $X_1(k)$、$X_2(k)$ 是周期为 $\dfrac{N}{2}$ 的周期序列,所以

$$X_1\left(\frac{N}{2} + k\right) = X_1(k)$$

$$X_2\left(\frac{N}{2} + k\right) = X_2(k)$$

而
$$W_N^{\left(k+\frac{N}{2}\right)} = -W_N^k$$

故将 $k = \frac{N}{2} + k$ 代入式(4-8)得

$$X\left(k+\frac{N}{2}\right) = X_1(k) - W_N^k X_2(k) \quad 0 \leq k \leq \frac{N}{2}-1$$

因此,可将整个 $X(k)$ 用 $N/2$ 点 DFT $X_1(k)$、$X_2(k)$ 表示为

$$X(k) = X_1(k) + W_N^k X_2(k) \tag{4-9}$$

$$X\left(k+\frac{N}{2}\right) = X_1(k) - W_N^k X_2(k) \quad 0 \leq k \leq \frac{N}{2}-1 \tag{4-10}$$

【例 4.2】 设有限长序列 $x(n)$ 长度 $N = 4$,将其按上述算法展开。

解: 由式(4-6)、式(4-7)得(注 $W_{N/2}^{rk} = W_N^{2rk}$,$W_4^2 = -W_4^0$)

$$\begin{cases} X_1(0) = x(0) + W_4^0 x(2) \\ X_1(1) = x(0) + W_4^2 x(2) = x(0) - W_4^0 x(2) \end{cases} \tag{4-11}$$

$$\begin{cases} X_2(0) = x(1) + W_4^0 x(3) \\ X_2(1) = x(1) + W_4^2 x(3) = x(1) - W_4^0 x(3) \end{cases} \tag{4-12}$$

由式(4-9)、式(4-10)得

$$\begin{cases} X(0) = X_1(0) + W_4^0 X_2(0) \\ X(1) = X_1(1) + W_4^1 X_2(1) \end{cases} \tag{4-13}$$

$$\begin{cases} X(2) = X_1(0) - W_4^0 X_2(0) \\ X(3) = X_1(1) - W_4^1 X_2(1) \end{cases} \tag{4-14}$$

注意观察上述方程结构,用"{"括起来的两个方程运算结构相同,称之为蝶形计算。它们的运算关系如图 4-2 所示。图中从左向右计算,左面两点为输入,右上支路为相加输出,右下支路为相减输出,线旁数为加权值。图 4-2 表示的正是方程组(式(4-11))中的计算。将图 4-2 称为一个基本蝶形计算。可见每一个基本蝶形运算需要一次复乘,两次复加。

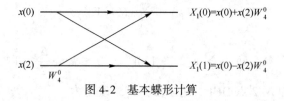

图 4-2 基本蝶形计算

对于 $N = 4$ 点的全部 DFT 计算,用式(4-11)~式(4-14)的方程组表示,这些方程组的运算又可以用如图 4-3 所示的蝶形流程图表示。图中共分两级进行计算,左边一半为第一级,完成式(4-11)、式(4-12)方程组的计算;右边一半为第二级,完成式(4-13)、式(4-14)方程组的计算。

全图共需要完成 4 个基本蝶形计算,因此完成全图计算共需要 4 次复乘、8 次复加。而直接计算 4 点 DFT,共需要 16 次复乘、12 次复加。这说明时间序列分解对提高运算速度十分有效。

对于 $N = 8$ 点的 DFT 的计算,还必须把每个 $N/2$ 点 DFT 的计算进一步分解成两个 $N/4$ 点 DFT 来计算。具体方法如下。

设 $g(r) = x(2r)$,然后将 $g(r)$ 进行奇、偶分解。这样,对于式(4-6)有

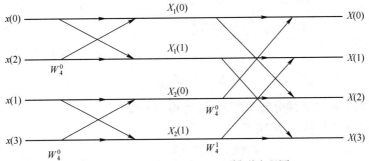

图 4-3 $N=4$ 的时间抽选 FFT 蝶形流程图

$$X_1(k) = \sum_{r=0}^{\frac{N}{2}-1} x(2r) W_{N/2}^{rk} = \sum_{r=0}^{\frac{N}{2}-1} g(r) W_{N/2}^{rk}$$

用 $2l$ 表示 r 中的偶数,用 $2l+1$ 表示 r 中的奇数,$0 \leqslant l \leqslant \dfrac{N}{4}-1$,则

$$X_1(k) = \sum_{l=0}^{\frac{N}{4}-1} g(2l) W_{N/2}^{2lk} + \sum_{l=0}^{\frac{N}{4}-1} g(2l+1) W_{N/2}^{(2l+1)k}$$

又因为 $W_{N/2}^2 = W_{N/4}$,所以

$$X_1(k) = \sum_{l=0}^{\frac{N}{4}-1} g(2l) W_{N/4}^{lk} + W_{N/2}^k \sum_{l=0}^{\frac{N}{4}-1} g(2l+1) W_{N/4}^{lk}$$

设
$$X_3(k) = \sum_{l=0}^{\frac{N}{4}-1} g(2l) W_{N/4}^{lk} \tag{4-15}$$

$$X_4(k) = \sum_{l=0}^{\frac{N}{4}-1} g(2l+1) W_{N/4}^{lk} \quad 0 \leqslant k \leqslant \frac{N}{4}-1 \tag{4-16}$$

注意 $X_3(k)$、$X_4(k)$ 均为 $N/4$ 点 DFT,这样
$$X_1(k) = X_3(k) + W_{N/2}^k X_4(k) \tag{4-17}$$

因为 $X_3(k)$、$X_4(k)$ 都是周期为 $N/4$ 的周期序列,所以

$$X_1\left(\frac{N}{4}+k\right) = X_3\left(\frac{N}{4}+k\right) + W_{N/2}^{\frac{N}{4}+k} X_4\left(\frac{N}{4}+k\right)$$

$$= X_3(k) - W_{N/2}^k X_4(k) \tag{4-18}$$

因此,用 $N/4$ 点 DFT 的 $X_3(k)$、$X_4(k)$ 表示 $X_1(k)$ 的完整表达式为

$$X_1(k) = X_3(k) + W_{N/2}^k X_4(k) \tag{4-19}$$

$$X_1\left(\frac{N}{4}+k\right) = X_3(k) - W_{N/2}^k X_4(k) \quad 0 \leqslant k \leqslant \frac{N}{4}-1 \tag{4-20}$$

同理可将 $N/2$ 点 DFT 的 $X_2(k)$ 用两个 $N/4$ 点 DFT 的 $X_5(k)$、$X_6(k)$ 表示为
$$X_2(k) = X_5(k) + W_{N/2}^k X_6(k) \tag{4-21}$$

$$X_2\left(\frac{N}{4}+k\right) = X_5(k) - W_{N/2}^k X_6(k) \quad 0 \leqslant k \leqslant \frac{N}{4}-1 \tag{4-22}$$

当 $j(r) = x(2r+1)$,且 r 的偶数用 $2l$ 表示,r 的奇数用 $(2l+1)$ 表示,$0 \leqslant l \leqslant \dfrac{N}{4}-1$ 时,由式(4-6)

和式(4-7)可得

$$\begin{cases} X_5(k) = \displaystyle\sum_{l=0}^{\frac{N}{4}-1} j(2l) W_{N/4}^{lk} \\[4mm] X_6(k) = \displaystyle\sum_{l=0}^{\frac{N}{4}-1} j(2l+1) W_{N/4}^{lk} \end{cases} \quad 0 \leqslant k \leqslant \frac{N}{4} - 1 \tag{4-23}$$

至此,对于时间抽选奇偶分解 FFT 算法,可得如下方程组:

• 用 $N/2$ 点 DFT 计算 N 点 DFT

$$\begin{cases} X(k) = X_1(k) + W_N^k X_2(k) \\[2mm] X\left(\dfrac{N}{2}+k\right) = X_1(k) - W_N^k X_2(k) \end{cases} \quad 0 \leqslant k \leqslant \frac{N}{2}-1 \tag{4-24}$$

• 用 $N/4$ 点 DFT 计算 $N/2$ 点 DFT(注 $W_{N/2} = W_N^2$)

$$\begin{cases} X_1(k) = X_3(k) + W_N^{2k} X_4(k) \\[2mm] X_1\left(\dfrac{N}{4}+k\right) = X_3(k) - W_N^{2k} X_4(k) \\[2mm] X_2(k) = X_5(k) + W_N^{2k} X_6(k) \\[2mm] X_2\left(\dfrac{N}{4}+k\right) = X_5(k) - W_N^{2k} X_6(k) \end{cases} \quad 0 \leqslant k \leqslant \frac{N}{4}-1 \tag{4-25}$$

因为 $g(r) = x(2r)$,所以 $g(2l) = x(4l)$,$g(2l+1) = x(4l+2)$。并且因为 $j(r) = x(2r+1)$,所以 $j(2l) = x(4l+1)$,$j(2l+1) = x(4l+3)$。于是用 $x(n)$ 表示 $N/4$ 点 DFT 为

$$\begin{cases} X_3(k) = \displaystyle\sum_{l=0}^{\frac{N}{4}-1} g(2l) W_{N/4}^{lk} = \sum_{l=0}^{\frac{N}{4}-1} x(4l) W_N^{4lk} \\[4mm] X_4(k) = \displaystyle\sum_{l=0}^{\frac{N}{4}-1} g(2l+1) W_{N/4}^{lk} = \sum_{l=0}^{\frac{N}{4}-1} x(4l+2) W_N^{4lk} \\[4mm] X_5(k) = \displaystyle\sum_{l=0}^{\frac{N}{4}-1} j(2l) W_{N/4}^{lk} = \sum_{l=0}^{\frac{N}{4}-1} x(4l+1) W_N^{4lk} \\[4mm] X_6(k) = \displaystyle\sum_{l=0}^{\frac{N}{4}-1} j(2l+1) W_{N/4}^{lk} = \sum_{l=0}^{\frac{N}{4}-1} x(4l+3) W_N^{4lk} \end{cases} \quad 0 \leqslant k \leqslant \frac{N}{4}-1 \tag{4-26}$$

【例 4.3】 设 $x(n)$ 的长度 $N=8$,将其按上述算法展开,并画出蝶形图。

解:根据式(4-26)的方程组,用 $x(n)$ 表示 $N/4$ 点 DFT 为

$$\begin{cases} \begin{cases} X_3(0) = x(0) + W_8^0 x(4) \\ X_3(1) = x(0) - W_8^0 x(4) \end{cases} \\[4mm] \begin{cases} X_4(0) = x(2) + W_8^0 x(6) \\ X_4(1) = x(2) - W_8^0 x(6) \end{cases} \\[4mm] \begin{cases} X_5(0) = x(1) + W_8^0 x(5) \\ X_5(1) = x(1) - W_8^0 x(5) \end{cases} \\[4mm] \begin{cases} X_6(0) = x(3) + W_8^0 x(7) \\ X_6(1) = x(3) - W_8^0 x(7) \end{cases} \end{cases} \tag{4-27}$$

根据式(4-25)方程组,用 $N/4$ 点 DFT 表示 $N/2$ 点 DFT 为

$$\begin{cases} \begin{cases} X_1(0) = X_3(0) + W_8^0 X_4(0) \\ X_1(1) = X_3(1) + W_8^2 X_4(1) \\ X_1(2) = X_3(0) - W_8^0 X_4(0) \\ X_1(3) = X_3(1) - W_8^2 X_4(1) \end{cases} \\ \begin{cases} X_2(0) = X_5(0) + W_8^0 X_6(0) \\ X_2(1) = X_5(1) + W_8^2 X_6(1) \\ X_2(2) = X_5(0) - W_8^0 X_6(0) \\ X_2(3) = X_5(1) - W_8^2 X_6(1) \end{cases} \end{cases} \tag{4-28}$$

根据式(4-24)方程组,用 $N/2$ 点 DFT 表示 N 点 DFT 为

$$\begin{cases} X(0) = X_1(0) + W_8^0 X_2(0) \\ X(1) = X_1(1) + W_8^1 X_2(1) \\ X(2) = X_1(2) + W_8^2 X_2(2) \\ X(3) = X_1(3) + W_8^3 X_2(3) \\ X(4) = X_1(0) - W_8^0 X_2(0) \\ X(5) = X_1(1) - W_8^1 X_2(1) \\ X(6) = X_1(2) - W_8^2 X_2(2) \\ X(7) = X_1(3) - W_8^3 X_2(3) \end{cases} \tag{4-29}$$

由以上三组方程组,可以画出 $N=8$ 点 FFT 的蝶形流程图,如图 4-4 所示。

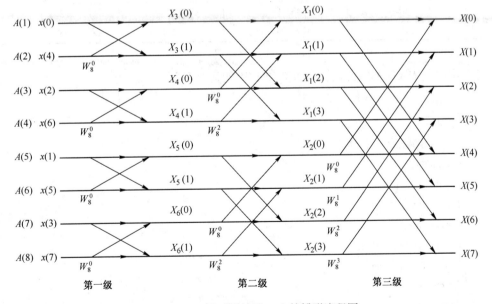

图 4-4　$N=8$ 的时间抽选 FFT 的蝶形流程图

4.2.2　运算量估计

根据以上分析,对于 $N=2^M$ 点序列进行时间抽选奇偶分解 FFT 计算,需要分 M 级,每级计

算 $N/2$ 个蝶。每一级需 $N/2$ 次复乘、N 次复加,因此总共需要进行:

- 复乘: $\dfrac{N}{2}M = \dfrac{N}{2}\log_2 N$

- 复加: $NM = N\log_2 N$

如前所述,直接计算 N 点 DFT,需要 N^2 次复乘、$N(N-1)$ 次复加。表 4-1 列出了直接计算 DFT 与时间抽选奇偶分解 FFT 算法的运算次数比较。可见 N 值越大,时间抽选奇偶分解 FFT 算法越优越。例如当 $N=2048$ 点时,时间抽选奇偶分解 FFT 算法比直接计算 DFT 速度快 300 多倍,从这里我们可以体会到时间抽选奇偶分解 FFT 算法的重大意义。

表 4-1　直接计算 DFT 与 FFT 所需乘法次数的比较

M	N	直接 DFT (N^2)	FFT $\left(\dfrac{N}{2}\log_2 N\right)$	改 善 比 值 $\left(\dfrac{2N}{\log_2 N}\right)$
1	2	4	1	4
2	4	16	4	4
3	8	64	12	5.3
4	16	256	32	8
5	32	1024	80	12.8
6	64	4096	192	21.3
7	128	16384	448	36.6
8	256	65536	1024	64
9	512	262144	2304	113.8
10	1024	1048576	5120	204.8
11	2048	4194304	11264	372.4

可以用以下 MATLAB 程序比较 DFT 和 FFT 的运算时间。

```
N = 1024;
M = 80;
x = [1:M,zeros(1,N-M)];
t = cputime;
y1 = fft(x,N);
Time _ fft = cputime-t;
t1 = cputime;
y2 = dft(x,N);
Time _ dft = cputime-t1;
t2 = cputime;
Time _ dft =
        6.0290
Time _ fft =
        0.0100
```

由此可见 FFT 算法比直接计算 DFT 速度快得多。

4.2.3 时间抽选奇偶分解 FFT 算法的特点

由算法原理和图 4-4 所示蝶形流程图,可对 $N=2^M$ 点序列的时间抽选奇偶分解 FFT 算法特点总结如下:

(1) 当 $x(n)$ 长为 $N=2^M$ 时,要进行 M 次奇偶分解,分 M 级计算。

(2) 设 L 表示级数,L 是正整数,它可以是 $1,2,\cdots,M$ 中的任意一个值。时间抽选奇偶分解 FFT 算法,其输入序列 $x(n)$ 为倒位序,输出序列 $X(k)$ 为自然顺序。

所谓"倒位序",是将序号 n 写成二进制码,然后将二进制码首尾倒置,再将倒置的二进制码译成十进制数的排列顺序。

表 4-2 列出了 $N=8$ 两种排列顺序的码互换规律。表中最左边一列为按自然顺序排列的一组十进制数,表中最右边一列是倒位序码,表中间是二进制数转换过程。

表 4-2　码互换规律

自然顺序(十进制数)	二进制数表示	倒位二进制数	倒位序码
0	000	000	0
1	001	100	4
2	010	010	2
3	011	110	6
4	100	001	1
5	101	101	5
6	110	011	3
7	111	111	7

(3) 可以"即位运算"。"即位运算"是指当把数据存入存储器后,每一级运算的结果都存入相应的存储器中,直到计算出最终结果。图 4-4 首先将输入数据 $x(0)$、$x(4)$、$x(2)$、$x(6)$、$x(1)$、$x(5)$、$x(3)$、$x(7)$ 分别存入 $A(1)\sim A(8)$ 存储单元中,在第一级运算中,首先将 $A(1)$、$A(2)$ 中的数 $x(0)$、$x(4)$ 送入运算器,进行蝶形计算,蝶形运算后 $x(0)$、$x(4)$ 的数据不需要保存了,因此蝶形运算结果 $X_3(0)$、$X_3(1)$ 就直接存储在 $A(1)$、$A(2)$ 单元中。再将 $A(3)$、$A(4)$ 中的 $x(2)$、$x(6)$ 送入运算器进行蝶形计算,运算结果 $X_4(0)$、$X_4(1)$ 再存入 $A(3)$、$A(4)$ 单元中,直到算完第一级最后一个蝶。第二级也可以采用这种"即位运算"方法。这样完成第三级运算后,$A(1)\sim A(8)$ 存储单元中存放的就是最终的计算结果 $X(0)\sim X(7)$。

"即位运算"也称"即位存储",其主要优点是占用计算机内部 RAM 单元少,运算简单。

(4) 每一级包括 $N/2$ 个基本蝶形计算。

(5) 第 L 级运算包括 $N/2^L$ 个群,第 L 级群之间的间隔为 2^L,L 为 $1,2,\cdots,M$ 中的任意一个值。

所谓群是指蝶形图中任一级互相交叉在一起的蝶形。群间隔是指图中按从上到下的顺序,上、下两个群之间对应元素序号的增量。例如图 4-4 中的第二级,第一个群输入的第一个元素为 $A(1)$,第二个群输入的第一个元素为 $A(5)$,序号增量 $5-1=4$,即为第二级的群间隔。对于 $M=3$,用公式分别计算出各级的群数及群间隔,如表 4-3 所示。其结果与图 4-4 完全相符。

(6) 同一级中各个群的乘数 W 分布相同,每级共有 2^{L-1} 个乘数。

(7) 每一个群中,W 分布自上而下的规律为 $W_N^{N/2^L}$ 的从零开始的正整数次幂。

例如,图 4-4 中 W 分布为

第一级 $(W_8^4)^0$

第二级 $(W_8^2)^0$、$(W_8^2)^1$

第三级 $(W_8^1)^0$、$(W_8^1)^1$、$(W_8^1)^2$、$(W_8^1)^3$

(8) 基本蝶形计算单元。

每一个基本蝶形运算关系为

$$A_L(p) = A_{L-1}(p) + W_N^r A_{L-1}(p+2^{L-1})$$

$$A_L(p+2^{L-1}) = A_{L-1}(p) - W_N^r A_{L-1}(p+2^{L-1})$$

(4-30)

蝶形计算输入序列间隔为 2^{L-1}。

根据以上特点,可直接画出任意 $N=2^M$ 点序列的时间抽选奇偶分解 FFT 蝶形图。$N=16$ 点时间抽选 FFT 蝶形流程图如图 4-5 所示。

表 4-3　$M=3$ 的群数及群间隔分布

级　数　L	群数 $N/2^L$	群间隔 2^L
1	4	2
2	2	4
3	1	8

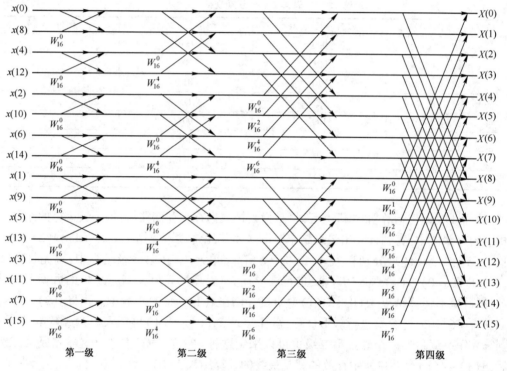

图 4-5　$N=16$ 的时间抽选 FFT 蝶形流程图

其参数计算及倒位序表分别如表 4-4 和表 4-5 所示。

表 4-4　参数计算

级　　数	群数 $N/2^L$	群间隔 2^L	蝶输入间隔及乘数个数 2^{L-1}	乘　数　分　布 （$W_N^{N/2^L}$ 为从零开始的正整数次幂）
1	8	2	1	W_{16}^0
2	4	4	2	W_{16}^0、W_{16}^4
3	2	8	4	W_{16}^0、W_{16}^2、W_{16}^4、W_{16}^6
4	1	16	8	W_{16}^0、W_{16}^1、W_{16}^2、W_{16}^3、W_{16}^4、W_{16}^5、W_{16}^6、W_{16}^7

表 4-5 倒位序表

自然顺序(十进制数)	二进制数表示	倒位二进制数表示	倒 位 序
0	0000	0000	0
1	0001	1000	8
2	0010	0100	4
3	0011	1100	12
4	0100	0010	2
5	0101	1010	10
6	0110	0110	6
7	0111	1110	14
8	1000	0001	1
9	1001	1001	9
10	1010	0101	5
11	1011	1101	13
12	1100	0011	3
13	1101	1011	11
14	1110	0111	7
15	1111	1111	15

4.2.4 软件实现

软件实现的基本思想是用三层循环完成全部运算。

- 第一层循环:由于 $N=2^M$ 需要 M 级计算,第一层循环对运算的级数进行控制,保证第二层循环进行 M 次。
- 第二层循环:由于第 L 级有 2^{L-1} 个乘数,第二层循环根据乘数进行控制,保证对于每一个乘数第三层循环要循环计算一次,这样第三层循环在第二层循环控制下,每一级要进行 2^{L-1} 次循环计算。
- 第三层循环:由于第 L 级共有 $N/2^L$ 个群,并且同一级中不同群乘数分布相同,当第二层循环确定某一乘数后,第三层循环保证将这一级中每一个群中具有这一乘数的蝶计算一次。第三层循环每执行完一次要进行 $N/2^L$ 个蝶形计算。

总之,在第三层循环完成时,共进行 $N/2^L$ 个基本蝶形计算。第二层循环完成时,共进行 $2^{L-1}N/2^L=N/2$ 个基本蝶形计算。第二层循环与第三层循环实质上是完成了第 L 级计算。第一层循环运算结束后共进行 $MN/2$ 次基本蝶形计算。这样三层循环的内在关系就可以保证完成蝶形图规定的全部运算。

4.3 频率抽选奇偶分解 FFT 算法

序列长度为 $N=2^M$ 的另一种普遍使用的 FFT 算法是,在频域(k 域)将序列 $X(k)$ 按 k 值的奇偶进行分解,称为桑德-图基算法,它也是用两个 $N/2$ 点 DFT 计算一个 N 点 DFT。由于是在频域对 $X(k)$ 进行分解,所以称其为"频率抽选"。

4.3.1 算法原理

为了保证分解后奇数点数和偶数点数相同,要求 $N=2^M$,M 为正整数。这样

$$X(k) = \sum_{n=0}^{N-1} x(n) W_N^{nk} \qquad 0 \leqslant k \leqslant N-1$$

首先,将 $X(k)$ 改写成

$$X(k) = \sum_{n=0}^{\frac{N}{2}-1} x(n) W_N^{nk} + \sum_{n=\frac{N}{2}}^{N-1} x(n) W_N^{nk}$$

令 $n' = n - \dfrac{N}{2}$,则上式中等号右边的第二项为

$$\sum_{n=\frac{N}{2}}^{N-1} x(n) W_N^{nk} = \sum_{n'=0}^{\frac{N}{2}-1} x\left(n' + \frac{N}{2}\right) W_N^{\left(n'+\frac{N}{2}\right)k} = W_N^{\frac{N}{2}k} \sum_{n=0}^{\frac{N}{2}-1} x\left(n + \frac{N}{2}\right) W_N^{nk}$$

因此
$$X(k) = \sum_{n=0}^{\frac{N}{2}-1} x(n) W_N^{nk} + W_N^{\frac{N}{2}k} \sum_{n=0}^{\frac{N}{2}-1} x\left(n + \frac{N}{2}\right) W_N^{nk}$$

又因为 $W_N^{\frac{N}{2}k} = (W_N^{\frac{N}{2}})^k = (-1)^k$,所以

$$X(k) = \sum_{n=0}^{\frac{N}{2}-1} \left[x(n) + (-1)^k x\left(n + \frac{N}{2}\right) \right] W_N^{nk} \qquad (4\text{-}31)$$

将 $X(k)$ 进一步分解为偶数组($k=2r$),奇数组($k=2r+1$),$0 \leqslant r \leqslant \dfrac{N}{2}-1$,则上式成为

$$X(2r) = \sum_{n=0}^{\frac{N}{2}-1} \left[x(n) + x\left(n + \frac{N}{2}\right) \right] W_N^{2rn} = \sum_{n=0}^{\frac{N}{2}-1} \left[x(n) + x\left(n + \frac{N}{2}\right) \right] W_{N/2}^{rn} \qquad (4\text{-}32)$$

$$X(2r+1) = \sum_{n=0}^{\frac{N}{2}-1} \left[x(n) - x\left(n + \frac{N}{2}\right) \right] W_N^{(2r+1)n} = \sum_{n=0}^{\frac{N}{2}-1} \left[x(n) - x\left(n + \frac{N}{2}\right) \right] W_N^n W_{N/2}^{rn}$$

$$(4\text{-}33)$$

设
$$x_1(n) = x(n) + x\left(n + \frac{N}{2}\right) \qquad (4\text{-}34)$$

$$x_2(n) = \left[x(n) - x\left(n + \frac{N}{2}\right) \right] W_N^n \qquad 0 \leqslant n \leqslant \frac{N}{2}-1 \qquad (4\text{-}35)$$

将式(4-34)、式(4-35)分别代入式(4-32)、式(4-33)中有

$$X(2r) = \sum_{n=0}^{\frac{N}{2}-1} x_1(n) W_{N/2}^{rn} \qquad (4\text{-}36)$$

$$X(2r+1) = \sum_{n=0}^{\frac{N}{2}-1} x_2(n) W_{N/2}^{rn} \qquad 0 \leqslant r \leqslant \frac{N}{2}-1 \qquad (4\text{-}37)$$

因此可用式(4-36)和式(4-37)两个 $N/2$ 点 DFT 的计算代替式(4-31)一个 N 点 DFT 的计算。

由于 $N = 2^M$,$N/2$ 仍是偶数,可对 $N/2$ 点 DFT 的 $X(2r)$、$X(2r+1)$ 进一步分解,用 $N/4$ 点 DFT 来表示。

令 $X(2r) = X'(r)$,则式(4-36)变为

$$X'(r) = \sum_{n=0}^{\frac{N}{2}-1} x_1(n) W_{N/2}^{rn}$$

$$= \sum_{n=0}^{\frac{N}{4}-1} x_1(n) W_{N/2}^{rn} + \sum_{n=\frac{N}{4}}^{\frac{N}{2}-1} x_1(n) W_{N/2}^{rn}$$

令 $n'=n-\dfrac{N}{4}$，则上式中等号右边的第 2 项为

$$\sum_{n=\frac{N}{4}}^{\frac{N}{2}-1} x_1(n) W_{N/2}^{rn} = \sum_{n'=0}^{\frac{N}{4}-1} x_1\left(n'+\frac{N}{4}\right) W_{N/2}^{r\left(n'+\frac{N}{4}\right)}$$

令 $n=n'$，则

$$上式 = W_{N/2}^{\frac{N}{4}r} \sum_{n=0}^{\frac{N}{4}-1} x_1\left(n+\frac{N}{4}\right) W_{N/2}^{rn}$$

因此

$$X'(r) = \sum_{n=0}^{\frac{N}{4}-1} x_1(n) W_{N/2}^{rn} + W_{N/2}^{\frac{N}{4}r} \sum_{n=0}^{\frac{N}{4}-1} x_1\left(n+\frac{N}{4}\right) W_{N/2}^{rn}$$

又因为 $W_{N/2}^{\frac{N}{4}r}=(-1)^r$，所以

$$X'(r) = \sum_{n=0}^{\frac{N}{4}-1} \left[x_1(n) + (-1)^r x_1\left(n+\frac{N}{4}\right) \right] W_{N/2}^{rn} \tag{4-38}$$

将 $X'(r)$ 进一步分解为偶数组 $(r=2l)$，奇数组 $(r=2l+1)$，$0 \leqslant l \leqslant \dfrac{N}{4}-1$，上式变为

$$X'(2l) = \sum_{n=0}^{\frac{N}{4}-1} \left[x_1(n) + x_1\left(n+\frac{N}{4}\right) \right] W_{N/2}^{2nl}$$

$$= \sum_{n=0}^{\frac{N}{4}-1} \left[x_1(n) + x_1\left(n+\frac{N}{4}\right) \right] W_{N/4}^{nl} \tag{4-39}$$

$$X'(2l+1) = \sum_{n=0}^{\frac{N}{4}-1} \left[x_1(n) - x_1\left(n+\frac{N}{4}\right) \right] W_{N/2}^{(2l+1)n}$$

$$= \sum_{n=0}^{\frac{N}{4}-1} \left[x_1(n) - x_1\left(n+\frac{N}{4}\right) \right] W_{N/2}^{n} W_{N/4}^{nl} \tag{4-40}$$

设

$$\begin{cases} x_3(n) = x_1(n) + x_1\left(n+\dfrac{N}{4}\right) & (4\text{-}41) \\[3mm] x_4(n) = \left[x_1(n) - x_1\left(n+\dfrac{N}{4}\right) \right] W_{N/2}^{n} & (4\text{-}42) \end{cases}$$

把式 (4-41)、式 (4-42) 分别代入式 (4-39)、式 (4-40) 得

$$\begin{cases} X'(2l) = \displaystyle\sum_{n=0}^{\frac{N}{4}-1} x_3(n) W_{N/4}^{nl} & (4\text{-}43) \\[3mm] \qquad\qquad\qquad\qquad 0 \leqslant l \leqslant \dfrac{N}{4}-1 \\[3mm] X'(2l+1) = \displaystyle\sum_{n=0}^{\frac{N}{4}-1} x_4(n) W_{N/4}^{nl} & (4\text{-}44) \end{cases}$$

因此，可用式 (4-43)、式 (4-44) 两个 $N/4$ 点 DFT 的计算来表示式 (4-36) 的一个 $N/2$ 点 DFT 的计算。

同理可对 $N/2$ 点 DFT 的式 (4-37) 进行分解。

令 $X(2r+1)=X''(r)$，代入式(4-37)按以上方法分解，设

$$\begin{cases} x_5(n)=x_2(n)+x_2\left(n+\dfrac{N}{4}\right) \end{cases} \tag{4-45}$$

$$\begin{cases} x_6(n)=\left[x_2(n)-x_2\left(n+\dfrac{N}{4}\right)\right]W_{N/2}^n \end{cases} \tag{4-46}$$

则 $N/4$ 点 DFT 为

$$\begin{cases} X''(2l)=\displaystyle\sum_{n=0}^{\frac{N}{4}-1}x_5(n)W_{N/4}^{nl} \tag{4-47} \\[4mm] X''(2l+1)=\displaystyle\sum_{n=0}^{\frac{N}{4}-1}x_6(n)W_{N/4}^{nl} \tag{4-48} \end{cases} \quad 0\leqslant l\leqslant\frac{N}{4}-1$$

因此，一个 N 点 DFT 的计算可由以下 4 个 $N/4$ 点 DFT 来计算。

$$\begin{cases} x_1(n)=x(n)+x\left(n+\dfrac{N}{2}\right) \\[3mm] x_2(n)=\left[x(n)-x\left(n+\dfrac{N}{2}\right)\right]W_N^n \end{cases} \quad 0\leqslant n\leqslant\frac{N}{2}-1 \tag{4-49}$$

$$\begin{cases} x_3(n)=x_1(n)+x_1\left(n+\dfrac{N}{4}\right) \\[3mm] x_4(n)=\left[x_1(n)-x_1\left(n+\dfrac{N}{4}\right)\right]W_{N/2}^n \end{cases} \quad 0\leqslant n\leqslant\frac{N}{4}-1$$

$$\begin{cases} x_5(n)=x_2(n)+x_2\left(n+\dfrac{N}{4}\right) \\[3mm] x_6(n)=\left[x_2(n)-x_2\left(n+\dfrac{N}{4}\right)\right]W_{N/2}^n \end{cases} \quad 0\leqslant n\leqslant\frac{N}{4}-1 \tag{4-50}$$

将 $X'(r)=X(2r)$，$X''(r)=X(2r+1)$ 分别代入式(4-43)、式(4-44)、式(4-47)、式(4-48)有

$$\begin{cases} X(4l)=\displaystyle\sum_{n=0}^{\frac{N}{4}-1}x_3(n)W_{N/4}^{nl} \\[4mm] X(4l+2)=\displaystyle\sum_{n=0}^{\frac{N}{4}-1}x_4(n)W_{N/4}^{nl} \\[4mm] X(4l+1)=\displaystyle\sum_{n=0}^{\frac{N}{4}-1}x_5(n)W_{N/4}^{nl} \\[4mm] X(4l+3)=\displaystyle\sum_{n=0}^{\frac{N}{4}-1}x_6(n)W_{N/4}^{nl} \end{cases} \quad 0\leqslant l\leqslant\frac{N}{4}-1 \tag{4-51}$$

如此反复分解 M 次后，子序列的长度只有 2 点，N 点 DFT 运算完全由蝶形运算替代。

【例4.4】 设 $x(n)$ 长度为 $N=4$，将其按式(4-34)~式(4-37)所示算法展开，并画出蝶形图。

解： 首先利用式(4-34)、式(4-35)计算得

$$\begin{cases} x_1(0)=x(0)+x(2) \\[2mm] x_1(1)=x(1)+x(3) \\[2mm] x_2(0)=\left[x(0)-x(2)\right]W_4^0 \\[2mm] x_2(1)=\left[x(1)-x(3)\right]W_4^1 \end{cases}$$

再利用式(4-36)、式(4-37)计算得

$$\begin{cases} X(0) = x_1(0) + x_1(1) \\ X(2) = [x_1(0) - x_1(1)] W_4^0 \\ X(1) = x_2(0) + x_2(1) \\ X(3) = [x_2(0) - x_2(1)] W_4^0 \end{cases} \quad (W_4^2 = -W_4^0)$$

根据以上方程组可画出其蝶形流程图,如图4-6所示。

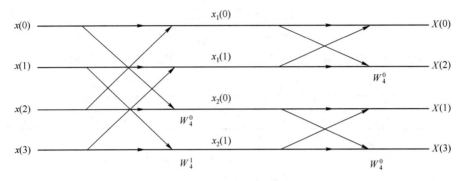

图4-6　$N=4$ 的频率抽选 FFT 蝶形流程图

【例4.5】　设 $x(n)$ 长度为 $N=8$,用式(4-49)~式(4-51)所述算法将其展开,并画出蝶形图。

解:根据方程组(式(4-49))展开得

$$\begin{cases} x_1(0) = x(0) + x(4) \\ x_1(1) = x(1) + x(5) \\ x_1(2) = x(2) + x(6) \\ x_1(3) = x(3) + x(7) \end{cases}$$

$$\begin{cases} x_2(0) = [x(0) - x(4)] W_8^0 \\ x_2(1) = [x(1) - x(5)] W_8^1 \\ x_2(2) = [x(2) - x(6)] W_8^2 \\ x_2(3) = [x(3) - x(7)] W_8^3 \end{cases}$$

根据方程组(式(4-50))展开得

$$\begin{cases} x_3(0) = x_1(0) + x_1(2) \\ x_3(1) = x_1(1) + x_1(3) \\ x_4(0) = [x_1(0) - x_1(2)] W_8^0 \\ x_4(1) = [x_1(0) - x_1(3)] W_8^2 \\ x_5(0) = x_2(0) + x_2(2) \\ x_5(1) = x_2(1) + x_2(3) \\ x_6(0) = [x_2(0) - x_2(2)] W_8^0 \\ x_6(1) = [x_2(1) - x_2(3)] W_8^2 \end{cases}$$

根据方程组(式(4-51))展开得

$$\begin{cases} X(0) = x_3(0) + x_3(1) \\ X(4) = [x_3(0) - x_3(1)] W_8^0 \\ X(2) = x_4(0) + x_4(1) \\ X(6) = [x_4(0) - x_4(1)] W_8^0 \\ X(1) = x_5(0) + x_5(1) \\ X(5) = [x_5(0) - x_5(1)] W_8^0 \\ X(3) = x_6(0) + x_6(1) \\ X(7) = [x_6(0) - x_6(1)] W_8^0 \end{cases}$$

根据以上方程组可以画出 $N=8$ 的频率抽选 FFT 蝶形流程图,如图 4-7 所示。

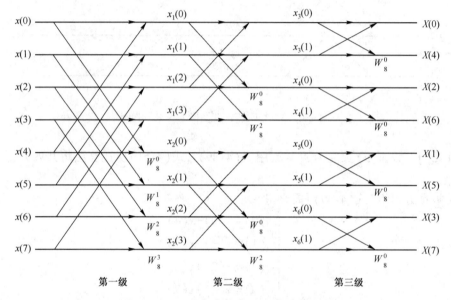

图 4-7　$N=8$ 的频率抽选 FFT 蝶形流程图

由图 4-7 可知,对频率抽选奇偶分解 FFT 算法,当 $N=2^M$ 点时,需 M 级运算,每级需要完成 $\frac{N}{2}$ 个基本蝶形计算,因此总共需要 $M\dfrac{N}{2} = \dfrac{N}{2}\log_2 N$ 次复乘和 $N\log_2 N$ 次复加运算,总运算工作量和时间抽选奇偶分解 FFT 算法相同,所以频率抽选奇偶分解 FFT 算法和时间抽选奇偶分解 FFT 算法等价。

4.3.2　频率抽选奇偶分解 FFT 算法的特点

由算法原理和图 4-7 所示的蝶形流程图,可得 $N=2^M$ 点序列的频率抽选奇偶分解 FFT 算法的特点。

(1) 当 $N=2^M$ 时,需进行 M 次分解,分 M 级计算。设 L 为级数,$L=1,2,\cdots,M$ 中任一值。

(2) 频率抽选 FFT 算法的输入序列 $x(n)$ 为自然序列,输出序列 $X(k)$ 为倒位序。

图 4-7 中,输入序列 $x(0),x(1),\cdots,x(7)$ 为自然顺序,输出序列 $X(0),X(4),X(2),X(6),X(1),X(5),X(3),X(7)$ 为倒位序。

(3) 每一级包括 $N/2$ 个基本蝶形计算。

（4）第 L 级有 2^{L-1} 个群，群间隔为 $N/2^{L-1}$。可得 $N=8$ 时的群个数、群间隔如表 4-6 所示，可见它与图 4-7 的情况完全相符。

（5）同一级各个群中乘数分布相同，第 L 级有 $N/2^L$ 个乘数。

表 4-6　$N=8$ 时的群个数、群间隔

	群个数 2^{L-1}	群间隔 $N/2^{L-1}$
第一级	1	8
第二级	2	4
第三级	4	2

例如，图 4-7 中，第二级共有两个群，每个群中乘数都是 W_8^0 和 W_8^2，并且分布位置相同。

（6）第 L 级中，每一个群中乘数自上而下分布规律为以 $W_N^{2^{L-1}}$ 为底从零开始的正整数次幂。

例如图 4-7 中，乘数分布为

第一级　$(W_8^1)^0$、$(W_8^1)^1$、$(W_8^1)^2$、$(W_8^1)^3$

第二级　$(W_8^2)^0$、$(W_8^2)^1$

第三级　$(W_8^4)^0$

（7）可以即位运算，第 L 级蝶形计算输入间隔为 $N/2^L$，基本蝶形计算为

$$A_L(P) = A_{L-1}(P) + A_{L-1}(P+N/2^L)$$

$$A_L(P+N/2^L) = [A_{L-1}(P) - A_{L-1}(P+N/2^L)] W_N^r$$

根据以上特点，可直接画出任意 $N=2^M$ 点序列的频率抽选奇偶分解 FFT 蝶形流程图。

$N=16$ 的频率抽选 FFT 蝶形流程图如图 4-8 所示。其第 L 级群个数、群间隔、蝶形计算输入间隔、乘数个数、乘数分布如表 4-7 所示。

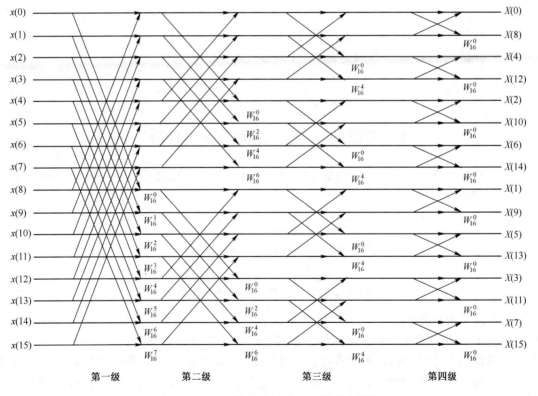

图 4-8　$N=16$ 的频率抽选 FFT 蝶形流程图

表 4-7　$N=16$ 时的参数计算

级数	群数(2^{L-1})	群间隔($N/2^{L-1}$)	蝶输入间隔及乘数 个数($N/2^L$)	乘数分布 $W_N^{2^{L-1}}$ (为从零开始正整数次幂)
1	1	16	8	$W_{16}^0 、 W_{16}^1 、 W_{16}^2 、 W_{16}^3 、$ $W_{16}^4 、 W_{16}^5 、 W_{16}^6 、 W_{16}^7$
2	2	8	4	$W_{16}^0 、 W_{16}^2 、 W_{16}^4 、 W_{16}^6$
3	4	4	2	$W_{16}^0 、 W_{16}^4$
4	8	2	1	W_{16}^0

仔细对照图 4-5 和图 4-8 可以发现,频率抽选奇偶分解算法与时间抽选奇偶分解算法的蝶形流程图之间存在着转置关系。将图 4-8 中方向颠倒,从右向左看,并将输出看成输入,输入看成输出,则它与图 4-5 完全一样。用同样的方法,也可由图 4-5 导出图 4-8。

4.3.3　软件实现

频率抽选奇偶分解 FFT 算法的软件实现中,其程序的基本思想和时间抽选奇偶分解 FFT 算法相类似,用三层循环完成全部计算。

- 第一层循环:由于 $N=2^M$ 需要 M 级计算,第一层循环对运算的级数进行控制,保证第二层循环进行 M 次。
- 第二层循环:由于第 L 级有 $N/2^L$ 个乘数,第二层循环根据乘数进行控制,保证每一个乘数在第三层循环中要计算一次,这样第三层循环在第二层循环控制下,每一级要进行 $N/2^L$ 次循环计算。
- 第三层循环:由于第 L 级有 2^{L-1} 个群,并且同一级中不同群乘数分布相同,当第二层循环确定某一乘数后,第三层循环保证这一级每一个群中具有这一乘数的蝶计算一次,第三层循环每执行完一次要进行 2^{L-1} 个蝶形计算。

所以三层循环后,共计算 $2^{L-1} \cdot \dfrac{N}{2^L} \cdot M = MN/2$ 个基本蝶形,完成全部蝶形流程计算。

4.4　离散傅里叶反变换的快速计算方法

只要将 4.2 节和 4.3 节中讨论的 DFT 快速算法稍加修改,就可用于离散傅里叶反变换(IDFT)的快速计算中。

离散傅里叶变换公式

$$X(k) = \sum_{n=0}^{N-1} x(n) W_N^{nk} \quad 0 \leqslant k \leqslant N-1 \tag{4-52}$$

$$x(n) = \frac{1}{N} \sum_{k=0}^{N-1} X(k) W_N^{-nk} \quad 0 \leqslant n \leqslant N-1 \tag{4-53}$$

比较以上两式后可以看出,只要把 DFT 运算中每一个乘数 W_N^{nk} 改成 W_N^{-nk},并且将最后的结果乘以 $1/N$,那么以上讨论的时间抽选奇偶分解 FFT 算法与频率抽选奇偶分解 FFT 算法,就可以直接用于计算 IDFT。但值得注意的是在命名上需颠倒一下。例如,当把时间抽选奇偶分解 FFT 算法用于 IDFT 时,输入变量由 $x(n)$ 改为 $X(k)$,因此原来按 $x(n)$ 的奇偶分解,现在就改成按 $X(k)$ 的奇偶分解了,因此应称之为频率抽选奇偶分解 IFFT 算法。同样,频率抽选奇偶分解 FFT 算法用于 IDFT 时,应称之为时间抽选奇偶分解 IFFT 算法。

具体编写计算机程序时,在 FFT 子程序中增加一个变量 I_0,I_0 的值在调用子程序前设定。输入 $I_0 = 0$ 表示 FFT 正变换,输入 $I_0 = 1$ 表示 FFT 反变换。在求 IFFT 时,子程序中用 W_N^{-nk} 代替 W_N^{nk},并将输出乘以 $1/N$。

【例 4.6】 已知有限长序列 $x(n)$ 的长度 $N = 4$,且 $x(n) = \begin{cases} 1 & n=0 \\ 2 & n=1 \\ -1 & n=2 \\ 3 & n=3 \end{cases}$

用 FFT 求 $X(k)$,再用 IFFT 求 $x(n)$。

解: 利用快速傅里叶变换函数求解的 MATLAB 实现程序如下:

```
clear
xn = [1,2,-1,3];
X = fft(xn)
x = ifft(X)
X = [5.0000,2.0000 + 1.0000i,-5.0000,2.0000 - 1.0000i]
x = [1,2,-1,3]
```

【例 4.7】 设 $x(n)$ 为长度 $N = 6$ 的矩形序列,用 MATLAB 程序分析 FFT 取不同长度时 $x(n)$ 的频谱变化。

解: $N = 8,32,64$ 时 $x(n)$ 的 FFT MATLAB 实现程序如下:

```
x = [1,1,1,1,1,1];
N = 8;y1 = fft(x,N);
n = 0:N-1;subplot(3,1,1);stem(n,abs(y1),'.k');axis([0,9,0,6]);
N = 32;y2 = fft(x,N);
n = 0:N-1;subplot(3,1,2);stem(n,abs(y2),'.k');axis([0,40,0,6]);
N = 64;y3 = fft(x,N);
n = 0:N-1;subplot(3,1,3);stem(n,abs(y3),'.k');axis([0,80,0,6]);
```

$x(n)$ 的频谱如图 4-9 所示。

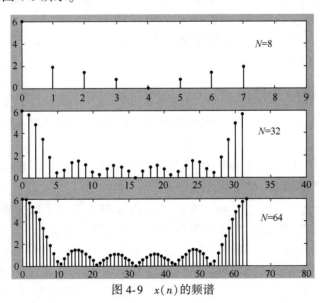

图 4-9 $x(n)$ 的频谱

由此可见 N 值取的越大就越接近序列真正的频谱。

在 MATLAB 语言中,fft 命令是用机器语言写成的,而不是 MATLAB 命令(即不是作为一个 .m 文件来用的),因此执行起来非常快。并且它是用一种混合基算法写成的。如果 N 是 2 的整数次幂,那么就能使用一个高速的基-2FFT 算法。如果 N 不是 2 的整数次幂,那么就将 N 分解为若干质因子并用一个较慢的混合基 FFT 算法。最后,如果 N 就是某个质数,那么 fft 函数就蜕化为原始的 DFT 算法。

ifft 函数与 fft 具有相同的特性。

另外一种方法可以不对 FFT 算法作任何改变,直接将其用于计算 IDFT。对 IDFT 公式(式(4-53))取共轭

$$x^*(n) = \frac{1}{N} \sum_{k=0}^{N-1} X^*(k) W_N^{nk} \tag{4-54}$$

因而

$$x(n) = \frac{1}{N} \left[\sum_{k=0}^{N-1} X^*(k) W_N^{nk} \right]^* = \frac{1}{N} \{ \text{DFT}[X^*(k)] \}^* \tag{4-55}$$

4.5 其他快速算法简介

前面介绍的时间抽选奇偶分解和频率抽选奇偶分解 FFT 算法都要求序列长度为 $N = 2^M$,称之为"基-2 算法"。当序列长度不是 2^M 时,一般可采用以下几种方法加以处理。

(1)用补零的办法将序列 $x(n)$ 的长度 N 延长到与 2^M 最接近的一个数值进行计算。

例如,$N = 61$,则在序列 $x(n)$ 的末尾可补进 $x(61) = x(62) = x(63) = 0$ 这 3 个零值点,使 $N = 2^6 = 64$,这样就可以使用基-2 FFT 算法。由 DFT 的性质可知,有限长序列补零之后,并不影响其频谱 $X(e^{j\omega})$ 的形状,只是增加了其频谱的抽样点数。上例中就是由 61 点增加到 64 点,所造成的结果只是增加了计算量而已。

但是,有时计算量增加太多,会造成很大浪费。例如,$x(n)$ 的长度 $N = 300$,则需补到 $N = 2^8 = 512$,要补 212 个零值点。因而有必要研究 $N \neq 2^M$ 时的 FFT 算法。

(2)若 N 是一个复合数,即它可以分解成一些因子的乘积,则可采用 FFT 的一般算法,即任意基的 FFT 算法,而基-2 算法只是这种一般算法的特例。

(3)如果要求准确的 N 点 DFT,而 N 又是质数,则只能采用直接 DFT 方法,或者用后面将要介绍的线性调频 z 变换方法。

4.5.1 复合数 FFT 算法

复合数 FFT 算法适用于 N 为复合数的情况,也即 N 可以表示为若干因子之乘积

$$N = r_1 r_2 \cdots r_L$$

每个因子 $r_i (i = 1, 2, \cdots, L)$ 都是正整数,称为基数。复合数 FFT 算法的基本思路仍然是通过连续地分解来降低运算量的。

各因子相等($r_1 = r_2 = \cdots = r_L$,$N = r^L$)情况的复合数 FFT 算法又称为基-r 算法。它通过 L 级,每级 N/r 个 r 点 DFT 来实现 N 点 DFT 的快速计算。基-2 算法实际上是基-r 算法当 $r = 2$ 时的特例。较常用的还有基-4 算法。目前,基-4 算法($N = 4^M$)已很成熟,它的迭代次数大约比基-2 算法少 1/4。一般来讲,基数提高肯定能使运算量减小,但算法与控制设备更加复杂,因此在选择基数时,除运算量外,还应考虑其他因素。一般认为,基-4 算法最有效,基-2

算法最易实现。

各因子不全相等情况的复合数 FFT 算法称为混合基算法。基-r 算法可看作混合基算法的特例。

设 N 等于两个整数的乘积，即 $N = r_1 r_{2L}$，其中 $r_{2L} = r_2 \cdots r_L$，则可将序列 $x(n)$ 分为 r_1 组，每组长为 r_{2L}。

例如，$N = 12$，$r_1 = 3$，$r_{2L} = 4$，即将 $x(n)$ 分为 3 组，每组各有 4 个序列值。

$$
r_1 \text{ 组} \quad
\begin{matrix}
x(r_1 m) \\
x(r_1 m + 1) \\
\vdots \\
x(r_1 m + r_1 - 1)
\end{matrix}
\qquad m = 0, 1, \cdots, r_{2L} - 1
$$

然后，将 N 点 DFT 也分解成 r_1 组来计算，则 $x(n)$ 的 DFT 运算公式为

$$
X(k) = \mathrm{DFT}\left[x(n) \right] = \sum_{n=0}^{N-1} x(n) W_N^{nk}
$$

$$
= \sum_{m=0}^{r_{2L}-1} x(r_1 m) W_N^{r_1 mk} + \sum_{m=0}^{r_{2L}-1} x(r_1 m + 1) W_N^{(r_1 m + 1)k} + \cdots +
$$

$$
\sum_{m=0}^{r_{2L}-1} x(r_1 m + r_1 - 1) W_N^{(r_1 m + r_1 - 1)k}
$$

$$
= \sum_{m=0}^{r_{2L}-1} x(r_1 m) W_{r_{2L}}^{mk} + W_N^{k} \sum_{m=0}^{r_{2L}-1} x(r_1 m + 1) W_{r_{2L}}^{mk} + W_N^{2k} \sum_{m=0}^{r_{2L}-1} x(r_1 m + 2) W_{r_{2L}}^{mk} + \cdots +
$$

$$
W_N^{(r_1 - 1)k} \sum_{m=0}^{r_{2L}-1} x(r_1 m + r_1 - 1) W_{r_{2L}}^{mk}
$$

$$
= \sum_{l=0}^{r_1 - 1} W_N^{lk} \sum_{m=0}^{r_{2L}-1} x(r_1 m + l) W_{r_{2L}}^{mk}
$$

上式说明：一个 $N = r_1 r_{2L}$ 点的 DFT 可以用 r_1 个 r_{2L} 点的 DFT 来计算。对于 $N = r_1 r_2 \cdots r_L$ 的情况，可以将 r_{2L} 进一步分解为 $r_{2L} = r_2 r_{3L}$，其中 $r_{3L} = r_3 \cdots r_L$。即将每一个 r_{2L} 点的 DFT 用 r_2 个 r_{3L} 点 DFT 来计算。通过 L 次分解，最后得到 r_L 点的 DFT。

混合基算法中 N 的分解不一定是唯一的。例如，$N = 12$ 还可以分解为 $N = 2 \times 2 \times 3$，或者 $N = 2 \times 3 \times 2$。不同的分解对应不同的运算程序。

这种算法可以使 DFT 的运算获得较高的效率。一般说来，如果序列长度与基-2 算法所要求的长度较接近的话，则序列补零后采用基-2 算法将比混合基算法的计算效率更高。

4.5.2　线性调频 z 变换算法

FFT 算法实质上都是序列 z 变换在单位圆上的等间隔抽样。有时只对信号的某一段频带感兴趣，或只需计算单位圆上某一段的频谱值，例如对窄带信号进行分析时，常希望在窄带频带内对频率的抽样非常密集，以提高分辨率，而在窄带频带外则不予以考虑，在这种情况下，如果采用 DFT 的方法，则需要在窄带频带内外都增加抽样点数，增加了窄带频带外不需要的计算量。此外，有时也对非单位圆上的抽样感兴趣，例如在语音信号处理中，常常需要知道其 z 变换的极点所在处的复频率，这时就需要在这些极点附近的曲线上进行抽样。z 变换采用螺旋线抽样就能满足这些需要。这种变换称为线性调频 z 变换，简称为 CZT（Chirp Z Transform）。这种算法虽然在计算复杂性方面不是最优的，但在许多场合十分有用，比 FFT 算

法具有更广泛的适应性。下面介绍这种算法的基本原理。

已知 $x(n)$，$0 \leqslant n \leqslant N-1$，为有限长序列，其 z 变换为

$$X(z) = \sum_{n=0}^{N-1} x(n) z^{-n} \tag{4-56}$$

为了使 z 可以沿 z 平面更一般的路径取值，可以沿 z 平面上的一段螺线作等分角的抽样，z 的这些抽样点为

$$z_k = AW^{-k} \qquad 0 \leqslant k \leqslant M-1 \tag{4-57}$$

M 为所要分析的复频谱的点数，它不一定等于 N。A、W 都是任意复数，可表示为

$$A = A_0 \mathrm{e}^{\mathrm{j}\theta_0}, \quad W = W_0 \mathrm{e}^{-\mathrm{j}\varphi_0} \tag{4-58}$$

将式(4-58)代入式(4-57)，可得

$$z_k = A_0 \mathrm{e}^{\mathrm{j}\theta_0} W_0^{-k} \mathrm{e}^{\mathrm{j}k\varphi_0} = A_0 W_0^{-k} \mathrm{e}^{\mathrm{j}(\theta_0 + k\varphi_0)} \tag{4-59}$$

抽样点在 z 平面上所沿的周线如图 4-10 所示。

由以上讨论和图 4-10 可以看出：

（1）A_0 表示起始抽样点 z_0 的矢量半径长度，通常 $A_0 \leqslant 1$，否则 z_0 将处于单位圆（$|z|=1$）的外部。

（2）θ_0 表示起始抽样点 z_0 的相角，它可以是正值或负值。

（3）φ_0 表示两相邻抽样点之间的角度差，φ_0 为正时，表示 z_k 的路径沿逆时针方向旋转；φ_0 为负时，表示 z_k 的路径沿顺时针方向旋转。

（4）W_0 的大小表示螺线的伸展率，$W_0 > 1$ 时，随着 k 的增加螺线内缩；$W_0 < 1$ 时则随 k 的增加螺线外伸；$W_0 = 1$ 表示半径为 A_0 的一段圆弧，若又有 $A_0 = 1$，则这段圆弧是单位圆的一部分。

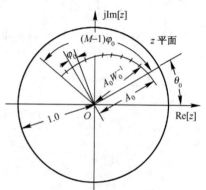

图 4-10　线性调频 z 变换在 z 平面的螺线抽样

当 $M=N$，$A = A_0 \mathrm{e}^{\mathrm{j}\theta} = 1$，$W = W_0 \mathrm{e}^{-\mathrm{j}\varphi_0} = \mathrm{e}^{-\mathrm{j}\frac{2\pi}{N}}\left(\text{即 } W_0 = 1, \varphi_0 = \dfrac{2\pi}{N}\right)$ 这一特殊情况时，各 z_k 就均匀等间隔地分布在单位圆上，这就对应于计算序列的 DFT。

将式(4-57)中的 z_k 代入式(4-56)中可得

$$X(z_k) = \sum_{n=0}^{N-1} x(n) z_k^{-n} = \sum_{n=0}^{N-1} x(n) A^{-n} W^{nk} \qquad 0 \leqslant k \leqslant M-1 \tag{4-60}$$

直接计算上式，与直接计算 DFT 相似，总共算出 M 个抽样点，需要 NM 次复数乘法与 $(N-1)M$ 次复数加法，当 N、M 很大时，这个计算量很大，因而限制了运算速度。采用布鲁斯坦（Bluestein）提出的等式，可以将以上运算转换为卷积形式，从而可以采用 FFT 算法，这样就可以大大提高运算速度。布鲁斯坦所提出的等式为

$$nk = \frac{1}{2}\left[n^2 + k^2 - (k-n)^2\right] \tag{4-61}$$

将式(4-61)代入式(4-60)得

$$X(z_k) = \sum_{n=0}^{N-1} x(n) A^{-n} W^{\frac{n^2}{2}} W^{\frac{-(k-n)^2}{2}} W^{\frac{k^2}{2}} = W^{\frac{k^2}{2}} \sum_{n=0}^{N-1} \left[x(n) A^{-n} W^{\frac{n^2}{2}}\right] W^{\frac{-(k-n)^2}{2}}$$

令

$$g(n) = x(n) A^{-n} W^{\frac{n^2}{2}} \qquad 0 \leqslant n \leqslant N-1 \tag{4-62}$$

$$h(n) = W^{-\frac{n^2}{2}} \tag{4-63}$$

则
$$X(z_k) = W^{\frac{k^2}{2}} \sum_{n=0}^{N-1} g(n) h(k-n) \quad 0 \leqslant k \leqslant M-1 \tag{4-64}$$

由式(4-64)看出,z_k 点的 z 变换,可以通过求 $g(k)$ 与 $h(k)$(此处用变量 k 代替 n)的线性卷积,然后乘以 $W^{k^2/2}$ 而得到,即

$$X(z_k) = W^{\frac{k^2}{2}} \big[g(k) * h(k) \big] \quad 0 \leqslant k \leqslant M-1 \tag{4-65}$$

式(4-65)可以用图 4-11 表示。经系统卷积输出后,将各环节中的 n 改为 k,即得 $X(z_k)$。

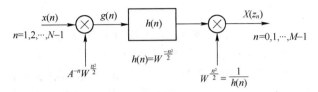

图 4-11 CZT 运算流程

序列 $h(n) = W^{-\frac{n^2}{2}}$ 可以看作为频率随时间 n 成线性增长的复指数序列,在雷达系统中将这种信号称为线性调频信号(Chirp Signal),因此称其为线性调频 z 变换。

实际计算时可利用卷积定理进行简化。

在计算线性调频 z 变换时,由式(4-64)可以看出,线性系统 $h(n)$ 是一个非因果系统,当 n 从 0 到 $N-1$,k 从 0 到 $M-1$ 取值时,$h(n)$ 在 $n=-(N-1)$ 到 $n=M-1$ 之间有非零值,即 $h(n)$ 是一个长度为 $N+M-1$ 的有限长序列。而输入信号 $g(n)$ 也是有限长序列,长度为 N。因此 $g(n)*h(n)$ 的长度为 $2N+M-2$。如果用循环卷积来计算线性卷积,则要求循环卷积的长度大于或等于 $2N+M-2$,以避免产生混叠失真。但是,由于我们只需要前 M 个 $X(z_k)$ 的值($0 \leqslant k \leqslant M-1$),后面的其他值是否有混叠失真并不重要,所以循环卷积的长度可以减到最小为 $N+M-1$,即 $L \geqslant N+M-1$。为了能使用基-2 FFT 算法,循环卷积的长度还应满足是 2 的正整数次幂,即 $L=2^m$。这样可将序列 $h(n)$ 从 $n=M$ 到 $n=L-N$ 进行补零或任意抽样,使 $h(n)$ 的长度为 L,然后将此序列以 L 为周期进行周期延拓取主值序列,再将序列 $g(n)$ 补零至长度为 L。两序列进行循环卷积计算即可。

归纳起来,CZT 的计算步骤如下:

(1) 选择满足条件 $L \geqslant N+M-1$ 和 $L=2^m$ 的整数 L。

(2) 将 $g(n)=x(n)A^{-n}W^{n^2/2}$ 补零延长到 L,有

$$g(n) = \begin{cases} x(n)A^{-n}W^{\frac{n^2}{2}} & 0 \leqslant n \leqslant N-1 \\ 0 & N \leqslant n \leqslant L-1 \end{cases}$$

并利用 FFT 计算此序列的 L 点 DFT

$$G(r) = \sum_{n=0}^{L-1} g(n) \mathrm{e}^{-\mathrm{j}\frac{2\pi}{L}rn} \quad 0 \leqslant r \leqslant L-1$$

(3) 按下式构造长为 L 的序列 $h(n)$

$$h(n) = \begin{cases} W^{\frac{n^2}{2}} & 0 \leqslant n \leqslant M-1 \\ 0 \text{ 或任意值} & M \leqslant n \leqslant L-N \\ W^{-\frac{(L-n)^2}{2}} & L-N+1 \leqslant n \leqslant L-1 \end{cases}$$

利用 FFT 计算此序列的 L 点 DFT

$$H(r) = \sum_{n=0}^{L-1} h(n) e^{-j\frac{2\pi}{L}rn} \quad 0 \leqslant r \leqslant L-1$$

(4) 计算 $Q(r) = H(r)G(r)$。

(5) 用 IFFT 求 $Q(r)$ 的 L 点 IDFT，得到 $h(n)$ 与 $g(n)$ 的循环卷积

$$q(n) = h(n) \circledast g(n) = \frac{1}{L} \sum_{r=0}^{L-1} H(r)G(r) e^{j\frac{2\pi}{L}rn}$$

$q(n)$ 的前 M 个值等于 $h(n)$ 与 $g(n)$ 的线性卷积，$n \geqslant M$ 的值没有意义，不必计算。

(6) 最后计算 $X(z_k)$，有

$$X(z_k) = W^{\frac{k^2}{2}} q(k) \quad 0 \leqslant k \leqslant M-1$$

由以上讨论可以看出：CZT 算法非常灵活，其输入序列长度 N 和输出序列长度 M 可以不相等；且 N 和 M 均可为任意整数，包括质数；各 z_k 点间的角度间隔 φ_0 可以是任意的，因而频率分辨率可以调整；计算 z 变换的周线可以不是圆，而是螺线，这对语音分析有实际意义；另外起始点 z_0 可任意选定，也就是说可从任意频率开始对输入数据进行分析，便于做窄带高分辨率的分析；在特定情况下（$A=1$, $M=N$, $W=e^{j2\pi/N}$）则变成 DFT（即使 N 为质数也可以）。

线性调频 z 变换在 MATLAB 中可以用工具箱中的 czt 函数来实现：

$$y = czt[x, m, w, a];$$

它用来计算序列 x 沿着由 w 和 a 定义的螺旋线上的 z 变换。m 为指定变换长度，w 为指定沿着 z 平面螺旋线上的点之间的比率，a 为指定起始点。

4.5.3 细化快速傅里叶变换法(ZOOM)

在提高窄带频率分辨率方面，ZOOM 算法很值得一提，它将我们感兴趣的窄带取出来进行局部放大，得到局部频谱的精细结构，所以又被称为电子放大镜 FFT 算法。

该算法省去了该窄带以外的不必要的谱线计算，从而避免了大运算量和大存储量。这种算法已成为有效的实用技术，正被用于研制新一代频谱分析仪。

在 FFT 算法影响下，人们对广义的快速变换进行了研究，出现了诸如快速沃尔什变换、快速数论变换等快速变换方法。其中，美国 Winograd 博士应用数论推出的 WFTA 算法，其乘法次数比 FFT 算法约减少 4/5，加法次数与 FFT 算法差不多，引起了学术界的关注。

各种快速变换已成为数字信号处理的基本技术，它们仍然在日新月异地发展着。

4.6 离散余弦变换

余弦变换是傅里叶变换的一种特殊情况。在傅里叶级数展开式中，如果被展开的函数是实偶函数，那么其傅里叶级数中只包含余弦项，再将其离散化，由此可导出离散余弦变换(Discrete Cosine Transform, DCT)。DCT 与 DFT 有密切联系，并且在许多信号处理的应用中，尤其是在语音和图像压缩方面特别有用和十分重要。在近年颁布的一系列视频压缩编码的国际标准建议中，都把 DCT 作为其中的一个基本处理模块。

1. 离散余弦变换定义

由 $x(n)$ 展开方式不同，DCT 定义的形式也不同，最常用的为 DCT-2，下面给出其定义。

设 $x(n)$ 为有限长序列
$$x(n) = \begin{cases} x(n) & 0 \le n \le N-1 \\ 0 & \text{其他} \end{cases}$$

DCT 的定义为

$$X_c(k) = \text{DCT}[x(n)] = \sqrt{\frac{2}{N}} \; c(k) \sum_{n=0}^{N-1} x(n) \cos\left(\frac{2n+1}{2N}k\pi\right) \tag{4-66}$$

式中
$$c(k) = \begin{cases} 1/\sqrt{2} & k = 0 \\ 1 & 1 \le k \le N-1 \end{cases} \tag{4-67}$$

若 $x(n)$ 是实数,其 DCT 也是实数,可将上式写成矩阵形式:
$$\boldsymbol{X}_c = \boldsymbol{C}_N \boldsymbol{x} \tag{4-68}$$

式中,$\boldsymbol{X}_c$,$\boldsymbol{x}$ 都是 $N\times 1$ 维向量。$\boldsymbol{C}_N$ 是 $N\times N$ 的变换矩阵,其元素由 $C_{k,n}$ 给出:

$$C_{k,n} = \sqrt{\frac{2}{N}} \; c(k) \cos\left(\frac{2n+1}{2N}k\pi\right) \qquad 1 \le k \le N-1 \tag{4-69}$$

例如,当 $N=8$ 时

$$\boldsymbol{C}_8 = \frac{1}{2\sqrt{2}} \begin{bmatrix} 1 & 1 & 1 & \cdots & 1 \\ \sqrt{2}\cos\frac{\pi}{16} & \sqrt{2}\cos\frac{3\pi}{16} & \sqrt{2}\cos\frac{5\pi}{16} & \cdots & \sqrt{2}\cos\frac{15\pi}{16} \\ \vdots & \vdots & \vdots & \vdots & \vdots \\ \sqrt{2}\cos\frac{7\pi}{16} & \sqrt{2}\cos\frac{21\pi}{16} & \sqrt{2}\cos\frac{35\pi}{16} & \cdots & \sqrt{2}\cos\frac{105\pi}{16} \end{bmatrix} = \begin{bmatrix} c_0 \\ c_1 \\ \vdots \\ c_7 \end{bmatrix}$$

$\boldsymbol{C}_N$ 的行、列向量均有如下正交关系:

$$\langle c_i, c_k \rangle = \sum_{i,k=0}^{N-1} c_i c_k = \begin{cases} 1 & i = k \\ 0 & i \ne k \end{cases} \tag{4-70}$$

所以 $\boldsymbol{C}_N$ 是归一化的正交矩阵。

DCT 反变换(IDCT)定义为

$$x(n) = \text{IDCT}[X_c(k)]$$
$$= \sqrt{\frac{1}{N}} X(0) + \sqrt{\frac{2}{N}} \; c(k) \sum_{k=1}^{N-1} X(k) \cos\left(\frac{2n+1}{2N}k\pi\right) \qquad 1 \le k \le N-1 \tag{4-71}$$

因为 $\boldsymbol{C}_N$ 是归一化的正交矩阵,所以 IDCT 的矩阵表示为

$$\boldsymbol{x} = \boldsymbol{C}_N^{-1} \boldsymbol{X}_c \tag{4-72}$$

2. DCT 性质

由于 DCT 和 DFT 有密切关系,DCT 的很多性质可以从 DFT 的性质中推出。这里介绍三个 DCT 的性质。

(1)线性特性

设两个有限长序列 $x_1(n)$、$x_2(n)$ 的线性组合为 $y(n) = ax_1(n) + bx_2(n)$。

若 $X_1(k) = \text{DCT}[x_1(n)]$,$X_2(k) = \text{DCT}[x_2(n)]$,则 $y(n)$ 的离散余弦变换为

$$Y(k) = aX_1(k) + bX_2(k) \tag{4-73}$$

反之亦然,即

$$y(n) = \text{IDCT}[Y(k)] = a\text{IDCT}[X_1(k)] + b\text{IDCT}[X_2(k)] \tag{4-74}$$

（2）对称特性

序列 $x(n)$ 的共轭对称序列 $x^*(n)$ 的 DCT 为

$$\mathrm{DCT}[x^*(n)] = X^*(k), \quad x^*(n) = \mathrm{IDCT}[X^*(k)] \tag{4-75}$$

（3）能量保留定理

类似于 DFT 的巴塞伐尔定理，有

$$\sum_{n=0}^{N-1} |x(n)|^2 = \frac{1}{2N} \sum_{k=0}^{N-1} c(k) |X(k)|^2 \tag{4-76}$$

3. DCT 的计算

将长度为 N 的序列 $x(n)$ 扩展为长度为 $2N$ 的偶对称序列 $x_e(n)$，然后用计算 $x_e(n)$ 的 FFT 的方法计算。

下面介绍 MATLAB 中计算 DCT 的方法。

通过考察 DCT 定义可以发现，DCT 是用基函数 $\psi(k,n)$ 定义的，该函数可表示为

$$\psi(k,n) = \cos\left(\frac{2n+1}{2N}k\pi\right) = \mathrm{Re}\left[W_{2N}^{k\left(n+\frac{1}{2}\right)}\right] \tag{4-77}$$

因此可以将式(4-66)重写为

$$X_c(k) = 2\mathrm{Re}\left[W_{2N}^{k/2} \sum_{n=0}^{N-1} X_e(n) W_{2N}^{kn}\right] \tag{4-78}$$

由上式可得长度为 N 的序列 $x(n)$ 的 DCT 的计算步骤为：

（1）将 $x(n)$ 拓展为长度为 $2N$ 的偶对称序列 $x_e(n)$，计算 $x_e(n)$ 的 FFT，得到 $X_e(k)$；

（2）序列 $X_e(k)$ 的前 N 个值分别乘以 $W_{2N}^{k/2}$；

（3）将经过上述运算过的 $X_e(k)$ 所有序列的 $2N$ 个值的实部分别乘以 2，即可完成运算。

DCT 的主要应用是数据和图像的压缩，MATLAB 中分别用函数 dct 和 idct 及 dct2 和 idct2 计算 DCT 和 IDCT。其中 dct2 和 idct2 用于二维图像的 DCT 和 IDCT 计算。

如序列 $x(n)$ 长度为 M，对 $x(n)$ 做 N 点的 DCT 变换，变换结果为 $y(n)$，dct 的调用格式为：

$$y = \mathrm{dct}(x) \qquad 或 \qquad y = \mathrm{dct}(x, N)$$

若序列的长度为 $M<N$，则在 $x(n)$ 后补零，否则，将 $x(n)$ 截短。

dct2 的调用格式为：

$$Y = \mathrm{dct2}(X) \qquad 或 \qquad Y = \mathrm{dct2}(X, M, N)$$

这里 X 是待变换的二维矩阵向量（图像），Y 是 X 的二维 DCT，M，N 是变换图像的大小，若 X 的尺寸小于 M，N，则在 X 后补零，否则，将 X 截短。

4.7　短时傅里叶变换

傅里叶变换是一种信号的整体变换，要么完全在时域，要么完全在频域进行分析处理，无法给出信号的频谱如何随时间变化的规律。而有些信号，例如语音信号，它具有很强的时变性，在一段时间内呈现出周期性信号的特点，而在另一段时间内呈现出随机信号的特点，或者呈现出两者混合的特性。对于频谱随时间变化的确定性信号以及非平稳随机信号，利用傅里叶变换分析方法有很大的局限性，或者说是不合适的。傅里叶变换无法针对性地分析相应时

间区域内信号的频率特征。可以用一个窗函数与时间信号相乘积,当该窗函数的时宽足够窄,使取出的信号可以被看成是平稳信号时,就可以对乘积信号进行傅里叶变换,从而反映该时宽中的信号频谱变化规律。如果让窗函数沿时间轴移动,则可以得到信号频谱随时间变化的规律。这就是短时傅里叶变换(STFT)的设计思想。短时傅里叶变换主要用于信号的时频分析。

4.7.1 短时傅里叶变换的定义及其物理解释

1. 短时傅里叶变换的定义

短时傅里叶变换的定义有以下两种形式。

● 定义一
$$\text{STFT}_x(n,\omega) = \sum_{m=-\infty}^{\infty} x(m) w(n-m) e^{-j\omega m} \tag{4-79}$$

式中,$w(n)$是一个窗函数,其作用是取出$x(n)$在n时刻附近的一段信号分量进行傅里叶变换。当n变化时,窗函数随之移动,从而得到信号频谱随时间n的变化规律。此时的傅里叶变换是一个二维(n,ω)函数。窗函数沿时间轴移动的情况如图4-12所示。

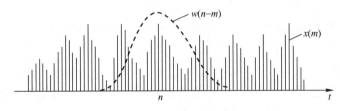

图4-12 窗函数的移动

令$n'=n-m$,将n'代入定义一中,再将n'用m代替,可得到第二种定义形式。

● 定义二
$$\text{STFT}_x(n,\omega) = \sum_{m=-\infty}^{\infty} w(m) x(n-m) e^{-j\omega(n-m)}$$
$$= e^{-j\omega n} \sum_{m=-\infty}^{\infty} w(m) x(n-m) e^{j\omega m} \tag{4-80}$$

2. 短时傅里叶变换的物理解释

对以上 STFT 的定义形式,从傅里叶变换和线性滤波两个角度,可以有两种不同的物理解释。

(1)由傅里叶变换角度解释

按照式(4-79),STFT 可以看作n是参变量$x(m)w(n-m)$对m的傅里叶变换 DTFT,它是(n,ω)的函数。根据傅里叶变换的卷积性质,设

$$X(e^{j\omega}) = \text{DTFT}[x(m)], \quad W(e^{j\omega}) = \text{DTFT}[w(m)]$$
$$W(e^{-j\omega}) = \text{DTFT}[w(-m)], \quad e^{j\omega n} W(e^{-j\omega}) = \text{DTFT}[w(n-m)]$$

则
$$\text{STFT}_x(n,\omega) = \frac{1}{2\pi} \int_{-\pi}^{\pi} W(e^{j\theta}) X(e^{j(\omega-\theta)}) e^{-j\theta n} d\theta \tag{4-81}$$

上式是 STFT 定义的一种频域表示形式。这里,如果$x(n)$是时变信号,式中用了它的傅里叶变换,是不合适的,但可以理解为信号在时间窗外变为零以后,取信号的傅里叶变换;或者说是时间窗内的信号傅里叶变换的平滑形式。之所以说是平滑形式,是因为如果简单地用一个矩形

窗从信号中截取一段,肯定产生截断效应,采用具有平滑作用的时间窗,如汉明窗作为时间窗比较合适。时间窗 $w(n)$ 及其谱窗 $W(e^{j\omega})$ 的特性非常重要,将直接影响时谱分析的时间和频率分辨率;另外,它们的形状还影响时谱的真实性。很明显,如果谱窗 $W(e^{j\omega})$ 是一个冲激函数 $\delta(\omega)$,则一定能真实地反映信号的频谱。

(2) 由线性滤波角度解释

将定义一重写如下:

$$\text{STFT}_x(n,\omega) = \sum_{m=-\infty}^{\infty} x(m)e^{-j\omega m}w(n-m)$$

上式表明,短时傅里叶变换可以看成 $x(n)e^{-j\omega n}$ 与 $w(n)$ 的线性卷积。例如,将 $w(n)$ 看成一个低通滤波器的单位冲激响应,短时傅里叶变换则可用图4-13表示,即首先将信号 $x(n)$ 调制到 $-\omega$,然后通过低通滤波器 $w(n)$,其输出就是短时傅里叶变换。实质上是将 $x(n)$ 在 ω 附近的频谱搬移到零频处,作为短时傅里叶变换。为使其频率分辨率高,希望 $w(n)$ 是一个低通窄带滤波器,带外衰减越大越好。

利用定义二可以得到线性滤波的另一种物理解释。将定义二重写如下:

$$\text{STFT}_x(n,\omega) = e^{-j\omega n} \sum_{m=-\infty}^{\infty} w(m)e^{j\omega m}x(n-m)$$

上式中求和部分可看成 $w(n)e^{j\omega n}$ 与 $x(n)$ 的线性卷积,因此上式可以写成

$$\text{STFT}_x(n,\omega) = e^{-j\omega n}[x(n) * w(n)e^{j\omega n}]$$

式中,$w(n)$ 是低通滤波器。$w(n)e^{j\omega n}$ 就是以 ω 为中心的带通滤波器。按照上式,STFT 就是信号首先通过带通滤波器,选出以 ω 为中心的频谱,再乘以 $e^{-j\omega n}$,将选出的频谱搬移到零频处。短时傅里叶变换如按照定义二的物理解释,则可用图4-14表示。

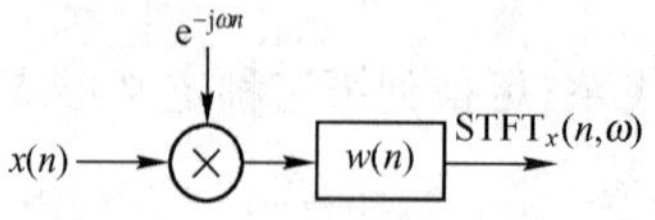

图 4-13 定义一的物理解释 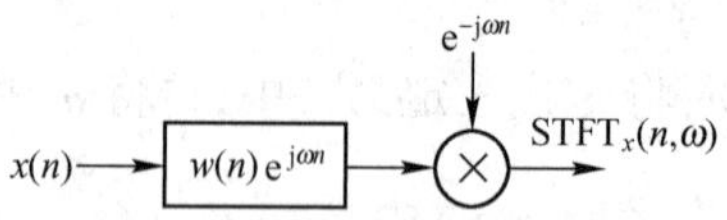 　　　　　　　图 4-14 定义二的物理解释

定义一和定义二都说明 STFT 作为 n 的函数,对任意给定的频率 ω 都是一个低通函数。定义一采用单位冲激响应为 $w(n)$ 的低通滤波器,定义二采用单位冲激响应为 $w(n)e^{j\omega n}$ 的带通滤波器。对于两种物理解释可根据实际应用情况进行选择。

4.7.2 短时傅里叶变换的性质

短时傅里叶变换是建立在一般傅里叶变换基础上的一种变换,因此具有许多和傅里叶变换相似的性质。

1. 线性特性

若 $z(n)=c \cdot x(n)+d \cdot y(n)$,$c,d$ 为常数,则

$$\text{STFT}_z(n,\omega) = c \cdot \text{STFT}_x(n,\omega) + d \cdot \text{STFT}_y(n,\omega) \tag{4-82}$$

2. 频移性质——调制特性

设 $x(n)=y(n)e^{j\omega_0 n}$,则

$$\text{STFT}_x(n,\omega) = \text{STFT}_y(n,\omega-\omega_0) \tag{4-83}$$

3. 时移特性

设 $x(n) = y(n-n_0)$，则

$$\text{STFT}_x(n,\omega) = \text{e}^{-\text{j}\omega n_0}\text{STFT}_y(n-n_0,\omega) \tag{4-84}$$

证明：

$$\begin{aligned}
\text{STFT}_x(n,\omega) &= \sum_m y(m-n_0)w(n-m)\text{e}^{-\text{j}\omega m} \\
&= \sum_m y(m-n_0)w(n-n_0-(m-n_0))\text{e}^{-\text{j}\omega(m-n_0)}\text{e}^{-\text{j}\omega n_0} \\
&= \text{e}^{-\text{j}\omega n_0}\text{STFT}_y(n-n_0,\omega)
\end{aligned}$$

以上说明 STFT 具有频移不变性，但不具有时移不变性，相差一个相位因子。

4. 共轭对称性

当信号是实信号时，短时傅里叶变换和一般傅里叶变换一样具有共轭对称性，即

$$\text{STFT}_x(n,\omega) = \text{STFT}_x^*(n,-\omega) \tag{4-85}$$

因此，其实部是偶函数，虚部是奇函数。

5. 由短时傅里叶变换恢复信号

由定义式(4-79)得到短时傅里叶变换的反变换为

$$x(m)w(n-m) = \frac{1}{2\pi}\int_{-\pi}^{\pi}\text{STFT}_x(n,\omega)\text{e}^{\text{j}\omega n}\text{d}\omega$$

设 $n=m$，则

$$x(n) = \frac{1}{2\pi w(0)}\int_{-\pi}^{\pi}\text{STFT}_x(n,\omega)\text{e}^{\text{j}\omega n}\text{d}\omega \tag{4-86}$$

只要 $w(0) \neq 0$，就可以由 $\text{STFT}_x(n,\omega)$ 准确地恢复信号 $x(n)$。

4.7.3 短时傅里叶变换的时间、频率分辨率

由定义可知，STFT 实际分析的是信号的局部谱，局部谱的特性决定于该局部内的信号，也决定于窗函数的形状和长度。为了了解窗函数的影响，假设窗函数取以下两种极端情况。

第一种极端情况是取 $w(n)=1,-\infty<n<\infty$，此时

$$\text{STFT}_x(n,\omega) = \sum_{m=-\infty}^{\infty}x(m)\text{e}^{-\text{j}\omega m} = \text{DTFT}[x(n)]$$

这种情况下，STFT 退化为序列的傅里叶变换，没有任何时间分辨率，却有最好的频率分辨率。

第二种极端情况是取 $w(n)=\delta(n)$，此时

$$\text{STFT}_x(n,\omega) = x(n)\text{e}^{-\text{j}\omega n}$$

STFT 退化为时域信号，有理想的时间分辨率，但不提供任何频率分辨率。

短时傅里叶变换由于使用了一个可移动的时间窗函数，使其具有一定的时间分辨率。显然，短时傅里叶变换的时间分辨率取决于窗函数 $w(n)$ 的长度。为了提高信号的时间分辨率，希望 $w(n)$ 的长度越短越好。但频率分辨率取决于 $w(n)$ 窗函数的频域函数宽度，也就是低通滤波器 $w(n)$ 的带宽或者说带通滤波器 $w(n)\text{e}^{\text{j}\omega n}$ 的带宽。为了提高频率分辨率，希望尽量加宽 $w(n)$ 窗口宽度，这样必然又会降低时间分辨率。这种时间分辨率和频率分辨率相互制约的性质，即为 Heisenberg 所提出的"测不准原理"。因此，STFT 的时间分辨率和频率分辨率不能同时任意提高，它们的乘积下限满足：

$$\Delta t \times \Delta \omega \geq 1/2 \tag{4-87}$$

式中,Δt 表示信号有效持续时间,$\Delta \omega$ 表示信号的有效带宽。上面的公式说明,对于窗函数,它的时间宽度和在频率域宽度不能同时任意小,也就是说,频率分辨率和时间分辨率不能同时任意小。但可以选择合适的窗函数,使 Δt 和 $\Delta \omega$ 都比较小,其乘积接近于 $1/2$。窗函数的形式有很多,可以证明从有效时宽和有效频宽乘积为最小的意义上讲,高斯波形信号较好,但是它在时间轴和频率轴上是无限扩张的,因此它并不是一种最好的波形。我们知道,不可能存在既是带限又是时限的信号。实际应用中采用放松条件,研究在有限时宽的情况如何选取频率有效带宽最小的窗函数,或在有限带宽情况下如何选择时宽最小的窗函数。

4.7.4 短时傅里叶变换的实现

1. 用 FFT 计算 STFT

假设在频率域等间隔抽样 M 点,有

$$\omega_k = \frac{2\pi}{M} k, \qquad k = 0, 1, 2, 3, \cdots, M-1$$

$$\mathrm{STFT}_x(n, k) = \sum_{m=-\infty}^{\infty} x(m) w(n-m) \mathrm{e}^{-\mathrm{j}\frac{2\pi}{M} km} \tag{4-88}$$

令 $m = l + n$,上式变为

$$\mathrm{STFT}_x(n, k) = \sum_{l=-\infty}^{\infty} x(l+n) w(-l) \mathrm{e}^{-\mathrm{j}\frac{2\pi}{M} k(l+n)}$$

$$= \mathrm{e}^{-\mathrm{j}\frac{2\pi}{M} kn} \sum_{l=-\infty}^{\infty} x(l+n) w(-l) \mathrm{e}^{-\mathrm{j}\frac{2\pi}{M} kl} \tag{4-89}$$

即

$$\mathrm{STFT}_x(n, k) = \mathrm{e}^{-\mathrm{j}\frac{2\pi}{M} kn} \sum_{r=-\infty}^{\infty} \sum_{l=rM}^{rM+M-1} x(l+n) w(-l) \mathrm{e}^{-\mathrm{j}\frac{2\pi}{M} kl} \tag{4-90}$$

令 $l = m + rM$,同时考虑到 $\exp\left(-\mathrm{j}\dfrac{2\pi}{M} krM\right) = 1$,得到

$$\mathrm{STFT}_x(n, k) = \mathrm{e}^{-\mathrm{j}\frac{2\pi}{M} kn} \sum_{m=0}^{M-1} \widetilde{x}(m, n) \mathrm{e}^{-\mathrm{j}\frac{2\pi}{M} km} \tag{4-91}$$

式中

$$\widetilde{x}(m, n) = \sum_{r=-\infty}^{\infty} x(n+m+rM) w(-m-rM) \quad m = 0, 1, 2, 3, \cdots, M-1 \tag{4-92}$$

在式(4-91)中,对任何固定 n 值,求和项可以用 M 点 FFT 进行计算,其中信号 $\widetilde{x}(m, n)$ 用式(4-92)计算。根据式(4-91)和式(4-92),由 $x(n)$ 计算 STFT 的过程如图 4-15 所示。

2. 用滤波器组法实现短时傅里叶变换

假设在频率域抽样 M 点,抽样点的频率为

$$\omega_k = \frac{2\pi}{M} k, \qquad k = 0, 1, 2, 3, \cdots, M-1$$

将 ω_k 代入定义式(4-80)中,得到

$$\mathrm{STFT}_x(n, \omega) \big|_{\omega=\omega_k} = \mathrm{e}^{-\mathrm{j}\omega_k n} \sum_m x(n-m) w(m) \mathrm{e}^{\mathrm{j}\omega_k m}$$

令

$$h_k(n) = w(n) \mathrm{e}^{-\mathrm{j}\omega_k n} \tag{4-93}$$

则

$$\mathrm{STFT}_x(n, \omega_k) = \mathrm{e}^{-\mathrm{j}\omega_k n} \sum_m x(n-m) h_k(m) \tag{4-94}$$

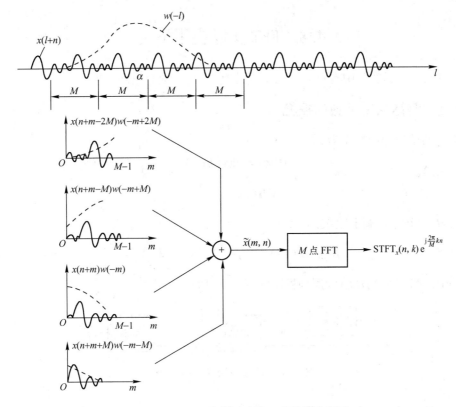

图 4-15　用 FFT 计算短时傅里叶变换流程图

令
$$y_k(n) = \sum_m x(n-m) h_k(m) \qquad (4-95)$$

则
$$\text{STFT}_x(n, \omega_k) = \mathrm{e}^{-\mathrm{j}\omega_k n} y_k(n) \qquad (4-96)$$

这样对应 M 个抽样点频率,形成 M 个通道。式(4-93)即是每个通道的带通滤波器的单位冲激响应,式(4-95)即是每个带通滤波器的输出,式(4-96)表示每个通道的 STFT 输出。信号短时傅里叶变换由 M 个通道组成。它的一个通道的原理框图如图 4-16 所示。

　　由前面几节分析可知,短时傅里叶变换中不仅包含了原信号的全部信息,而且其变换的窗口位置随参数而变化,符合研究信号不同位置局部性要求,这是它比傅里叶变换优越之处。但是短时傅里叶变换的限制在于,由于在整个频率轴上用一个分析窗,即窗口函数的形状及大小与频率变化无关而保持不变,所以分析的分辨率在整个时间–频率平面上的所有位置都相同,如图 4-17 所示。

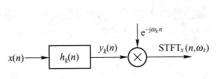

图 4-16　STFT 一个通道的原理框图

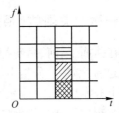

图 4-17　短时傅里叶变换的时间–频率分辨率

4.8 FFT 实际应用举例

FFT 算法在工程实际中有很多应用实例,这里仅简单地介绍两个例子。

4.8.1 测量系统函数的振幅谱

设系统的单位冲激响应为 $h(n)$,由于

$$H(k) = \text{DFT}[h(n)]$$

$$H(z) = \frac{Y(z)}{X(z)}$$

如果 $H(z)$ 在单位圆上收敛,那么

$$H(k) = H(z)\big|_{z=W^{-k}} = \frac{Y(z)}{X(z)}\bigg|_{z=W^{-k}} = \frac{Y(k)}{X(k)}$$

因此,用 FFT 算法测量 $H(k)$ 的原理框图如图 4-18 所示。

图 4-18 测量 $H(k)$ 的原理框图

例如造纸厂纸浆机的振动对周围的影响就可以用测量 $H(k)$ 的方法进行检测。

如图 4-19 所示,把纸浆机的振动作为输入,把纸浆机整体作为系统,把传到基础上的振动作为输出。因此,图 4-19 实质上是测量 $H(k)$。根据 $H(k)$ 可以分析系统对不同振动频率的衰减情况而采取必要的措施。

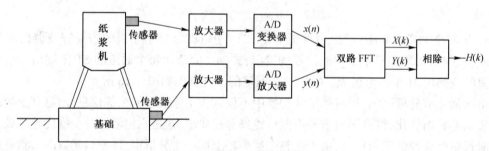

图 4-19 测量 $H(k)$ 的典型系统

这种方法广泛应用于旋转机械对基础的振动分析中。当然,对于测量电子系统的系统函数,这种方法也是可行的。

4.8.2 测量相关函数(相关谱)

汽车行驶在路面上,前、后轮都可能产生振动。如果能测出人所感觉到的振动中,哪些成分是由前轮引起的,哪些成分是由后轮引起的,哪些部分是由前、后轮共同引起的,则对于汽车的消振设计是十分有用的。

其互相关谱测试的基本原理如图 4-20 所示。

将加速度传感器测出的座位振动信号 $x_1(n)$ 与前轮振动信号 $x_2(n)$ 送入双路 FFT,求出互

相关谱 $R_{1,2}(k)$;再用加速度传感器测出后轮振动信号 $x'_2(n)$ 与座位振动信号 $x_1(n)$ 送入双路 FFT,求得互相关谱 $R'_{1,2}(k)$。

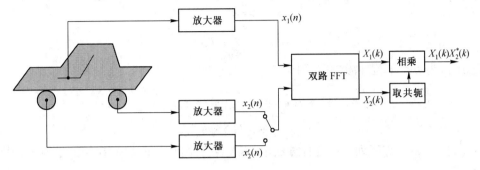

图 4-20　互相关谱测试的基本原理

从对互相关谱 $R_{1,2}(k)$、$R'_{1,2}(k)$ 的分析中,可以得到前、后轮对人体振动的影响,互相关谱值越大,说明对人体振动的影响越大,由此分析研究改进措施。

本 章 小 结

本章主要介绍离散傅里叶变换的快速算法——快速傅里叶变换(FFT)的基本思想及基-2时域、频域抽选奇偶分解 FFT 算法。重点是 FFT 的原理。应主要掌握以下内容:

(1) 时间抽选奇偶分解 FFT 算法。

(2) 频率抽选奇偶分解 FFT 算法。

(3) 离散余弦变换和短时傅里叶变换。

习　　题

4.1　把 $N=32$ 点的时间序列 $x(0),x(1),x(2),\cdots,x(31)$ 排成倒位序序列。

4.2　根据时间抽选奇偶分解 FFT 算法的一般规则,画出 $N=32$ 点时间抽选奇偶分解 FFT 算法蝶形流程图,并分析其运算工作量。

4.3　某台计算机平均一次复乘需要 100 μs,一次复加需 20 μs,今用来进行 $N=1024$ 点 DFT 计算。问直接算法需要多少时间?时间抽选奇偶分解 FFT 算法需要多少时间?

4.4　分析(自然顺序从零开始)倒位序程序原理,并用 MATLAB 编制程序,在计算机上进行实际验证。

4.5　将一个倒位序的序列[例如 $N=8$ 时,$x(0)$、$x(4)$、$x(2)$、$x(6)$、$x(1)$、$x(5)$、$x(3)$、$x(7)$]通过倒位序程序之后,变成按自然顺序排列的序列。

从理论上对上述事实加以说明,并在计算机上利用倒位序程序加以验证。

4.6　根据频率抽选奇偶分解 FFT 算法一般规则,画出 $N=32$ 点 FFT 算法蝶形流程图,并分析运算工作量。

4.7　用图 4-4 计算 $x(n)=R_8(n)$ 的 DFT,再把图 4-4 改成 IDFT 流程图,进行 IDFT 运算。用实际结果说明 IDFT 的正确性。

4.8　设 $x(n)$ 是长度为 ML 的长序列,其中 $M\gg1,L\gg1$,把 $x(n)$ 分成 M 段,记为 $x_m(n)$,

$m = 1, 2, \cdots, M$，每段长度为 L。

$$x_m(n) = \begin{cases} x(n) & mM \leqslant n \leqslant (m+1)M-1 \\ 0 & \text{其他} \end{cases}$$

$$x(n) = \sum_{m=0}^{M-1} x_m(n)$$

设 $h(n)$ 为 L 点单位冲激响应，则

$$y(n) = x(n) * h(n) = \sum_{m=0}^{M-1} x_m(n) * h(n) = \sum_{m=0}^{M-1} y_m(n)$$

$$y_m(n) = x_m(n) * h(n)$$

显然，$y_m(n)$ 是 $2L-1$ 点序列。在这种方法中，需要保存中间卷积结果，在相加之前进行恰当的重叠，形成 $y(n)$。

（1）利用循环卷积，开发一个 MATLAB 函数实现重叠相加法；

（2）利用（1）开发的函数采用基-2FFT，编写一个高速重叠相加分段卷积的 MATLAB 程序。

第 5 章　数字滤波器概论

数字滤波器是数字信号处理技术的一个重要分支。利用它可以在形形色色的信号中提取所需要的信号,并抑制不需要的信号(干扰、噪声)。数字滤波器具有稳定性好、精度高、灵活性强、体积小、重量轻等优点,越来越受到人们的重视,并在工程实际中得到了广泛的应用。

数字滤波器可狭义地理解为具有选频特性的一类系统,如低通、高通滤波器等;也可广义地理解为任意系统,其功能是将输入信号变换为人们所需要的输出信号。

数字滤波器的实质是用一有限精度算法实现的离散时间线性时不变系统,以完成对信号进行滤波处理的功能。其输入是一组由模拟信号经过抽样和量化的数字量,输出是经处理的另一组数字量。数字滤波器既可以是一台由数字硬件装配成的用于完成滤波计算功能的专用机,也可以是由通用计算机完成的一组运算程序。

本章主要讨论数字滤波器的基本原理、分类及其结构。

5.1　数字滤波器的基本原理

在实际应用中,多数情况是利用数字滤波器来处理模拟信号。处理模拟信号的数字滤波器基本结构如图 5-1 所示。

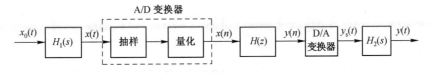

图 5-1　处理模拟信号的数字滤波器基本结构

在图 5-1 中,输入端接入一个低通滤波器 $H_1(s)$,其作用是对输入信号 $x_0(t)$ 的频带进行限制,以避免频谱混叠,因此称 $H_1(s)$ 为输入抗"混叠"滤波器;在输出端也接一个低通滤波器 $H_2(s)$,以便将 D/A 变换器输出的模拟量良好地恢复成连续时间信号。

用数字滤波器处理模拟信号 $x_0(t)$,应首先将信号经过抗混叠滤波器 $H_1(s)$ 的预处理。$H_1(s)$ 的幅度响应为

$$|H_1(\mathrm{j}\Omega)| = \begin{cases} 1 & |\Omega| < \Omega_\mathrm{s}/2 \\ 0 & |\Omega| \geq \Omega_\mathrm{s}/2 \end{cases} \tag{5-1}$$

信号 $x_0(t)$ 经过 $H_1(s)$ 产生 $x(t)$,使 $x(t)$ 的频谱 $X(\mathrm{j}\Omega)$ 的频带限制在 $-\Omega_\mathrm{s}/2 < \Omega < \Omega_\mathrm{s}/2$ 范围之内,这样就可以避免"混叠"发生。抗混叠滤波器的作用过程示意图如图 5-2 所示。

设 $X(\mathrm{j}\Omega)$、$Y(\mathrm{j}\Omega)$ 分别表示输入 $x(t)$、输出 $y(t)$ 的模拟信号频谱,$X_\mathrm{s}(\mathrm{j}\Omega)$、$Y_\mathrm{s}(\mathrm{j}\Omega)$ 表示模拟信号经冲激抽样后的频谱,则由式(2-46)可得 $x(n)$ 的频谱为

$$X(\mathrm{e}^{\mathrm{j}\omega}) = X_\mathrm{s}(\mathrm{j}\Omega) = \frac{1}{T} \sum_{m=-\infty}^{\infty} X(\mathrm{j}\Omega - \mathrm{j}m\Omega_\mathrm{s}) \tag{5-2}$$

此时数字滤波器输出 $y(n)$ 的频谱为

$$Y(\mathrm{e}^{\mathrm{j}\omega}) = Y_{\mathrm{s}}(\mathrm{j}\Omega) = H(\mathrm{e}^{\mathrm{j}\Omega T})\frac{1}{T}\sum_{m=-\infty}^{\infty}X(\mathrm{j}\Omega - \mathrm{j}m\Omega_{\mathrm{s}}) \tag{5-3}$$

式中,$\omega = \Omega T$。

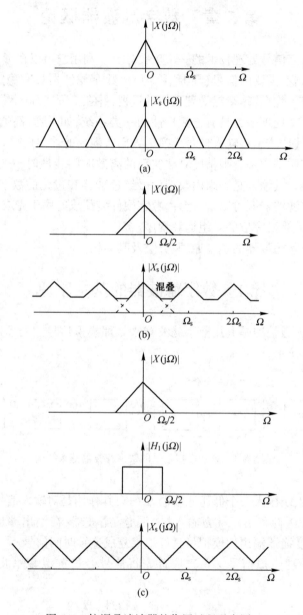

图 5-2　抗混叠滤波器的作用过程示意图

设模拟低通滤波器 $H_2(s)$ 的幅度响应为

$$|H_2(\mathrm{j}\Omega)| = \begin{cases} T & |\Omega| < \Omega_{\mathrm{s}}/2 \\ 0 & |\Omega| \geqslant \Omega_{\mathrm{s}}/2 \end{cases} \tag{5-4}$$

则输出 $y(t)$ 的频谱为

$$Y(\mathrm{j}\Omega) = Y_{\mathrm{s}}(\mathrm{j}\Omega)H_2(\mathrm{j}\Omega) \tag{5-5}$$

将式(5-3)代入式(5-5)有

$$Y(\mathrm{j}\Omega) = \frac{1}{T}H_2(\mathrm{j}\Omega)H(\mathrm{e}^{\mathrm{j}\Omega T})\sum_{m=-\infty}^{\infty}X(\mathrm{j}\Omega - \mathrm{j}m\Omega_s)$$

$$= H(\mathrm{e}^{\mathrm{j}\Omega T})X(\mathrm{j}\Omega) \qquad |\Omega| \leqslant \Omega_s/2 \qquad (5\text{-}6)$$

式(5-6)还可以写成

$$H(\mathrm{e}^{\mathrm{j}\Omega T}) = Y(\mathrm{j}\Omega)/X(\mathrm{j}\Omega) \qquad (5\text{-}7)$$

式(5-7)说明:在一定条件下,图5-1所示结构的数字滤波器的频率响应等效于一个模拟滤波器,所以能代替模拟滤波器对信号进行处理。

图5-3所示为图5-1中各点信号的频谱图。图5-3(a)是输入信号 $x_0(t)$ 的频谱。图5-3(b)是抗混叠滤波器 $H_1(s)$ 的幅度响应。图5-3(c)是经过抗混叠滤波器 $H_1(s)$ 后带限信号 $x(t)$ 的幅度谱。图5-3(d)是抽样信号 $x_s(t)$ 的幅度谱。图5-3(e)是数字滤波器的幅度响应,它是周期函数。图5-3(f)是数字滤波器输出信号 $y(n)$ 的幅度谱。图5-3(g)是低通滤波器 $H_2(s)$ 的幅度响应。图5-3(h)是输出 $y(t)$ 信号的幅度谱。

图5-1似乎比一般模拟滤波器要复杂,但数字滤波器功能强、灵活。

例如,在第2章的例题中分析了系统函数

$$H(z) = \frac{z}{z-a} \qquad |z| > |a| \qquad (5\text{-}8)$$

由其频率响应知道,当 $0 < a < 1$ 时,上式为低通滤波器;当 $-1 < a < 0$ 时,为高通滤波器;当 $a = 0$ 时,为全通滤波器。

要实现式(5-8)的滤波作用,在软件上可以通过计算式(5-8)所表示的差分方程

$$y(n) = ay(n-1) + x(n) \qquad (5\text{-}9)$$

也可以利用线性卷积公式计算

$$y(n) = h(n) * x(n) \qquad (5\text{-}10)$$

同时,还可以采用专用信号处理设备来实现滤波。

因此,所谓数字滤波器实质上是一种运算过程——用来描述离散系统输入与输出关系的差分方程的计算或卷积计算。所谓数字滤波器的设计,就是根据要求选择系统 $h(n)$ 或 $H(z)$,使 $x(n)$ 通过系统时,对其波形和频谱进行加工,获得人们所需要的信号。

(a)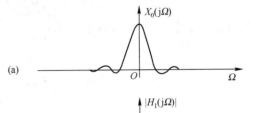

(b)

(c)

(d)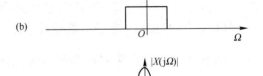

(e)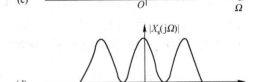

(f)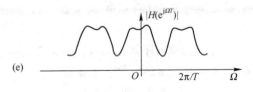

(g)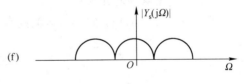

(h)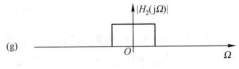

图5-3 图5-1中各点信号的频谱图

5.2 数字滤波器的分类

一般来说,数字滤波器可以用 N 阶差分方程表示,即

$$y(n) = \sum_{i=1}^{N} a_i y(n-i) + \sum_{j=0}^{M} b_j x(n-j) \tag{5-11}$$

在 z 域,上式可以表示成系统函数形式

$$H(z) = \frac{\sum_{j=0}^{M} b_j z^{-j}}{1 - \sum_{i=1}^{N} a_i z^{-i}} \tag{5-12}$$

由式(5-11)、式(5-12)可知,数字滤波器的特性是由参数 a_i、b_j 来确定的。

可以从不同角度对数字滤波器进行分类。

1. 根据单位冲激响应 $h(n)$ 的时间特性分类

(1) 无限长冲激响应(IIR)数字滤波器

这种滤波器的单位冲激响应有无限个样值:$h(n)$,$n_1 \leqslant n \leqslant \infty$。

(2) 有限长冲激响应(FIR)数字滤波器

这种滤波器的单位冲激响应 $h(n)$,仅在 $n_1 \leqslant n \leqslant n_2$ 之间有有限个样值。

2. 根据实现方法和形式分类

(1) 递归型数字滤波器

对于式(5-11)、式(5-12),当 a_i 不全为零时,输出序列 $y(n)$ 不仅取决于现在的输入序列 $x(n)$ 和过去的输入序列 $x(n-1)$、$x(n-2)$、$\cdots$,还与过去的输出序列 $y(n-1)$、$y(n-2)$、$\cdots$ 有关。这种滤波器称为递归型数字滤波器。

(2) 非递归型数字滤波器

在式(5-11)、式(5-12)中,若 $a_i = 0$,则有

$$y(n) = \sum_{j=0}^{M} b_j x(n-j) \tag{5-13}$$

$$H(z) = \sum_{j=0}^{M} b_j z^{-j} \tag{5-14}$$

式(5-13)、式(5-14)说明,现在的输出序列 $y(n)$ 仅与现在和过去的输入序列有关,而与过去的输出序列无关,因此称之为非递归型数字滤波器。

(3) 快速卷积型

用线性卷积可以完成信号的滤波处理,即

$$y(n) = h(n) * x(n) \tag{5-15}$$

在第4章中已经详细介绍了用 FFT 计算线性卷积的方法,这是一种利用 FFT 实现数字滤波的有效方法。因此,这种滤波器又称为 FFT 型数字滤波器。

一般来讲,IIR 数字滤波器利用递归法比较容易实现,而 FIR 数字滤波器用非递归法和 FFT 法比较容易实现。

3. 根据频率响应分类

根据频率响应可以分为低通数字滤波器、高通数字滤波器、带通数字滤波器、带阻数字滤波器。

5.3　IIR 数字滤波器结构

一个 N 阶 IIR 数字滤波器的系统函数具有有理分式形式，即

$$H(z) = \frac{\sum\limits_{j=0}^{M} b_j z^{-j}}{1 - \sum\limits_{i=1}^{N} a_i z^{-i}} \tag{5-16}$$

用差分方程表示为

$$y(n) = \sum_{i=1}^{N} a_i y(n-i) + \sum_{j=0}^{M} b_j x(n-j), \quad a_i \text{ 不全为零} \tag{5-17}$$

对于一个给定输入、输出关系的系统，可以用不同的数字网络来实现。同一系统函数 $H(z)$ 运算结构不同，其系统精度、误差、稳定性、经济性及运算速度也不同，因此有必要研究它们的结构。一般假设 $M = N$。

式(5-16)的无限长冲激响应滤波器的系统函数 $H(z)$，在有限 z 平面上有极点存在，其单位冲激响应 $h(n)$ 为无限长，它在结构上存在反馈环路，因此采用递归结构。但具体实现起来形式并不唯一，同一个系统函数可以有各种不同的形式。

5.3.1　直接型

直接根据式(5-17)的差分方程画出的递归型数字滤波器结构图如图 5-4 所示(设 $M = N$)。从图中可看到，$y(n)$ 由两部分构成：第一部分，即 $\sum\limits_{j=0}^{N} b_j x(n-j)$ 是一个对 $x(n)$ 的 N 节延迟链结构(z^{-1} 表示延迟)，每节延迟抽头加权相加；第二部分，即 $\sum\limits_{i=1}^{N} a_i y(n-i)$ 也是一个 N 节延迟链结构，不过它是对 $y(n)$ 进行延迟，因此是个反馈网络。由这两部分相加构成输出 $y(n)$。

一般称图 5-4 为 IIR 数字滤波器直接型结构Ⅰ，这种结构直观、简单，但是采用的元件较多。

由式(5-16)(设 $M = N$)，$H(z)$ 可认为是两个子系统的系统函数 $\sum\limits_{j=0}^{N} b_j z^{-j}$ 与 $\dfrac{1}{1 - \sum\limits_{i=1}^{N} a_i z^{-i}}$ 的乘积，所以滤波器由这两个子系统级联而成。前一个子系统控制零点，后一个子系统控制极点。

在线性时不变系统中，级联系统总的输入、输出关系与子系统的级联顺序无关。因此，将图 5-4 中两个子系统交换位置得到图 5-5。图 5-4 中的延迟器 $\boxed{z^{-1}}$ 在图 5-5 中用 z^{-1} 表示，图 5-4 中的加法器在图 5-5 中用"●"表示。

观察图 5-5 可见，两列 z^{-1} 有相同输入，可以用同一列 z^{-1} 代替，得到图 5-6，这就是 IIR 滤波器直接型结构Ⅱ。

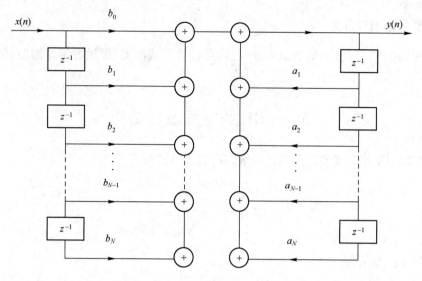

图 5-4　直接型结构 I

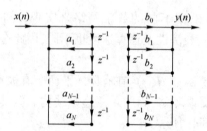

图 5-5　直接型结构 I 的变形

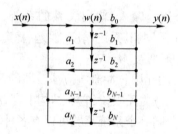

图 5-6　直接型结构 II

IIR 数字滤波器系统函数为

$$H(z) = \frac{Y(z)}{X(z)} = \frac{\sum_{j=0}^{N} b_j z^{-j}}{1 - \sum_{i=1}^{N} a_i z^{-i}} \qquad (5\text{-}18)$$

令

$$H(z) = H_1(z) H_2(z) \qquad (5\text{-}19)$$

且

$$H_1(z) = \frac{W(z)}{X(z)} = \frac{1}{1 - \sum_{i=1}^{N} a_i z^{-i}} \qquad (5\text{-}20)$$

$$H_2(z) = \frac{Y(z)}{W(z)} = \sum_{j=0}^{N} b_j z^{-j} \qquad (5\text{-}21)$$

因此

$$W(z) = \frac{X(z)}{1 - \sum_{i=1}^{N} a_i z^{-i}}$$

$$X(z) = W(z)\left(1 - \sum_{i=1}^{N} a_i z^{-i}\right)$$

将上式取 z 反变换得

$$x(n) = w(n) - \sum_{i=1}^{N} a_i w(n-i)$$

$$w(n) = x(n) + \sum_{i=1}^{N} a_i w(n-i) \qquad (5\text{-}22)$$

同理,由式(5-21)得
$$Y(z) = W(z) \sum_{j=0}^{N} b_j z^{-j}$$

将上式取 z 反变换得

$$y(n) = \sum_{j=0}^{N} b_j w(n-j) \qquad (5\text{-}23)$$

式(5-22)刚好是图 5-6 中 $w(n)$ 的数学表达式,式(5-23)描述了图 5-6 中 $y(n)$ 的表达式,图 5-6 描述了式(5-18)所代表的滤波器结构。

虽然直接型结构 II 节省了大量的延迟器,但是由于系统函数 $H(z)$ 的零、极点是由差分方程中参数 a_i、b_j 决定的,当滤波器的阶数较高时(N 为阶数),其特性随参数的变化变得很敏感,所以要求系统具有较高的精确度。因而在一般情况下,直接型结构 II 多用于一阶、二阶情况,对于高阶情况,通常把 $H(z)$ 分解成低阶的组合,然后分别予以实现。

在 MATLAB 中,可利用函数 filter 实现 IIR 滤波器的直接形式,调用格式为

Y = filter(B, A, X);

其中,B 为系统转移函数的分子多项式的系数矩阵,A 为系统转移函数的分母多项式的系数矩阵,X 为输入序列,Y 为输出序列。

【例 5.1】 已知 IIR 滤波器的系统函数为

$$H(z) = \frac{1 - 3z^{-1} + 11z^{-2} - 27z^{-3} + 18z^{-4}}{16 + 12z^{-1} + 2z^{-2} - 4z^{-3} - z^{-4}}$$

输入为单位冲激序列,求系统输出。

解:求解例 5.1 的 MATLAB 实现程序如下:

```
%输入系数矩阵
b = [1, -3, 11, -27, 18];
a = [16, 12, 2, -4, -1];
%输入序列
x = [1, zeros(1, 100)];
%滤波器输出
y = filter(b, a, x);
t = 1:101;
plot(t, y);
xlabel('n'); ylabel('y(n)');
```

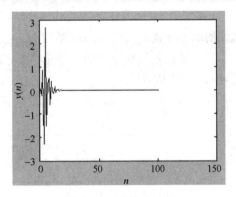

图 5-7 系统输出波形

系统输出波形如图 5-7 所示。

5.3.2 级联型

对于任何实系数的系统函数 $H(z)$,都可以将它分解成因式相连乘的形式,即

$$H(z) = \frac{\sum_{j=0}^{N} b_j z^{-j}}{1 - \sum_{i=1}^{N} a_i z^{-i}} = A_0 \prod_{i=1}^{k} H_i(z) \qquad (5\text{-}24)$$

式中，A_0 为常数；$H_i(z)$ 为子滤波器系统函数，它可以表示成 z^{-1} 的一阶或二阶多项式之比，即

$$H_i(z) = \frac{1+\beta_{1i}z^{-1}}{1-\alpha_{1i}z^{-1}} \tag{5-25}$$

或

$$H_i(z) = \frac{1+\beta_{1i}z^{-1}+\beta_{2i}z^{-2}}{1-\alpha_{1i}z^{-1}-\alpha_{2i}z^{-2}} \tag{5-26}$$

级联型结构的基本节如图 5-8、图 5-9 所示。

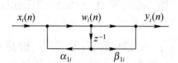

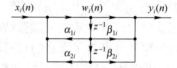

图 5-8 级联型结构的一阶基本节　　　图 5-9 级联型结构的第 i 级二阶基本节

下面仅就二阶情况加以说明。

由图 5-9 可以写出

$$W_i(z) = X_i(z) + \alpha_{1i}z^{-1}W_i(z) + \alpha_{2i}z^{-2}W_i(z) \tag{5-27}$$

整理得

$$W_i(z) = \frac{X_i(z)}{1-\alpha_{1i}z^{-1}-\alpha_{2i}z^{-2}} \tag{5-28}$$

由图 5-9 还可以写出

$$\begin{aligned}Y_i(z) &= W_i(z) + \beta_{1i}z^{-1}W_i(z) + \beta_{2i}z^{-2}W_i(z)\\&= W_i(z)\left(1+\beta_{1i}z^{-1}+\beta_{2i}z^{-2}\right)\end{aligned}$$

将式(5-28)代入上式得

$$H_i(z) = \frac{Y_i(z)}{X_i(z)} = \frac{1+\beta_{1i}z^{-1}+\beta_{2i}z^{-2}}{1-\alpha_{1i}z^{-1}-\alpha_{2i}z^{-2}} \tag{5-29}$$

这说明图 5-9 就是式(5-26)的结构图。

二阶结构是级联结构的一种基本形式，一阶结构，即图 5-8 可以看作是二阶结构当 $\alpha_{2i} = \beta_{2i} = 0$ 时的特殊情况。

因此，对于式(5-24)，由子系统级联构成的总体数字滤波器结构如图 5-10 所示。

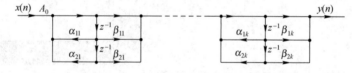

图 5-10 IIR 滤波器级联系统总体结构图

级联型结构的一个重要优点是所用存储单元较少。用硬件实现时，可以采用二阶结构进行分时复用。另外，它的每一个基本节仅关系到滤波器的一对极点和一对零点，调整参数 α_{1i}、α_{2i} 或 β_{1i}、β_{2i} 仅单独调整了第 i 对零、极点，对其他零、极点无影响。这种结构便于准确控制滤波器的零、极点，便于滤波器性能调节。

在 MATLAB 中，可以用函数 tf2sos 将直接型结构的系数转换为相应级联结构的系数，也可以用函数 sos2tf 将级联形式结构的系数转换为相应直接结构的系数；tf2zp 用来求系统函数的零、极点及增益，zp2tf 用于在零、极点已知时求系统函数（即直接型结构的系数）；zp2sos 用来实现由系统的零、极点到级联结构的转换，而 sos2zp 实现一个相反的转换。

tf2sos 的调用格式为

$$[sos,G] = tf2sos(B,A);$$

其中,G 为系统的增益,sos 为一个 $k \times 6$ 的矩阵,k 为二阶子系统的个数,每一行的元素都按如下方式排列

$$[\beta_{0i},\beta_{1i},\beta_{2i},1,-\alpha_{1i},-\alpha_{2i}] = tf2sos(B,A); \qquad i=1,2,\cdots,k$$

【例5.2】 IIR 滤波器直接型到级联型的转换,系统函数同例5.1。

解:求解例5.2的 MATLAB 实现程序如下:

```
%直接型到级联型转换
b=[1,-3,11,-27,18];
a=[16,12,2,-4,-1];
fprintf('级联型结构系数:')
[sos,g]=tf2sos(b,a)
```

级联型结构系数:

sos = 1.0000	-3.0000	2.0000	1.0000	-0.2500	-0.1250
1.0000	0.0000	9.0000	1.0000	1.0000	0.5000

g = 0.0625

由级联型结构系数写出 $H(z)$ 表达式为

$$H(z) = 0.0625\left(\frac{1+9z^{-2}}{1+z^{-1}+0.5z^{-2}}\right)\left(\frac{1-3z^{-1}+2z^{-2}}{1-0.25z^{-1}-0.125z^{-2}}\right)$$

级联型结构图如图5-11所示。

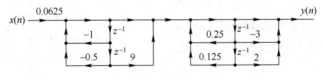

图 5-11 级联型结构图

5.3.3 并联型

IIR 滤波器系统函数可以展开成部分分式之和的形式,即

$$H(z) = \gamma_0 + \sum_{i=1}^{k} H_i(z) \tag{5-30}$$

式中,γ_0 为常数,子滤波器 $H_i(z)$ 为 z^{-1} 的一阶或二阶多项式之比,其一般形式分别为

$$H_i(z) = \frac{\gamma_{0i}}{1-\alpha_{1i}z^{-1}}$$

或

$$H_i(z) = \frac{\gamma_{0i}+\gamma_{1i}z^{-1}}{1-\alpha_{1i}z^{-1}-\alpha_{2i}z^{-2}} \tag{5-31}$$

并联型结构的基本节如图5-12、图5-13所示。

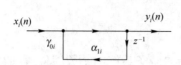

图 5-12　并联型结构的一阶基本节

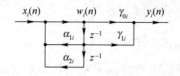

图 5-13　并联型结构的第 i 级二阶基本节

下面仅就二阶情况加以说明。

由图 5-13 可以写出

$$W_i(z) = X_i(z) + W_i(z)\alpha_{1i}z^{-1} + W_i(z)\alpha_{2i}z^{-2}$$

整理得
$$W_i(z) = \frac{X_i(z)}{1 - \alpha_{1i}z^{-1} - \alpha_{2i}z^{-2}} \tag{5-32}$$

由图 5-13 还可以写出

$$Y_i(z) = \gamma_{0i}W_i(z) + \gamma_{1i}z^{-1}W_i(z) = W_i(z)(\gamma_{0i} + \gamma_{1i}z^{-1}) \tag{5-33}$$

将式(5-32)代入式(5-33)得

$$H_i(z) = \frac{Y_i(z)}{X_i(z)} = \frac{\gamma_{0i} + \gamma_{1i}z^{-1}}{1 - \alpha_{1i}z^{-1} - \alpha_{2i}z^{-2}}$$

上式即为式(5-31),说明了图 5-13 就是式(5-31)的结构图。

二阶结构是并联型结构的一种基本形式,一阶结构可以看作是二阶结构当 $\alpha_{2i} = \gamma_{1i} = 0$ 时的特殊情况。

这样,对于式(5-30),由子系统并联构成的总体数字滤波器的结构图如图 5-14 所示。

并联型结构和级联型结构类似,可以单独调整极点位置,但却不能像级联型那样直接控制零点。在运算方面,并联型结构各基本节之间误差互不影响,比级联型总的误差要稍小一点。因此,当要求准确地传输零点时,采用级联型最合适。其他情况下,可以选用其中任一种结构。

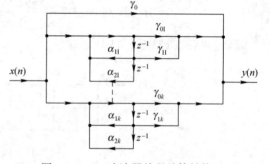

图 5-14　IIR 滤波器并联总体结构图

在 MATLAB 的扩展函数中,dir2par 可实现由直接型结构到并联型结构的转换;par2dir 可实现由并联结构到直接型结构的转换。dir2par 函数中还调用了另外一个复共轭对比较扩展函数 cplxcomp。

扩展函数 dir2par 的 M 文件(dir2par. m)清单:

```
function [C,B,A] = dir2par(b,a);
%直接型到并联型的转换
%C = 当分子多项式阶数大于分母多项式阶数时产生的多项式
%B = k 乘 2 维子滤波器分子系数矩阵
%A = k 乘 3 维子滤波器分母系数矩阵
%a = 直接型分子多项式系数
%b = 直接型分母多项式系数
M = length(b);
N = length(a);
```

```
[r1,p1,C] = residuez(b,a);
p = cplxpair(p1,10000000 * eps);
I = cplxcomp(p1,p);
r = r1(I);
K = floor(N/2);
B = zeros(K,2);
A = zeros(K,3);
if K * 2 = = N;
    for i = 1:2:N-2
        Brow = r(i:1:i+1,:);
        Arow = p(i:1:i+1,:);
        [Brow,Arow] = residuez(Brow,Arow,[]);
        B(fix((i+1)/2),:) = real(Brow');
        A(fix((i+1)/2),:) = real(Arow');
    end
    [Brow,Arow] = residuez(r(N-1),p(N-1),[]);
    B(K,:) = [real(Brow')0];
    A(K,:) = [real(Arow')0];
else
    for i = 1:2:N-1
        Brow = r(i:1:i+1,:);
        Arow = p(i:1:i+1,:);
        [Brow,Arow] = residuez(Brow,Arow,[]);
        B(fix((i+1)/2),:) = real(Brow);
        A(fix((i+1)/2),:) = real(Arow);
    end
end
```

复共轭对比较扩展函数 cplxcomp. m 程序清单：

```
function I = cplxcomp(p1,p2)
%复共轭对比较
I = [];
for j = 1:length(p2)
    for i = 1:length(p1)
        if (abs(p1(i)-p2(j))<0.0001)
            I = [I,i];
        end
    end
end I = I';
```

【例 5.3】 IIR 滤波器直接型到并联型的转换，系统函数同例 5.1。

解：求解例 5.3 的 MATLAB 实现程序如下：

```
%直接型到并联型转换
```

```
b=[1,-3,11,-27,18];
a=[16,12,2,-4,-1];
fprintf('并联型结构系数:')
[C,B,A]=dir2par(b,a)
```

并联型结构系数:

```
C=-18
B=-10.0500      -3.9500
    28.1125     -13.3625
A=1.0000     1.0000      0.5000
   1.0000    -0.2500    -0.1250
```

由并联型结构系数写出 $H(z)$ 表达式为

$$H(z) = -18 + \frac{-10.05 - 3.95z^{-1}}{1 + z^{-1} + 0.5z^{-2}} + \frac{28.1125 - 13.3625z^{-1}}{1 - 0.25z^{-1} - 0.125z^{-2}}$$

并联型结构图如图 5-15 所示。

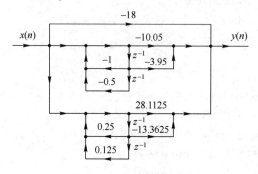

图 5-15　并联型结构图

5.4　FIR 数字滤波器结构

有限长冲激响应(FIR)数字滤波器的特点是,单位冲激响应 $h(n)$ 为有限长,其系统函数可表示为

$$H(z) = \sum_{n=0}^{N-1} h(n)z^{-n} \tag{5-34}$$

也可以用线性卷积表示 FIR 数字滤波器输入与输出的关系,即

$$y(n) = \sum_{m=0}^{N-1} h(m)x(n-m) \tag{5-35}$$

FIR 数字滤波器的基本结构有以下几种形式。

5.4.1　直接型

根据式(5-35)可以画出如图 5-16 所示的直接型结构。图 5-16 是按式(5-35)相乘和相加最直观顺序组成的。式(5-35)是卷积形式,因此,这种结构也称为卷积结构形式。直接型结构可以由一条均匀间隔抽头的延迟线上通过对抽头输出信号进行加权求和构成,因此这种形式又称为抽头延迟滤波器,或叫横向滤波器。

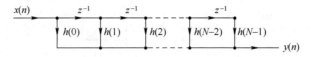

图 5-16　FIR 滤波器直接型结构

可利用函数 filter 实现 FIR 滤波器的直接型结构,其中,矢量 A 设置为 1。

5.4.2　级联型

如果把 FIR 滤波器系统函数 $H(z)$ 用二阶因子乘积表示

$$H(z) = \sum_{n=0}^{N-1} h(n) z^{-n} = \prod_{k=1}^{M} (\beta_{0k} + \beta_{1k} z^{-1} + \beta_{2k} z^{-2}) \qquad (5\text{-}36)$$

这样可以用如图 5-17 所示的二阶级联型来表示式(5-36)的结构。

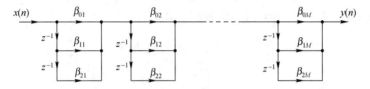

图 5-17　FIR 滤波器级联型结构

这种结构的每一节可以控制一对零点,因此需要控制零点时可以采用这种结构。但是因为它所需要的系数 β 比直接型的 $h(n)$ 要多,运算时所需乘法运算也比直接型要多,并且 $H(z)$ 为高阶多项式时难于分解,所以这种结构形式不常用。

在 MATLAB 中,仍可用函数 tf2sos 和 sos2tf 实现直接型系数与级联型系数之间的相互转换,但要将其中的矢量 A 设置为 1。

【例 5.4】　FIR 滤波器直接型到级联型的转换,系统函数为

$$H(z) = 2 + \frac{13}{12} z^{-1} + \frac{5}{4} z^{-2} + \frac{2}{3} z^{-3}$$

解:求解例 5.4 的 MATLAB 实现程序如下:

```
%FIR 直接型到级联型转换
b = [2,13/12,5/4,2/3];
a = 1;
fprintf('级联型结构系数');
[sos,g] = tf2sos(b,a)
```

级联型结构系数:

```
sos = 1.0000    0.5360    0         1.0000    0    0
      1.0000    0.0057    0.6219    1.0000    0    0
  g =   2
```

由级联型结构系数写出 $H(z)$ 表达式为

$$H(z) = 2(1 + 0.536z^{-1})(1 + 0.0057z^{-1} + 0.6219z^{-2})$$

级联型结构图如图 5-18 所示。

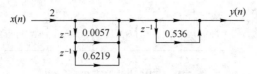

图 5-18　级联型结构图

5.4.3　频率抽样型

第 3 章讨论了长为 N 的有限长序列 $x(n)$ 的离散傅里叶变换 $X(k)$ 与其 z 变换 $X(z)$ 的关系，即

$$X(z) = \sum_{k=0}^{N-1} X(k) \Phi_k(z)$$

式中，内插函数

$$\Phi_k(z) = \frac{1}{N} \frac{1-z^{-N}}{1-W_N^{-k}z^{-1}}$$

对 FIR 滤波器，$h(n)$ 仅有 N 个抽样点，则根据上式可得

$$H(z) = \sum_{k=0}^{N-1} H(k) \Phi_k(z) = \frac{1}{N} \sum_{k=0}^{N-1} H(k) \frac{1-z^{-N}}{1-W_N^{-k}z^{-1}}$$

$$= (1-z^{-N}) \frac{1}{N} \sum_{k=0}^{N-1} \frac{H(k)}{1-W_N^{-k}z^{-1}} \tag{5-37}$$

式中，$H(k) = \sum_{n=0}^{N-1} h(n) W_N^{nk}$。

将式(5-37)分解成

$$H(z) = \frac{1}{N} H_1(z) H_2(z) \tag{5-38}$$

式中

$$H_1(z) = 1-z^{-N}$$

$$H_2(z) = \sum_{k=0}^{N-1} \frac{H(k)}{1-W_N^{-k}z^{-1}}$$

式(5-37)提供了 FIR 滤波器的另一种结构，即频率抽样型结构。这种结构由以下两部分组成。

1.　$H_1(z) = 1-z^{-N}$

$H_1(z)$ 是一个有限长系统，它在 z 平面单位圆上有 N 等分零点，即

$$1-z^{-N} = 0$$

$$z_k = \mathrm{e}^{\mathrm{j}\frac{2\pi}{N}k} = W_N^{-k} \qquad 0 \leqslant k \leqslant N-1$$

$H_1(z)$ 的频率响应为

$$H_1(\mathrm{e}^{\mathrm{j}\omega}) = 1-\mathrm{e}^{-\mathrm{j}N\omega}$$

$$= 1-\cos(\omega N) + \mathrm{j}\sin(\omega N)$$

$$= 2\sin^2\left(\frac{\omega N}{2}\right) + \mathrm{j}2\sin\left(\frac{\omega N}{2}\right)\cos\left(\frac{\omega N}{2}\right)$$

$$= 2\mathrm{j}\sin\left(\frac{\omega N}{2}\right)\mathrm{e}^{-\mathrm{j}\frac{\omega N}{2}}$$

其幅度响应

$$\left| H_1(\mathrm{e}^{\mathrm{j}\omega}) \right| = 2 \left| \sin\left(\frac{\omega N}{2}\right) \right|$$

图 5-19 画出了 $|H_1(e^{j\omega})|$ 的图形，它就像梳头发的梳子一样，因此得名"梳状滤波器"。

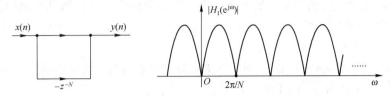

图 5-19 $H_1(z)$ 的结构及其幅度响应

2. $H_2(z) = \sum\limits_{k=0}^{N-1} \dfrac{H(k)}{1 - W_N^{-k}z^{-1}}$

$H_2(z)$ 为一个无限长系统，每个一阶网络都是一个谐振器，共同构成一个谐振器柜。每个一阶网络都有一个极点，即

$$1 - W_N^{-k}z^{-1} = 0$$

$$z_k = W_N^{-k} = e^{j\frac{2\pi}{N}k}$$

因此，网络对于频率 $\omega = \dfrac{2k\pi}{N}$ 的响应为无穷大，它

是一个谐振频率为 $\dfrac{2k\pi}{N}$ 的无耗谐振器。

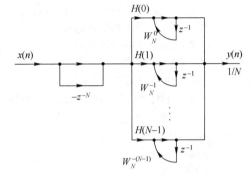

图 5-20 频率抽样型结构

把这两部分组合起来构成整个系统，其结构如图 5-20 所示。梳状滤波器零点为 $z_k = W_N^{-k}$，谐振器极点为 $z_k = W_N^{-k} = e^{j\frac{2\pi}{N}k}$。由此可见，并联谐振器的极点正好抵消梳状滤波器的零点，从而使系统在 $\omega = \dfrac{2k\pi}{N}$ 处的频率响应就是 $H(k)$，因此可直接控制滤波器的频率响应。这正是频率抽样型结构的优点。系统函数表达式展开参见二维码 5-1。

二维码 5-1

频率抽样型结构有以下两个缺点：

① 谐振器的零、极点都在单位圆上。由于系数量化的影响，有些极点实际上不能和梳状滤波器的零点相抵消，这时系统不稳定，不能使用。为了克服这一缺点，实际应用中只好把所有谐振器的极点设置在半径小于 1，而又接近于 1 的圆周 r 上，为使零、极点相抵消，梳状滤波器的零点也应移到半径为 r 的圆周上。因此，修正后系统函数为

$$H(z) = \frac{1 - r^N z^{-N}}{N} \sum_{k=0}^{N-1} \frac{H_r(k)}{1 - rW_N^{-k}z^{-1}} \tag{5-39}$$

式中，$H_r(k)$ 为修正点上的抽样值。

但因为 r 近似为 1，所以

$$H_r(k) = H(z)\bigg|_{z=rW_N^{-k}} = H(rW_N^{-k})$$

$$\approx H(W_N^{-k}) = H(k)$$

因此

$$H(z) \approx \frac{1 - r^N z^{-N}}{N} \sum_{k=0}^{N-1} \frac{H(k)}{1 - rW_N^{-k}z^{-1}}$$

② W_N^{-k}、$H(k)$ 都是复数，因此完成图 5-20 所示功能需要进行大量复数运算。但在系统的单位冲激响应 $h(n)$ 为实数时，可以得到一定程度的改善。

一般来说,频率抽样型结构比较复杂,所需存储器、乘法器也比较多。但也有其优点。如果多数抽样值 $H(k)$ 为零,例如窄带低通滤波器其谐振器柜中只需少数几个谐振器,因而可以比直接型结构少用乘法器,但存储器比直接型结构多一些,它的每个部分都具有很高的规范性。二阶节很多时也并不复杂。

在 MATLAB 的扩展函数中,dir2fs 可实现 FIR 滤波器直接型结构到频率抽样型结构的转换。

扩展函数 dir2fs 的 M 文件(dir2fs. m)清单:

```
function [C,B,A]=dir2fs(h);
%直接型到频率抽样型的转换
%C=并联部分的增益列向量
%B=按行排列的分子系数
%A=按行排列的分母系数
%h=FIR 滤波器的冲激响应
%计算 FIR 滤波器冲激响应的频率抽样
M=length(h);
H=fft(h,M);
magH=abs(H);
phaH=angle(H)';
%判断 M 的奇偶性
if(M==2*floor(M/2))
L=M/2-1; %M 为偶数
A1=[1,-1,0;1,1,0];
C1=[real(H(1)),real(H(L+2))];
else
L=(M-1)/2; %M 为奇数
A1=[1,-1,0];
C1=[real(H(1))];
end
k=[1:L]'
B=zeros(L,2);A=ones(L,3);
A(1:L,2)=-2*cos(2*pi*k/M);A=[A;A1];
B(1:L,1)=cos(phaH(2:L+1));
B(1:L,2)=-cos(phaH(2:L+1)-(2*pi*k/M));
C=[2*magH(2:L+1),C1]';
```

【例 5.5】 设 FIR 滤波器的冲激响应为 $h(n) = \{1,2,3,2,1\}/9$,确定并画出 FIR 滤波器的频率抽样型结构。

解: 其 MATLAB 实现程序如下:

```
%FIR 直接型到频率抽样型转换
h=[1,2,3,2,1]/9;
[C,B,A]=dir2fs(h)
k=
      1
      2
C=
      0.5818
      0.0849
```

$$B =$$

$$
\begin{array}{cc}
1.0000 & \\
-0.8090 & 0.8090 \\
0.3090 & -0.3090
\end{array}
$$

$$A =$$

$$
\begin{array}{ccc}
1.0000 & -0.6180 & 1.0000 \\
1.0000 & 1.6180 & 1.0000 \\
1.0000 & -1.0000 & 0
\end{array}
$$

由频率抽样型结构系数写出 $H(z)$ 表达式为

$$H(z) = \frac{1-z^{-5}}{5}\left(0.5818\frac{-0.809+0.809z^{-1}}{1-0.618z^{-1}+z^{-2}}+0.0849\frac{0.309-0.309z^{-1}}{1+1.618z^{-1}+z^{-2}}+\frac{1}{1-z^{-1}}\right)$$

频率抽样型结构如图 5-21 所示。

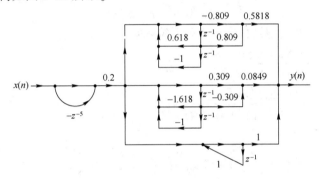

图 5-21　频率抽样型结构

本 章 小 结

本章主要介绍数字滤波器的基本原理、数字滤波器的分类及其结构。重点是 IIR 数字滤波器与 FIR 数字滤波器的基本结构。应主要掌握以下内容：

(1) 数字滤波器的实质是一种运算,可由描述输入-输出关系的差分方程或卷积计算得到。

(2) 可从不同角度将数字滤波器进行分类。根据 $h(n)$ 的时间特性可将数字滤波器分为 IIR 数字滤波器和 FIR 数字滤波器两大类。

(3) IIR 数字滤波器结构有直接型Ⅰ、直接型Ⅱ、级联型、并联型等,在实际应用中大量采用级联型和并联型两种结构。

(4) FIR 数字滤波器结构有直接型、级联型、频率抽样型等,在实际应用中多数采用直接型、频率抽样型两种结构。

习　题

5.1　有人说:"既然用数字系统处理模拟信号需要在输入端加模拟的抗混叠滤波器,那么这个系统的频率响应就由抗混叠滤波器决定,数字部分将失去意义。"这种说法对不对？为什么？

5.2　在图 5-1 中,输出端接了一个低通滤波器 $H_2(s)$,因此整个图 5-1 所示系统频率响应必然是低通的。这种说法对不对？为什么？

5.3　在原始信号中加入噪声信号,再用 filter 函数对合成的信号进行滤波,并对滤波前后的信号进行比较。

5.4 用直接型结构实现以下系统函数。

(1) $H(z) = \dfrac{-5 + 2z^{-1} - 0.5z^{-2}}{1 + 3z^{-1} + 3z^{-2} + z^{-3}}$

(2) $H(z) = \dfrac{0.8(3z^3 + 2z^2 + 2z + 5)}{z^3 + 4z^2 + 3z + 2}$

(3) $H(z) = \dfrac{-z + 2}{8z^2 - 2z - 3}$

(4) $H(z) = \dfrac{6 + 5z^{-1} - 4z^{-2} + 3z^{-3} + 2z^{-4}}{7 - 6z^{-1} - 5z^{-2} - 3z^{-3} - 2z^{-4}}$

5.5 用一阶或二阶级联型结构实现以下系统函数。

$$H(z) = \dfrac{5(z-1)(z^2 + 1.414236z + 1)}{(z + 0.5)(z^2 - 0.9z + 0.81)}$$

5.6 用级联型或并联型结构实现下列系统函数。

(1) $H(z) = \dfrac{3z^3 - 3.5z^2 + 2.5z}{(z^2 - z + 1)(z - 0.5)}$

(2) $H(z) = \dfrac{4z^3 - 2.8284z^2 + z}{(z^2 - 1.4142z + 1)(z - 0.7071)}$

5.7 设差分方程为

$$y(n) - \dfrac{3}{4}y(n-1) + \dfrac{1}{8}y(n-2) = x(n) + \dfrac{1}{3}x(n-1)$$

按照下列要求分别画出系统的结构图。

(1) 直接型 Ⅰ   (2) 直接型 Ⅱ   (3) 级联型   (4) 并联型

5.8 用级联型结构描述差分方程

$$y(n) = 0.5y(n-1) + x(n) + x(n-1)$$

并且求出系统的幅度响应和相位响应。

5.9 已知滤波器单位冲激响应为

$$h(n) = \begin{cases} 0.2 & 0 \leqslant n \leqslant 5 \\ 0 & \text{其他} \end{cases}$$

求 FIR 滤波器直接型结构。

5.10 试问用什么结构可以实现以下单位冲激响应所表示的系统

$$h(n) = \delta(n) - 3\delta(n-3) + 5\delta(n-7)$$

5.11 已知 FIR 滤波器的 16 个频率抽样值为

$H(0) = 12; H(1) = -3 - j\sqrt{3}; H(2) = 1 + j;$

$H(3) \sim H(13)$ 都为零；$H(14) = 1 - j; H(15) = -3 + j\sqrt{3}$

画出滤波器频率抽样结构($r = 1$)。

5.12 用频率抽样型结构实现系统函数

$$H(z) = \dfrac{5 - 2z^{-3} - 3z^{-6}}{1 - z^{-1}}$$

抽样点 $N = 6$，修正半径 $r = 0.9$。

5.13 用直接型和级联型结构实现系统函数

$$H(z) = (1 - 1.4142z^{-1} + z^{-2})(1 + z^{-1})$$

第6章 IIR 数字滤波器设计

数字滤波器的设计过程一般可归纳为以下四个步骤。

(1) 按实际要求,确定滤波器的性能指标。

(2) 寻找一个稳定因果系统去逼近这些性能指标,即求出数字滤波器的系统函数 $H(z)$ 或单位冲激响应 $h(n)$。系统有无限长冲激响应(IIR)和有限长冲激响应(FIR)两种形式。

(3) 采用适当的结构和合适的字长去实现此数字滤波器系统。

(4) 验证所设计的系统是否满足给定的性能指标,不满足时对第(2)、(3)步进行修改。

本章围绕如何根据性能指标确定滤波器的系统函数这一问题(即设计的第(2)步)来进行讨论。

一般来说,滤波器的性能要求,往往以频率响应的容许误差来表征。以低通滤波器为例,如图 6-1 所示,频率响应有通带、过渡带及阻带三个范围(而不是理想的陡截止的通带和阻带两个范围)。在通带内,幅度响应以误差 $\pm\delta_1$ 逼近于 1,即

$$1-\delta_1 \leq |H(e^{j\omega})| \leq 1+\delta_1 \qquad |\omega| \leq \omega_c \tag{6-1}$$

在阻带中,幅度响应以误差小于 δ_2 而逼近于零,即

$$|H(e^{j\omega})| \leq \delta_2 \qquad \omega_s \leq |\omega| \leq \pi \tag{6-2}$$

式中,ω_c、ω_s 分别为通带截止频率和阻带截止频率,它们都是数字域频率。为了逼近理想低通特性,还必须有一个非零宽度$(\omega_s - \omega_c)$的过渡带,对过渡带的幅度响应不做规定,它平滑地从通带下降到阻带。

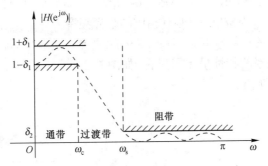

图 6-1 低通滤波器的技术指标

与模拟滤波器类似,数字滤波器按频率响应分为低通、高通、带通及带阻滤波器。由于频率响应的周期性,频率变量以数字域频率 ω 来表示($\omega = \Omega T$,Ω 为模拟角频率,T 为抽样时间间隔)。参见图 2-21 所示的各种数字滤波器理想幅度响应。

目前,IIR 数字滤波器设计主要有以下两种方法:

(1) 利用模拟滤波器理论设计数字滤波器,就是根据模拟滤波器理论设计出满足要求的模拟滤波器的 $H_a(s)$,然后再根据 $H_a(s)$ 求得相应的数字滤波器的 $H(z)$,使 $H(z)$ 的频率响应逼近 $H_a(s)$ 的频率响应,同时 $H(z)$ 也必须保持 $H_a(s)$ 的因果性和稳定性,即完成下述过程:

要求$\rightarrow H_a(s) \rightarrow H(z) \rightarrow$实现

工程上常应用冲激响应不变法和双线性变换法来实现由$H_a(s)$到$H(z)$的变换。

（2）利用优化技术设计数字滤波器，在某种最优化准则意义上逼近所需要的频率响应。这种方法需要进行大量的迭代运算，必须借助计算机完成。

本章首先简要介绍模拟滤波器的设计方法，其次讨论由模拟滤波器$H_a(s)$到数字滤波器$H(z)$的两种变换方法——冲激响应不变法和双线性变换法，然后讨论滤波器的频带变换原理，最后介绍 IIR 数字滤波器的计算机优化设计。

6.1 模拟低通滤波器的设计方法

本节仅对模拟滤波器的设计思想和步骤做简单的介绍，其设计理论在有关教材和资料中有完整叙述，本节将不涉及。

模拟滤波器的设计，就是用模拟系统的系统函数$H_a(s)$去逼近所要求的理想频率特性。常用的模拟低通滤波器的设计公式有巴特沃思、切比雪夫、贝塞尔、考尔（又称椭圆函数）滤波器等，它们都是根据幅度平方函数来确定的。

6.1.1 幅度平方函数

为逼近图 6-2 所示的理想低通滤波器，其模拟低通滤波器的幅度响应特性可用幅度平方函数表示，即

$$H^2(\Omega) = |H_a(j\Omega)|^2 = H_a(s)H_a(-s)|_{s=j\Omega} \tag{6-3}$$

式中，$H_a(s)$为所设计的模拟滤波器的系统函数，它是s的有理函数；$H_a(j\Omega)$是其稳态响应，即滤波器幅度响应$|H_a(j\Omega)|$为滤波器的稳态振幅特性。

由已知的$H^2(\Omega)$获得$H_a(j\Omega)$，必须对式(6-3)在s平面上加以分析。设$H_a(s)$有一临界频率（极点或零点）位于$s=s_0$，则$H_a(-s)$必有相应的临界频率$s=-s_0$。当$H_a(s)$的临界频率落在$-a \pm jb$位置时，则$H_a(-s)$的临界频率必落在$a \mp jb$的位置。纯虚数的临界频率必然是二阶的。在s平面上，上述临界频率的特性呈象限对称，如图 6-3 所示。图中在$j\Omega$轴上零点处所标的数表示零点的阶次是二阶。

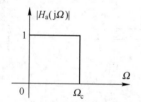

图 6-2　理想低通滤波器频率特性

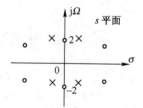

图 6-3　$H_a(s)H_a(-s)$象限对称零、极点分布

为了保证所设计的滤波器是稳定的，其极点必须落在s平面的左半平面，所以落在s平面左半平面的极点属于$H_a(s)$，落在右半平面的极点属于$H_a(-s)$。

零点分布与滤波器相位有关，如果要求滤波器具有最小相位，则应选取s平面左半平面的零点。对于特殊相位要求，则可以用各种不同组合分配左半平面和右半平面的零点。

综上所述，由幅度平方函数$H^2(\Omega)$确定$H_a(s)$的方法是：

（1）在$H^2(\Omega)$中令$s=j\Omega(\Omega=-js)$，得到$H^2(-js)$。

（2）将 $H^2(-js)$ 的有理式进行分解,得到零点、极点。如果系统函数是最小相位函数,则 s 平面左半平面的零点、极点都属于 $H_a(s)$,而任何在虚轴上的极点和零点都是偶次的,其中一半属于 $H_a(s)$。

（3）根据具体情况,比较 $H^2(\Omega)$ 与 $H_a(s)$ 的幅度特性,确定出增益常数。这样,$H_a(s)$ 就可以完全确定。

在模拟滤波器设计中,低通滤波器的设计是最基本的,高通、带通、带阻滤波器等可以用频带变换方法由低通滤波器转换得到。下面简单介绍巴特沃思、切比雪夫和椭圆低通滤波器的设计方法。

6.1.2　巴特沃思低通滤波器设计

巴特沃思低通滤波器的幅度平方函数为

$$| H_a(j\Omega) |^2 = H_a(s)H_a(-s) |_{s=j\Omega} = \frac{1}{1+(j\Omega/j\Omega_c)^{2N}} \qquad (6\text{-}4)$$

式中,N 为正整数,称为滤波器的阶数。N 值越大,通带和阻带的近似就越好,过渡带的特性越陡,因为函数表达式中分母带有高阶项,在通带内 $\Omega/\Omega_c < 1$,则 $(\Omega/\Omega_c)^{2N}$ 趋于零,使式(6-4)接近于1;在过滤带和阻带内 $\Omega/\Omega_c > 1$,则 $(\Omega/\Omega_c)^{2N} \gg 1$,从而使函数骤然下降。在截止频率 Ω_c 处,幅度平方函数为 $\Omega = 0$ 处的 $1/2$,相当于幅度响应 $1/\sqrt{2}$ 或 3 dB 衰减点。其幅度平方函数特性如图6-4所示。

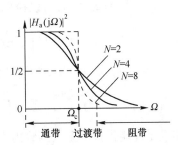

图 6-4　巴特沃思低通滤波器幅度平方函数特性

这种函数具有以下特点:通带内具有最大平坦幅度特性,在正频率范围内随频率升高而单调下降;阶次越高,特性越接近矩形;没有零点。

由于
$$H_a(s)H_a(-s) = \frac{1}{1+(s/j\Omega_c)^{2N}} \qquad (6\text{-}5)$$

由 $1+(s/j\Omega_c)^{2N} = 0$,可得极点为

$$s_k = j\Omega_c(-1)^{\frac{1}{2N}} = j\Omega_c e^{j\frac{2k+1}{2N}\pi} = \Omega_c e^{j\left(\frac{\pi}{2N}+\frac{k\pi}{N}+\frac{\pi}{2}\right)},\quad k = 0,1,\cdots,2N-1 \qquad (6\text{-}6)$$

因此,巴特沃思低通滤波器幅度平方函数在 s 平面上的 $2N$ 个极点等间隔地分布在半径为 Ω_c 的圆周上,这些极点的位置关于虚轴对称,并且没有极点落在虚轴上。极点图见二维码6-1。

根据幅度平方函数构造模拟滤波器的系统函数 $H_a(s)$,从每一对极点中选出一个位于 s 平面左半平面的极点,以保证模拟滤波器的稳定性和因果性。因此,可以直接写出模拟滤波器的系统函数为

二维码 6-1

$$H_a(s) = \frac{A_0}{\prod\limits_{k=1}^{N}(s-s_k)} \qquad (6\text{-}7)$$

式中,A_0 为归一化常数,一般 $A_0 = \Omega_c^N$;s_k 为 s 平面左半平面的极点。

【例6.1】　设计一个巴特沃思模拟低通滤波器,要求满足以下性能指标:通带的截止频率 $\Omega_p = 10000$ rad/s,通带最大衰减 $A_p = 3$ dB,阻带的截止频率 $\Omega_s = 40000$ rad/s,阻带最小衰减 $A_s = 35$ dB。

解:（1）根据给定的通带和阻带性能指标确定滤波器阶次 N 及 3 dB 截止频率。

巴特沃思低通滤波器的幅度响应为

$$|H_a(j\Omega)| = \frac{1}{\sqrt{1+(\Omega/\Omega_c)^{2N}}}$$

由此可以得出滤波器阶次为

$$N \geqslant \frac{\lg\left(\dfrac{10^{0.1A_p}-1}{10^{0.1A_s}-1}\right)}{2\lg\left(\dfrac{\Omega_p}{\Omega_s}\right)} \tag{6-8}$$

频率

$$\Omega_c = \Omega_s(10^{0.1A_s}-1)^{-\frac{1}{2N}} \tag{6-9}$$

代入已知条件得 $N \geqslant 2.9083$，取 $N=3$，算得 $\Omega_c = 10441\ \text{rad/s}$。

（2）根据式(6-6)可以得到 $H_a(s)$ 的极点位置

$$s_1 = \Omega_c\left(-\frac{1}{2}+j\frac{\sqrt{3}}{2}\right),\ s_2 = -\Omega_c,\ s_3 = \Omega_c\left(-\frac{1}{2}-j\frac{\sqrt{3}}{2}\right)$$

归一化处理，设 $\bar{s}=s/\Omega_c$，所以 $H_a(s)$ 的极点形式可表示为

$$H_a(\bar{s}) = \frac{1}{(\bar{s}-\bar{s}_1)(\bar{s}-\bar{s}_2)(\bar{s}-\bar{s}_3)}$$

即满足性能指标的系统函数为

$$H_a(\bar{s}) = \frac{1}{\bar{s}^3+2\bar{s}^2+2\bar{s}+1} = \frac{1}{(\bar{s}+1)(\bar{s}^2+\bar{s}+1)}$$

MATLAB 工具箱提供了一些有关模拟滤波器设计的函数，如计算巴特沃思低通滤波器阶次和截止频率的 buttord，计算低通巴特沃思模拟滤波器的 butter，设计模拟低通原型滤波器的 buttap 等。freqs 用来计算模拟滤波器频率响应。

求解例 6.1 的 MATLAB 实现程序如下：

```
clear;
close all
fp = 10000;fs = 40000;Rp = 3;As = 35;
[N,fc] = buttord(fp,fs,Rp,As,'s')
[B,A] = butter(N,fc,'s');
[hf,f] = freqs(B,A,1024);
subplot(1,1,1);
plot(f,20 * log10(abs(hf)/abs(hf(1))))
grid;xlabel('f/Hz');ylabel('幅度(dB)');
axis([0,50000,-40,5])
line([0,50000],[-3,-3]);
```

程序运行结果：

```
N =    3
fc =    1.0441e+004
```

其频率响应曲线如图 6-5 所示。

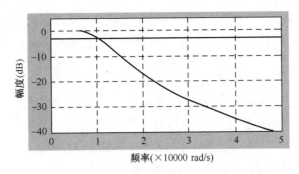

图 6-5　巴特沃思模拟低通滤波器频率响应

6.1.3　切比雪夫低通滤波器设计

巴特沃思低通滤波器的幅度平方函数,无论在通带与阻带都随频率而单调变化,如果在通带边缘满足指标,则在通带内肯定会有富裕量,也就是会超过指标的要求,因而并不经济。所以更有效的办法是,将指标的精度要求,或者均匀地分布在通带内,或者均匀地分布在阻带内,或者同时均匀地分布在通带与阻带内,这时就可设计出阶数较低的滤波器。这种精度均匀分布的办法可通过选择具有等波纹特性的逼近函数来完成。

切比雪夫低通滤波器的幅度平方函数就在一个频带中(通带或阻带)具有这种等波纹特性:一种是在通带中是等波纹的,在阻带中是单调的,称为切比雪夫I型;一种是在通带内是单调的,在阻带内是等波纹的,称为切比雪夫II型。由具体应用的要求来确定采用哪种形式的切比雪夫低通滤波器。图 6-6 分别画出了 N 为奇数与偶数时的切比雪夫低通滤波器的幅度平方函数特性。

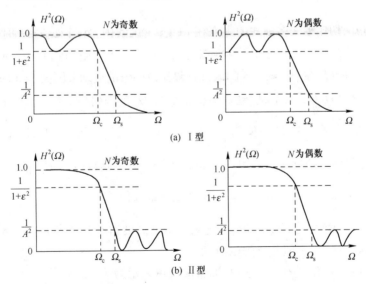

图 6-6　切比雪夫低通滤波器幅度平方函数特性

现以切比雪夫 I 型滤波器为例来讨论这种逼近。

切比雪夫 I 型滤波器的幅度平方函数为

$$H^2(\Omega) = |H_a(j\Omega)|^2 = \frac{1}{1+\varepsilon^2 T_N^2\left(\dfrac{\Omega}{\Omega_c}\right)} \tag{6-10}$$

式中，ε 为小于 1 的正数，表示通带波动的程度，ε 值越大波动也越大；N 为正整数，表示滤波器的阶次；Ω/Ω_c 可以看作以截止频率作为基准频率的归一化频率；$T_N(x)$ 为切比雪夫多项式：

$$T_N(x) = \begin{cases} \cos(N\arccos x) & |x| \leqslant 1 \\ \cosh(N\operatorname{arcosh} x) & |x| > 1 \end{cases} \tag{6-11}$$

式（6-11）可展开成切比雪夫多项式，见表 6-1。

式（6-11）也可按下式计算

$$T_{N+1}(x) = 2xT_N(x) - T_{N-1}(x) \tag{6-12}$$

图 6-7 画出了 $N=0,1,2,3,4,5$ 时 $T_N(x)$ 的图形。

表 6-1 切比雪夫多项式

N	$T_N(x)$
0	1
1	x
2	$2x^2-1$
3	$4x^3-3x$
4	$8x^4-8x^2+1$
5	$16x^5-20x^3+5x$
6	$32x^6-48x^4+18x^2-1$

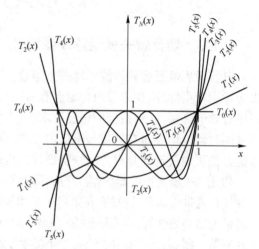

图 6-7 $T_N(x)$ 的图形

由图 6-7 可知，切比雪夫多项式的零点在 $|x| \leqslant 1$ 区间内，且当 $|x| \leqslant 1$ 时，$|T_N(x)| \leqslant 1$，因此，多项式 $T_N(x)$ 在 $|x| \leqslant 1$ 内具有等波纹特性。在 $|x| > 1$ 区间内，$T_N(x)$ 为双曲余弦函数，随 x 而单调增加。所以，在 $|x| \leqslant 1$ 区间内，$1+\varepsilon^2 T_N^2(x)$ 的值的波动范围为 $1 \sim 1+\varepsilon^2$。

在 $|x| \leqslant 1$，即 $|\Omega/\Omega_c| \leqslant 1$ 时，也就是在 $0 \leqslant \Omega \leqslant \Omega_c$ 范围内（通带），$|H_a(j\Omega)|^2$ 在 1 的附近等波纹起伏，最大值为 1，最小值为 $\dfrac{1}{1+\varepsilon^2}$；$|x| > 1$，也就是 $\Omega > \Omega_c$ 时，随着 Ω/Ω_c 的增大，$|H_a(j\Omega)|^2$ 迅速单调地趋近于零。由图 6-6(a) 可知，N 为偶数时，$|H_a(j\Omega)|^2$ 在 $\Omega=0$ 处取最小值 $\dfrac{1}{1+\varepsilon^2}$；$N$ 为奇数时，$|H_a(j\Omega)|^2$ 在 $\Omega=0$ 处取最大值 1。

由式（6-10）的幅度平方函数看出，切比雪夫低通滤波器有三个参数：ε, Ω_c 和 N。

Ω_c 是通带截止频率，一般是预先给定的。

ε 是与通带波纹 δ 有关的一个参数，通带波纹可表示为

$$\delta = 10\lg \frac{|H_a(j\Omega)|^2_{\max}}{|H_a(j\Omega)|^2_{\min}} = 20\lg \frac{|H_a(j\Omega)|_{\max}}{|H_a(j\Omega)|_{\min}} \text{（dB）} \tag{6-13}$$

式中，$|H_a(j\Omega)|_{\max} = 1$，表示通带幅度响应的最大值。

$$|H_a(j\Omega)|_{\min} = \frac{1}{\sqrt{1+\varepsilon^2}}$$

表示通带幅度响应的最小值。故

$$\delta = 10\lg(1 + \varepsilon^2) \tag{6-14}$$

因而
$$\varepsilon^2 = 10^{\frac{\delta}{10}} - 1 \tag{6-15}$$

可以看出,给定通带波纹值 $\delta(\mathrm{dB})$ 后,就能求得 ε^2。注意通带衰减值不一定是 3 dB,也可以是其他值,如 0.1 dB 等,这与巴特沃思低通滤波器不同。前面已提到,N 为奇数时,$\Omega = 0$ 处为最大值;N 为偶数时,$\Omega = 0$ 处为最小值(见图 6-6)。N 的数值可由阻带衰减来确定。设阻带起始点频率为 Ω_s,此时阻带幅度平方函数满足

$$H^2(\Omega_s) = |H_a(\mathrm{j}\Omega_s)|^2 \leqslant \frac{1}{A^2}$$

式中,A 是常数(见图 6-6)。将上式代入式(6-9)得

$$H^2(\Omega_s) = \frac{1}{1 + \varepsilon^2 T_N^2\left(\dfrac{\Omega_s}{\Omega_c}\right)} \leqslant \frac{1}{A^2} \tag{6-16}$$

由于 $\Omega_s/\Omega_c > 1$,所以由式(6-11)中第二项得

$$T_N\left(\frac{\Omega_s}{\Omega_c}\right) = \cosh\left[N\mathrm{arcosh}\left(\frac{\Omega_s}{\Omega_c}\right)\right]$$

再将式(6-16)代入上式,可得

$$T_N\left(\frac{\Omega_s}{\Omega_c}\right) = \cosh\left[N\mathrm{arcosh}\left(\frac{\Omega_s}{\Omega_c}\right)\right] \geqslant \frac{1}{\varepsilon}\sqrt{A^2 - 1}$$

由此解得
$$N \geqslant \frac{\mathrm{arcosh}\left(\dfrac{1}{\varepsilon}\sqrt{A^2 - 1}\right)}{\mathrm{arcosh}\left(\dfrac{\Omega_s}{\Omega_c}\right)} \tag{6-17}$$

如果要求阻带边界频率上衰减越大(即 A 越大),也就是过渡带内幅度响应越陡,则所需的阶数 N 越高。

或者对 Ω_s 求解,可得

$$\Omega_s = \Omega_c \cosh\left[\frac{1}{N}\mathrm{arcosh}\left(\frac{1}{\varepsilon}\sqrt{A^2 - 1}\right)\right] \tag{6-18}$$

式中,Ω_c 为切比雪夫低通滤波器的通带截止频率,但不是 3 dB 带宽。

可以求出 3 dB 带宽为($A = \sqrt{2}$)

$$\Omega_{3\,\mathrm{dB}} = \Omega_c \cosh\left[\frac{1}{N}\mathrm{arcosh}\left(\frac{1}{\varepsilon}\right)\right] \tag{6-19}$$

N,Ω_c 和 ε 给定后,就可求得滤波器的 $H_a(s)$,这可查阅有关模拟滤波器的设计手册。

可以证明,切比雪夫 I 型滤波器幅度平方函数的极点 $\left[\text{由 } 1 + \varepsilon^2 T_N^2\left(\dfrac{s}{\mathrm{j}\Omega_c}\right) = 0 \text{ 决定}\right]$ 为

$$s_k = \sigma_k + \mathrm{j}\Omega_k \tag{6-20}$$

式中
$$\sigma_k = -\Omega_c a \sin\left[\frac{\pi}{2N}(2k - 1)\right] \qquad 1 \leqslant k \leqslant 2N \tag{6-21a}$$

$$\Omega_k = \Omega_c b \cos\left[\frac{\pi}{2N}(2k - 1)\right] \qquad 1 \leqslant k \leqslant 2N \tag{6-21b}$$

其中
$$a = \sinh\left[\frac{1}{N}\operatorname{arsinh}\left(\frac{1}{\varepsilon}\right)\right] \qquad (6\text{-}22\mathrm{a})$$

$$b = \cosh\left[\frac{1}{N}\operatorname{arsinh}\left(\frac{1}{\varepsilon}\right)\right] \qquad (6\text{-}22\mathrm{b})$$

因此,式(6-21a)、式(6-21b)两式平方之和为

$$\frac{\sigma_k^2}{(\Omega_c a)^2} + \frac{\Omega_k^2}{(\Omega_c b)^2} = 1$$

这是一个椭圆方程。由于双曲余弦总大于双曲正弦,故模拟切比雪夫低通滤波器的极点位于 s 平面中长轴为 $\Omega_c b$(在虚轴上)、短轴为 $\Omega_c a$(在实轴上)的椭圆上。图 6-8 所示为 $N=4$ 时的模拟切比雪夫 I 型滤波器的极点位置。

经过推导,可以得到确定 a,b 的公式如下

$$a = \frac{1}{2}(\alpha^{\frac{1}{N}} - \alpha^{-\frac{1}{N}}) \qquad (6\text{-}23\mathrm{a})$$

$$b = \frac{1}{2}(\alpha^{\frac{1}{N}} + \alpha^{-\frac{1}{N}}) \qquad (6\text{-}23\mathrm{b})$$

式中
$$\alpha = \frac{1}{\varepsilon} + \sqrt{\frac{1}{\varepsilon^2} + 1} \qquad (6\text{-}24)$$

求出幅度平方函数的极点后,$H_a(s)$ 的极点就是 s 平面左半平面的极点 s_i,从而得到切比雪夫低通滤波器的系统函数为

$$H_a(s) = \frac{K}{\prod\limits_{i=1}^{N}(s - s_i)} \qquad (6\text{-}25)$$

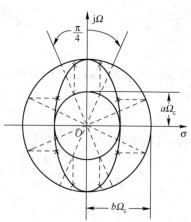

图 6-8 $N=4$ 时的模拟切比雪夫 I 型滤波器的极点位置

式中,系数 K 可由 $s=0$ 时滤波器幅度响应确定。

图 6-8 中也画出了确定切比雪夫 I 型滤波器极点在椭圆上的位置的办法:求出大圆(半径为 $b\Omega_c$)和小圆(半径为 $a\Omega_c$)上按等间隔角 π/N 均分的各个点,这些点是虚轴对称的,且一定都不落在虚轴上。N 为奇数时,有落在实轴上的极点,N 为偶数时,实轴上则没有极点。幅度平方函数的极点(在椭圆上)位置是这样确定的:其垂直坐标由落在大圆上的各等间隔点确定,其水平坐标由落在小圆上的各等间隔点确定。

【例 6.2】 试导出二阶切比雪夫低通滤波器的系统函数,已知通带波纹 δ 为 1 dB,归一化通带截止频率 $\Omega_c = 1 \mathrm{rad/s}$。

解: 由于 $\delta=1$ dB,根据式(6-15)可得

$$\varepsilon^2 = 10^{\frac{\delta}{10}} - 1 = 10^{0.1} - 1 = 0.25892541$$

由于 $\Omega_c = 1$,故 $x = \Omega/\Omega_c = \Omega$。由表 6-1,代入 $x = \Omega$,可得

$$T_2(\Omega) = 2\Omega^2 - 1$$

则
$$T_2^2(\Omega) = 4\Omega^4 - 4\Omega^2 + 1$$

将 $T_2^2(\Omega)$ 及 ε^2 代入式(6-10),可得

$$H^2(\Omega) = \frac{1}{1.0357016\Omega^4 + 1.0357016\Omega^2 + 1.25892541}$$

令 $s=j\Omega$，即 $s^2=-\Omega^2$，可得

$$H_a(s)H_a(-s)=H^2(\Omega)\mid_{\Omega^2=-s^2}=\frac{1}{1.\,0357016s^4+1.\,0357016s^2+1.\,25892541}$$

由上式的分母多项式的根得出 $H_a(s)H_a(-s)$ 的极点为

$$s_1=1.\,0500049e^{j58.\,484569°}, \quad s_2=1.\,0500049e^{j121.\,51543°}$$

$$s_3=1.\,0500049e^{-j121.\,51543°}, \quad s_4=1.\,0500049e^{-j58.\,484569°}$$

幅度平方函数的这些极点是落在 s 平面一个椭圆上的。系统函数 $H_a(s)$ 由 $H_a(s)H_a(-s)$ 的左半平面极点 (s_2,s_3) 确定。考虑到直流增益为 $1/\sqrt{1+\varepsilon^2}$（因为 N 是偶数），最后可得

$$H_a(s)=\frac{0.\,9826133}{s^2+1.\,0977343s+1.\,1025103}$$

MATLAB 工具箱提供了设计切比雪夫 Ⅰ 型和切比雪夫 Ⅱ 型滤波器的函数 cheb1ap 和 cheb2ap，其调用格式为

$$[z,p,k]=cheb1ap(N,Rp)$$

$$[z,p,k]=cheb2ap(N,As)$$

其中，N 为滤波器阶数，Rp 为通带波动，As 为阻带衰减，z 为系统函数零点，p 为极点，k 为增益系数。

求解例 6.2 的 MATLAB 实现程序如下：

```
n=2;
rp=1;
[z,p,k]=cheb1ap(n,rp)
```

程序运行结果为

```
z=      []
p=      -0.5489 + 0.8951i
        -0.5489 - 0.8951i
k =     0.9826
```

6.1.4　椭圆低通滤波器设计

椭圆低通滤波器的特点是，在通带和阻带的范围内都具有等波纹特性。由于这种滤波器由雅可比椭圆函数来决定，故称之为椭圆滤波器。它的幅度平方函数可表示为

$$H^2(\Omega)=\mid H_a(j\Omega)\mid^2=\frac{1}{1+\varepsilon^2 J_N^2\left(\dfrac{\Omega}{\Omega_c}\right)} \tag{6-26}$$

式中，$J_N(x)$ 为 N 阶雅可比椭圆函数。

对椭圆低通滤波器幅度平方函数和零、极点分布等的分析是相当复杂的，本章不做详细讨论，这里仅画出椭圆低通滤波器幅度平方函数 $H^2(\Omega)$ 的曲线，如图 6-9 所示。

与巴特沃思和切比雪夫低通滤波器相比，由于椭圆低通滤波器在通带和阻带中都具有等波纹特性，所以在相同技术指标要求条件下，它的过渡带最陡，或者说它的阶次可以最低。但是，这种滤波器在参数变化时对特性的影响（灵敏度）也最大。

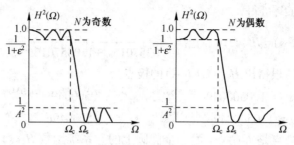

图 6-9 椭圆滤波器的幅度平方函数

对椭圆滤波器的设计,当 Ω_c、Ω_s、ε 和 A 已知时,其阶次可由下式决定

$$N = \frac{K(k)K(\sqrt{1 - k_1^{\,2}})}{K(k_1)K(\sqrt{1 - k^2})} \tag{6-27}$$

式中

$$k = \frac{\Omega_c}{\Omega_s}, \quad k_1 = \frac{\varepsilon}{\sqrt{A^2 - 1}}$$

并且 $K(x)$ 为第一类椭圆积分

$$K(x) = \int_0^{\frac{\pi}{2}} \frac{\mathrm{d}\theta}{\sqrt{1 - x^2\sin^2\theta}}$$

以上简要介绍了三种常见模拟滤波器的特性和设计方法。按照技术指标要求,选用哪种形式进行设计由设计者决定。一般地讲,椭圆低通滤波器的阶次最低,切比雪夫低通滤波器次之,巴特沃思低通滤波器最高。而参数的灵敏度则恰好相反,即巴特沃思低通滤波器最佳(不敏感),切比雪夫低通滤波器次之,椭圆低通滤波器最差。

6.2 冲激响应不变法

本节是在已知模拟滤波器系统函数 $H_a(s)$ 的条件下,讨论由 $H_a(s)$ 设计相应数字滤波器的系统函数 $H(z)$ 的第一种方法——冲激响应不变法。

6.2.1 变换原理

冲激响应不变法的基本准则是:使数字滤波器的单位冲激响应 $h(n)$ 等于模拟滤波器的冲激响应 $h_a(t)$ 的抽样值,即

$$h(n) = h_a(t)\,|_{t=nT} = h_a(nT) \tag{6-28}$$

模拟滤波器的系统函数通常是有理函数形式,并且分母的阶次高于分子的阶次。如果 $H_a(s)$ 仅含有单极点(若有多重极点,则拉氏反变换会复杂一些),则可将 $H_a(s)$ 展开成部分分式形式

$$H_a(s) = \sum_{k=1}^{N} \frac{A_k}{s - s_k} \tag{6-29}$$

其拉氏反变换为

$$h_a(t) = \sum_{k=1}^{N} A_k e^{s_k t} u(t) \tag{6-30}$$

式中,$u(t)$ 为单位阶跃函数。

对 $h_a(t)$ 进行抽样,得到数字滤波器的单位冲激响应为

$$h(n) = h_a(nT) = \sum_{k=1}^{N} A_k e^{s_k nT} u(nT) \tag{6-31}$$

对 $h(n)$ 进行 z 变换,得到数字滤波器系统函数

$$H(z) = \sum_{n=0}^{\infty} h(n) z^{-n} = \sum_{n=0}^{\infty} \sum_{k=1}^{N} A_k (e^{s_k T} z^{-1})^n$$

$$= \sum_{k=1}^{N} A_k \left[\sum_{n=0}^{\infty} (e^{s_k T} z^{-1})^n \right] = \sum_{k=1}^{N} \frac{A_k}{1 - e^{s_k T} z^{-1}} \tag{6-32}$$

将式(6-32)与式(6-29)进行比较,可见 $H(z)$ 可由 $H_a(s)$ 通过下列对应关系得到

$$\frac{1}{s - s_k} \leftrightarrow \frac{1}{1 - e^{s_k T} z^{-1}} = \frac{z}{z - e^{s_k T}} \tag{6-33}$$

同时可以看到:①$H_a(s)$ 与 $H(z)$ 的各部分分式的系数相同;②它们的极点根据 $z = e^{s_k T}$ 实现映射;③$H_a(s)$ 和 $H(z)$ 的零点之间没有对应关系。

由以上分析可知,冲激响应不变法不必经历 $H_a(s) \rightarrow h_a(t) \rightarrow h(n) \rightarrow H(z)$ 的过程,而直接将 $H_a(s)$ 写成单极点部分分式之和的形式,通过式(6-29)与式(6-32)的关系进行替代,即可得到所需数字滤波器系统函数 $H(z)$。

6.2.2 混叠失真

对于稳定的模拟滤波器,其全部极点 s_k 均位于 s 平面的左半平面内,即 $\text{Re}[s_k] < 0$。当其映射到 z 平面时,有 $|z_k| = |e^{s_k T}| = e^{\text{Re}[s_k T]} < 1$,全部极点 z_k 在单位圆内部。因此,只要模拟滤波器是稳定的,用冲激响应不变法设计的数字滤波器就一定是稳定的。

根据映射关系 $z = e^{sT}$,当 $s = \sigma + j\Omega$ 时

$$z = e^{sT} = e^{\sigma T} e^{j\Omega T} = e^{\sigma T} e^{j(\Omega T + 2k\pi)}$$

s 平面上每一条宽为 $2\pi/T$ 的横带都重叠地映射到全部 z 平面上,每一条横带的左半部分映射到 z 平面单位圆内,横带右半部分映射到 z 平面单位圆外,而 s 平面的 $j\Omega$ 轴映射到 z 平面单位圆上,且 $j\Omega$ 轴每 $2\pi/T$ 段都对应着单位圆的一周,如图 6-10 所示。所以,按冲激响应不变法从 s 平面到 z 平面的映射不是单值关系。

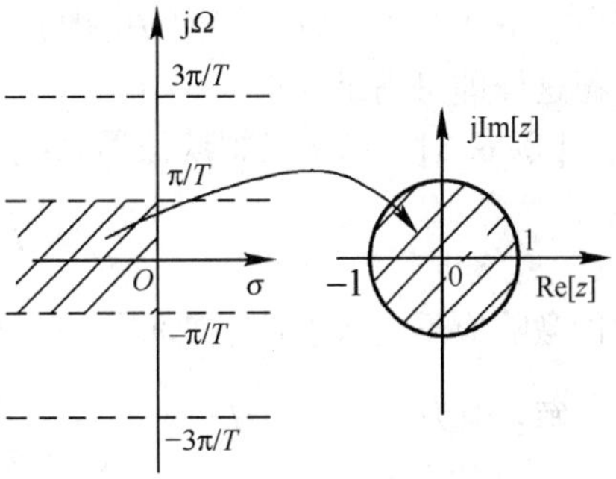

第 2 章曾证明:抽样信号 z 变换与模拟信号拉氏变换之间的关系为

图 6-10　冲激响应不变法的映射关系

$$X(z) \Big|_{z = e^{sT}} = \frac{1}{T} \sum_{m=-\infty}^{\infty} X(s - jm\Omega_s)$$

式中,$\Omega_s = 2\pi/T$,为抽样频率。

同理有

$$H(z) \Big|_{z = e^{sT}} = \frac{1}{T} \sum_{m=-\infty}^{\infty} H_a(s - jm\Omega_s) \tag{6-34}$$

式(6-34)表明,采取冲激响应不变法将模拟滤波器变换为数字滤波器时,首先将 $H_a(s)$ 以 Ω_s 为周期进行周期延拓,然后再由映射关系:$z = e^{sT}$,映射到 z 平面上。

由式(6-34)可以得到数字滤波器与模拟滤波器频率响应之间的关系为

$$H(e^{j\omega}) = \frac{1}{T}\sum_{m=-\infty}^{\infty} H_a\left(j\frac{\omega - 2\pi m}{T}\right) \qquad (6\text{-}35)$$

根据式(6-35),如果模拟滤波器的频率响应的带宽被限制在折叠频率之内,即

$$H_a(j\Omega) = 0 \qquad |\Omega| \geqslant \pi/T \qquad (6\text{-}36)$$

则数字滤波器的频率响应将无失真地重现模拟滤波器的频率响应

$$H(e^{j\omega}) = \frac{1}{T}H_a\left(j\frac{\omega}{T}\right) \qquad |\omega| < \pi \qquad (6\text{-}37)$$

但是任何一个实际的模拟滤波器,其频率响应不可能是真正带限的,因此会不可避免地产生频谱混叠,即如图 6-11 所示的混叠现象。这样,数字滤波器的频率响应就不同于原模拟滤波器的频率响应而有一定失真。可以说频谱混叠是冲激响应不变法的最大缺点。只有当模拟滤波器在 $\Omega_s/2$ 以上的频率衰减很大时,这个失真才很小,这时采用冲激响应不变法设计的数字滤波器才能得到良好结果。

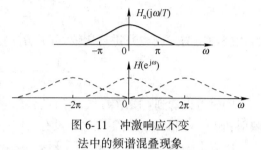

图 6-11　冲激响应不变法中的频谱混叠现象

因此,冲激响应不变法适用于衰减特性较好的低通和带通滤波器设计,对高通、带阻滤波器设计则不适合。

另外,在实际应用中要对冲激响应不变法进行适当修改。由式(6-37)可见,当抽样时间间隔 T 很小时,数字滤波器 $H(e^{j\omega})$ 具有很高增益,这是不希望看到的。为了使数字滤波器的增益不随抽样频率而变化,可做如下修改:

令 $h(n) = Th_a(nT)$,则

$$H(z) = \sum_{k=1}^{N} \frac{TA_k}{1 - e^{s_k T}z^{-1}} \qquad (6\text{-}38)$$

$$H(e^{j\omega}) \approx H_a(j\omega/T) \qquad |\omega| < \pi \qquad (6\text{-}39)$$

这样即可满足要求。

【例 6.3】　已知模拟滤波器系统函数为

$$H_a(s) = \frac{s + a}{(s + a)^2 + b^2}$$

用冲激响应不变法求数字滤波器系统函数。

解:因为　　　$H_a(s) = \dfrac{s + a}{(s + a)^2 + b^2} = \dfrac{1/2}{s + a + jb} + \dfrac{1/2}{s + a - jb}$

所以极点 $s_k = -a \pm jb$。

根据式(6-32),数字滤波器的系统函数为

$$H(z) = \frac{1/2}{1 - e^{-aT}e^{-jbT}z^{-1}} + \frac{1/2}{1 - e^{-aT}e^{jbT}z^{-1}} = \frac{z(z - e^{-aT}\cos bT)}{(z - e^{-aT}e^{-jbT})(z - e^{-aT}e^{jbT})}$$

模拟滤波器的系统函数仅有一个零点 $s = -a$,而相应的数字滤波器的系统函数却有两个零点,即 $z = 0, z = e^{-aT}\cos bT$,可见冲激响应不变法对零点映射没有一一对应关系。

图 6-12 画出了此例题的零、极点分布和频率响应。由图可以很明显地看出: $|H(e^{j\omega})|$ 在 $\omega \to \pi$ 时比 $|H_a(j\Omega)|$ 在 $\Omega \to \pi/T$ 时下降得要慢,这是由混叠造成的。

由极点位置也可看出该数字滤波器是稳定的。

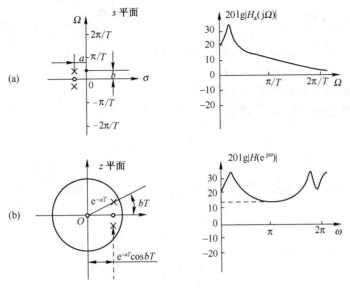

图 6-12 例 6.3 的滤波器特性

6.3 双线性变换法

冲激响应不变法有可能产生频谱混叠,其主要原因是 s 平面到 z 平面为非单值映射。因此,有必要寻求 s 平面与 z 平面的单值映射关系,克服混叠现象。双线性变换法满足这种映射关系,它是基于对微分方程的积分,利用积分的数值解逼近而得到的。

6.3.1 变换原理

设描述模拟滤波器的微分方程为

$$c_1 y'_a(t) + c_0 y_a(t) = d_0 x(t) \tag{6-40}$$

方程两边同时取拉氏变换,得到模拟滤波器的系统函数

$$H_a(s) = \frac{d_0}{c_1 s + c_0} \tag{6-41}$$

把 $y_a(t)$ 写成 $y'_a(t)$ 的积分,得

$$y_a(t) = \int_{t_0}^{t} y'_a(\tau)\,\mathrm{d}\tau + y_a(t_0)$$

将 $t = nT, t_0 = (n-1)T$,代入上式得

$$y_a(nT) = \int_{(n-1)T}^{nT} y'_a(\tau)\,\mathrm{d}\tau + y_a[(n-1)T]$$

用梯形法近似逼近积分,得

$$y_a(nT) = \frac{T}{2}\{y'_a(nT) + y'_a[(n-1)T]\} + y_a[(n-1)T] \tag{6-42}$$

将式(6-40)离散化得到

$$y'_a(nT) = -\frac{c_0}{c_1} y_a(nT) + \frac{d_0}{c_1} x(nT)$$

将其代入式(6-42)得

$$[y(n) - y(n-1)] = \frac{T}{2}\left\{-\frac{c_0}{c_1}[y(n) + y(n-1)] + \frac{d_0}{c_1}[x(n) + x(n-1)]\right\} \quad (6-43)$$

式中
$$y(n) = y_a(nT), y(n-1) = y_a[(n-1)T]$$
$$x(n) = x(nT), x(n-1) = x[(n-1)T]$$

式(6-43)即为逼近微分方程的差分方程。

对式(6-43)两边取 z 变换,整理得

$$H(z) = \frac{Y(z)}{X(z)} = \frac{d_0}{c_1 \dfrac{2}{T} \dfrac{1-z^{-1}}{1+z^{-1}} + c_0} \quad (6-44)$$

比较式(6-41)与式(6-44)可知,$H(z)$ 由 $H_a(s)$ 做下述变换而得

$$s = \frac{2}{T} \frac{1-z^{-1}}{1+z^{-1}} \quad (6-45)$$

由式(6-45)可得

$$z = \frac{\dfrac{2}{T} + s}{\dfrac{2}{T} - s} \quad (6-46)$$

式(6-45)与式(6-46)即为 s 平面与 z 平面的双线性变换映射关系。上述结果虽然是由一阶微分方程导出的,但因为 N 阶微分方程可以写成由 N 个一阶微分方程组成的方程组,因此这种变换是普遍适用的。

6.3.2　逼近情况

下面讨论用双线性变换法设计的数字滤波器的稳定性问题,以及 s 平面到 z 平面是否满足单值映射关系。

把 $s=\sigma+\mathrm{j}\Omega$ 代入式(6-46)得

$$z = \frac{\dfrac{2}{T} + \sigma + \mathrm{j}\Omega}{\dfrac{2}{T} - \sigma - \mathrm{j}\Omega}$$

因此
$$r = |z| = \left[\frac{\left(\dfrac{2}{T}+\sigma\right)^2 + \Omega^2}{\left(\dfrac{2}{T}-\sigma\right)^2 + \Omega^2}\right]^{\frac{1}{2}} \quad (6-47)$$

根据式(6-47),当 $\sigma<0$ 时,$|z|<1$,说明 s 平面整个左半平面映射到 z 平面单位圆内;当 $\sigma>0$ 时,$|z|>1$,说明 s 平面整个右半平面映射到 z 平面单位圆外;当 $\sigma=0$ 时,$|z|=1$,说明 s 平面整个虚轴映射到 z 平面单位圆上。

再将 $s=\mathrm{j}\Omega(\sigma=0)$,$z=\mathrm{e}^{\mathrm{j}\omega}(r=1)$ 代入式(6-45)得

$$\mathrm{j}\Omega = \frac{2}{T} \frac{1-\mathrm{e}^{-\mathrm{j}\omega}}{1+\mathrm{e}^{-\mathrm{j}\omega}} = \frac{2}{T}\mathrm{j}\frac{\sin(\omega/2)}{\cos(\omega/2)} = \mathrm{j}\frac{2}{T}\tan\left(\frac{\omega}{2}\right)$$

$$\Omega = \frac{2}{T}\tan\left(\frac{\omega}{2}\right) \quad (6-48)$$

式(6-48)反映的是 Ω 与 ω 之间的关系,如图 6-13 所示。当 $\Omega=0$ 时,$\omega=0$;当 $\Omega=\infty$ 时,

$\omega = \pi$;当 $\Omega = -\infty$ 时, $\omega = -\pi$。因此, s 平面正 $j\Omega$ 轴映射成 z 平面单位圆的上半圆, s 平面负 $j\Omega$ 轴映射成 z 平面单位圆的下半圆。

由以上分析可得如下结论:

（1）如果模拟滤波器是稳定的,则用双线性变换法设计的数字滤波器也一定是稳定的。

（2）双线性变换法中, s 平面到 z 平面是单值映射关系,因此克服了冲激响应不变法所存在的混叠问题。但是式(6-48)表明 Ω 与 ω 的映射关系存在着严重的非线性。

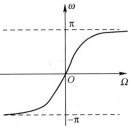

图 6-13 双线性变换法的映射关系

因此,双线性变换法克服了冲激响应不变法所存在的混叠问题,是以引入频率失真为代价的,当这种失真必须是允许的或者是能够得到补偿时,才能采用双线性变换法设计数字滤波器。对于具有分段常数幅度响应的滤波器来说,如低通、高通、带通、带阻等选频滤波器,只要边界频率映射正确,就可以在一定程度上补偿变换中所带来的非线性畸变。

"预畸变"方法是补偿双线性变换中频率非线性关系的有效方法。下面以设计通带截止频率为 ω_c、阻带截止频率为 ω_s 的低通滤波器为例,结合图 6-14,说明预畸变的方法和原理。

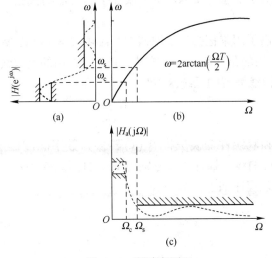

图 6-14 预畸变原理

要设计的数字滤波器性能如图 6-14(a)所示,通带截止频率为 ω_c,阻带截止频率为 ω_s。具体步骤如下:

首先进行预畸变。即根据数字滤波器的截止频率用式(6-48)求出模拟滤波器的截止频率 Ω_c、Ω_s。

$$\Omega_c = \frac{2}{T}\tan\left(\frac{\omega_c}{2}\right) \tag{6-49}$$

$$\Omega_s = \frac{2}{T}\tan\left(\frac{\omega_s}{2}\right) \tag{6-50}$$

然后根据式(6-49)、式(6-50)所计算出的 Ω_c、Ω_s,设计通带截止频率为 Ω_c、阻带截止频率为 Ω_s 的低通模拟滤波器 $H_a(s)$。

最后根据式(6-45),把模拟滤波器 $H_a(s)$ 映射成数字滤波器 $H(z)$,即

$$H_a(s)\ \bigg|_{s=\frac{2}{T}\frac{1-z^{-1}}{1+z^{-1}}}=H(z) \tag{6-51}$$

根据式(6-48),用 $s=\dfrac{2}{T}\dfrac{1-z^{-1}}{1+z^{-1}}$ 进行 s 平面与 z 平面映射时,模拟频率与数字频率之间的关系为

$$\omega = 2\arctan\left(\frac{\Omega T}{2}\right) \tag{6-52}$$

现在用式(6-52)把所设计的模拟滤波器的截止频率 Ω_c、Ω_s 映射成数字频率,也就是将式(6-49)、式(6-50)代入式(6-52),得

$$\omega'_c = 2\arctan\left(\frac{\Omega_c T}{2}\right) = 2\arctan\left[\frac{2}{T}\tan\left(\frac{\omega_c}{2}\right)\frac{T}{2}\right] = \omega_c \tag{6-53}$$

$$\omega'_s = 2\arctan\left(\frac{\Omega_s T}{2}\right) = 2\arctan\left[\frac{2}{T}\tan\left(\frac{\omega_s}{2}\right)\frac{T}{2}\right] = \omega_s \tag{6-54}$$

这说明,根据式(6-48)对数字截止频率 ω_c、ω_s 进行预畸变,得到 Ω_c、Ω_s;再根据 Ω_c、Ω_s 设计模拟滤波器 $H_a(s)$;$H_a(s)$ 经过式(6-45)映射成数字滤波器的截止频率,刚好是 ω_c、ω_s,即变换前、后一样。

MATLAB 工具箱提供了用来把模拟滤波器的系统函数 $H_a(s)$ 转换为数字滤波器系统函数 $H(z)$ 的函数,impinvar 采用的是冲激响应不变法,bilinear 采用的是双线性变换法。

【例 6.4】 已知模拟滤波器的系统函数为

$$H_a(s) = \frac{1000}{s + 1000}$$

分别用冲激响应不变法和双线性变换法将 $H_a(s)$ 转换为数字滤波器系统函数 $H(z)$,并画出 $H_a(s)$ 和 $H(z)$ 的频率响应曲线。抽样频率分别为 1000 Hz 和 500 Hz。

解: 其 MATLAB 实现程序如下:

```
clear;
close all
b=1000;a=[1,1000];
w=[0:1000*2*pi];
[hf,w]=freqs(b,a,w);
subplot(2,3,1)
plot(w/2/pi,abs(hf));
grid;
xlabel('f/(Hz)');ylabel('幅度');
Fs0=[1000,500];
for m=1:2
        Fs=Fs0(m);
        [d,c]=impinvar(b,a,Fs);
        wd=[0:512]*pi/512;
        hw1=freqz(d,c,wd);
        subplot(1,3,2);
        plot(wd/pi,abs(hw1)/abs(hw1(1)));hold on;
```

```
        end
        grid;xlabel('f/(Hz)');
        text(0.52,0.88,'T=0.002s');
        text(0.12,0.54,'T=0.001s');
        for m=1:2
                Fs=Fs0(m);
                [f,e]=bilinear(b,a,Fs);
                wd=[0:512]*pi/512;
                hw2=freqz(f,e,wd);
                subplot(1,3,3);
                plot(wd/pi,abs(hw2)/abs(hw2(1)));hold on;
        end
        grid;xlabel('f/(Hz)');
        text(0.5,0.74,'T=0.002s');
        text(0.12,0.34,'T=0.001s');
```

运行结果如图 6-15 所示。

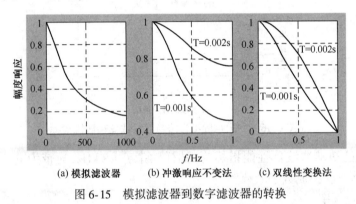

(a) 模拟滤波器　　(b) 冲激响应不变法　　(c) 双线性变换法

图 6-15　模拟滤波器到数字滤波器的转换

由图 6-15(b)可见,对冲激响应不变法,抽样频率越高(时间 T 越小),混叠越小;由图 6-15 (c)可见,对双线性变换法,无频谱混叠,但存在非线性失真。

6.3.3　冲激响应不变法与双线性变换法的比较

冲激响应不变法会造成频谱混叠,不宜用来设计高通、带阻滤波器,适用于基本上是带限的滤波器,如低通和带通滤波器,当强调以控制时间响应为主要目的来设计滤波器时,采用这种方法比较适合。

双线性变换法克服了频谱混叠问题,但频率变换关系产生了非线性。对具有分段常数幅度响应的选频滤波器来说,频率非线性失真问题可以用预畸变方法解决。并且与冲激响应不变法相比,双线性变换法具有计算简单和易于实现的特点。因此,实际工作中广泛采用双线性变换法来设计 IIR 数字滤波器。

图 6-16(a)表示一个六阶巴特沃思模拟低通滤波器(f_c = 3500 Hz),其幅度响应在 5000 Hz 时大约下降−20 dB;用冲激响应不变法得到的数字低通滤波器的幅度响应如图 6-16(b)所示,由于混叠的影响,在 5000 Hz 时其幅度仅仅下降了−12 dB;用双线性变换法得到的数字低通滤波器的幅度响应在 4500 Hz 时就下降到−60 dB,如图 6-16(c)所示。可以说,用双线性变换法得到的巴特

沃思数字滤波器比相应的模拟滤波器性能优越,这充分说明双线性变换法在幅度响应上具有优势。但是,双线性变换法一般保持不住模拟滤波器的时间特性。当设计者主要对滤波器的暂态特性感兴趣时,可以采用冲激响应不变法。在其余情况下,则使用双线性变换法。冲激响应不变法与双线性变换法的比较见二维码6-2。

二维码6-2

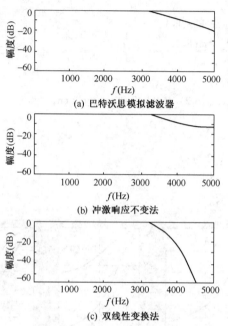

(a) 巴特沃思模拟滤波器

(b) 冲激响应不变法

(c) 双线性变换法

图6-16 冲激响应不变法与双线性变换法比较

【例6.5】 已知某滤波器性能指标为:抽样频率 $f_s = 8\,\text{kHz}$,通带为 $0 \sim 1.3\,\text{kHz}$,阻带为 $2.6 \sim 4\,\text{kHz}$。试将其转换成数字域频率。

解:通带截止频率

$$\omega_p = \Omega_p T = 2\pi f_p T = 2\pi f_p / f_s$$

$$= \frac{2\pi \times 1.3}{8} = 0.325\pi = 1.021\,(\text{rad})$$

阻带起始频率 $\omega_s = 2\pi f_s' / f_s = \dfrac{2\pi \times 2.6}{8} = 2.042\,(\text{rad})$

【例6.6】 要求用双线性变换法设计一个巴特沃思数字低通滤波器,其频率特性曲线如图6-17所示。在通带内 $\omega_p \leqslant 0.2\pi$,允许幅度误差小于 $1\,\text{dB}$,在阻带 $\omega_d \geqslant 0.3\pi$ 时衰减应大于 $15\,\text{dB}$。通带幅度归一化,使其在 $\omega = 0$ 处为1。

解:设计过程如下。

(1) 对数字频率指标进行预畸变,变换为模拟频率指标。

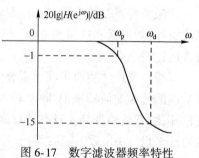

图6-17 数字滤波器频率特性

根据式 $\Omega = \dfrac{2}{T}\tan\dfrac{\omega}{2}$(取 $T = 1$),求出数字频率 ω_p、ω_d 所对应的模拟频率 Ω_p、Ω_d,即

$$\Omega_p = 2\tan\left(\frac{0.2\pi}{2}\right),\ \Omega_d = 2\tan\left(\frac{0.3\pi}{2}\right)$$

（2）根据要求及 Ω_p、Ω_d，设计模拟滤波器 $H_a(s)$。

根据图 6-17 可知，模拟滤波器应满足以下等式

$$20\lg|H_a(j\Omega_p)| = 20\lg\left|H_a\left(j2\tan\frac{0.2\pi}{2}\right)\right| = -1$$

$$20\lg|H_a(j\Omega_d)| = 20\lg\left|H_a\left(j2\tan\frac{0.3\pi}{2}\right)\right| = -15$$

将巴特沃思低通滤波器幅度平方函数

$$|H_a(j\Omega)|^2 = \frac{1}{1+(\Omega/\Omega_c)^{2N}}$$

代入以上两式有

$$20\lg\left[\frac{1}{1+\left(\dfrac{2\tan0.1\pi}{\Omega_c}\right)^{2N}}\right]^{\frac{1}{2}} = -1$$

$$20\lg\left[\frac{1}{1+\left(\dfrac{2\tan0.15\pi}{\Omega_c}\right)^{2N}}\right]^{\frac{1}{2}} = -15$$

解上述方程组得 $N=5.3046$，取 $N=6$。将 $N=6$ 代入上式，求得 $\Omega_c=0.72729$。

将 $N=6$，$\Omega_c=0.72729$，代入 $s_p=(-1)^{\frac{1}{2N}}(j\Omega_c)$ 进行计算，其结果中有 3 对极点位于 s 平面左半面，即

$s_{1,2}=-0.18824\pm j0.70251,s_{3,4}=-0.51427\pm j0.51427,s_{5,6}=-0.70251\pm j0.18824$

为了保证系统稳定，巴特沃思低通滤波器系统函数应由 s 平面左半平面极点构成，把 $s_1 \sim$ s_6、Ω_c 代入式（6-7）并整理得

$$H_a(s) = \frac{0.147995}{(s^2+0.37648s+0.52895)(s^2+1.02850s+0.52895)(s^2+1.40501s+0.52895)}$$

（3）根据双线性变换法，将模拟滤波器 $H_a(s)$ 变换成数字滤波器 $H(z)$，其双线性变换公式为

$$s = \frac{2}{T}\frac{1-z^{-1}}{1+z^{-1}}$$

当 $T=1$ 时，可得

$$H(z) = \frac{0.08338(1+z^{-1})^2}{1-1.31432z^{-1}+0.71489z^{-2}} \times \frac{0.08338(1+z^{-1})^2}{1-1.05410z^{-1}+0.37543z^{-2}} \times$$

$$\frac{0.08338(1+z^{-1})^2}{1-0.94592z^{-1}+0.23422z^{-2}}$$

上式即为所设计的数字滤波器系统函数。

（4）验证数字滤波器频率特性。

将 $z=e^{j\omega}$ 代入上式得 $H(e^{j\omega})$，计算得

$\omega=0.2\pi$ 时 $\qquad\qquad\qquad |H(e^{j0.2\pi})| = 0.891326$

$\omega=0.3\pi$ 时 $\qquad\qquad\qquad |H(e^{j0.3\pi})| = 0.130989$

$$20\lg|H(e^{j0.2\pi})| = 20\lg0.891326 = -0.99924\,\text{dB}$$

$$20\lg|H(e^{j0.3\pi})| = 20\lg0.130989 = -17.65530\,\text{dB}$$

与设计要求及图 6-17 相比较可知，所设计的数字滤波器完全满足技术指标要求。

（5）选择数字滤波器结构。

根据 $H(z)$ 的形式选用二阶级联结构比较方便，其结构如图 6-18 所示。

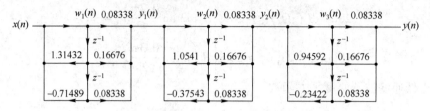

图 6-18　数字巴特沃思低通滤波器结构图

（6）数字滤波器实现。

根据所设计的数字滤波器结构图，直接写出描述系统的差分方程递推公式。

$$w_1(n) = x(n) + 1.31432w_1(n-1) - 0.71489w_1(n-2)$$

$$y_1(n) = 0.08338w_1(n) + 0.16676w_1(n-1) + 0.08338w_1(n-2)$$

$$w_2(n) = y_1(n) + 1.0541w_2(n-1) - 0.37543w_2(n-2)$$

$$y_2(n) = 0.08338w_2(n) + 0.16676w_2(n-1) + 0.08338w_2(n-2)$$

$$w_3(n) = y_2(n) + 0.94592w_3(n-1) - 0.23422w_3(n-2)$$

$$y(n) = 0.08338w_3(n) + 0.16676w_3(n-1) + 0.08338w_3(n-2)$$

当 $n<0$ 时，初始条件为

$$w_1(n) = 0,\ w_2(n) = 0,\ w_3(n) = 0$$

这样，把输入序列 $x(n)$ 送入上述方程进行递推运算，就可以按图 6-18 所示对 $x(n)$ 进行滤波。

求解例 6.6 的 MATLAB 实现程序如下：

```
wp = 0.2 * pi;
ws = 0.3 * pi;
Rp = 1;
As = 15;
T = 1;
Fs = 1/T;
OmegaP = (2/T) * tan(wp/2);
OmegaS = (2/T) * tan(ws/2);
ep = sqrt(10^(Rp/10)-1);
Ripple = sqrt(1/(1+ep*ep));
Attn = 1/(10^(As/20));
N = ceil((log10((10^(Rp/10)-1)/(10^(As/10)-1)))/(2*log10(OmegaP/OmegaS)));
OmegaC = OmegaP/((10^(Rp/10)-1)^(1/(2*N)));
[B,A] = butter(N,OmegaC,'s');
W = (0:500) * pi/500;
[H] = freqs(B,A,W);
mag = abs(H);
db1 = 20 * log10((mag+eps)/max(mag));
[b,a] = bilinear(B,A,T);
[h,w] = freqz(b,a,1000,'whole');
h = (h(1:501))';
```

```
w=(w(1:501))′;
m=abs(h);
db2=20 * log10((m+eps)/max(m));
figure(1);
subplot(2,2,1);plot(w/pi,mag);title('幅度')
ylabel('模拟滤波器');
axis([0,1,0,1.1])
set(gca,'XTickMode','manual','XTick',[0,0.2,0.3,1]);
set(gca,'YTickmode','manual','YTick',[0,Attn,Ripple,1]);grid
subplot(2,2,2);plot(w/pi,db1);title('幅度(dB)')
axis([0,1,-30,5])
set(gca,'XTickMode','manual','XTick',[0,0.2,0.3,1]);
set(gca,'YTickmode','manual','YTick',[-30,-15,-1,0]);grid
subplot(2,2,3);plot(w/pi,m);
xlabel('频率单位:pi');ylabel('数字滤波器');
axis([0,1,0,1.1])
set(gca,'XTickMode','manual','XTick',[0,0.2,0.3,1]);
set(gca,'YTickmode','manual','YTick',[0,Attn,Ripple,1]);grid
subplot(2,2,4);plot(w/pi,db2);
xlabel('频率单位:pi');
axis([0,1,-30,5])
set(gca,'XTickMode','manual','XTick',[0,0.2,0.3,1]);
set(gca,'YTickmode','manual','YTick',[-30,-15,-1,0]);grid
```

运行结果如图 6-19 所示。

```
N =          6
OmegaC =    0.7273
```

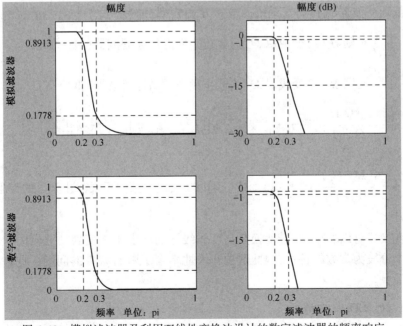

图 6-19 模拟滤波器及利用双线性变换法设计的数字滤波器的频率响应

6.4 频带变换

以上各节都是围绕着归一化低通滤波器进行讨论的。这样限定的主要原因是：

① 归一化低通滤波器是最容易实现的。

② 大多数带通、带阻、高通及其他频带的滤波器很容易通过一个低通滤波器进行某种适当的变换后而得到,这个过程被称为频带变换(或频率变换)。

将 $\Omega_c = 1\,\mathrm{rad/s}$ 的归一化低通滤波器转变成其他频带的滤波器的方法如图 6-20 所示。

频带变换有两种方法。

方法一：设计一个归一化($\Omega_c = 1$)的模拟低通滤波器,在模拟域(Ω 域)进行频带变换,使其成为另一类型的模拟滤波器,再将它数字化成所要求的数字滤波器。

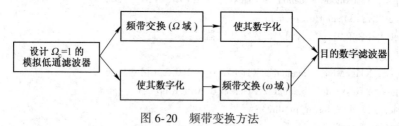

图 6-20　频带变换方法

方法二：先将一个归一化的模拟低通滤波器进行数字化,然后用数字频带变换得到所要求的数字滤波器。

上述两种方法的根本区别在于前者在模拟域进行频带变换,后者在数字域进行频带变换。下面就变换的方法加以说明。

6.4.1　模拟频带变换

设模拟低通滤波器的 $\Omega_c = 1$,系统函数为 $H_a(s)$,那么

- 若 $s \xleftarrow{\text{代以}} \dfrac{s}{\Omega_u}$,则 $H_a(s)$ 变成以 Ω_u 为截止频率的低通滤波器(低→低)。

- 若 $s \xleftarrow{\text{代以}} \dfrac{\Omega_u}{s}$,则 $H_a(s)$ 变成以 Ω_u 为截止频率的高通滤波器(低→高)。

- 若 $s \xleftarrow{\text{代以}} \dfrac{s^2 + \Omega_u \Omega_L}{s(\Omega_u - \Omega_L)}$,则 $H_a(s)$ 变成分别以 Ω_u、Ω_L 为上、下限截止频率的带通滤波器(低→带通)。

- 若 $s \xleftarrow{\text{代以}} \dfrac{s(\Omega_u - \Omega_L)}{s^2 + \Omega_u \Omega_L}$,则 $H_a(s)$ 变成分别以 Ω_u、Ω_L 为上、下限截止频率的带阻滤波器(低→带阻)。

从这些变换式可以看出,频带变换是高度非线性的。由于被变换滤波器的频率响应在频带内逼近一个分段为常数的特性,因此这种非线性不至于引起太大的问题。这种方法的缺点是易于产生混叠。

6.4.2　数字频带变换

设原型数字滤波器的截止频率为 ω_c,系统函数为 $H(z)$,那么

- 若
$$z^{-1} \xleftarrow{\text{代以}} \frac{z^{-1}-\alpha}{1-\alpha z^{-1}}, \quad \alpha = \frac{\sin[(\omega_c-\omega_u)/2]}{\sin[(\omega_c+\omega_u)/2]}$$

则 $H(z)$ 变成以 ω_u 为截止频率的低通数字滤波器(低→低)。

- 若
$$z^{-1} \xleftarrow{\text{代以}} \frac{-(z^{-1}+\alpha)}{1+\alpha z^{-1}}, \quad \alpha = -\frac{\cos[(\omega_c+\omega_u)/2]}{\cos[(\omega_c-\omega_u)/2]}$$

则 $H(z)$ 变成以 ω_u 为截止频率的高通数字滤波器(低→高)。

- 若
$$z^{-1} \xleftarrow{\text{代以}} -\frac{z^{-2}-\dfrac{2\alpha k}{k+1}z^{-1}+\dfrac{k-1}{k+1}}{\dfrac{k-1}{k+1}z^{-2}-\dfrac{2\alpha k}{k+1}z^{-1}+1}, \quad \alpha = \frac{\cos[(\omega_u+\omega_L)/2]}{\cos[(\omega_u-\omega_L)/2]}$$

$$k = \cot[(\omega_u-\omega_L)/2]\tan(\omega_c/2)$$

则 $H(z)$ 成为分别以 ω_u、ω_L 为上、下限截止频率的带通数字滤波器(低→带通)。

- 若
$$z^{-1} \xleftarrow{\text{代以}} \frac{z^{-2}-\dfrac{2\alpha k}{k+1}z^{-1}+\dfrac{1-k}{1+k}}{\dfrac{1-k}{1+k}z^{-2}-\dfrac{2\alpha k}{k+1}z^{-1}+1}, \quad \alpha = \frac{\cos[(\omega_u+\omega_L)/2]}{\cos[(\omega_u-\omega_L)/2]}$$

$$k = \tan[(\omega_u-\omega_L)/2]\tan(\omega_c/2)$$

则 $H(z)$ 成为分别以 ω_u、ω_L 为上、下限截止频率的带阻数字滤波器(低→带阻)。

上述变换关系属于全通型变换。即单位圆经映射后仍然是单位圆或多倍单位圆,而频率刻度可能被映射弄翘曲了,但仍保持着原始低通滤波器的幅度响应。增加频带变换例题见二维码 6-3。

二维码 6-3

6.4.3 频带变换原理

本节仅就数字频带变换原理加以说明。数字频带变换是在数字域进行的频带变换。

如果已知一个数字低通滤波器的系统函数为 $H_L(z)$,通过某种变换变成其他频带滤波器的系统函数 $H(Z)$。这种变换是由 $H_L(z)$ 的 z 平面映射到 $H(Z)$ 的 Z 平面的映射变换。为了将两个不同的平面加以区分,规定变换前 $H_L(z)$ 的 z 平面为 z。定义 z 平面到 Z 平面的映射关系为

$$z^{-1} = G(Z^{-1}) \tag{6-55}$$

$$Z^{-1} = G^{-1}(z^{-1}) \tag{6-56}$$

这样数字频带变换可以表示为

$$H(Z) = H_L(z) \Big|_{z^{-1}=G(Z^{-1})} \tag{6-57}$$

为了保证一个稳定因果低通滤波器有理函数 $H_L(z)$ 所变换成的有理函数 $H(Z)$ 也是一个稳定因果系统,要求该变换必须满足下列条件:

(1) $G(Z^{-1})$ 必须是 Z^{-1} 的有理函数。

(2) 要求 z 平面单位圆内部必须映射到 Z 平面单位圆内部。

(3) 变换前、后两个函数要满足一定的频带变换要求。

设 $e^{j\theta}$ 表示 z 平面单位圆,$e^{j\omega}$ 表示 Z 平面单位圆,由式(6-55)得

$$e^{-j\theta} = G(e^{-j\omega}) = |G(e^{-j\omega})|e^{j\Phi(\omega)} \tag{6-58}$$

式中,$\Phi(\omega) = \arg[G(e^{-j\omega})]$。

由于 z 平面的单位圆必须映射成 Z 平面的单位圆,因此式(6-56)的幅度响应为 1,即

$$|G(e^{-j\omega})| = 1 \qquad (6-59)$$

这就规定了 $G(Z^{-1})$ 为全通函数,其一般形式为

$$G(Z^{-1}) = \pm \prod_{i=1}^{N} \frac{Z^{-1} - \alpha_i}{1 - \alpha_i Z^{-1}} \qquad (6-60)$$

式(6-60)所表示的这类全通函数的基本特性是:

(1)若 α_i 是它的极点,则 $1/\alpha_i$ 就是它的一个零点,α_i 可以是实数,也可以是共轭复数,且 $|\alpha_i| < 1$。

(2)N 是全通函数的阶数。

(3)当 ω 由 0 变化到 π 时,其相位响应 $\Phi(\omega)$ 的变化范围为 $0 \sim N\pi$。

例如,由数字低通滤波器变换到另一数字低通滤波器的变量变换关系为

$$z^{-1} = G(Z^{-1}) = \frac{Z^{-1} - \alpha}{1 - \alpha Z^{-1}} \qquad (6-61)$$

式中,$|\alpha| < 1$。

若令 $z = e^{-j\theta}$,$Z = e^{j\omega}$,则得到

$$e^{j\theta} = \frac{e^{-j\omega} - \alpha}{1 - \alpha e^{-j\omega}} \qquad (6-62)$$

解上式得

$$\omega = \arctan\left[\frac{(1 - \alpha^2)\sin\theta}{2\alpha + (1 + \alpha^2)\cos\theta}\right] \qquad (6-63)$$

图 6-21 画出了式(6-63)的三条典型曲线。当 $\alpha > 0$ 时,曲线表示的是频率压缩;当 $\alpha < 0$ 时,表示的是频率扩展。如果低通原型滤波器的截止频率为 ω_c,而变换后的低通滤波器的截止频率为 ω_u,则代入式(6-62),可以确定参数为

$$\alpha = \frac{\sin[(\omega_c - \omega_u)/2]}{\sin[(\omega_c + \omega_u)/2]} \qquad (6-64)$$

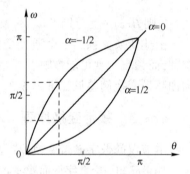

图 6-21　从低通到低通变换中的频率梯度

这样,式(6-61)、式(6-64)就是一个数字低通滤波器变换到另一个数字低通滤波器的公式。

经类似推导,就可以得到由数字低通到数字高通、带通或带阻滤波器的变换关系。

【例 6.7】　已知某低通滤波器的通带截止频率为 50 Hz,抽样频率为 500 Hz,用双线性变换法设计的数字滤波器的系统函数为

$$H_L(z) = \frac{0.0674553(1 + 2z^{-1} + z^{-2})}{1 - 1.14298z^{-1} + 0.412802z^{-2}}$$

求变换出截止频率为 200 Hz,抽样频率仍为 500 Hz 的数字高通滤波器。

解:由数字低通变数字高通的公式

$$z^{-1} = -\frac{Z^{-1} + \alpha}{1 + \alpha Z^{-1}}, \quad \alpha = -\frac{\cos[(\omega_c + \omega_u)/2]}{\cos[(\omega_c - \omega_u)/2]}$$

根据 $\omega = \Omega T$ 可得原数字低通滤波器的截止频率

$$\omega_c = 2\pi \times 50 \times \frac{1}{500}$$

所求数字高通滤波器的截止频率为

$$\omega_u = 2\pi \times 200 \times \frac{1}{500}$$

因此

$$\alpha = -\frac{\cos\frac{200+50}{500}\pi}{\cos\frac{50-200}{500}\pi} = 0$$

$$z^{-1} = -\frac{Z^{-1}+0}{1-0} = -Z^{-1}$$

这样,所求数字高通滤波器的系统函数为

$$H(Z) = H_L(z)\Big|_{z^{-1}=-Z^{-1}} = \frac{0.0674553(1-2Z^{-1}+Z^{-2})}{1+1.14298Z^{-1}+0.412802Z^{-2}}$$

【例 6.8】 用模拟频带变换法,由二阶巴特沃思低通滤波器幅度平方函数设计截止频率为 200 Hz,抽样频率为 500 Hz 的数字高通滤波器。

解:(1) 设计 $\Omega_c = 1$ 的巴特沃思低通滤波器,则巴特沃思幅度平方函数为

$$H_a(s)H_a(-s) = \frac{1}{1+(s/j)^{2N}} = \frac{1}{1+(-s^2)^N}$$

给定 $N=2$,则极点为 $s^4 = -1$,即

$$s_0 = e^{j\frac{1}{4}\pi}, \qquad s_1 = e^{j\frac{3}{4}\pi}, \qquad s_2 = e^{j\frac{5}{4}\pi}, \qquad s_3 = e^{j\frac{7}{4}\pi}$$

由 s 左半平面极点 s_1、s_2 构成归一化巴特沃思低通滤波器

$$H_{aL}(s) = \frac{1}{(s-e^{j\frac{3}{4}\pi})(s-e^{j\frac{5}{4}\pi})} = \frac{1}{1+1.4142136s+s^2}$$

(2) 利用双线性变换法设计 $f_c = 200\,\text{Hz}$、$f_s = 500\,\text{Hz}$ 的数字高通滤波器,应先将数字滤波器的截止频率 ω_c 预畸变成模拟高通滤波器的截止频率 Ω_c。

$$\omega_c = 2\pi f_c T = 2\pi f_c/f_s = \frac{2\pi \times 200}{500} = 0.8\pi$$

$$\Omega_c = \frac{2}{T}\tan\frac{\omega_c}{2} = 10^3\tan 0.4\pi = 3.0776835 \times 10^3$$

(3) 根据 $H_a(s) = H_{aL}(s)\big|_{s=\Omega_c/s}$,将模拟低通滤波器映射成模拟高通滤波器。

$$H_a(s) = H_{aL}(s)\big|_{s=\Omega_c/s} = \frac{s^2}{\Omega_c^2+1.4142136\Omega_c s+s^2}$$

(4) 用双线性变换法将模拟高通滤波器映射成数字高通滤波器。

$$H(z) = H_a(s)\big|_{s=\frac{2}{T}\frac{1-z^{-1}}{1+z^{-1}}} = \frac{0.0674553(1-z^{-1})^2}{1+1.14298z^{-1}+0.412802z^{-2}}$$

比较例 6.6 与例 6.7 可以说明:无论是经模拟频带变换,还是经数字频带变换,设计同一性能数字滤波器的最终结果是相同的。因此在实际工作中,应根据条件选择两种设计方法中较为方便的一种。

在 MATLAB 中,给出了 4 个模拟频带变换的函数:lp2lp,lp2hp,lp2bp 和 lp2bs,它们的功能分别是将模拟低通原型滤波器转换为实际的低通、高通、带通及带阻滤波器。

求解例 6.7 的 MATLAB 实现程序如下:

```
N=2;
Fs=500;
```

```
fch = 200;
wch = 2 * pi * fch/Fs;
[z,p,k] = buttap(N);
[b,a] = zp2tf(z,p,k);
[h,w] = freqs(b,a,512);
mag = abs(h);
db1 = 20 * log10((mag+eps)/max(mag));
Omegach = 2 * Fs * tan(wch/2);
[Bs,As] = lp2hp(b,a,Omegach);
[Bz,Az] = bilinear(Bs,As,Fs);
[H,W] = freqz(Bz,Az,512);
m = abs(H);
db2 = 20 * log10((m+eps)/max(m));
figure(1);
subplot(1,2,1);plot(w/pi,db1);
ylabel('幅度(dB)');
axis([0,10,-40,0]);grid
subplot(1,2,2);plot(W/pi,db2);
ylabel('幅度(dB)');
axis([0,1,-100,0]);grid
```

运行结果如下：

Bz =	0.0675	−0.1349	0.0675
Az =	1.0000	1.1430	0.4128

其频带变换曲线如图 6-22 所示。

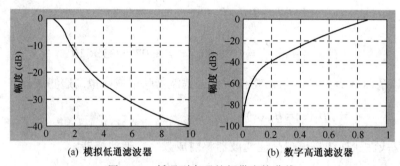

(a) 模拟低通滤波器   (b) 数字高通滤波器

图 6-22 低通到高通的频带变换曲线

6.4.4 其他原型变换法

从模拟低通滤波器出发，通过一定的频率变换关系，结合双线性变换法，可以更为方便地设计数字带通滤波器和数字带阻滤波器。

（1）模拟低通滤波器变换成数字带通滤波器

设数字带通滤波器的上下限截止频率为 ω_2,ω_1，其中心频率为 ω_0，则有

$$D = \varOmega_c \cot\left(\frac{\omega_2 - \omega_1}{2}\right) \tag{6-65}$$

$$E = 2\frac{\cos\left[\left(\omega_1+\omega_2\right)/2\right]}{\cos\left[\left(\omega_2-\omega_1\right)/2\right]} = 2\cos\omega_0 \tag{6-66}$$

$$H(z) = H_a(s)\Big|_{s=D\frac{1-Ez^{-1}+z^{-2}}{1-z^{-2}}} \tag{6-67}$$

（2）模拟低通滤波器变换成数字带阻滤波器

设数字带阻滤波器的上下限截止频率为 ω_2,ω_1，其中心频率为 ω_0，则有

$$D_1 = \Omega_c\tan\left(\frac{\omega_2-\omega_1}{2}\right) \tag{6-68}$$

$$E_1 = 2\cos\omega_0 \tag{6-69}$$

$$H(z) = H_a(s)\Big|_{s=D_1\frac{1-z^{-2}}{1-E_1z^{-1}+z^{-2}}} \tag{6-70}$$

6.5　IIR 数字滤波器的计算机优化设计

以上几节讨论的数字滤波器设计都采用直接设计法，滤波器的系统函数是根据所需滤波器特性的某种标准函数及其计算程序来确定的，其中包括了根据某些近似准则来获得物理可实现的线性滤波系统。但是预期的频率响应 $H_d(e^{j\omega})$ 与实际的频率响应 $H(e^{j\omega})$ 总存在一定误差。近代滤波器设计法可使所设计的滤波器的频率响应尽可能地逼近于所需频率响应，当然这要借助于计算机进行最优化设计或最小误差设计。

常用的方法有最小均方误差法、最小 p 法、最小平方逆设计法、线性规划法等。本节仅就最小均方误差法进行简单介绍。

最小均方误差法是根据最小二乘法准则，要求设计误差为最小。例如在给定的离散频率 $\omega_i(i=1,2,\cdots,M)$ 下，根据所设计滤波器频率响应 $H(e^{j\omega_i})$ 与所要求频率响应 $H_d(e^{j\omega_i})$ 的均方误差

$$E(\theta) = \sum_{i=1}^{M}\left[\left|H(e^{j\omega_i})\right| - \left|H_d(e^{j\omega_i})\right|\right]^2 \tag{6-71}$$

为最小这一原则，求出滤波器参数。

为了使滤波器性能对其系数变化的灵敏度较低和在最优化过程中计算导数方便，滤波器采用级联型结构，设其系统函数为

$$H(z) = A\prod_{n=1}^{k}\frac{1+a_nz^{-1}+b_nz^{-2}}{1+c_nz^{-1}+d_nz^{-2}} = AG(z) \tag{6-72}$$

式中

$$G(z) = \prod_{n=1}^{k}\frac{1+a_nz^{-1}+b_nz^{-2}}{1+c_nz+d_nz^{-2}} \tag{6-73}$$

其结构图如图 6-23 所示（请注意和前述级联型结构的区别）。

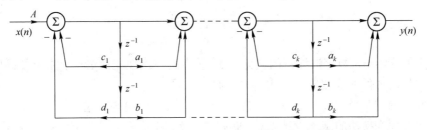

图 6-23　最小均方误差设计选用的数字滤波器结构

采用图 6-23 所示的结构,则方程式(6-71)中共有 $4k+1$ 个未知向量,即

$$\theta = [a_1, b_1, c_1, d_1, a_2, b_2, c_2, d_2, \cdots, a_k, b_k, c_k, d_k, A] \qquad (6\text{-}74)$$

设 $\Phi = [a_1, b_1, c_1, d_1, a_2, b_2, c_2, d_2, \cdots, a_k, b_k, c_k, d_k]$,表示除 A 之外的 $4k$ 个未知数,则式(6-71)成为

$$E[\theta] = E[\Phi, A] = \sum_{i=1}^{M} \left[\left| AG(e^{j\omega_i}, \Phi) \right| - \left| H_d(e^{j\omega_i}) \right| \right]^2$$

$$= \sum_{i=1}^{M} \left[|A| |G| - |H_d| \right]^2 \qquad (6\text{-}75)$$

要求误差 $E(\theta)$ 为最小,必须将 $E(\theta)$ 对每一个参数进行一次偏微分,并令其为零,则 $4k+1$ 个未知数有 $4k+1$ 个方程,即

$$\frac{\partial E[\Phi, A]}{\partial |A|} = 0 \qquad (6\text{-}76)$$

$$\frac{\partial E[\Phi, A]}{\partial \Phi_n} = 0 \qquad 1 \le n \le k \qquad (6\text{-}77)$$

式中,Φ_n 是 Φ 中第 n 个分量,Φ_n 又表示 a_n, b_n, c_n, d_n 一组参数。因此,以上两式表示 $4k+1$ 个偏微分方程。

用计算机求解这 $4k+1$ 个方程,就可以得到 θ 中 $4k+1$ 个参数,再按式(6-72)的形式构成数字滤波器的系统函数 $H(z)$。

利用数值方法具体求解时,先设初始值 a_1, b_1, c_1, d_1,然后计算 A_1,再计算 $H_d(e^{j\omega_i})$ 及均方误差 $E(\theta)$,比较相邻的均方误差值,若其值小于给定的允许误差(例如 10^{-4}),即停止迭代,否则求出新的 a_J, b_J, c_J, d_J, A_J,重复计算,直到误差值满足给定要求为止。这样就得到了系统函数 $H(z)$ 表达式中的全部参数。

在参数寻找过程中,由于计算机对系统函数零、极点位置未加任何限制,有可能使零点或极点位于单位圆外,为了保证滤波器的稳定性,必须对不稳定极点加以修正。假设极点 $z=p_i$,p_i 为实数,$|p_i|>1$,可以用 $z=1/p_i$ 极点代替。这种处理方法等于将原函数乘以分式 $(z-p_i)/(z-1/p_i)$,该分式是一个全通函数,对极点做这样调节除了可能相差一个比例常数外,并不影响幅度响应变化规律。同理,对于不稳定的复数极点,由于它们都是共轭成对存在的,所以在单位圆外的极点 $z_i = p_i \angle \theta_i$,可以用镜像极点 $z' = \dfrac{1}{p_i} \angle \theta_i$ 来代替。如果设计指标中还要求最小相位滤波器,则对圆外零点同样可以采用这种方法重新确定零点位置,并将处理后的零、极点再进行最优化,把所获得的 A 作为新初始值进一步改进设计。

对于二维 IIR 数字滤波器,也可以采用类似的优化设计法。此外还可以采用旋转滤波器设计法。二维 IIR 数字滤波器可用于雷达图像目标提取等。

本 章 小 结

本章主要介绍 IIR 数字滤波器的设计方法,重点是双线性变换法。应主要掌握以下内容:

(1)巴特沃思低通滤波器和切比雪夫低通滤波器设计。

(2)冲激响应不变法的基本设计思想、变换方法及频谱混叠问题。

(3)双线性变换法的基本设计思想、变换方法及频率失真的克服方法——预畸变。

(4)频带变换。对于数字高通、带通、带阻滤波器设计可以采用频带变换方法,既可以在

模拟域进行,也可以在数字域进行,两种方法是等效的。

(5) IIR 数字滤波器的计算机优化设计方法。

习　题

6.1　用冲激响应不变法,将以下模拟系统函数 $H_a(s)$ 转换成数字系统函数 $H(z)$,抽样周期为 $T=1$。

(1) $H_a(s) = \dfrac{A}{(s-s_0)^2}$;

(2) $H_a(s) = \dfrac{A}{(s-s_0)^m}$,$m$ 为正整数。

6.2　用双线性变换法及冲激响应不变法,把下列模拟系统函数 $H_a(s)$ 转变成数字系统函数 $H(z)$。

(1) $H_a(s) = \dfrac{3}{(s+1)(s+3)}$,$T=0.5$;

(2) $H_a(s) = \dfrac{3}{s^2+s+1}$,$T=2$;

(3) $H_a(s) = \dfrac{3s+1}{2s^2+3s+1}$,$T=0.1$。

6.3　用冲激响应不变法设计一个三阶巴特沃思数字低通滤波器,截止频率为 1 kHz,抽样频率为 5 kHz。

6.4　用双线性变换法设计一个三阶巴特沃思数字低通滤波器,截止频率为 $f_c = 400$ Hz,抽样频率为 2000 Hz。

6.5　用模拟频带变换法,设计一个二阶数字高通滤波器,截止频率为 500 Hz,抽样频率为 2000 Hz。

6.6　用数字频带变换法设计一个二阶数字高通滤波器,截止频率为 500 Hz,抽样频率为 2000 Hz。

6.7　用双线性变换法设计一个三阶巴特沃思数字带通滤波器,上、下限截止频率分别为 $f_1 = 400$ Hz,$f_2 = 700$ Hz,抽样频率为 2000 Hz。

6.8　处理模拟信号的数字滤波器系统函数 $H(z)$ 呈低通特性,其数字截止频率为 $\omega_c = 0.2\pi$,如果抽样频率为 1 kHz,问数字滤波器等效模拟滤波器截止频率 Ω_c 是多少?若系统不变,如果抽样频率分别为 200 Hz、500 Hz、2000 Hz,试问等效模拟低通滤波器截止频率是多少?

6.9　设计一个数字低通滤波器:在通带 $0 \sim 100$ Hz 内衰减不大于 1 dB,在 183 Hz 衰减至少为 19 dB,抽样频率为 1000 Hz,并在计算机上验证其特性。

6.10　分别用冲激响应不变法和双线性变换法设计 $N=6$ 的巴特沃思数字低通滤波器,截止频率为 3500 Hz,抽样频率为 10000 Hz,并用计算机画出其幅度响应。

6.11　假设 $H_a(s)$ 在 $s=s_0$ 处有一个 r 阶极点,则有

$$H_a(s) = \sum_{k=1}^{r} \frac{A_k}{(s-s_0)^k} + G_a(s)$$

式中,$G_a(s)$ 只有一个极点。

(1) 写出用 $G_a(s)$ 计算常数 A_k 的公式。

(2) 求出用 s_0 及 $g_a(t)$ [$G_a(s)$ 的拉氏反变换] 表示的单位冲激响应 $h_a(t)$ 的表达式。

(3) 假设定义 $h(n) = h_a(nT)$ 为某一数字滤波器的单位冲激响应,试用(2)的结果写出系统函数 $H(z)$ 的表示式。

(4) 导出直接从 $H_a(s)$ 得到 $H(z)$ 的方法。

第 7 章　FIR 数字滤波器设计

从第 6 章的讨论可以看出,IIR 数字滤波器的设计简单方便,特别是采用双线性变换法设计的数字滤波器不存在频谱混叠问题,效果较好。但是 IIR 数字滤波器有一个较为明显的缺点,就是其相位特性一般是非线性的。如果滤波器在有效传输频带内的相位特性不是线性的,将造成有用信号的传输失真。在有些实际应用场合,例如数据传输、图像处理等,对滤波器的线性相位特性要求颇为严格,所以在这些场合中 IIR 数字滤波器一般是不能胜任的。

FIR 数字滤波器可设计成具有严格的线性相位,且其幅度函数可以随意设计。FIR 滤波器的单位冲激响应 $h(n)$ 是有限长序列,其系统函数的极点位于 z 平面的原点,因此 FIR 滤波器不存在稳定性问题。另外,FIR 滤波器可以采用非递归结构,也可以采用一些递归环节,但主要采用非递归结构。FIR 滤波器还可以采用 FFT 方法实现其功能,从而可大大提高效率。因此,FIR 滤波器日益引起人们的注意。

本章首先介绍 FIR 数字滤波器的线性相位特性,然后介绍 FIR 数字滤波器的两种设计方法——窗函数设计法和频率抽样设计法,这些方法与模拟滤波器设计方法无关,最后将 IIR 数字滤波器和 FIR 数字滤波器的设计方法进行简单的比较。

7.1　线性相位 FIR 滤波器的特性

设 FIR 滤波器的单位冲激响应为 $h(n)$,$0 \leqslant n \leqslant N-1$,则其系统函数为

$$H(z) = \sum_{n=0}^{N-1} h(n) z^{-n} \tag{7-1}$$

式(7-1)表明,FIR 滤波器的系统函数为 z^{-1} 的多项式,而 IIR 滤波器的系统函数为 z^{-1} 的有理分式形式。因此,FIR 滤波器在 s 平面上找不到与之相对应的模拟系统函数 $H_a(s)$。也就是说,FIR 滤波器的设计不能借用模拟滤波器设计的一套成熟方法。

把 $z = e^{j\omega}$ 代入式(7-1),得到滤波器频率响应

$$H(e^{j\omega}) = \sum_{n=0}^{N-1} h(n) e^{-j\omega n}$$

当 $h(n)$ 为实序列时,则有

$$H(e^{j\omega}) = |H(e^{j\omega})| e^{j\varphi(\omega)} = \pm |H(e^{j\omega})| e^{j\theta(\omega)} = H(\omega) e^{j\theta(\omega)} \tag{7-2}$$

式中,$|H(e^{j\omega})|$ 与 $\varphi(\omega)$ 分别表示系统的幅度响应与相位响应。但讨论线性相位 FIR 滤波器设计时常用 $H(\omega)$ 和 $\theta(\omega)$,其中 $H(\omega) \neq |H(e^{j\omega})|$,$H(\omega)$ 不等于幅度响应,它是可正可负的实函数,$H(\omega)$ 称为幅度函数,以区别于幅度响应 $|H(e^{j\omega})|$,$\theta(\omega)$ 称为相位函数,以区别于相位响应 $\varphi(\omega)$。

数字滤波器的相位函数与离散信号的时延 τ 有密切联系。

滤波器的相位延迟定义为

$$\tau_p = -\theta(\omega)/\omega \tag{7-3}$$

滤波器的群延迟定义为

$$\tau_g = -d\theta(\omega)/d\omega \tag{7-4}$$

所谓线性相位有两种定义。一种要求相延迟与群延迟均为常数且相等,即

$$\tau_p = \tau_g = \tau = 常数$$

此时 $\theta(\omega) = -\tau\omega$,称为严格线性相位。另一种只要求群延迟为一常数,工程上常采用这种定义,此时 $\theta(\omega) = \theta_0 - \tau\omega$。两种情况下,相位函数 $\theta(\omega)$ 曲线都必须是一条直线。

根据线性相位的两种不同定义,可以用数学归纳法得到 FIR 数字滤波器具有线性相位的条件:

- 单位冲激响应 $h(n)$ 以 $\dfrac{N-1}{2}$ 点为偶对称,即

$$h(n) = h(N-1-n) \qquad 0 \leqslant n \leqslant N-1 \tag{7-5}$$

- 单位冲激响应 $h(n)$ 以 $\dfrac{N-1}{2}$ 点为奇对称,即

$$h(n) = -h(N-1-n) \qquad 0 \leqslant n \leqslant N-1 \tag{7-6}$$

下面分别加以讨论。

7.1.1 $h(n)$ 为偶对称情况

$h(n)$ 为偶对称,即 $h(n) = h(N-1-n)$,其系统函数为

$$H(z) = \sum_{n=0}^{N-1} h(n) z^{-n} = \sum_{n=0}^{N-1} h(N-1-n) z^{-n}$$

将 $m = N-1-n$ 代入上式得

$$H(z) = \sum_{m=0}^{N-1} h(m) z^{-(N-1-m)} = z^{-(N-1)} \sum_{m=0}^{N-1} h(m) z^m$$
$$= z^{-(N-1)} H(z^{-1}) \tag{7-7}$$

这样,可以把 $H(z)$ 写成

$$H(z) = \frac{1}{2} [H(z) + z^{-(N-1)} H(z^{-1})] = \frac{1}{2} \sum_{n=0}^{N-1} h(n) [z^{-n} + z^{-(N-1)} z^n]$$
$$= z^{-\frac{N-1}{2}} \sum_{n=0}^{N-1} h(n) \frac{z^{\left(\frac{N-1}{2}-n\right)} + z^{-\left(\frac{N-1}{2}-n\right)}}{2}$$

其频率响应为

$$H(e^{j\omega}) = e^{-j\frac{N-1}{2}\omega} \sum_{n=0}^{N-1} h(n) \cos\left[\left(\frac{N-1}{2}-n\right)\omega\right] \tag{7-8}$$

所以其幅度函数为

$$H(\omega) = \sum_{n=0}^{N-1} h(n) \cos\left[\left(\frac{N-1}{2}-n\right)\omega\right] \tag{7-9}$$

显然,这个幅度函数是一个标量函数(即实函数),它可以为正值或为负值。从这个意义来说,$H(\omega)$ 与 $|H(e^{j\omega})|$ 是有区别的。

式(7-8)中的另一部分 $e^{-j\frac{N-1}{2}\omega}$ 体现了相位的意义。定义相位函数

$$\theta(\omega) = -\frac{N-1}{2}\omega \tag{7-10}$$

式(7-10)所示相位函数是一个严格的直线特性,如图 7-1 所示。图 7-1 表明这种 FIR 滤波器

有 $\frac{N-1}{2}$ 个抽样周期的群延迟,相当于单位冲激响应 $h(n)$ 长度的一半。因此当 $h(n)$ 满足偶对称时,FIR 滤波器是一个严格的线性相位滤波器。此时相延迟和群延迟相等,为一常数,即

$$\tau_p = \tau_g = \frac{N-1}{2}$$

图 7-2、图 7-3 分别画出了 $h(n)$ 为偶对称情况下,N 为奇数和偶数的图形。

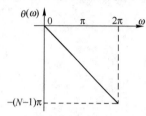

图 7-1　$h(n)$偶对称时的
　　　　线性相位特性

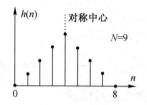

图 7-2　$h(n)$偶对称、N 为奇数

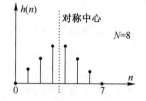

图 7-3　$h(n)$偶对称、N 为偶数

7.1.2 $h(n)$ 为奇对称情况

$h(n)$ 为奇对称,即 $h(n) = -h(N-1-n)$,其系统函数为

$$H(z) = \sum_{n=0}^{N-1} h(n)z^{-n} = -\sum_{n=0}^{N-1} h(N-1-n)z^{-n}$$

设 $m = N-1-n$,代入上式得

$$H(z) = -\sum_{m=0}^{N-1} h(m)z^{-(N-1-m)} = -z^{-(N-1)}\sum_{m=0}^{N-1} h(m)z^{m}$$
$$= -z^{-(N-1)}H(z^{-1}) \tag{7-11}$$

这样,可以把 $H(z)$ 写成

$$H(z) = \frac{1}{2}[H(z) - z^{-(N-1)}H(z^{-1})]$$

$$= \frac{1}{2}\sum_{n=0}^{N-1} h(n)[z^{-n} - z^{-(N-1)}z^{n}]$$

$$= z^{-\frac{N-1}{2}}\sum_{n=0}^{N-1} h(n)\frac{z^{\left(\frac{N-1}{2}-n\right)} - z^{-\left(\frac{N-1}{2}-n\right)}}{2}$$

系统频率响应

$$H(\mathrm{e}^{j\omega}) = \mathrm{j}\mathrm{e}^{-j\frac{N-1}{2}\omega}\sum_{n=0}^{N-1} h(n)\sin\left[\left(\frac{N-1}{2}-n\right)\omega\right]$$

$$= \mathrm{e}^{-j\left(\omega\frac{N-1}{2}\right)+j\frac{\pi}{2}}\sum_{n=0}^{N-1} h(n)\sin\left[\left(\frac{N-1}{2}-n\right)\omega\right] \tag{7-12}$$

所以幅度函数为

$$H(\omega) = \sum_{n=0}^{N-1} h(n)\sin\left[\left(\frac{N-1}{2}-n\right)\omega\right] \tag{7-13}$$

相位函数为

$$\theta(\omega) = -\omega\frac{N-1}{2} + \frac{\pi}{2} \tag{7-14}$$

$h(n)$ 奇对称时的线性相位特性如图 7-4 所示,它是根据式(7-14)画出的,表明 FIR 线性

相位滤波器的相位特性同样是一条直线,但在零频处有一个 $\pi/2$ 的截距,说明此类 FIR 滤波器不仅有 $(N-1)/2$ 个抽样周期的群延迟,而且所有通过的信号还将产生 90° 相移。这种在所有频率上都产生 90° 相移的变换称为信号的正交变换。正交变换在电子技术中有很重要的应用。因此,$h(n)$ 奇对称时,FIR 滤波器是一个具有线性相位的正交变换网络。此时,群延迟为一常数,即 $\tau_q = \dfrac{N-1}{2}$。

图 7-5、图 7-6 分别画出了 $h(n)$ 奇对称情况下,N 为奇数和偶数的图形。

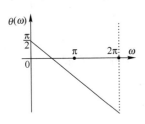

图 7-4　$h(n)$ 奇对称时的
线性相位特性

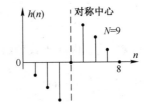

图 7-5　$h(n)$ 奇对称、N 为奇数

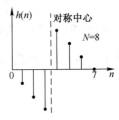

图 7-6　$h(n)$ 奇对称、N 为偶数

综上所述,FIR 滤波器的单位冲激响应 $h(n)$ 只要满足对称条件,就一定具有线性相位特性。线性相位 FIR 滤波器的缺点是群延迟较大。

7.1.3　幅度函数的特点

下面分四种情况分别讨论 $H(\omega)$ 的特点。

1. $h(n)$ 偶对称,N 为奇数

由 $h(n)$ 为偶对称的幅度函数式(7-9):

$$H(\omega) = \sum_{n=0}^{N-1} h(n) \cos\left[\left(\frac{N-1}{2} - n\right)\omega\right]$$

可知,不仅 $h(n)$ 对 $(N-1)/2$ 偶对称,满足 $h(n) = h(N-1-n)$,而且 $\cos\left[\left(\dfrac{N-1}{2} - n\right)\omega\right]$ 也对 $(N-1)/2$ 偶对称,满足

$$\cos\left[\left(\frac{N-1}{2} - n\right)\omega\right] = \cos\left[\left(n - \frac{N-1}{2}\right)\omega\right]$$
$$= \cos\left[\omega\left(\frac{N-1}{2} - (N-1-n)\right)\right]$$

于是,$H(\omega)$ 中第 n 项与第 $(N-1-n)$ 项相等,可以进行合并,则

$$H(\omega) = h\left(\frac{N-1}{2}\right) + \sum_{n=0}^{(N-3)/2} 2h(n) \cos\left[\left(\frac{N-1}{2} - n\right)\omega\right]$$

设 $\dfrac{N-1}{2} - n = m$,则

$$\text{上式} = h\left(\frac{N-1}{2}\right) + \sum_{m=1}^{(N-1)/2} 2h\left(\frac{N-1}{2} - m\right) \cos(m\omega)$$
$$= \sum_{n=0}^{(N-1)/2} a(n) \cos(\omega n) \tag{7-15}$$

式中
$$a(0) = h\left(\frac{N-1}{2}\right)$$

$$a(n) = 2h\left(\frac{N-1}{2}-n\right) \qquad n = 1,2,\cdots,\frac{N-1}{2} \tag{7-16}$$

由此可以看出,当 $h(n)$ 为偶对称,N 为奇数时,由于 $\cos(n\omega)$ 对于 $\omega = 0,\pi,2\pi$ 呈偶对称,所以其幅度函数 $H(\omega)$ 对 $\omega = 0,\pi,2\pi$ 也呈偶对称。

这种情况可以用来设计低通、高通、带通和带阻滤波器中的任一种。

2. $h(n)$ 偶对称,N 为偶数

与第一种情况相似,由于 N 为偶数,差别仅在于式(7-15)中没有中间项,即

$$H(\omega) = \sum_{n=0}^{N/2-1} 2h(n)\cos\left[\left(\frac{N-1}{2}-n\right)\omega\right]$$

设 $\dfrac{N}{2}-n=m$,则

$$上式 = \sum_{m=1}^{N/2} 2h\left(\frac{N}{2}-m\right)\cos\left[\left(m-\frac{1}{2}\right)\omega\right]$$

$$= \sum_{n=1}^{N/2} b(n)\cos\left[\left(n-\frac{1}{2}\right)\omega\right] \tag{7-17}$$

式中
$$b(n) = 2h\left(\frac{N}{2}-n\right), \quad n = 1,2,\cdots,\frac{N}{2} \tag{7-18}$$

由此可以看出,$h(n)$ 为偶对称,N 为偶数:

(1) 当 $\omega = \pi$ 时,$H(\pi) = 0$,所以 $H(z)$ 在 $z = -1$ 处必然有一个零点。

(2) 由于 $\cos\left[\left(n-\dfrac{1}{2}\right)\omega\right]$ 对于 $\omega = \pi$ 奇对称,所以其幅度函数 $H(\omega)$ 对 $\omega = \pi$ 也呈奇对称,对 $\omega = 0$ 或 2π 呈偶对称。

这种情况可以用来设计低通和带通滤波器,不能用来设计高通和带阻滤波器。

3. $h(n)$ 奇对称,N 为奇数

由式(7-13),$h(n)$ 为奇对称的幅度函数

$$H(\omega) = \sum_{n=0}^{N-1} h(n)\sin\left[\left(\frac{N-1}{2}-n\right)\omega\right]$$

因为
$$h(n) = -h(N-1-n)$$

则
$$h\left(\frac{N-1}{2}\right) = -h\left(N-1-\frac{N-1}{2}\right) = -h\left(\frac{N-1}{2}\right)$$

所以
$$h\left(\frac{N-1}{2}\right) = 0$$

由幅度函数可以看出,不但 $h(n)$ 对 $(N-1)/2$ 奇对称,满足 $h(n) = -h(N-1-n)$,而且 $\sin\left[\left(\dfrac{N-1}{2}-n\right)\omega\right]$ 也对 $(N-1)/2$ 奇对称,满足

$$\sin\left[\left(\frac{N-1}{2}-n\right)\omega\right]=-\sin\left[\left(n-\frac{N-1}{2}\right)\omega\right]$$

$$=-\sin\left\{\left[\frac{N-1}{2}-(N-1-n)\right]\omega\right\}$$

所以,可将 $H(\omega)$ 中第 n 项与第 $(N-1-n)$ 项进行合并,可得

$$H(\omega)=\sum_{n=0}^{(N-3)/2}2h(n)\sin\left[\left(\frac{N-1}{2}-n\right)\omega\right]$$

设 $\frac{N-1}{2}-n=m$,则

$$上式=\sum_{m=1}^{(N-1)/2}2h\left(\frac{N-1}{2}-m\right)\sin(\omega m)$$

$$=\sum_{n=1}^{(N-1)/2}2h\left(\frac{N-1}{2}-n\right)\sin(\omega n)$$

$$=\sum_{n=1}^{(N-1)/2}c(n)\sin(\omega n) \tag{7-19}$$

式中

$$c(n)=2h\left(\frac{N-1}{2}-n\right)\qquad n=1,2,\cdots,\frac{N-1}{2} \tag{7-20}$$

由此可以看出,当 $h(n)$ 为奇对称,N 为奇数时:

(1) 由于 $\sin(\omega n)$ 在 $\omega=0,\pi,2\pi$ 处都为零,因此 $H(\omega)$ 在 $\omega=0,\pi,2\pi$ 处也都为零。即 $H(z)$ 在 $z=\pm1$ 处都为零点。

(2) 由于 $\sin(\omega n)$ 对 $\omega=0,\pi,2\pi$ 为奇对称,故 $H(\omega)$ 对 $\omega=0,\pi,2\pi$ 也奇对称。

这种情况只能用来设计带通滤波器,不能用来设计高通、低通和带阻滤波器。由于有 90° 相移,故可用于设计离散希尔伯特变换器及微分器。

4. $h(n)$ 奇对称,N 为偶数

与第三种情况相似,但此种情况合并后有 $N/2$ 项,即

$$H(\omega)=\sum_{n=0}^{N/2-1}2h(n)\sin\left[\left(\frac{N-1}{2}-n\right)\omega\right]$$

设 $\frac{N}{2}-n=m$,则

$$上式=\sum_{m=1}^{N/2}2h\left(\frac{N}{2}-m\right)\sin\left[\left(m-\frac{1}{2}\right)\omega\right]$$

$$=\sum_{n=1}^{N/2}2h\left(\frac{N}{2}-n\right)\sin\left[\left(n-\frac{1}{2}\right)\omega\right]$$

$$=\sum_{n=1}^{N/2}d(n)\sin\left[\left(n-\frac{1}{2}\right)\omega\right] \tag{7-21}$$

式中

$$d(n)=2h\left(\frac{N}{2}-n\right)\qquad n=1,2,\cdots,\frac{N}{2} \tag{7-22}$$

由此可以看出,当 $h(n)$ 为奇对称,N 为偶数时:

(1) 由于 $\sin\left[\left(n-\frac{1}{2}\right)\omega\right]$ 在 $\omega=0,2\pi$ 处为零,所以 $H(\omega)$ 在 $\omega=0,2\pi$ 处也为零,即 $H(z)$ 在

$z=1$ 处必然为零点。

（2）由于 $\sin\left[\left(n-\dfrac{1}{2}\right)\omega\right]$ 对于 $\omega=0,2\pi$ 为奇对称，对于 $\omega=\pi$ 为偶对称，所以其幅度函数 $H(\omega)$ 对 $\omega=0,2\pi$ 也呈奇对称，对 $\omega=\pi$ 也呈偶对称。

这种情况只能用来设计高通和带通滤波器，不能用来设计低通和带阻滤波器。由于有 90°相移，故可用于设计离散希尔伯特变换器及微分器。

图 7-7 是四种线性相位滤波器的幅度响应。图中给出了典型的冲激响应 $h(n)$ 产生的延迟序列（根据各种情况分别为 $a(n)$ 到 $d(n)$）的幅度函数。

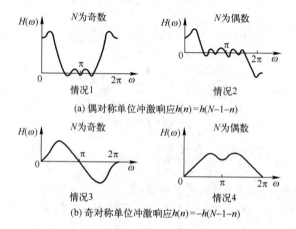

（a）偶对称单位冲激响应 $h(n)=h(N-1-n)$

（b）奇对称单位冲激响应 $h(n)=-h(N-1-n)$

图 7-7　四种线性相位 FIR 滤波器的幅度函数

根据 N 为奇数和偶数时的 $H(z)$ 表达式可分别画出两种线性相位 FIR 滤波器的直接型结构如图 7-8 和图 7-9 所示。

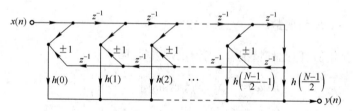

图 7-8　N 为奇数时，线性相位 FIR 滤波器的直接型结构

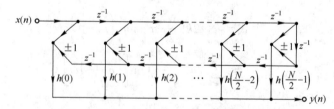

图 7-9　N 为偶数时，线性相位 FIR 滤波器的直接型结构

由图可以看出，线性相位 N 阶 FIR 滤波器只需要 $\dfrac{N}{2}$ 次（N 位偶数）或 $\dfrac{N+1}{2}$ 次（N 为奇数）乘法。

7.1.4 零点位置

下面讨论 FIR 滤波器零点位置。由式(7-7)、式(7-11)可知，当 $h(n)$ 为偶对称时，其系统函数可以写成

$$H(z) = z^{-(N-1)} H(z^{-1})$$

$h(n)$ 为奇对称时，其系统函数可以写成

$$H(z) = -z^{-(N-1)} H(z^{-1})$$

因此线性相位 FIR 滤波器系统函数可以统一为

$$H(z) = \pm z^{-(N-1)} H(z^{-1}) \tag{7-23}$$

由上式可见，若 $z = z_i$ 是 $H(z)$ 的零点，因为 $H(z_i^{-1}) = \pm z_i^{N-1} H(z_i)$，所以 $z = z_i^{-1}$ 也必定是 $H(z_i)$ 的零点；而且由于 $h(n)$ 是实序列，$H(z)$ 的零点必然共轭成对，即若 $z = z_i^*$ 是 $H(z)$ 的零点，则 $z = (z_i^*)^{-1}$ 也必定是 $H(z)$ 的零点。故线性相位 FIR 滤波器的零点是互为倒数的共轭对。因此零点位置有以下四种情况：

（1）z_i 为既不在实轴上，又不在单位圆上的复零点，则必然为互为倒数的两组共轭对。如图7-10中的 z_1 所示。

（2）z_i 既在单位圆上，又在实轴上，因此该零点无共轭点，其倒数又是其自身，四个互为倒数共轭的零点合成为一点，这只能有两种情况，$z = 1$ 或 $z = -1$，如图7-10中的 z_2、z_3 所示。

（3）z_i 在单位圆上，但不在实轴上，共轭对的倒数就是其自身，如图7-10中的 z_4 所示。

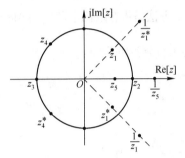

图 7-10　线性相位 FIR 滤波器的零点位置

（4）z_i 不在单位圆上，但在实轴上，它没有共轭复零点，但有一个倒数零点 $z = z_i^{-1}$，如图7-10中的 z_5 所示。

了解了线性相位滤波器特性，便可以根据需要选择合适的 FIR 滤波器类型，并在设计中遵循相应的约束条件。

7.2　窗函数设计法

7.2.1　设计思想

如果希望得到的滤波器的理想频率特性为 $H_d(e^{j\omega})$，那么 FIR 滤波器设计就是寻求一个系统函数 $H(z)$，用其频率响应 $H(e^{j\omega}) = \sum_{n=0}^{N-1} h(n) e^{-j\omega n}$ 去逼近 $H_d(e^{j\omega})$。

理想频率特性的单位冲激响应 $h_d(n)$ 可由傅里叶反变换求得，即

$$h_d(n) = \frac{1}{2\pi} \int_{-\pi}^{\pi} H_d(e^{j\omega}) e^{j\omega n} d\omega \tag{7-24}$$

这样，设计数字滤波器就要解决 $h(n)$ 与 $h_d(n)$ 的逼近问题。由式(7-24)知道，$h_d(n)$ 是一个无限长非因果序列，而根据线性相位 FIR 滤波器理论，$h(n)$ 应是有限长的因果序列。因此，用 $h(n)$ 逼近 $h_d(n)$，应解决以下两个问题。

1. 将无限长 $h_d(n)$ 变成有限长 $h_N(n)$

将 $h_d(n)$ 变成有限长的最简单办法就是将 $h_d(n)$ 直接截短成 N 个有限项,即

$$h_N(n) = h_d(n) w_R(n) \tag{7-25}$$

式中

$$w_R(n) = \begin{cases} 1 & -\dfrac{N-1}{2} \leqslant n \leqslant \dfrac{N-1}{2} \\ 0 & \text{其他} \end{cases} \tag{7-26}$$

这样截短后的系统函数为

$$H_N(z) = \sum_{n=-(N-1)/2}^{(N-1)/2} h_N(n) z^{-n} \tag{7-27}$$

式中,$h_N(n)$ 为非因果序列,$H_N(z)$ 为非因果系统。

2. 将 $h_N(n)$ 变成因果序列 $h(n)$

其办法是将有限长序列 $h_N(n)$ 通过 $\dfrac{N-1}{2}$ 的延迟,将其变成因果序列。具体方法是将 $H_N(z)$ 乘以 $z^{-\frac{N-1}{2}}$,进行延迟处理,得

$$H(z) = z^{-\frac{N-1}{2}} H_N(z) = z^{-\frac{N-1}{2}} \sum_{n=-(N-1)/2}^{(N-1)/2} h_N(n) z^{-n}$$

$$= \sum_{n=-(N-1)/2}^{(N-1)/2} h_N(n) z^{-\left(n+\frac{N-1}{2}\right)}$$

令 $m = n + \dfrac{N-1}{2}$,则

$$H(z) = \sum_{m=0}^{N-1} h_N\left(m - \frac{N-1}{2}\right) z^{-m} = \sum_{n=0}^{N-1} h(n) z^{-n} \tag{7-28}$$

式中

$$h(n) = h_N\left(n - \frac{N-1}{2}\right) \qquad 0 \leqslant n \leqslant N-1 \tag{7-29}$$

式(7-28)表明,$H(z)$ 是一个因果系统,其单位冲激响应 $h(n)$ 是一个长为 N 的有限长序列。以上引入 $z^{-\left(\frac{N-1}{2}\right)}$ 并没有改变 $H_N(z)$ 的幅度,因为

$$H(z) = z^{-\frac{N-1}{2}} H_N(z)$$

$$H(e^{j\omega}) = e^{-j\omega\frac{N-1}{2}} H_N(e^{j\omega})$$

$$|H(e^{j\omega})| = |H_N(e^{j\omega})|$$

但是很明显 $H(e^{j\omega})$ 比 $H_N(e^{j\omega})$ 增加了 $\dfrac{N-1}{2}$ 的延迟。

这样就得到了理想滤波器 $h_d(n)$ 与设计滤波器 $h(n)$ 之间的关系,见式(7-25)和式(7-29)。

因此,根据理想特性 $H_d(e^{j\omega})$ 由式(7-24)求出 $h_d(n)$,再由式(7-25)求出 $h_N(n)$,最后由式(7-29)就得到所求的 $h(n)$。整个过程可以用下式一并完成,即

$$h(n) = h_N\left(n - \frac{N-1}{2}\right)$$

$$= \frac{1}{2\pi} \int_{-\pi}^{\pi} H_d(e^{j\omega}) e^{j\omega\left(n-\frac{N-1}{2}\right)} d\omega \qquad 0 \leqslant n \leqslant N-1 \tag{7-30}$$

所以,线性相位 FIR 数字滤波器的基本设计思路为:

(1) 根据要求求出 $h_d(n)$

$$h_d(n) = \frac{1}{2\pi} \int_{-\pi}^{\pi} H_d(e^{j\omega}) e^{j\omega n} d\omega$$

(2) 加窗截取 $h_d(n)$ 为有限长

$$h_N(n) = h_d(n) w_R(n)$$

(3) 将 $h_N(n)$ 延迟 $\frac{N-1}{2}$,使其成为因果序列

$$h(n) = h_N\left(n - \frac{N-1}{2}\right)$$

在这种设计方法中,采用窗函数 $w_R(n)$ 把无限长 $h_d(n)$ 截成有限长,这就好像人通过一个窗口观察 $h_d(n)$,仅能看到 $h_d(n)$ 的一段。因此称这种设计法为窗函数设计法。$h(n)$ 产生过程如图 7-11 所示。其中,(2)、(3) 两步可以交换顺序。

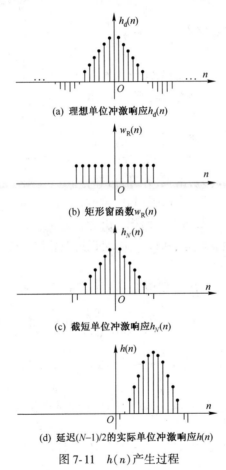

(a) 理想单位冲激响应 $h_d(n)$

(b) 矩形窗函数 $w_R(n)$

(c) 截短单位冲激响应 $h_N(n)$

(d) 延迟 $(N-1)/2$ 的实际单位冲激响应 $h(n)$

图 7-11　$h(n)$ 产生过程

7.2.2　加窗的影响

用窗函数对 $h_d(n)$ 加权会造成 $H_d(e^{j\omega})$ 的改变,$H(e^{j\omega})$ 与 $H_d(e^{j\omega})$ 的逼近程度与所用窗函数有关。

如图 7-12(a) 所示,设理想低通滤波器频率响应的幅度函数为

$$H_d(\omega) = \begin{cases} 1 & |\omega| \leqslant \omega_c \\ 0 & \omega_c < |\omega| < \pi \end{cases}$$

由于 $h(n) = h_d(n) w_R(n)$，根据傅里叶变换性质，时域乘积在频域对应频谱卷积，则实际 FIR 滤波器频率响应的幅度函数为

$$H(\omega) = \frac{1}{2\pi} \int_{-\pi}^{\pi} H_d(\theta) W_R(\omega - \theta) \, d\theta \qquad (7\text{-}31)$$

式中，$W_R(\omega)$ 为窗函数 $w_R(n)$ 频谱的幅度。

因为
$$W_R(e^{j\omega}) = \sum_{n=-\infty}^{\infty} w_R(n) e^{-j\omega n}$$

$$= \sum_{n=-(N-1)/2}^{(N-1)/2} e^{-j\omega n}$$

$$= \frac{\sin(\omega N/2)}{\sin(\omega/2)} e^{-j\omega \frac{N-1}{2}} \qquad (7\text{-}32)$$

所以
$$W_R(\omega) = \frac{\sin(\omega N/2)}{\sin(\omega/2)} \qquad (7\text{-}33)$$

其曲线如图 7-12(b) 所示，它在 $\omega = \pm 2\pi/N$ 之内有一个主瓣，然后向两侧呈衰减振荡展开，形成许多旁瓣。

图 7-12(f) 给出了这个卷积的结果。下面结合几个关键频率点，根据式(7-31)，说明该卷积过程。

（1）当 $\omega = 0$ 时，响应为 $H(0)$，由式(7-31)可知，$H(0)$ 是图 7-12(a) 与 (b) 两个函数乘积的积分，也就是 $W_R(\theta)$ 为 $\theta = -\omega_c$ 到 $\theta = \omega_c$ 一段的积分面积。由于一般情况下 $\omega_c \gg 2\pi/N$ 的条件都满足，所以 $H(0)$ 可以近似看作 θ 从 $-\pi \sim \pi$ 的 $W_R(\theta)$ 全部积分面积，我们将用 $H(0)$ 进行归一化。

（2）当 $\omega = \omega_c$ 时，响应值为 $H(\omega_c)$，由图 7-12(c) 可看出，$H_d(\theta)$ 正好与 $W_R(\omega - \theta)$ 的一半重叠，因此卷积结果正好等于 $H(0)$ 的一半，即 $\dfrac{H(\omega_c)}{H(0)} = 0.5$，如图 7-12(f) 所示。

（3）当 $\omega = \omega_c - \dfrac{2\pi}{N}$ 时，响应值为 $H\left(\omega_c - \dfrac{2\pi}{N}\right)$，如图 7-12(d) 所示，整个 $W_R(\omega - \theta)$ 主瓣在 $H_d(\theta)$ 通带以内，因此卷积得到最大值，$H\left(\omega_c - \dfrac{2\pi}{N}\right) = \max$，频响出现正肩峰（或者说上冲）。

（4）当 $\omega = \omega_c + \dfrac{2\pi}{N}$ 时，响应值为 $H\left(\omega_c + \dfrac{2\pi}{N}\right)$，如图 7-12(e) 所示，$W_R(\omega - \theta)$ 的主瓣刚好全部在通带 $H_d(\theta)$ 之外，通带内旁瓣负面积大于正面积，因此卷积达到最小值，$H\left(\omega_c + \dfrac{2\pi}{N}\right) = \min$，出现负肩峰（泄漏）。

（5）当 $\omega > \omega_c + \dfrac{2\pi}{N}$ 时，$W_R(\omega - \theta)$ 的左尾旁瓣扫过通带，因此 $H(\omega)$ 围绕着零点波动。

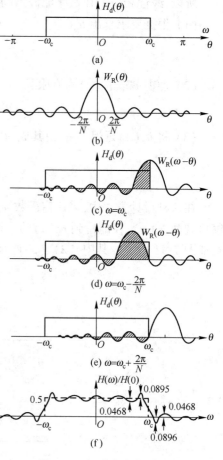

图 7-12　矩形窗卷积过程

（6）当$-\omega_{\mathrm{c}}+\dfrac{2\pi}{N}<\omega<\omega_{\mathrm{c}}-\dfrac{2\pi}{N}$时，$W_{\mathrm{R}}(\omega-\theta)$主瓣和左、右旁瓣扫过$H_{\mathrm{d}}(\theta)$通带，所以$H(\omega)$在1附近上下波动。

由以上分析可得如图7-12(f)所示的FIR滤波器的归一化幅度函数$H(\omega)$。

加窗对频率响应的影响表现在以下几个方面：

- 使理想特性的不连续边沿加宽，在截止频率ω_{c}附近形成一个过渡带。过渡带宽

$$\Delta\omega=\left(\omega_{\mathrm{c}}+\frac{2\pi}{N}\right)-\left(\omega_{\mathrm{c}}-\frac{2\pi}{N}\right)=\frac{4\pi}{N}$$

正好等于窗函数$W_{\mathrm{R}}(\omega)$的主瓣宽度。

- 在过渡带两旁产生了肩峰和余振。窗函数$W_{\mathrm{R}}(\omega)$的旁瓣越多，$H(\omega)$的余振越多，$W_{\mathrm{R}}(\omega)$旁瓣的相对值越大，$H(\omega)$的肩峰值越大。

- 增加窗函数长度N，只能减小窗函数$W_{\mathrm{R}}(\omega)$的主瓣宽度和各旁瓣宽度，不能改变主瓣和旁瓣的相对比值，旁瓣和主瓣的相对关系只取决于窗函数的形状。增加N值只能相应减小过渡带的带宽，但截止频率附近最大肩峰的相对值始终保持不变，这种现象称为吉布斯（Gibbs）效应。图7-13所示为这种滤波器的实际幅度响应。

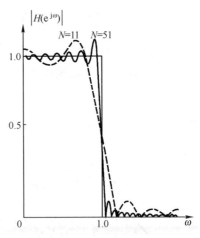

图7-13　滤波器实际幅度响应

用矩形窗设计FIR滤波器时，最大肩峰相对理想特性可达8.95%，因而阻带最小衰减为

$$20\lg\left|\frac{H(\omega)}{H(0)}\right|=20\lg0.0895=-21\quad(\mathrm{dB})$$

这在工程上往往满足不了要求。改善阻带衰减特性只能从改变窗函数入手。

7.2.3　常用窗函数

对窗函数一般有两个方面的要求：

（1）主瓣尽可能窄，以使设计出的滤波器具有较陡的过渡带。

（2）旁瓣尽可能少，即应使其能量尽量集中在主瓣内，使设计出的滤波器肩峰和余振较小，阻带衰减较大。

对任一具体窗函数来说，这两项要求相互矛盾，无法同时满足，只能根据具体的设计指标选择一种较为合适的窗函数。现将几种常用窗函数介绍如下。

1. 矩形窗

矩形窗的窗函数为

$$w_{\mathrm{R}}(n)=\begin{cases}1 & |n|\leqslant\dfrac{N-1}{2}\\[2mm]0 & \text{其他}\end{cases} \tag{7-34}$$

其频谱的幅度函数为

$$W_{\mathrm{R}}(\omega)=\frac{\sin(\omega N/2)}{\sin(\omega/2)} \tag{7-35}$$

巴特利特窗(Bartlett 窗,或三角形窗)参见二维码 7-1。

二维码 7-1

2. 海宁(Hanning)窗与汉明(Hamming)窗

窗函数
$$w_H(n) = \begin{cases} \alpha + (1-\alpha)\cos\dfrac{2n\pi}{N-1} & |n| \leq \dfrac{N-1}{2} \\ 0 & \text{其他} \end{cases} \tag{7-36}$$

式中,当 $\alpha = 0.5$ 时为海宁窗,当 $\alpha = 0.54(0.53836)$ 时为汉明窗,其序列如图 7-14 所示。

海宁窗频谱的幅度函数为

$$W_H(\omega) = 0.5W_R(\omega) + 0.25\left[W_R\left(\omega - \frac{2\pi}{N-1}\right) + W_R\left(\omega + \frac{2\pi}{N-1}\right)\right] \tag{7-37}$$

当 $N \gg 1$ 时,$2\pi/(N-1) \approx 2\pi/N$,则上式成为

$$W_H(\omega) = 0.5W_R(\omega) + 0.25\left[W_R\left(\omega - \frac{2\pi}{N}\right) + W_R\left(\omega + \frac{2\pi}{N}\right)\right] \tag{7-38}$$

海宁窗幅度函数如图 7-15 所示。由图 7-15(a)可以看出,式(7-38)中的三部分相加,使旁瓣大大抵消,但其主瓣宽度为 $8\pi/N$,比矩形窗宽了一倍,如图 7-15(b)所示。

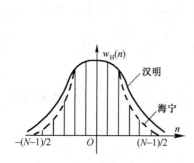

图 7-14　海宁与汉明窗序列

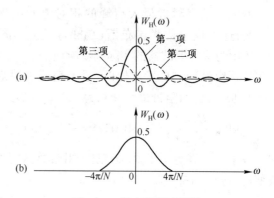

图 7-15　海宁窗幅度函数

3. 布来克曼窗(Blackman)

布来克曼窗函数为

$$w_B(n) = \begin{cases} 0.42 - 0.5\cos\dfrac{2n\pi}{N-1} + 0.08\cos\dfrac{4n\pi}{N-1} & |n| \leq \dfrac{N-1}{2} \\ 0 & \text{其他} \end{cases} \tag{7-39}$$

其频谱的幅度函数为

$$W_B(\omega) = 0.42W_R(\omega) + 0.25\left[W_R\left(\omega - \frac{2\pi}{N-1}\right) + W_R\left(\omega + \frac{2\pi}{N-1}\right)\right] +$$
$$0.04\left[W_R\left(\omega - \frac{4\pi}{N-1}\right) + W_R\left(\omega + \frac{4\pi}{N-1}\right)\right] \tag{7-40}$$

如图 7-16 所示,该窗函数由于项数增加,旁瓣之间抵消作用增强,主瓣宽度为 $12\pi/N$。

图 7-17 中画出了滤波器参数 $N = 51$,相对衰减 $A = 20\lg|H(\omega)/H(0)|$ 的四种窗函数的幅度增益响应。可见这四种窗函数的旁瓣衰减逐步增强,但与此同时,主瓣也相应加宽。

图 7-18 画出了用这四种窗口函数设计的线性相位低通滤波器的单位冲激响应 $h(n)$ 和相对

衰减量 $A = 20\lg|H(\omega)/H(0)|$ dB 的幅度响应,滤波器参数为 $N = 51$,低通 3 dB 截止频率 $\omega_c = 0.5\pi$。

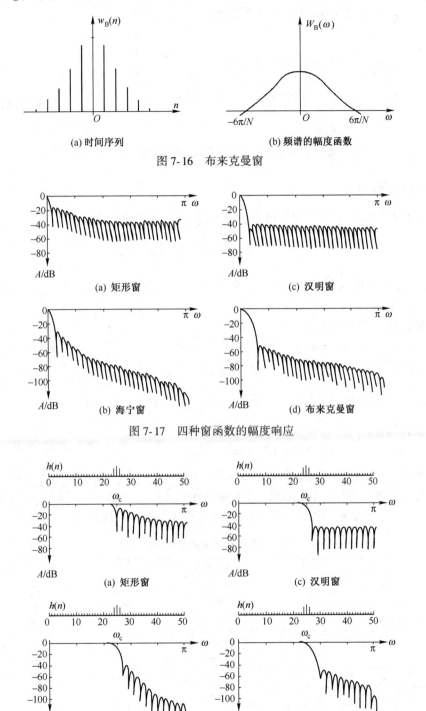

(a) 时间序列　　　　　　　　　(b) 频谱的幅度函数

图 7-16　布来克曼窗

(a) 矩形窗　　　　　　　　　(c) 汉明窗

(b) 海宁窗　　　　　　　　　(d) 布来克曼窗

图 7-17　四种窗函数的幅度响应

(a) 矩形窗　　　　　　　　　(c) 汉明窗

(b) 海宁窗　　　　　　　　　(d) 布来克曼窗

图 7-18　用窗函数设计的低通滤波器单位冲激响应及幅度响应

从图 7-18 中可以看到,用矩形窗设计的滤波器,其过渡带最窄,阻带最小衰减最差,为 -21 dB;用布来克曼窗设计的滤波器阻带衰减最好,可达 -74 dB,但过渡带也最宽,约为矩形窗的 3 倍。

图 7-19 所示为增大窗长度 N 对低通数字滤波器的影响,比较图 7-19(a)、(b)可知,增大 N 时对阻带衰减无影响,但使过渡带由宽变窄。

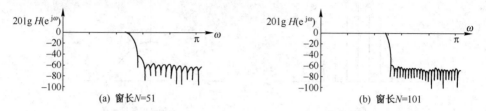

(a) 窗长 $N=51$　　　　　　　　　　　　(b) 窗长 $N=101$

图 7-19　窗长对滤波器设计的影响(低通滤波器的 $\omega_c = \pi/2$,汉明窗)

4. 凯泽窗(Kaiser)

凯泽窗是利用贝塞尔函数逼近得到的一个理想窗,其函数形式如下

$$w_K(n) = \frac{I_0\left(\beta\sqrt{1-[1-2n/(N-1)]^2}\right)}{I_0(\beta)} \tag{7-41}$$

式中,$I_0(x)$ 为零阶贝塞尔函数;β 为一个可以自由选择的参数,它可以调节主瓣与旁瓣的宽度。

凯泽窗函数如图 7-20 所示。

当 $n = \dfrac{N-1}{2}$ 时　　　$w_K\left(\dfrac{N-1}{2}\right) = \dfrac{I_0(\beta)}{I_0(\beta)} = 1$

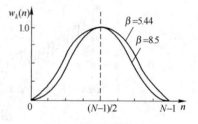

当 n 从 $\dfrac{N-1}{2}$ 向两边变化时,$w_K(n)$ 逐步减小,参数 β 越

大,$w_K(n)$ 变化越快。

当 $n=0$ 或 $n=N-1$ 时,$w_K(0) = w_K(N-1) = 1/I_0(\beta)$。

图 7-20　凯泽窗函数

参数 β 越大,其频谱的旁瓣越小,主瓣宽度也随之增加,因此 β 值可以在考虑主瓣与旁瓣的影响时进行选择。例如,当 $\beta=0$ 时,凯泽窗相当于矩形窗;当 $\beta=8.5$ 时,它相当于布来克曼窗;$\beta=5.44$ 时,它近似为汉明窗。表 7-1 给出不同 β 值下凯泽窗的特性。

表 7-1　不同 β 值下的凯泽窗的特性

β	过渡带宽 $\Delta\omega$	阻带最小衰减
2.120	$3.00\pi/N$	-30
3.384	$4.46\pi/N$	-40
4.538	$5.86\pi/N$	-50
5.658	$7.24\pi/N$	-60
6.764	$8.64\pi/N$	-70
7.865	$10.00\pi/N$	-80
8.960	$11.4\pi/N$	-90
10.056	$12.8\pi/N$	-100

$I_0(x)$ 是第一类零阶贝塞尔函数,用下述快速收敛级数可以计算出任意所需要的精度

$$I_0(x) = 1 + \sum_{K=1}^{\infty}\left[\frac{(x/2)^K}{K!}\right]^2 \tag{7-42}$$

这个无穷级数可以用有限项去近似,项数决定于所需要的精度。一般可取 15~25 项。

综合以上所讲述的五种窗函数,其主要性能如表 7-2 所示。

表 7-2　五种窗函数比较

窗　函　数	旁瓣峰值衰减(dB)	过渡带宽 $\Delta\omega$	阻带最小衰减(dB)
矩形窗	-13	$4\pi/N$	-21
海宁窗	-31	$8\pi/N$	-44
汉明窗	-41	$8\pi/N$	-53
布来克曼窗	-57	$12\pi/N$	-74
凯泽窗($\beta=7.865$)	-57	$10\pi/N$	-80

7.2.4　窗函数设计法设计步骤

采用窗函数设计法设计 FIR 数字滤波器的步骤如下。

(1) 给定要求的频率响应函数 $H_{\mathrm{d}}(\mathrm{e}^{\mathrm{j}\omega})$。

(2) 根据给定的滤波器阻带最小衰减选择窗函数,由所允许的过渡带宽 $\Delta\omega$,估计 $h(n)$ 序列长度 N,一般

$$N = A/\Delta\omega$$

式中,A 为常数,依窗函数形状而定(参见表 7-2);$\Delta\omega$ 近似等于窗函数频谱 $W(\mathrm{e}^{\mathrm{j}\omega})$ 主瓣宽度。

例如,矩形窗过渡带宽 $\Delta\omega=4\pi/N$,其 $h(n)$ 序列长度近似为 $N=4\pi/\Delta\omega$。

(3) 根据式(7-30)计算数字滤波器单位冲激响应

$$h'(n) = \frac{1}{2\pi}\int_{-\pi}^{\pi} H_{\mathrm{d}}(\mathrm{e}^{\mathrm{j}\omega}) \mathrm{e}^{\mathrm{j}\omega\left(n-\frac{N-1}{2}\right)} \mathrm{d}\omega \tag{7-43}$$

(4) 用选择的窗函数对 $h(n)$ 进行加窗

$$h(n) = h'(n)w(n) \quad n=0,1,\cdots,N-1$$

(5) 计算滤波器的频率响应

$$H(\mathrm{e}^{\mathrm{j}\omega}) = \sum_{n=0}^{N-1} h(n)\mathrm{e}^{-\mathrm{j}\omega n}$$

检验其是否符合要求,如不符合要求修改有关参数,重复上述步骤直到满意为止。

【例 7.1】　设计一个线性相位滤波器,其理想频率特性如图 7-21 所示,通带内幅度为 1,阻带内幅度为 0,数字截止频率为 ω_{c}。求 $h(n)$。

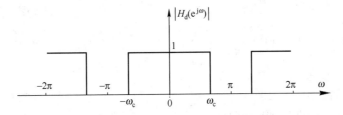

图 7-21　例 7-1 的频率响应

解: 由题意得
$$H_{\mathrm{d}}(\mathrm{e}^{\mathrm{j}\omega}) = \begin{cases} 1 & 0 \leqslant |\omega| \leqslant \omega_{\mathrm{c}} \\ 0 & \omega_{\mathrm{c}} < |\omega| < \pi \end{cases}$$

将 $H_{\mathrm{d}}(\mathrm{e}^{\mathrm{j}\omega})$ 代入式(7-43)得

$$h(n) = \frac{1}{2\pi}\int_{-\pi}^{\pi} H_{\mathrm{d}}(\mathrm{e}^{\mathrm{j}\omega}) \mathrm{e}^{\mathrm{j}\left(n-\frac{N-1}{2}\right)\omega} \mathrm{d}\omega = \frac{1}{2\pi}\int_{-\omega_{\mathrm{c}}}^{\omega_{\mathrm{c}}} \mathrm{e}^{\mathrm{j}\left(n-\frac{N-1}{2}\right)\omega} \mathrm{d}\omega$$

$$= \frac{\sin\left[\omega_c\left(n-\dfrac{N-1}{2}\right)\right]}{\pi\left(n-\dfrac{N-1}{2}\right)} \quad n \neq \frac{N-1}{2}$$

设截止频率 $\omega_c = \pi/4$，$h(n)$ 的长度 $N=21$，求解例 7.1 的 MATLAB 程序如下：

```
clear;
close all;
N=21;
wc=pi/4;
n=0:N-1;
r=(N-1)/2;
hdn=sin(wc*(n-r))/pi./(n-r);
if rem(N,2)~=0
hdn(r+1)=wc/pi;
end
wn1=boxcar(N);
hn1=hdn.*wn1';
wn2=hamming(N);
hn2=hdn.*wn2';
subplot(2,2,1)
stem(n,hn1,'.')
line([0,20],[0,0]);
title('矩形窗设计的 h(n)');
xlabel('n');ylabel('h(n)');
subplot(2,2,3)
stem(n,hn2,'.')
line([0,20],[0,0]);
title('hamming 窗设计的 h(n)');
xlabel('n');ylabel('h(n)');
hn11=fft(hn1,512);
w=2*[0:511]/512;
subplot(2,2,2)
plot(w,20*log10(abs(hn11)))
grid;
axis([0,2,-80,5]);
title('幅度特性');
xlabel('w/pi');ylabel('幅度(dB)');
hn22=fft(hn2,512);
subplot(2,2,4)
plot(w,20*log10(abs(hn22)))
grid;
axis([0,2,-80,5]);
title('幅度特性');
xlabel('w/pi');ylabel('幅度(dB)');
```

程序运行结果如图 7-22 所示。

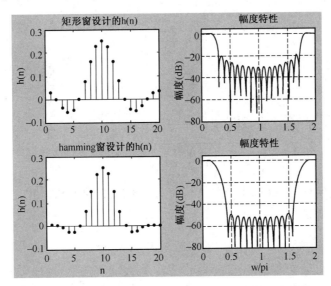

图 7-22　用矩形窗和 hamming 窗设计的 FIR 低通滤波器

【例 7.2】　设计如图 7-23 所示理想频率特性 FIR 线性相位数字滤波器,求 $h(n)$。

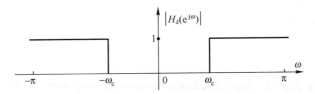

图 7-23　理想高通滤波器频率特性

解:由图 7-23 可得理想频率特性为

$$H_d(e^{j\omega}) = \begin{cases} 1 & -\pi \leqslant \omega \leqslant -\omega_c, \omega_c \leqslant \omega \leqslant \pi \\ 0 & \text{其他} \end{cases}$$

因此,可根据式(7-43)求出高通线性相位 FIR 滤波器的单位冲激响应为

$$h(n) = \frac{1}{2\pi} \int_{-\pi}^{-\omega_c} e^{j\omega\left(n-\frac{N-1}{2}\right)} \, d\omega + \frac{1}{2\pi} \int_{\omega_c}^{\pi} e^{j\omega\left(n-\frac{N-1}{2}\right)} \, d\omega$$

$$= \frac{e^{j\omega\left(n-\frac{N-1}{2}\right)}}{2\pi\left(n-\frac{N-1}{2}\right)j}\bigg|_{-\pi}^{-\omega_c} + \frac{e^{j\omega\left(n-\frac{N-1}{2}\right)}}{2\pi\left(n-\frac{N-1}{2}\right)j}\bigg|_{\omega_c}^{\pi}$$

$$= \frac{\sin\left[\pi\left(n-\frac{N-1}{2}\right)\right]}{\pi\left(n-\frac{N-1}{2}\right)} - \frac{\sin\left[\omega_c\left(n-\frac{N-1}{2}\right)\right]}{\pi\left(n-\frac{N-1}{2}\right)}$$

若 N 为奇数,当 $n = \frac{N-1}{2}$ 时,由上式得

$$h\left(\frac{N-1}{2}\right) = 1 - \frac{\omega_c}{\pi}$$

当 $n \neq \dfrac{N-1}{2}$ 时
$$\dfrac{\sin\left[\pi\left(n-\dfrac{N-1}{2}\right)\right]}{\pi\left(n-\dfrac{N-1}{2}\right)}=0$$

可得
$$h(n)=\begin{cases}1-\dfrac{\omega_c}{\pi} & n=\dfrac{N-1}{2} \\ -\dfrac{\sin\left[\omega_c\left(n-\dfrac{N-1}{2}\right)\right]}{\pi\left(n-\dfrac{N-1}{2}\right)} & n \neq \dfrac{N-1}{2}\end{cases}$$

设截止频率 $\omega_c=3\pi/4$，$h(n)$ 的长度 $N=21$，求解例 7.2 的 MATLAB 程序如下：

```
clear;
close all;
N=21;
wc=3*pi/4;
n=0:N-1;
r=(N-1)/2;
hdn=-sin(wc*(n-r))/pi./(n-r);
if rem(N,2)~=0
hdn(r+1)=1-(wc/pi);
end
hn1=fir1(N-1,wc/pi,'high',boxcar(N));
hn2=fir1(N-1,wc/pi,'high',hamming(N));
subplot(2,2,1)
stem(n,hn1,'.')
line([0,20],[0,0]);
title('矩形窗设计的 h(n)');
xlabel('n');ylabel('h(n)');
subplot(2,2,3)
stem(n,hn2,'.')
line([0,20],[0,0]);
title('hamming 窗设计的 h(n)');
xlabel('n');ylabel('h(n)');
hn11=fft(hn1,512);
w=2*[0:511]/512;
subplot(2,2,2)
plot(w,20*log10(abs(hn11)))
grid;
axis([0,2,-80,5]);
title('幅度响应');
xlabel('w/pi');ylabel('幅度(dB)');
hn22=fft(hn2,512);
subplot(2,2,4)
plot(w,20*log10(abs(hn22)))
```

```
grid;
axis([0,2,-200,5]);
title('幅度响应');
xlabel('w/pi');ylabel('幅度(dB)');
```

程序运行结果如图 7-24 所示。

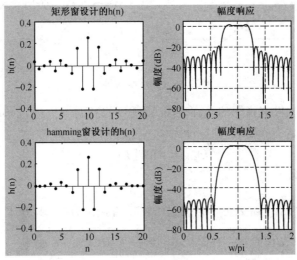

图7-24　用矩形窗和 hamming 窗设计的 FIR 高通滤波器

7.3　频率抽样设计法

窗函数设计法从时域出发,用有限长 $h(n)$ 逼近近似理想的无限长 $h_d(n)$,然后用窗函数对 $h(n)$ 加以修正,得到的频率响应 $H(e^{j\omega})$ 逼近于理想的频率响应 $H_d(e^{j\omega})$。

频率抽样设计法则是从频域出发来设计 FIR 数字滤波器。

7.3.1　设计思想

设计指标通常是在频域给出理想的频率响应 $H_d(e^{j\omega})$ 和允许误差。

先对 $H_d(e^{j\omega})$ 在主值区进行 N 点抽样,得

$$H(k) = H_d(e^{j\omega})\big|_{\omega=\frac{2\pi}{N}k} \qquad 0 \leqslant k \leqslant N-1 \tag{7-44}$$

用式(3-37),可由 $H(k)$ 内插得到实际滤波器的频率响应为

$$H(e^{j\omega}) = \sum_{k=0}^{N-1} H(k)\Phi\left(\omega - \frac{2k\pi}{N}\right) \tag{7-45}$$

式中

$$\Phi(\omega) = \frac{1}{N} e^{-j\omega\frac{N-1}{2}} \frac{\sin\frac{\omega N}{2}}{\sin\frac{\omega}{2}} \tag{7-46}$$

这里得到的 $H(e^{j\omega})$ 是 $H_d(e^{j\omega})$ 的近似。在 N 个抽样频率点 $\omega_k = \frac{2\pi}{N}k(0 \leqslant k \leqslant N-1)$ 处,$H(e^{j\omega_k}) = H(k) = H_d(e^{j\omega_k})$,实际频率响应与理想频率响应完全相等,误差为零。在 $\omega \neq \omega_k$ 处,$H(e^{j\omega})$ 由各 $H(k)$ 值加权的内插函数延伸叠加而成,$H(e^{j\omega})$ 与 $H_d(e^{j\omega})$ 之间的逼近误差大小取决于理想

频率响应曲线的光滑程度和抽样点的疏密。如图 7-25(a)所示,由于理想曲线是一阶梯形(黑点表示),曲线较光滑,$H(e^{j\omega})$ 逼近特性(实线)也比较好。而图 7-25(b)中的理想特性有不连续点,因此逼近特性在每一个不连续点都出现肩峰和振荡。

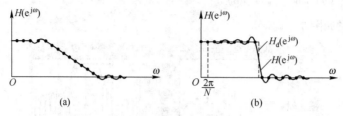

图 7-25　频率响应抽样

如果逼近误差超出性能指标的允许范围,则需要修正对 $H_d(e^{j\omega})$ 的抽样方法,再重复以上设计过程。如果已满足指标要求,则设计完毕。经 IDFT 变换得

$$h(n) = \text{IDFT}[H(k)]$$

再经 z 变换得系统函数

$$H(z) = \mathscr{Z}[h(n)]$$

FIR 数字滤波器的系统函数也可根据式(3-31)直接由 $H(k)$ 求出,即

$$H(z) = \sum_{k=0}^{N-1} H(k) \Phi_k(z) = \frac{1}{N} \sum_{k=0}^{N-1} H(k) \frac{1-z^{-N}}{1-e^{j\frac{2\pi}{N}k}z^{-1}} \tag{7-47}$$

频率响应为

$$H(e^{j\omega}) = \sum_{n=0}^{N-1} h(n) e^{-j\omega n} = \frac{1}{N} \sum_{k=0}^{N-1} H(k) \frac{1-e^{-j\omega N}}{1-e^{j\frac{2\pi}{N}k}e^{-j\omega}} \tag{7-48}$$

经推导有

$$H(e^{j\omega}) = e^{-j(N-1)\omega/2} \sum_{k=0}^{N-1} H(k) e^{j(N-1)k\pi/N} \frac{\sin[N(\omega-2k\pi/N)/2]}{N\sin[(\omega-2k\pi/N)/2]}$$

$$= e^{-j(N-1)\omega/2} \sum_{k=0}^{N-1} H(k) s(\omega,k) \tag{7-49}$$

式中

$$s(\omega,k) = e^{j(N-1)k\pi/N} \frac{\sin[N(\omega-2k\pi/N)/2]}{N\sin[(\omega-2k\pi/N)/2]}$$

称为内插函数。显然,对 $H_d(e^{j\omega})$ 抽样点 N 取得越大,$H(e^{j\omega})$ 对 $H_d(e^{j\omega})$ 的近似程度越好。N 的选取要依据 $H(e^{j\omega})$ 在通带和阻带内的技术要求而定。

为求 $h(n)$,首先要确定 $H(k)$。$H(k)$ 的确定原则如下:

① 在通带内 $|H(k)|=1$,阻带内 $|H(k)|=0$,且在通带内赋给 $H(k)$ 一相位函数。

② $H(k)$ 应保证求出的 $h(n)$ 是实序列。

③ 由 $h(n)$ 求出的 $H(e^{j\omega})$ 应具有线性相位。

下面根据上述的三个原则来讨论 $H(k)$ 的确定。由式(7-49),如保证 $H(k)e^{j(N-1)k\pi/N}$ 为实数,则 $H(e^{j\omega})$ 具有线性相位

$$\varphi(\omega) = -(N-1)\omega/2$$

满足上式并考虑 $|H(k)|=1$,有

$$H(k) = e^{-j(N-1)k\pi/N}, k=0,1,\cdots,N-1 \tag{7-50}$$

由第 3 章中 DFT 的性质可知,为保证 $h(n)$ 是实序列,$H(k)$ 应满足如下的对称关系

$$H^*(k) = H(-k) = H(N-k), \ \text{或} \ H(k) = H^*(N-k) \tag{7-51}$$

把式(7-50)和式(7-51)结合起来考虑,由于

$$H(N-k) = \mathrm{e}^{-\mathrm{j}(N-1)(N-k)\pi/N} = \mathrm{e}^{-\mathrm{j}(N-1)\pi} \mathrm{e}^{\mathrm{j}(N-1)k\pi/N} = \mathrm{e}^{-\mathrm{j}(N-1)\pi} H^*(k)$$

当 N 为偶数时,$\mathrm{e}^{-\mathrm{j}(N-1)\pi} = -1$;当 N 为奇数时,$\mathrm{e}^{-\mathrm{j}(N-1)\pi} = 1$。这样,当 N 为偶数时,若按式(7-50)对 $H(k)$ 赋值,就不能满足式(7-51)的对称关系。可按如下的原则对 $H(k)$ 赋值。

• N 为偶数时

$$H(k) = \begin{cases} \mathrm{e}^{-\mathrm{j}(N-1)k\pi/N} & k = 0, 1, \cdots, \dfrac{N}{2}-1 \\[2mm] 0 & k = \dfrac{N}{2} \\[2mm] -\mathrm{e}^{-\mathrm{j}(N-1)k\pi/N} & k = \dfrac{N}{2}+1, \cdots, N-1 \end{cases} \tag{7-52}$$

或

$$\begin{cases} H(k) = \mathrm{e}^{-\mathrm{j}(N-1)k\pi/N} & k = 0, 1, \cdots, \dfrac{N}{2}-1 \\[2mm] H(N-k) = H^*(k) & k = 1, 2, \cdots, \dfrac{N}{2}-1 \\[2mm] H(k) = 0 & k = \dfrac{N}{2} \end{cases} \tag{7-53}$$

• N 为奇数时

$$H(k) = \mathrm{e}^{-\mathrm{j}(N-1)k\pi/N} \qquad k = 0, 1, \cdots, N-1 \tag{7-54}$$

或

$$\begin{cases} H(k) = \mathrm{e}^{-\mathrm{j}(N-1)k\pi/N} & k = 0, 1, \cdots, \dfrac{N-1}{2} \\[2mm] H(N-k) = H^*(k) & k = 1, 2, \cdots, \dfrac{N-1}{2} \end{cases} \tag{7-55}$$

上述当 N 为偶数与奇数时的两种赋值方法,其本质是一样的,区别仅在于 k 从 0 取到 $N-1$,还是仅取一半。

频率抽样法设计 FIR 数字滤波器的步骤如下:

(1) 根据所设计的滤波器的通带与阻带的要求,分 N 为偶数还是奇数,按式(7-52)~式(7-55)确定 $H(k)$,在阻带内 $H(k) = 0$。

(2) 由给定的 $H(k)$ 构成所设计的滤波器的系统函数 $H(z)$,也可由式(7-49)求出所设计的滤波器的频率响应 $H(\mathrm{e}^{\mathrm{j}\omega})$。

$H(z)$、$H(\mathrm{e}^{\mathrm{j}\omega})$ 也可直接由 $H(k)$ 构成,见式(7-47)、式(7-48)。但 $H(k)$ 仍需按上述原则选定。应当指出,如果设计线性相位数字滤波器,则 $h(n)$ 必须满足 $h(n) = \pm h(N-1-n)$,$H(\mathrm{e}^{\mathrm{j}\omega})$ 的相位函数应是一条直线。

【例7.3】 用频率抽样法设计一个 FIR 数字低通滤波器,截止频率 $\omega_c = 0.2\pi$。

解:用频率抽样法设计一个线性相位低通滤波器去逼近理想滤波器,需要求出滤波器的系统函数 $H(z)$ 与频率响应 $H(\mathrm{e}^{\mathrm{j}\omega})$。

取 $N = 20$(偶数),对理想频率特性 $H_\mathrm{d}(\mathrm{e}^{\mathrm{j}\omega})$ 在 $0 \sim 2\pi$ 范围内进行 $N = 20$ 点的均匀抽样,如图7-26中的黑点所示,抽得数据如下

$$H(k) = \begin{cases} 1 & k = 0, 1 \\ 0 & k = 2, 3, \cdots, 18 \\ 1 & k = 19 \end{cases}$$

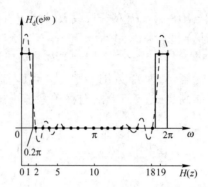

图 7-26 例 7.3 的频率响应

实线:理想频率特性 黑点:表示频率抽样点 虚线:表示设计得到的幅度函数

将 $H(k)$ 代入式(7-47)得

$$H(z) = \frac{1-z^{-20}}{20}\left(\frac{1}{1-z^{-1}} + \frac{1}{1-e^{j\frac{2\pi}{20}\times 1}z^{-1}} + \frac{1}{1-e^{j\frac{2\pi}{20}\times 19}z^{-1}}\right)$$

$$= \frac{1-z^{-20}}{20}\left(\frac{1}{1-z^{-1}} + \frac{2-1.9021z^{-1}}{1-1.9021z^{-1}+z^{-2}}\right)$$

把 $z = e^{j\omega}$ 代入上式得滤波器频率响应如下

$$H(e^{j\omega}) \approx \frac{e^{-j9.5\omega}}{20}\left[\frac{\sin 10\omega}{\sin 0.5\omega} + \frac{1.9021(\cos 0.5\omega - \cos 10.5\omega)}{0.9511 - \cos\omega}\right]$$

上式表明滤波器具有严格线性相位 $\tau = \dfrac{N-1}{2} = 9.5$,其幅度函数如图 7-26 所示。由于 $H_d(e^{j\omega})$ 要求为矩形特性,在 0.2π 存在不连续点,因此引起 $H(e^{j\omega})$ 有很大波动。

求解例 7.3 的 MATLAB 实现程序如下:

```
M = 20;
alpha = (M-1)/2;
l = 0:M-1;
wl = (2 * pi/M) * l;
Hrs = [1,1,zeros(1,17),1];
hdr = [1,1,0,0];
wdl = [0,0.2,0.2,1];
k1 = 0:floor((M-1)/2);
k2 = floor((M-1)/2)+1:M-1;
angH = [-alpha * (2 * pi)/M * k1,alpha * (2 * pi)/M * (M-k2)];
HH = Hrs. * exp(j * angH);
h = real(ifft(HH,M));
[H,w] = freqz(h,1,1000,'whole');
H = (H(1:501))';
w = (w(1:501))';
mag = abs(H);
db = 20 * log10((mag+eps)/max(mag));
pha = angle(H);
L = M/2;
```

```
b=2*[h(L:-1:1)];
n=[1:1:L];
n=n-0.5;
w=[0:1:500]'*pi/500;
Hr=cos(w*n)*b';
figure(1);
subplot(2,2,1);plot(wl(1:11)/pi,Hrs(1:11),'o',wdl,hdr);title('频率样本:M=20');
ylabel('|Hd|');
axis([0,1,-0.1,1.1])
set(gca,'XTickMode','manual','XTick',[0,0.2,0.3,1]);
set(gca,'YTickMode','manual','YTick',[0,1]);grid
subplot(2,2,2);stem(l,h);title('冲激响应');
xlabel('n');
ylabel('h(n)');
axis([0,M,-0.1,0.3]);
subplot(2,2,3);plot(w/pi,Hr,wl(1:11)/pi,Hrs(1:11),'o');title('振幅响应');
xlabel('频率(单位:pi)');
ylabel('H(k)');
axis([0,1,-0.2,1.1]);
set(gca,'XTickMode','manual','XTick',[0,0.2,0.3,1]);
set(gca,'YTickMode','manual','YTick',[0,1]);grid;
subplot(2,2,4);plot(w/pi,abs(Hr));title('幅度响应');
set(gca,'XLim',[0,1],'XTick',0:0.2:1,'XTickLabel',0:0.2:1);
set(gca,'YLim',[0,1],'YTick',0:0.2:1,'YTickLabel',0:0.2:1);
grid;
xlabel('频率(单位:pi)');
ylabel('幅度');
axis([0,1,0,1.2]);
```

运行结果如图 7-27 所示。

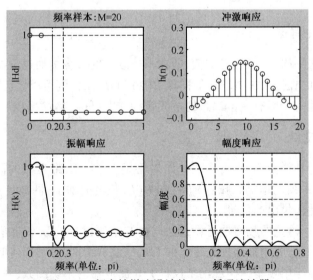

图 7-27　频率抽样法设计的 FIR 低通滤波器

由图 7-27 的幅度响应曲线可以看出,这样设计的滤波器在通带内有较大的上冲,在阻带内也有较大的波纹。这是由于 $H_d(e^{j\omega})$ 在 ω_c 处的跳变造成的。解决的办法是使 $H_d(e^{j\omega})$ 在由 1 变 0 时不要突变,在中间人为地加入一过渡带,过渡带的 $|H(k)|=0.5$。例如,可令

$$H(2)=0.5e^{-j19\times2\pi/20}, H(18)=0.5e^{j19\times2\pi/20}$$

对上述 MATLAB 程序进行修正,结果如图 7-28 所示。

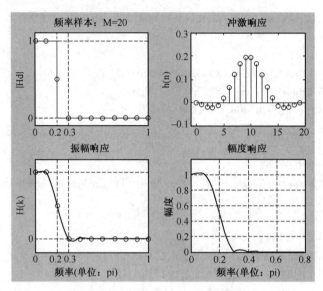

图 7-28　频率抽样法设计的 FIR 低通滤波器(增加了过渡带)

由图 7-28 可以看出,增加了 $H(2)$ 和 $H(18)$ 后,通带内上冲减小,阻带内的波纹也基本消失,滤波器的性能有所改善。

7.3.2　滤波器性能的改善

由例 7.3 可以看出,FIR 滤波器频率响应的幅度特性振荡很大,为了使设计出的滤波器具有较好的性能,可采用以下两种方法。

1. 增加过渡带抽样点

与窗函数设计法一样,加大过渡带宽,即在不连续点的边缘增加过渡抽样点来缓和矩形特性的突然变化。例如,在例 7.3 中增加抽样点 $H(2)$ 和 $H(18)$,则可以大大减小振荡,阻带衰减也可得到进一步改善。一般有一至二点的过渡带抽样即可得到满意结果。

2. 增加抽样点密度

过渡带的宽度与抽样点数 N 成反比。如果希望在加大阻带衰减的同时,不使过渡带加宽,可以加大 N。但 N 值的增加意味着 $h(n)$ 和 $H(k)$ 长度的增加,滤波运算量必然增大,这就是为改善过渡带特性而付出的代价。

应该指出,这里所讨论的频率抽样设计法与第 5 章所讨论的频率抽样结构不完全是一回事,二者理论基础相同。应用抽样理论建立的 FIR 滤波器结构,对于任何 FIR 系统都适用。而频率抽样设计法只是应用频率抽样理论来设计 FIR 滤波器的系统函数,并不涉及滤波器结构,它所设计的系统函数既可以采用频率抽样型结构,也可以采用直接型,或者其他结构实现。

频率抽样设计法特别适用于设计窄带选频滤波器,这时只有少数几个非零值的$H(k)$,因而设计计算量小。

二维 FIR 数字滤波器设计包括窗函数设计法、频率抽样设计法以及麦克莱兰变换法。

7.4　IIR 与 FIR 滤波器的比较

由第 6、7 章介绍的滤波器的一般设计法可以看出,滤波器设计问题就是确定满足性能指标要求的滤波器系数 a_k、b_k、c_k、d_k,或者 $h(n)$,基本上是一个求解逼近问题。所谓逼近就是给定所要求的滤波器性能指标后,去寻求一个物理可实现的系统函数,使它的频率响应尽可能近似满足给定要求。

滤波器的设计方法分两大类:一类是频域法,即逼近所需要的频率特性;另一类是时域法,即逼近所需要的时间特性。对于 IIR 滤波器,重点介绍了模拟滤波器-数字滤波器变换的设计法。对于 FIR 滤波器,重点介绍了窗函数设计法和频率抽样设计法。很难肯定哪一种方法最好,选用哪一种设计方法,要根据具体情况而定,如滤波器的性质、实现方法、对实时程度的要求及具体给定的应用条件等。

下面给出 FIR 与 IIR 滤波器的简单比较,仅供参考。

1. 性能比较

IIR 滤波器可以用较低的阶数获得很高的选择特性,所用存储单元少,运算次数少,所以经济而且效率高。但这个高效率的代价是相位的非线性,选择性越好相位的非线性越严重。相反,FIR 滤波器可以得到严格的线性相位。但是如果需要获得一定的选择性,则要用较多的存储器和较长时间的运算,成本比较高,信号延迟也比较大。这是由于 FIR 滤波器的极点固定在原点,只能用较高的阶数达到较好的选择性,对于相同的滤波器性能指标,FIR 滤波器所要求的阶数比 IIR 滤波器高 5~10 倍。如果按相同的选择性和相同的线性相位要求,IIR 滤波器就必须加全通网络进行相位校正,因此同样会大大增加滤波器节数和复杂性。如果要求严格的线性相位特性,那么 FIR 滤波器不仅在性能上而且在经济上都优于 IIR 滤波器。

2. 结构比较

IIR 滤波器必须采用递归型结构,极点位置必须位于单位圆内,否则系统会不稳定。在这种结构下,运算过程的舍入及系统的不准确都可能引起轻微的寄生振荡。相反,FIR 滤波器主要采用非递归型结构,不论在理论上,还是在实际有限精度计算中都不存在稳定性问题,运算误差比较小。此外,FIR 滤波器可以采用 FFT 技术,在相同阶数条件下,运算速度可以快很多。

3. 设计工作量比较

IIR 滤波器设计借助于模拟滤波器设计成果,一般都有有效的封闭函数设计公式对其进行准确的计算,设计工作量比较小,对计算工具要求不高。FIR 滤波器设计一般无封闭函数设计公式。窗函数设计法虽然对常用窗函数可以给出计算公式,但计算阻带衰减仍无显式表达式。一般 FIR 滤波器只有计算机程序可循,没有计算机的帮助比较难于完成。然而这个特点又带来相反的一面,即 IIR 滤波器虽然设计简单,但主要是用于幅度响应(幅频特性)分段为常数特性的滤波器,如低通、高通、带通及带阻滤波器的设计中,往往脱离不开模拟滤波器的格局。而 FIR 滤波器则要灵活得多,尤其是频率抽样设计法更容易使所设计的滤波器适应各种幅度函数和相位函数的要求,如可以设计出理想的正交变换、理想微分、线性调频等各种滤波器,因而有更大的适应性。特别值得一提的是,目前已有许多 FIR、IIR 滤波器计算机设计程序可供使用,这些程序使用方便,效果较好。

通过以上简单比较可以看到,IIR 与 FIR 滤波器各有所长,所以在实际应用中应综合考虑各方面因素而加以选择。

本 章 小 结

本章主要介绍 FIR 数字滤波器的线性相位特性,以及 FIR 数字滤波器的设计方法。重点是窗函数设计法。应主要掌握以下内容:

(1) FIR 数字滤波器具有线性相位应满足的条件是

$$h(n) = \pm h(N-1-n), 0 \leqslant n \leqslant N-1$$

(2) FIR 数字滤波器设计的窗函数设计法,包括其理论设计过程和加窗对滤波器性能的影响;

(3) FIR 数字滤波器设计的频率抽样设计法。

习　　题

7.1　如图 7-29 所示,设计一个线性相位数字滤波器(矩形窗)。

(1) N 为奇数,求 $h(n)$;

(2) N 为偶数,求 $h(n)$;

(3) 若采用布来克曼窗进行设计,求出以上两种形式的 $h(n)$ 表达式。

7.2　按图 7-30 所示设计一个数字带阻滤波器,要求与习题7-1相同。

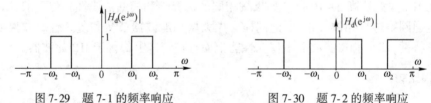

图 7-29　题 7-1 的频率响应　　　　图 7-30　题 7-2 的频率响应

7.3　用矩形窗设计一个线性正交变换网络

$$H_d(e^{j\omega}) = -je^{-j\omega\alpha} \qquad -\pi \leqslant \omega \leqslant \pi$$

求 $h(n)$ 表达式。

7.4　用矩形窗设计一个线性相位数字微分器

$$H_d(e^{j\omega}) = -j\omega e^{-j\omega\alpha} \qquad -\pi \leqslant \omega \leqslant \pi$$

(1) 求 $h(n)$ 表达式。　(2) 评价 N 为奇、偶数时 $h(n)$ 的性能。

7.5　用频率抽样法设计一个线性相位数字低通滤波器,$N=15$ 时幅度抽样为

$$H_d(k) = \begin{cases} 1 & k=0 \\ 0.5 & k=1,14 \\ 0 & k=2,3,\cdots,13 \end{cases}$$

(1) 求 $h(n)$、$H(e^{j\omega})$ 的表达式。

(2) 用直接型及频率抽样型两种结构实现这一滤波器,画出结构图。

（3）比较两种结构所用的乘法器与加法器数目。

7.6 用频率抽样法设计一个线性相位数字低通滤波器，$N=3$，$\omega_c=\pi/2$，边沿上设一点过渡点 $H_d(k)=0.39$，试求各点抽样值的幅值 $H(k)$ 及相位 $\theta(k)$［提示：也就是求抽样值 $H(k)$］。

7.7 设某 FIR 滤波器系统函数为

$$H(z)=\frac{1}{10}(1+2z^{-1}+4z^{-2}+2z^{-3}+z^{-4})$$

试求 $H(e^{j\omega})$ 的幅度函数和相位函数，并求出 $h(n)$ 表达式。

7.8 用窗函数设计法设计 FIR 线性相位数字低通滤波器，已知 $\omega_c=0.5\pi$，$N=21$，求 $h(n)$、$H(e^{j\omega})$，并画出其图形。

7.9 编制窗函数法 FIR 滤波器设计程序。设计截止频率为 20 Hz，过渡带宽为 5 Hz，抽样频率为 100 Hz 的低通滤波器，分别采用矩形窗、海宁窗、汉明窗、布来克曼窗，并比较所得结果的频率特性。

第8章 数字谱分析

信号分析和信号处理的目的是要提取或利用信号某些特征的变化规律。信号既可以从时域描述,又可以从频域描述,两种描述方法之间存在着一一对应关系。在某些情况下,信号的频域描述方法比它的时域描述方法更为简单,更容易理解和识别。

数字谱分析是指用数字的方法求信号的离散近似谱。随着 FFT 算法的出现和超大规模集成电路技术的发展,谱分析技术的重点也从模拟方法转向数字方法,从非实时转向实时处理,进入一个新的阶段并得到迅速发展,在许多工程技术领域它已成为不可缺少的技术手段。例如,对建筑桥梁、机车车辆等结构动力学参数(如应力、应变、振动、加速度、速度、位移及频率特性等)的测量与分析,就需要通过谱分析找出主频率与结构自振频率的关系,求得结构自振频率和振型,判断结构的完好程度,为设计及故障诊断提供依据。数字谱分析技术还广泛应用于通信、控制、雷达、声呐、语音处理、图像处理、生物医学、地球物理等许多领域。

表征物理现象的各种信号,可以分为确定性信号和随机信号两大类。确定性信号可以用频谱描述,而随机信号则用功率谱来描述。本章首先讨论确定性信号的数字谱分析,然后讨论随机信号的数字谱分析。

8.1 确定性连续时间信号谱分析

所谓确定性连续时间信号,是指在时间上连续并且其值可以用某个数学表达式唯一确定的信号。正弦信号、指数信号等都属于确定性连续时间信号。例如,电容的充放电过程就可以用确定性连续时间信号来描述。确定性连续时间信号的频谱可以通过对其求傅里叶变换得到。

8.1.1 数据预处理

用 FFT 方法分析确定性连续时间信号的系统方框图,如图 8-1 所示。

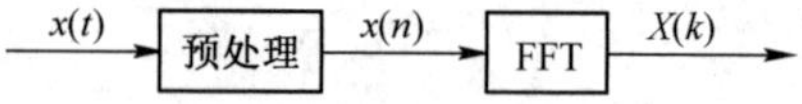

图 8-1 分析确定性连续时间信号的系统方框图

对确定性连续时间信号 $x(t)$ 进行 FFT 分析,抽样信号及其频谱如图 8-2 所示。首先要对 $x(t)$ 进行数据预处理。数据预处理可以等效成以下三步:

(1)用矩形窗截取一段 $x(t)$,得到 $x_1(t)$,即

$$x_1(t) = x(t)w(t) \tag{8-1}$$

式中

$$w(t) = \begin{cases} 1 & 0 \leqslant t \leqslant T_1 \\ 0 & \text{其他} \end{cases}$$

其示意图如图 8-2(b)所示。

(2)用冲激信号 $\delta_T(t) = \sum\limits_{n=0}^{N-1} \delta(t - nT)$,在 $0 \leqslant t \leqslant T_1$ 区间对 $x_1(t)$ 进行抽样,得时间抽样信号 $x_s(t)$,即

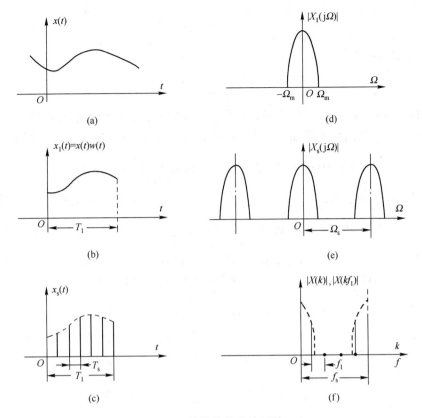

图 8-2 抽样信号及其频谱

$$x_s(t) = \sum_{n=0}^{N-1} x_1(t)\delta(t - nT_s) \tag{8-2}$$

式中，T_s 为抽样时间间隔，抽样点数 $N = T_1/T_s$，抽样信号示意图如图 8-2(c)所示。

（3）对抽样时间信号 $x_s(t)$ 进行量化，得到序列 $x(n)$。如果认为量化是无限精度的，即量化误差为零，则有

$$x(n) = x(nT_s) = x_s(t)$$

在实际应用时，有时还需对信号进行去除均值、去除趋势项等处理，以提高信噪比，改善谱分析质量。

8.1.2 用 $X(k)$ 近似表示频谱时的基本关系

抽样时间信号 $x_s(t)$ 的傅里叶变换为

$$X_s(j\Omega) = \int_{-\infty}^{\infty} x_s(t)\, e^{-j\Omega t}\, dt \tag{8-3}$$

把式（8-2）代入上式得

$$\begin{aligned}
X_s(j\Omega) &= \int_{-\infty}^{\infty} \sum_{n=0}^{N-1} x_1(t)\delta(t - nT_s)\, e^{-j\Omega t}\, dt \\
&= \sum_{n=0}^{N-1} \int_{-\infty}^{\infty} x_1(t)\, e^{-j\Omega t}\delta(t - nT_s)\, dt
\end{aligned}$$

$$= \sum_{n=0}^{N-1} x_1(nT_s) e^{-j\Omega nT_s} \tag{8-4}$$

由式(2-38)，令 $s = j\Omega$，可得

$$X_s(j\Omega) = \frac{1}{T_s} \sum_{m=-\infty}^{\infty} X_1(j\Omega - jm\Omega_s) \tag{8-5}$$

即抽样信号的频谱 $X_s(j\Omega)$ 是其相应模拟信号 $x_1(t)$ 的频谱以 Ω_s 为周期的周期延拓，其幅度为原来的 $1/T_s$。$X_1(j\Omega)$ 的幅度谱如图 8-2(d)所示。这样由式(8-4)、式(8-5)得到

$$X_s(j\Omega) = \frac{1}{T_s} \sum_{m=-\infty}^{\infty} X_1(j\Omega - jm\Omega_s) = \sum_{n=0}^{N-1} x_1(nT_s) e^{-j\Omega nT_s} \tag{8-6}$$

其幅度谱如图 8-2(e)所示。由奈奎斯特抽样定理知道，当 Ω_s 大于 2 倍的 $X_1(j\Omega)$ 的最高频率分量 Ω_m 时，$X_s(j\Omega)$ 将重复地再现 $X_1(j\Omega)$ $\left(幅度为其 \dfrac{1}{T_s}\right)$。因此，在 Ω_s 大于 2 倍的 $X_1(j\Omega)$ 最高频率分量 Ω_m 的情况下，截取 $X_s(j\Omega)$ 中的一个周期 $(0, \Omega_s)$，并在频域对其进行 N 点抽样，因为 $\Omega = 2\pi f$，$\Omega_s = 2\pi f_s$，且抽样间隔 $f_1 = f_s/N$，$f = kf_1$，这样式(8-6)可以写成

$$X_s(kf_1) = \frac{1}{T_s} X_1(kf_1) = \sum_{n=0}^{N-1} x_1(nT_s) e^{-j2\pi kf_1 nT_s} \tag{8-7}$$

因为 $f_1 T_s = \dfrac{f_s}{N} T_s = \dfrac{1}{N}$，所以

$$X_s(kf_1) = \frac{1}{T_s} X_1(kf_1) = \sum_{n=0}^{N-1} x_1(nT_s) e^{-j\frac{2\pi}{N} nk}$$

设 $x(n) = x_1(nT_s)$，$W = e^{-j\frac{2\pi}{N}}$，则

$$X_s(kf_1) = \frac{1}{T_s} X_1(kf_1) = \sum_{n=0}^{N-1} x(n) W_N^{nk} = X(k) \tag{8-8}$$

式(8-8)就是离散傅里叶变换公式。式(8-8)表明，当满足 $\Omega_s \geq 2\Omega_m$ 条件时，抽样信号的离散傅里叶变换值 $X(k)$ 等于对所截取的有限长时间信号 $x_1(t)$ 的连续傅里叶变换 $X_1(j\Omega)$ 的抽样，在幅度上为其 $1/T_s$，即

$$X(k) = \frac{1}{T_s} X_1(kf_1) \qquad 0 \leq k \leq N-1 \tag{8-9}$$

更一般的结论，由式(8-6)、式(8-7)得到

$$X_s(kf_1) = X(k) \tag{8-10}$$

即(假定抽样与计算的误差均为零)抽样信号离散傅里叶变换值 $X(k)$ 等于抽样信号连续傅里叶变换的抽样，如图 8-2(f)所示。

8.1.3 用 FFT 分析确定性连续时间信号

1. 有限长时间信号

由傅里叶变换知道，信号 $x(t)$ 在时间上为有限长，则其频谱 $X(j\Omega)$ 宽度为无限长，如图 8-3(a)所示。

因为 $X(j\Omega)$ 的宽度为无限长，抽样频率 Ω_s 不可能大于信号 $x(t)$ 最高频率 Ω_m 的 2 倍，所以抽样信号频谱 $X_s(j\Omega)$ 必然发生混叠。$X_s(j\Omega)$ 在高频端与 $X_1(j\Omega)$ 有较大误差，因此只能用 $T_s X(k) \approx X_1(kf_1)$ 做近似分析。

为了减小混叠引起的误差,采用抗混叠滤波器,把输入信号的频带限制在一定范围,配以适当的抽样频率,就有可能很好地满足精度要求。

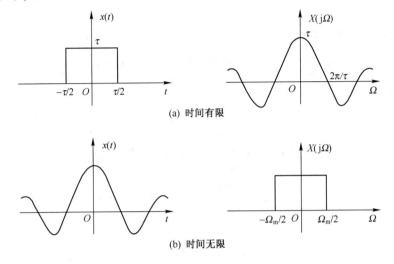

(a) 时间有限

(b) 时间无限

图 8-3　连续时间信号及其傅里叶变换

2. 无限长时间信号

由傅里叶变换知道,信号 $x(t)$ 在时间上为无限长,其频谱 $X(j\Omega)$ 宽度为有限长,如图 8-3 (b)所示。

首先将无限长信号 $x(t)$ 进行截短,由式(8-1)可知

$$x_1(t) = x(t)w(t)$$

根据傅里叶变换性质,有

$$X_1(j\Omega) = X(j\Omega) * W(j\Omega) \tag{8-11}$$

式中,$W(j\Omega)$ 为矩形窗 $w(t)$ 的频谱。

在频域对式(8-11)进行抽样,并结合式(8.9)可得

$$X_1(kf_1) = X(kf_1) * W(kf_1) = T_s X(k)$$

因此,$T_s X(k)$ 只能是 $X(kf_1)$ 的近似表示,近似程度取决于窗函数性质,即 $W(kf_1)$ 的性质。而矩形窗函数频谱除主瓣之外,还有较大的旁瓣泄漏,与 $X(j\Omega)$ 卷积后,使 $X(j\Omega)$ 也产生波动和能量泄漏。为减小泄漏引起的误差,可选择不同的窗函数来加以克服。

3. 周期信号

周期信号是无限长确定性连续时间信号的一个特例。

设 $x(t)$ 是周期为 T_0 的周期信号,其傅里叶级数展开式为

$$x(t) = \sum_{m=-\infty}^{\infty} X(mf_0) e^{jm2\pi f_0 t} \tag{8-12}$$

式中,傅里叶级数系数

$$X(mf_0) = \frac{1}{T_0} \int_{-T_0/2}^{T_0/2} x(t) e^{-jm2\pi f_0 t} dt \tag{8-13}$$

采用图 8-1 所示系统对 $x(t)$ 进行分析,加矩形窗截短信号得

$$x_1(t) = x(t)w(t)$$

设
$$w(t)\begin{cases} 1 & t \leqslant \left| \dfrac{T_0}{2} \right| \\ 0 & \text{其他} \end{cases}$$

也就是说,窗长度恰好取周期信号的一个周期。这样,截短信号 $x_1(t)$ 的傅里叶变换为

$$X_1(j\Omega) = \int_{-\infty}^{\infty} x(t)w(t)e^{-j\Omega t}dt = \int_{-T_0/2}^{T_0/2} x(t)e^{-j\Omega t}dt \tag{8-14}$$

比较式(8-13)、式(8-14)可以得出

$$X(mf_0) = \frac{1}{T_0} X_1(j\Omega)\Big|_{\Omega=2\pi mf_0} \tag{8-15}$$

当矩形窗函数的宽度为周期信号周期的正整数倍时,即

$$w(t) = \begin{cases} 1 & t \leqslant \left| i\dfrac{T_0}{2} \right| \\ 0 & \text{其他} \end{cases} \quad i\ \text{为正整数}$$

可以得出
$$X(mf_0) = \frac{1}{iT_0} X_{1i}(j\Omega)\Big|_{\Omega=2\pi mf_0} \tag{8-16}$$

式中
$$X_{1i}(j\Omega) = \int_{-iT_0/2}^{iT_0/2} x(t)e^{-j\Omega t}dt$$

对 $X_{1i}(j\Omega)$ 进行抽样,令抽样点数 $N = iT_0/T_s$,则根据式(8-9)有
$$X_{1i}(kf_1) = T_s X(k) \tag{8-17}$$

当 $kf_1 = mf_0$ 时,式(8-16)成为

$$X(mf_0) = \frac{T_s}{iT_0} X(k) \tag{8-18}$$

将抽样点数 $N = iT_0/T_s$,代入上式得

$$X(mf_0) = \frac{1}{N} X(k) \tag{8-19}$$

将 $f_1 = \dfrac{1}{iT_0}$ 代入 $kf_1 = mf_0$,可得 $k\dfrac{1}{iT_0} = mf_0$,即

$$m = k/i \tag{8-20}$$

根据式(8-19)、式(8-20)得出结论:对于周期信号任意截取 i 个周期(i 为正整数),求其离散傅里叶变换 $X(k)$,在 k/i 的整数倍频率点上将 $X(k)$ 乘以 $1/N$,即得周期信号傅里叶级数的系数 $X(mf_0)$。

对于周期信号,其傅里叶系数 $X(mf_0)$ 为无穷项,而 $X(k)$ 为有限项。式(8-19)仅在有限项内适用,因此 $X(k)$ 仍然是 $X(mf_0)$ 的近似表示。

当窗函数宽度不是信号 $x(t)$ 的周期 T_0 的整数倍时,周期信号基频 f_0 就不可能是其 FFT 分析频率间隔 f_1 的整数倍,因此很难简单、直接地建立起周期信号傅里叶级数系数 $X(mf_0)$ 与其离散傅里叶变换 $X(k)$ 之间的关系。

由于非周期信号(周期信号截短后也为非周期信号)具有连续的频谱,而用 FFT 只能计算出其离散频谱,即连续频谱中的若干点,这就好像通过栅栏的缝隙观看另一边,只能在离散点处看到真实的频谱,这种现象称为栅栏效应。此时,FFT 像一个"栅栏"用来观察周期信号的离散频谱,而这些离散频谱恰恰是处于透过栅栏观察不到的部分。克服这种现象的办法是,提高 FFT 的频谱分辨率,即减少 $f_1(f_1 = 1/T_1)$,也就是要增加观测时间 T_1。

综上所述,用 FFT 分析确定性连续时间信号只能是一种近似分析,可能带来三种误差:

(1)混叠:对于频带很宽的信号,频域的截短必然产生混叠。经常采用的克服混叠的办法是,尽可能地提高抽样频率和在信号输入端加抗混叠滤波器。

(2)泄漏:对于时域很宽的信号,时域的截短将产生频域能量泄漏。目前克服泄漏的主要办法是,选择合适的窗函数进行加窗处理。泄漏和混叠并不能完全分开,因为泄漏会导致频谱扩展,从而使频谱超过 $\Omega_s/2$,造成混叠。

(3)栅栏效应:由于 FFT 是将一幅连续的频谱进行 N 点抽样,这就好像对一幅频谱图通过一个"栅栏"观察一样,只能在离散点处看到真实图形。如果不加特殊处理,在 DFT 的两条谱线之间的频谱分量是无法检测到的。减少栅栏效应的实质就是要提高 DFT 的分辨率。目前,有很多有效的方法可以提高分辨率,例如电子放大镜法,它是一种频谱细化技术,这种方法在抽样点数不变的情况下可比直接计算 DFT 方法的分辨率提高若干倍。还可采用线性调频 z 变换算法。

8.1.4 谱分析参数选取

正确选取谱分析参数对保证谱分析质量十分重要。谱分析参数主要包括:

信号记录长度 T_1;信号谱分辨率 f_1;信号抽样间隔 T_s;信号抽样频率 f_s;信号上限频率 f_m;抽样点数 N。

谱分析参数之间需满足以下关系式:

$$f_s \geq 2f_m \tag{8-21}$$

$$T_1 = 1/f_1 \tag{8-22}$$

$$T_s = 1/f_s \tag{8-23}$$

$$N = T_1/T_s = f_s/f_1 \tag{8-24}$$

8.2 随机信号

8.2.1 基本概念

随机信号就是不能用明确的数学关系描述、无法精确预测未来值的信号。严格地说,实际信号大多数是随机的,例如语音信号、通信信号和地震信号等。随机信号也有其固有的规律,不过这种规律是通过大量的观测实验所得到的统计规律。电阻的热噪声是由于载流子在电阻体内热运动引起的,它在任一时刻的值都是随机变量,它与电阻的材料、结构、工艺、环境等许多因素有关。例如,测量阻值为 1 kΩ 电阻的热噪声电压–时间函数曲线,即使在"完全"相同的测量条件下,测若干只"相同"的 1 kΩ 电阻,也不会得到完全相同的热噪声电压–时间函数曲线。1 kΩ 电阻的样本曲线如图 8-4 所示。

图中 $x_1(t), x_2(t)\cdots, x_n(t)$ 分别表示第 1 个,第 2 个,$\cdots$,第 n 个 1 kΩ 电阻热噪声电压–时间函数曲线。

通常把 $x_1(t), x_2(t), \cdots, x_n(t)$ 这些表示随机现象的单个时间历程称为样本函数,对于有限时间区间上观察的结果称为样本记录,而随机现象可能产生的全部样本函数称为随机过程,可能产生的全部样本称为样本空间。随机过程如果是时间的函数,则随机过程和随机信号这两个概念是相通的。

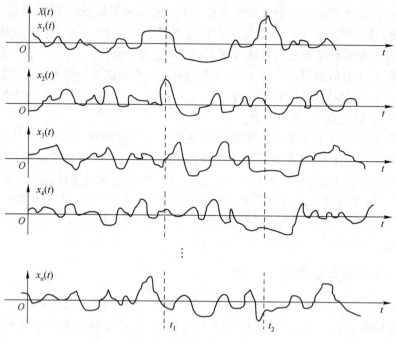

图 8-4　随机信号样本集合

当时间 t 固定在某一时刻 t_1 时,各样本取值 $x_1(t_1),x_2(t_1),\cdots,x_n(t_1)$ 是大小各不相同的值,其集合用 $X(t_1)$ 表示,则 $X(t_1)$ 是定义在样本空间上的随机变量;当 t 取不同的固定值 t_1,$t_2,\cdots,t_n$ 时,$X(t)$ 就是一族随机变量 $X(t_1),X(t_2),\cdots,X(t_n)$,而这一族随机变量是随着时间而变化的。如果 t 的取值是离散的,也就是说 t 为离散值时才有定义,则称 $X(t)$ 为一族随机序列。若 t 仅在等间隔时间点上有定义,即 $t=kT$,k 为整数,则 $X(t)$ 成为 $\cdots,X(-T),X(0)$,$X(T),\cdots$,称之为等间隔离散随机序列 $x(n)$。

随机序列具有以下两条基本性质:

(1)随机序列在任何一点的取值都不是先验确定的。它包含二重意义,任何一点(n 为某确定值),样本不同取值是随机的,同一样本在不同点(n 取不同值)的取值也是随机的。所以随机序列在任何一点的取值都是一个随机变量。

(2)随机序列可以用它的统计平均特性来表征。随机序列在任何 n 值点上取值虽然不是先验确定的,但在各时间点上的随机变量的取值是服从确定的概率分布的。一个随机序列的每一个随机变量,都可以用确定的概率分布特性统计地加以描述,或者可以通过统计平均特性来表征它。这样用统计平均的方法可以得到,随机序列在每一个时刻可以取哪几种值和取各种值的概率,以及各时间点上取值的关联性。

应用 MATLAB 可以很容易产生如下两类随机序列:

● 在 $[0,1]$ 上服从均匀分布的随机序列可以用函数 rand$(1,N)$ 产生;

● 服从正态分布的随机序列可以用函数 randn$(1,N)$ 产生,其均值为 0,方差为 1。

8.2.2　分布函数

对于任一固定时刻,随机过程便是一个随机变量,这时可以用研究随机变量的方法来研究随机过程的统计特征。概率分布函数和概率分布密度是从幅度域描述随机变量或随机序列的有关统计特性的。

概率分布函数 $P(x)$ 表示随机变量 X 的取值小于 x 的概率,即

$$P(x) = \text{Prob}\{X < x\} \tag{8-25}$$

概率密度函数 $p(x)$ 定义为

$$p(x) = \frac{\mathrm{d}P(x)}{\mathrm{d}x} \tag{8-26}$$

表示随机变量 X 落入区间 $x \sim x+\mathrm{d}x$ 之间的概率。

图 8-5 给出概率密度函数与概率分布函数之间的关系:概率密度函数曲线下的面积表示概率分布函数。

随机变量的相关概念可以推广到随机过程。所不同的只是随机过程(或信号)的概率分布函数和概率密度函数除了是 x 的函数,还是时间 t 的函数,即

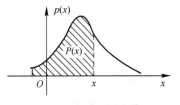

图 8-5　概率密度函数与概率分布函数关系示意图

概率分布函数 $\qquad P(x,t) = \text{Prob}\{X(t) < x\} \tag{8-27}$

概率密度函数 $\qquad p(x,t) = \dfrac{\partial P(x,t)}{\partial x} \tag{8-28}$

如果要描述一个随机过程在两个不同时刻 t_1 与 t_2 的随机变量 $X(t_1)$、$X(t_2)$ 之间的关系,可引入二维联合概率分布函数。即随机过程 $X(t)$ 在 $t=t_1$ 时,$X(t_1) < x_1$;在 $t=t_2$ 时,$X(t_2) < x_2$,二者同时出现的概率分布函数用 $\text{Prob}\{X(t_1) < x_1, X(t_2) < x_2\}$ 表示,其概率密度函数为

$$p(x_1, x_2 ; t_1, t_2) = \frac{\partial P\{X(t_1) < x_1, X(t_2) < x_2\}}{\partial x_1 \partial x_2} \tag{8-29}$$

如果一个随机过程是平稳的,概率密度函数不随时间变化而变化,则用二维概率分布函数就可以充分描述这种平稳随机过程。

8.2.3　数字特征

概率分布函数虽然能够用来描述随机过程的统计特性,但在许多实际问题中要确定一个概率分布函数往往要通过大量实验才能近似地求出其表达式,且计算复杂,使用也不方便。事实上许多问题的解决,往往只需知道随机过程的一些数字特征,而不需要对随机过程做全面的描述。下面研究随机序列的数字特征,它也可以推广到随机过程。

1. 均值

随机序列的均值定义为

$$m_{\mathrm{a}} = E[X] = \lim_{N \to \infty} \frac{1}{N} \sum_{i=1}^{N} x_i(n) \tag{8-30}$$

式中,$x_i(n)$ 是第 i 次观察所得到的样本序列。

均值也称为一阶原点矩。

2. 均方误差

随机序列的均方误差定义为

$$E[X^2] = \lim_{N \to \infty} \frac{1}{N} \sum_{i=1}^{N} x_i^2(n) \tag{8-31}$$

3. 方差

方差用来说明随机序列各可能值对其均值的偏离程度,是信号起伏特征的一种度量,它定

义为观察值偏离其均值平方的期望值,用符号 σ^2 表示,即

$$\sigma^2 = E[(X - m_a)^2] = \lim_{N \to \infty} \frac{1}{N} \sum_{i=1}^{N} [x_i(n) - m_a]^2 \tag{8-32}$$

方差与均值的关系如下

$$\sigma^2 = E[(X - m_a)^2] = E[X^2 - 2m_aX + m_a^2]$$
$$= E[X^2] - 2m_aE[X] + m_a^2 = E[X^2] - m_a^2 \tag{8-33}$$

σ^2 可理解为电压(或电流)的起伏分量在 $1\,\Omega$ 电阻上的平均耗散功率。

将式(8-33)写成

$$E[X^2] = \sigma^2 + m_a^2$$

其意义为:平均功率=交流功率+直流功率。

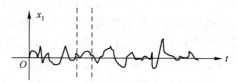

(a) 前、后弱相关

4. 自相关函数

均值和方差是常用的特征量,但它们描述的只是随机序列在各个时刻的统计特性,而不能反映出在不同时刻各数值之间的内在联系。如图 8-6 所示,两个不同随机序列虽然具有相同的均值和方差,但它们随时间的变化规律却大不相同。图 8-6(a)变化快,说明不同时刻取值相关性比较弱;图 8-6(b)变化慢,说明不同时刻取值相关性较强。

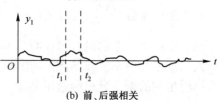

(b) 前、后强相关

图 8-6 相关性对随机过程影响

自相关函数用来描述随机序列在任意两个不同时刻取值之间的相关程度,实平稳随机序列 $x(n)$ 的自相关函数定义为

$$r_{xx}(m) = E[x(n)x(n+m)] = \int_{-\infty}^{\infty} \int_{-\infty}^{\infty} x_1 x_2 p(x_1, x_2; m) \mathrm{d}x_1 \mathrm{d}x_2 \tag{8-34}$$

类似的道理,对于两个实平稳随机序列 $x(n)$、$y(n)$ 的相关性,可以用互相关函数描述,定义为

$$r_{xy}(m) = E[x(n)y(n+m)] = \int_{-\infty}^{\infty} \int_{-\infty}^{\infty} xyp(x, y; m) \mathrm{d}x \mathrm{d}y \tag{8-35}$$

自相关函数与互相关函数的其他定义方式见二维码 8-1。

二维码 8-1

自相关函数具有如下性质:

(1) 自相关函数是一个偶函数,即

$$r_{xx}(m) = r_{xx}(-m) \tag{8-36}$$

证明:根据定义 $r_{xx}(m) = E[x(n)x(n+m)]$

所以 $r_{xx}(-m) = E[x(n)x(n-m)]$

设 $n = n' + m$,则 $r_{xx}(-m) = E[x(n'+m)x(n')] = r_{xx}(m)$

(2) 自相关函数与均值、方差的关系为

$$r_{xx}(0) = \sigma^2 + m_a^2 \tag{8-37}$$

$$r_{xx}(\infty) = m_a^2 \tag{8-38}$$

证明:由于 $r_{xx}(m) = E[x(n)x(n+m)]$

根据式(8-33)有 $E[x^2(n)] = \sigma^2 + m_a^2$

故 $r_{xx}(0) = \sigma^2 + m_a^2$

又由于
$$r_{xx}(m) = E[x(n)x(n+m)]$$
$$\lim_{m \to \infty} r_{xx}(m) = \lim_{m \to \infty} E[x(n)x(n+m)]$$

根据随机过程理论，m 越大，$x(n)$ 与 $x(n+m)$ 的相关性越差；$m \to \infty$，可以认为 $x(n)$ 与 $x(n+m)$ 不相关。因此
$$\lim_{m \to \infty} r_{xx}(m) = E[x(n)]E[x(n+m)]$$

平稳随机过程统计特性与时间原点无关，所以
$$E[x(n)] = E[x(n+m)] = m_a$$

因此
$$\lim_{m \to \infty} r_{xx}(m) = m_a^2$$

方差
$$\sigma^2 = r_{xx}(0) - r_{xx}(\infty) \tag{8-39}$$

证明：由式(8-37)、式(8-38)可得
$$r_{xx}(0) - r_{xx}(\infty) = \sigma^2 + m_a^2 - m_a^2 = \sigma^2$$

自相关函数、均值、方差之间的关系示意图如图8-7所示。

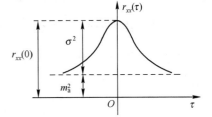

图 8-7 $r_{xx}(m)$、m_a^2 及 σ^2 之间的关系

8.2.4 随机过程的分类

按随机过程的特性可将随机过程分类如下。

$$随机过程\begin{cases}平稳随机过程\begin{cases}各态历经平稳随机过程\\非各态历经平稳随机过程\end{cases}\\非平稳机过程\end{cases}$$

平稳随机过程的统计特性与时间无关。工程上常用的判断标准是其均值及自相关函数与时间无关。

实际上，对于一个随机过程，如果环境和主要条件都不随时间变化，则一般认为是平稳的。在工程领域中所遇到的过程很多都可以认为是平稳的。

非平稳随机过程的均值和自相关函数随时间而变化。随机过程处于过渡阶段总是非平稳的。这类随机过程尚无完整的分析方法。

所谓各态历经过程，就是平稳随机过程的一个样本函数在无限长时间内的平均值，从概率意义上趋于所有样本函数的统计平均值。也就是说，一个样本函数在无限长时间内所经历的状态等同于无限个样本在某一时刻经历的各种状态。因此随机过程的任何一个样本函数都可以用来描述随机过程的全部统计信息，任何一个样本函数特性都可以代表整个随机过程特性，从而使实际问题的分析大大简化。

对于离散随机过程，其集平均和集相关函数分别为
$$E[x_i(n)] = \lim_{N \to \infty} \frac{1}{N} \sum_{i=1}^{N} x_i(n) \qquad (对于 N 个样本)$$

$$E[x_i(n)x_i(n+m)] = \lim_{N \to \infty} \frac{1}{N} \sum_{i=1}^{N} [x_i(n)x_i(n+m)] \qquad (对于 N 个样本)$$

定义在某一样本上的均值和自相关函数分别为
$$E[x(n)] = \lim_{N \to \infty} \frac{1}{N} \sum_{n=0}^{N-1} x(n)$$

$$E[x(n)x(n+m)] = \lim_{N \to \infty} \frac{1}{N} \sum_{n=0}^{N-1} x(n)x(n+m)$$

对于各态历经过程,集平均等于任一样本上的平均;集相关函数等于任一样本上的相关函数,即

$$m_a = E[x(n)] = E[x_i(n)]$$

$$r_{xx}(m) = E[x(n)x(n+m)] = E[x_i(n)x_i(n+m)]$$

各态历经随机过程必定是平稳的,而平稳随机过程不一定都具有各态历经性。如不特殊说明,以下各节针对各态历经过程进行讨论。

8.2.5 维纳-辛钦定理

维纳-辛钦定理:当 $m_a = 0$ 时,自相关函数 $r_{xx}(n)$ 与功率谱密度 $P_{xx}(\omega)$ 是一对傅里叶变换对,即

$$P_{xx}(\omega) = \sum_{n=-\infty}^{\infty} r_{xx}(n) e^{-j\omega n} \tag{8-40a}$$

$$r_{xx}(n) = \frac{1}{2\pi} \int_{-\pi}^{\pi} P_{xx}(\omega) e^{j\omega n} d\omega \tag{8-40b}$$

该定理揭示了从时间角度描述随机信号统计规律和从频率角度描述随机信号统计规律之间的联系。

在式(8-40b)中令 $n=0$,则

$$r_{xx}(0) = \sigma^2 = \frac{1}{2\pi} \int_{-\pi}^{\pi} P_{xx}(\omega) d\omega$$

又因为

$$\sigma^2 = E[x^2(n)] - m_a^2 = E[x^2(n)]$$

所以

$$E[x^2(n)] = \frac{1}{2\pi} \int_{-\pi}^{\pi} P_{xx}(\omega) d\omega \tag{8-41}$$

$E[x^2(n)]$ 代表信号平均功率,所以上式说明 $P_{xx}(\omega)$ 在 $-\pi \leqslant \omega \leqslant \pi$ 频域内的积分面积正比于信号平均功率。因此 $P_{xx}(\omega)$ 的物理意义是 $x(n)$ 的平均功率密度,一般称 $P_{xx}(\omega)$ 为功率谱密度。

当 $x(n)$ 为实平稳序列时,$r_{xx}(n)$ 为实偶函数,故 $P_{xx}(\omega)$ 也为实偶函数,即

$$P_{xx}(-\omega) = P_{xx}(\omega) \tag{8-42}$$

另外,功率谱密度 $P_{xx}(\omega)$ 是非负的,并且不含有相位信息。

以上定义功率谱密度时,假定随机信号的均值为零。对于均值不为零的随机信号,可以重新定义一个零均值随机信号:$x(n) - m_a$,将其均值置为零,这对于随机信号的谱分析不会带来任何影响。

无限长信号功率谱密度函数可以这样来理解:它是无限多个无限长信号样本函数的功率谱密度函数的集合平均。假设各态历经过程成立,并且功率谱密度不含有相位信息,则可认为各态历经信号一个样本的功率谱密度蕴含着集合统计平均的所有信息。这样,一个样本的功率谱密度函数和自相关函数就代表了随机信号的统计平均特性。

8.3 功率谱估计

8.3.1 概述

对于8.2节中介绍的维纳-辛钦定理的功率谱密度 $P_{xx}(\omega)$、自相关序列 $r_{xx}(m)$ 及集平均的公式,理论上,只要已知随机过程的一个抽样序列的所有数据,就能计算出自相关函数 $r_{xx}(m)$,进而求得随机过程的功率谱密度 $P_{xx}(\omega)$。但在实际中除非 $x(n)$ 可以用解析法精确地表示出来,否则是不能实现的。那么,我们所得到的功率谱,相对于真实功率谱都不可避免地存在着不同程度的失真,因此,对功率谱的估计就显得尤为重要。

功率谱估计涉及概率统计、矩阵代数、信号与系统、随机过程等一系列的基础学科,同时广泛应用于通信、雷达、声呐、天文、生物医学等众多领域,其内容不断扩充,方法不断更新,已成为一个相当活跃的研究领域。

功率谱估计方法分为经典方法和现代方法两大类。谱估计的经典方法以傅里叶变换为基础,主要包括自相关函数法和周期图法,以及周期图法的改进算法。

英国科学家牛顿最早提出了"谱"的概念。1822年,法国工程师傅里叶提出了傅里叶谐波分析理论,傅里叶级数首先应用在观察自然界中的周期现象。1898年,Suchuster在研究太阳黑子数的周期性时首先提出了傅里叶系数的幅度平方作为函数中功率的测量,并命名为周期图(periodogram),这是经典谱估计的最早提法。但是,周期图法计算的是已知数据的傅里叶变换,在实际应用中,已知数据长度总是比抽样序列的长度长得多,因此,直到1965年快速傅里叶变换算法的出现,周期图法才得到广泛的应用。自相关函数法又称Blackman-Tukey法(简称BT法),是Blackman和Tukey二人在1958年提出的,此法首先根据序列得到自相关函数的估计,然后根据维纳-辛钦定理计算抽样序列自相关函数的傅里叶变换,以得到功率谱估计。周期图法和自相关函数法的计算结果是等效的,因此习惯把周期图法称为计算功率谱的直接法,而把自相关函数法称为计算功率谱的间接法。

无论是有限长序列还是有限长自相关函数,都可看成是有限宽度窗从对应的无限长序列或无限长自相关函数中截取出来的,这种方法造成了频率分辨率低和频谱能量向旁瓣泄漏这两个经典谱估计方法的固有缺陷。人们相继提出了一系列周期图法的改进方法,但这些方法使得周期图仅适用于数据记录较长和对频率分辨率要求不高的情况,而不能从根本上改善周期图法的性能,同时,这些方法也必然会带来估计误差,在某些情况下,甚至会出现因误差过大而估计错误的现象。特别是对于短时间序列的谱估计,加窗后旁瓣的影响会降低功率谱的分辨率。为了克服经典功率谱估计分辨率低的缺点,近年来提出了最大似然法(MVSE)和最大熵法(MESE)等现代谱估计方法来实现高分辨率功率谱估计。

在很多实际应用中,如地震勘探、水声信号处理与识别、远距离通信中,激励信号往往是非高斯的,系统函数不是最小相位的,甚至是非线性的,测量噪声也往往不是白色的。这就需要用高阶谱来分析信号,从观测数据中获得相位信息,并使分析具有抗有色高斯噪声干扰的能力。

8.3.2 谱估计的经典方法

由维纳-辛钦定理可知,随机信号的功率谱密度为其自相关函数的傅里叶变换,即

$$P_{xx}(\omega) = \sum_{m=-\infty}^{\infty} r_{xx}(m)\,\mathrm{e}^{-\mathrm{j}\omega m} \tag{8-43}$$

式中,自相关函数
$$r_{xx}(m) = E\big[\,x(n)x(n+m)\,\big] \tag{8-44}$$

对于各态历经过程,集合平均可以用时间平均来代替,于是上式可以写成

$$r_{xx}(m) = \lim_{N\to\infty} \frac{1}{2N+1} \sum_{n=-N}^{N} x(n)x(n+m) \tag{8-45}$$

平均运算要求提供无限长($N\to\infty$,从而 $2N+1\to\infty$)的样本函数。实际上只能获得和处理有限长的样本记录($0\leqslant n\leqslant N-1$),自相关函数只能用有限长的样本记录进行估计,所得结果为真正自相关函数的一个近似,即

$$r_N(m) = \frac{1}{N} \sum_{n=0}^{N-1} x(n)x(n+m) \tag{8-46}$$

$r_N(m)$ 取非零值区间为:$-(N-1)\leqslant m\leqslant(N-1)$。其傅里叶变换为

$$P_N(\omega) = \sum_{m=-\infty}^{\infty} r_N(m)\,\mathrm{e}^{-\mathrm{j}\omega m} = \sum_{m=-(N-1)}^{N-1} r_N(m)\,\mathrm{e}^{-\mathrm{j}\omega m} \tag{8-47}$$

所得 $P_N(\omega)$ 也仅是真实功率谱 $P_{xx}(\omega)$ 的一个近似,或称为一个估计。

式(8-46)和式(8-47)给出了功率谱估计的一种方法——自相关函数法。

将式(8-46)代入式(8-47)得

$$P_N(\omega) = \sum_{m=-(N-1)}^{N-1} \frac{1}{N} \sum_{n=0}^{N-1} x(n)x(n+m)\,\mathrm{e}^{-\mathrm{j}\omega m}$$

$$= \frac{1}{N} \sum_{n=0}^{N-1} x(n) \sum_{m=-(N-1)}^{N-1} x(n+m)\,\mathrm{e}^{-\mathrm{j}\omega m}$$

令 $l=n+m$ 则 $\quad P_N(\omega) = \dfrac{1}{N} \sum_{n=0}^{N-1} x(n) \sum_{l=n-(N-1)}^{n+N-1} x(l)\,\mathrm{e}^{-\mathrm{j}\omega(l-n)}$

由于使用有限长度的样本记录,$x(n)$ 在区间 $0\leqslant n\leqslant N-1$ 以外的值均为零,故可修改上式中第二个求和符号的上下限,得

$$P_N(\omega) = \frac{1}{N} \sum_{n=0}^{N-1} x(n) \Big[\sum_{l=0}^{N-1} x(l)\,\mathrm{e}^{-\mathrm{j}\omega l} \Big] \mathrm{e}^{\mathrm{j}\omega n}$$

$$= \frac{1}{N} \sum_{n=0}^{N-1} x(n)\,\mathrm{e}^{\mathrm{j}\omega n} X(\mathrm{e}^{\mathrm{j}\omega})$$

$$= \frac{1}{N} X^*(\mathrm{e}^{\mathrm{j}\omega}) X(\mathrm{e}^{\mathrm{j}\omega}) = \frac{1}{N} \,|\,X(\mathrm{e}^{\mathrm{j}\omega})\,|^2 \tag{8-48}$$

式(8-48)给出了功率谱估计的另外一种方法——周期图法。

因此,对随机信号进行谱估计有两种方法:自相关函数法和周期图法。这两种方法都要用 FFT 进行计算,因此也应考虑混叠、泄漏和栅栏效应问题。

8.3.3 谱估计质量评价方法

设 θ 为随机序列的一个统计特征,它可以是均值、方差、自相关函数或功率谱等。$\hat{\theta}$ 是 θ 的估计,它可以是标量也可以是矢量,即

$$\hat{\theta} = f(x_0, x_1, x_2, \cdots, x_{N-1})$$

应注意估计量 $\hat{\theta}$ 本身也是一个随机变量,它也存在着均值和方差,此均值和方差可以用来

判定所取估计量值的有效程度及估计的质量。

一个良好估计量的概率密度函数 $p(\hat{\theta})$ 应该是狭窄而集中围绕着其真值的。通常用以下三个值来评定估计的质量。

1. 偏量

估计随机变量的均值与真值之差定义为此估计量的偏量 B，即

$$B = \theta - E[\hat{\theta}] \qquad (8\text{-}49)$$

当估计的偏量为零时，则称此估计为无偏估计，这就意味着估计量的均值就是真值，即

$$E[\hat{\theta}] = \theta \qquad (8\text{-}50)$$

图 8-8 中估计 1 和估计 2 都是无偏的，若 B 不为零，则称 $\hat{\theta}$ 是 θ 的有偏估计。如果当 $N \to \infty$ 时有 $B = 0$，则称 $\hat{\theta}$ 是 θ 的渐近无偏估计。

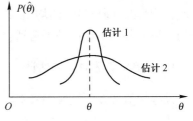

图 8-8　两个估计的概率密度函数

2. 方差

估计的方差定义为

$$\mathrm{Var}(\hat{\theta}) = E[(\hat{\theta} - E[\hat{\theta}])^2] = \hat{\sigma}^2 \qquad (8\text{-}51)$$

由于一般平稳随机过程的概率密度函数为高斯分布，即

$$p_x(\hat{\theta}) = \frac{1}{\sqrt{2\pi}\,\hat{\sigma}} \mathrm{e}^{\frac{-(\hat{\theta} - \hat{m}_a)^2}{2\hat{\sigma}^2}}$$

由此可见，估值的方差 $\hat{\sigma}^2$ 实际上确定了概率密度函数的宽度。一个小的方差表明概率密度 $p(\hat{\theta})$ 集中在其均值周围。换句话说，估计的方差描述了它偏离均值的散度，方差越小，偏离散度越小，估值越接近于真值。

图 8-8 中，估计 1 的方差比估计 2 的方差小。方差为最小的估计称为最小方差估计。

3. 均方误差

在许多情况下，具有较小偏量的估计量却具有较大的方差，反之亦然。这就给两个估计评定量之间的比较带来了麻烦。因此定义估计的均方误差为

$$E(\mathrm{e}^2) = E[(\hat{\theta} - \theta)^2] \qquad (8\text{-}52)$$

可以证明

$$E(\mathrm{e}^2) = B^2 + \hat{\sigma}^2 \qquad (8\text{-}53)$$

如果观察次数越来越多，均方误差越来越小，使偏量和方差二者都趋近于零，则这个估计量称为一致估计，如图 8-8 中的估计 1。

通常一种谱估计方法往往不能使上述三个评定参数一致。在这种情况下，只能对偏量、最小方差及一致估计进行折中处理，尽量满足估计的无偏性、有效性及一致性。

8.4　功率谱估计的自相关函数法

8.4.1　自相关函数的估计

8.2 节中介绍过，实平稳随机序列 $x(n)$ 的均值和自相关函数分别定义为

$$E[x(n)] = \lim_{N \to \infty} \frac{1}{N} \sum_{n=0}^{N-1} x(n)$$

$$E[x(n)x(n+m)] = \lim_{N \to \infty} \frac{1}{N} \sum_{n=0}^{N-1} x(n)x(n+m)$$

令 $y_m(n) = x(n)x(n+m)$。对于各态历经过程,集平均可用时间平均来代替,即

$$r_N(m) = \frac{1}{N} \sum_{n=0}^{N-1} y_m(n) = \frac{1}{N} \sum_{n=0}^{N-1} x(n)x(n+m)$$

在大多数实际应用中,要确定一个给定的随机过程是否是各态历经过程是不符合实际的。因此,当要知道随机过程的均值、自相关函数或其他集平均时,一般都假定随机过程是各态历经的。那么各态历经性是否合适,应由使用这些估计的算法性能来决定。

1. 自相关函数的无偏估计

设零均值各态历经实平稳随机过程的一个抽样序列为 $x(n)$,那么

$$r_N(m) = \frac{1}{N} \sum_{n=0}^{N-1} x(n)x(n+m) = \frac{1}{N} \sum_{n=0}^{N-1} y_m(n) \tag{8-54}$$

$y_m(n)$ 称为滞后积。当已知观测数据只是抽样序列 $x(n)$ 中的有限个数据(例如 N 个)$x_N(n)$ 时,滞后积 $y_m(n)$ 是一个长为 $N-|m|$ 的序列。不同 m 值的滞后积序列长度是不同的,因此时间平均可写成下列形式

$$r'_N(m) = \frac{1}{N-|m|} \sum_{n=0}^{N-1-|m|} x(n)x(n+m) = \frac{1}{N-|m|} \sum_{n=0}^{N-1-|m|} y_m(n) \tag{8-55}$$

其中,滞后积序列共有 $2N-1$ 个($y_m(n)$ 是共轭序列,m 从 $-(N-1)$ 到 $(N-1)$ 取值),如果随机过程的抽样序列 $x(n)$ 是无限长的,那么滞后积序列 $y_m(n)$ 也是无限长的。随机过程是各态历经的,此时 $r'_N(m)$ 在均方意义上收敛于 $r_{xx}(m)$,即

$$\lim_{N \to \infty} E[|r'_N(m) - r_{xx}(m)|^2] = 0$$

则
$$\lim_{N \to \infty} r'_N(m) = r_{xx}(m) \tag{8-56}$$

也就是说,$y_m(n)$ 的时间平均就是随机过程的自相关函数。

为了更好地说明 $r'_N(m)$ 的估计质量,下面我们来讨论一下它的偏量和方差。

(1) 偏量

$r'_N(m)$ 的均值为
$$\begin{aligned} E[r'_N(m)] &= \frac{1}{N-|m|} \sum_{n=0}^{N-1-|m|} E[x(n)x(n+m)] \\ &= \frac{1}{N-|m|} \sum_{n=0}^{N-1-|m|} r_{xx}(m) \\ &= r_{xx}(m) \qquad |m| \leq N-1 \end{aligned}$$

因此,$r'_N(m)$ 的偏量为

$$B[r'_N(m)] = r_{xx}(m) - E[r'_N(m)] = r_{xx}(m) - r_{xx}(m) = 0 \tag{8-57}$$

即 $r'_N(m)$ 是 $r_{xx}(m)$ 的无偏估计。

(2) 方差

$r'_N(m)$ 的均方值为

$$E[(r'_N(m))^2] = \frac{1}{(N-|m|)^2} \sum_{n=0}^{N-1-|m|} \sum_{k=0}^{N-1-|m|} E[x(n)x(n+m)x(k)x(k+m)] \qquad |m| \leq N-1$$

当 $\{x(n)\}$ 是均值为零的白色高斯过程时,有

$$E[(r'_N(m))^2] = \frac{1}{(N-|m|)^2} \sum_{n=0}^{N-1-|m|} \sum_{k=0}^{N-1-|m|} \{E[x(n)x(n+m)]E[x(k)x(k+m)] +$$

$$E[x(n)x(k)]E[x(n+m)x(k+m)] + E[x(n)x(k+m)]E[x(n+m)x(k)]\}$$

$$= \frac{1}{(N-|m|)^2} \sum_{n=0}^{N-1-|m|} \sum_{k=0}^{N-1-|m|} [r_{xx}^2(m) + r_{xx}^2(n-k) +$$

$$r_{xx}(n-k-m)r_{xx}(n-k+m)] \qquad |m| \leqslant N-1 \qquad (8\text{-}58)$$

式中

$$\sum_{n=0}^{N-1-|m|} \sum_{k=0}^{N-1-|m|} r_{xx}^2(m) = (N-|m|)^2 r_{xx}(m)$$

令 $n-k=l$，n 和 k 均从 $0 \sim N-1-|m|$ 取值，故 l 从 $-(N-1-|m|) \sim (N-1-|m|)$ 取值。

当 $l=0$ 时，$n=k$，$r_{xx}^2(l) = r_{xx}^2(n-k)$ 共有 $N-|m|$ 项（从 $0 \sim (N-1-|m|)$）；

当 $|l|=1$ 时，$n=k\pm1$，$r_{xx}^2(l)$ 共有 $N-|m|-1$ 项；

当 $|l|=N-1-|m|$ 时，$r_{xx}^2(l)$ 仅有 1 项。

$r_{xx}(l-m)r_{xx}(l+m)$ 情况类似。

因此，具有相同 l 值的 $r_{xx}^2(l)$、$r_{xx}(l-m)r_{xx}(l+m)$，均有 $N-|m|-|l|$ 项。因此

$$E[(r'_N(m))^2] = \frac{1}{(N-|m|)^2} \Big\{ (N-|m|)^2 r_{xx}^2(m) + \sum_{l=-(N-1-|m|)}^{N-1-|m|} (N-|m|-|l|) \times$$

$$[r_{xx}^2(l) + r_{xx}(l-m)r_{xx}(l+m)] \Big\}$$

$$= r_{xx}^2(m) + \frac{1}{(N-|m|)^2} \sum_{l=-(N-1-|m|)}^{N-1-|m|} (N-|m|-|l|) \times$$

$$[r_{xx}^2(l) + r_{xx}(l-m)r_{xx}(l+m)] \qquad (8\text{-}59)$$

所以 $r'_N(m)$ 的方差为

$$\mathrm{Var}[r'_N(m)] = E[(r'_N(m))^2] - (E[r'_N(m)])^2 = E[(r'_N(m))]^2 - r_{xx}^2(m)$$

$$= \frac{1}{(N-|m|)^2} \sum_{l=-(N-1-|m|)}^{N-1-|m|} (N-|m|-|l|) \times$$

$$[r_{xx}^2(l) + r_{xx}(l-m)r_{xx}(l+m)] \qquad (8\text{-}60)$$

当 $N \gg |m|+|l|$ 时

$$\mathrm{Var}[r'_N(m)] \approx \frac{N}{(N-|m|)^2} \sum_{l=-(N-1-|m|)}^{N-1-|m|} [r_{xx}^2(l) + r_{xx}(l-m)r_{xx}(l+m)]$$

可得

$$\lim_{N \to \infty} \mathrm{Var}[r'_N(m)] = 0 \qquad (8\text{-}61)$$

考虑到 $r'_N(m)$ 是无偏估计，所以 $r'_N(m)$ 是一致估计。当 $|m|$ 接近于 N 时，$y_m(n)$ 非常短，$r'_N(m)$ 将远离 $r_{xx}(m)$，则 $r'_N(m)$ 的方差将很大。

2. 自相关函数的有偏估计

将自相关函数的无偏估计中的系数 $\dfrac{1}{N-|m|}$ 改写为 $\dfrac{1}{N}$，则得到其另一种估计，表示为

$$r_N(m) = \frac{1}{N} \sum_{n=0}^{N-1-|m|} x(n)x(n+m) \qquad -(N-1) \leqslant m \leqslant N-1 \qquad (8\text{-}62)$$

与 $r'_N(m)$ 比较，得到

$$r_N(m) = \frac{N-|m|}{N} r_N'(m) \qquad |m| \leqslant N-1 \tag{8-63}$$

（1）偏量

$r_N(m)$的均值为

$$E[r_N(m)] = \frac{N-|m|}{N} E[r_N'(m)] = \frac{N-|m|}{N} r_{xx}(m) \qquad |m| \leqslant N-1$$

因此，$r_N(m)$的偏量为

$$B[r_N(m)] = r_{xx}(m) - E[r_N(m)] = \frac{|m|}{N} r_{xx}(m) \qquad |m| \leqslant N-1 \tag{8-64}$$

当$N \gg |m|+|r|$时，$r_N(m)$是$r_{xx}(m)$的有偏估计。

而

$$\lim_{N \to \infty} B[r_N(m)] = r_{xx}(m) - E[r_N(m)] = \frac{|m|}{N} r_{xx}(m) = 0 \tag{8-65}$$

此时$r_N(m)$是渐近无偏估计。

（2）方差

$r_N(m)$的方差为

$$\mathrm{Var}[r_N(m)] = \left(\frac{N-|m|}{N}\right)^2 \mathrm{Var}[r_N'(m)]$$

$$\approx \frac{1}{N} \sum_{l=-(N-1-|m|)}^{N-1-|m|} [r_{xx}^2(l) + r_{xx}(l-m) r_{xx}(l+m)]$$

当$N \gg |m|+|l|$或$N \gg |m|$时

$$\lim_{N \to \infty} \mathrm{Var}[r_N(m)] = 0 \tag{8-66}$$

当$N \to \infty$时，考虑到$r_N(m)$是渐近无偏估计，则$r_N(m)$是自相关函数的一致估计。当N接近于$|m|$时，$B[r_N(m)] = \frac{|m|}{N} r_{xx}(m) \approx C(常数)$，$\lim_{N \to \infty} B[r_N(m)] = C(常数)$，$r_N(m)$是有偏估计且不是渐近无偏估计。此时，类似于自相关函数的无偏估计，$\mathrm{Var}[r_N(m)]$很大，但对于任何$|m|$值，$\mathrm{Var}[r_N(m)] \leqslant \mathrm{Var}[r_N'(m)]$。因此功率谱估计多采用$r_N(m)$而不用$r_N'(m)$。

8.4.2 自相关函数估计法

1. 算法原理

对于长为N的实平稳随机序列$x(n)$，其功率谱可以根据式（8-47）、式（8-48）进行估计。具体分以下两步进行：

（1）求随机序列的自相关函数估计值，即

$$r_N(m) = \frac{1}{N} \sum_{n=0}^{N-1-m} x(n)x(n+m) \qquad 0 \leqslant m \leqslant N-1 \tag{8-67}$$

式中，求和上限为$N-1-m$。因为$x(n)$长为N，当$n \geqslant N$时，$x(n)=0$，所以要保证$x(n+m)$不为零，就得保证$n+m \leqslant N-1$。因此n的取值应为：$n \leqslant N-1-m$。这里用到它的偶对称特性。

（2）求功率谱密度

$$P_N(\omega) = \sum_{m=-(N-1)}^{N-1} r_N(m) e^{-j\omega m} \tag{8-68}$$

2. 快速算法

如果$x_1(n)$、$x_2(n)$的长度分别为N、M，$x_1(n)$、$x_2(n)$用补零法延长到$N+M-1$，则循环相关等于线性相关，即

$$\tilde{r}_{1,2}(n) = r_{1,2}(n)$$

可以用 FFT 求自相关函数及功率谱密度,其步骤如下:

(1) 将 $x(n)$ 用补零法延长到 $2N-1$,得 $x'(n)$。

(2) 用 FFT 求 $x'(n)$ 的离散傅里叶变换

$$X'(k) = \sum_{n=0}^{L-1} x'(n) W_L^{nk} \qquad 0 \leqslant L \leqslant 2N-1$$

(3) 计算 $X'(k)X'^*(k)$。

(4) 求自相关函数

$$r_N(m) = \text{IDFT}\left[\frac{1}{N} X'(k) X'^*(k) R_N(k) \right]$$

(5) 计算功率谱密度

$$P_N(\omega) = \sum_{m=-(N-1)}^{N-1} r_N(m) e^{-j\omega m}$$

【例 8.1】 设一含有噪声的序列为

$$x(n) = 4\sin 200\pi n - 2\sin 20\pi n + v(n)$$

式中,$v(n)$ 为单位方差高斯白噪声,其信噪比 SNR = 20 dB。试用 MATLAB 实现其自相关函数法的功率谱估计。

解:用 MATLAB 实现的自相关函数法功率谱估计程序如下:

```
Fs = 500;
NFFT = 1024;
n = 0:1/Fs:1;
vx = randn(1,length(n));
x = 4 * sin(2 * pi * 100 * n) - 2 * sin(2 * pi * 10 * n) + vx;
Cx = xcorr(x,'unbiased');
Cxk = fft(Cx,NFFT);
Pxx = abs(Cxk);
t = 0:round(NFFT/2-1);
k = t * Fs/NFFT;
P = 10 * log10(Pxx(t+1));
plot(k,P);
```

其自相关函数法功率谱估计如图 8-9 所示。

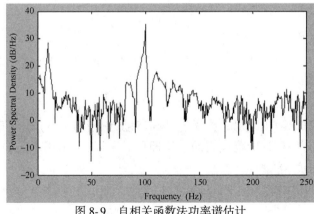

图 8-9　自相关函数法功率谱估计

8.5　谱估计的周期图法

8.5.1　算法原理

设 $\{x_n\}$ 是均值为零的实平稳随机过程,它是自相关各态历经的, $x_N(n)$ 是它的一个抽样序列中的一段数据,有

$$x_N(n) = w_R(n)x(n) = \begin{cases} x(n), & 0 \leqslant n \leqslant N-1 \\ 0, & \text{其他} \end{cases}$$

其中, $w_R(n)$ 是宽度为 N 的矩阵窗, $x(n)$ 是 $\{x_n\}$ 的一个抽样序列。

$x(n)$ 的自相关函数 $r_{xx}(m)$ 的有偏估计 $r_N(m)$ 可以表示为

$$\begin{aligned} r_N(m) &= \frac{1}{N}\sum_{n=0}^{N-1-|m|} x(n)x(n+m) \\ &= \frac{1}{N}\sum_{n=-\infty}^{\infty} x_N(n)x_N(n+m) \qquad |m| \leqslant N-1 \end{aligned} \tag{8-69}$$

$r_N(m)$ 的傅里叶变换为

$$P_N(\omega) = \sum_{m=-\infty}^{\infty} r_N(m)\mathrm{e}^{-\mathrm{j}\omega m} = \sum_{m=-(N-1)}^{N-1} r_N(m)\mathrm{e}^{-\mathrm{j}\omega m}$$

将 $x_N(n)$ 的傅里叶变换用 $X_N(\mathrm{e}^{\mathrm{j}\omega})$ 表示, $x_N(-n)$ 的傅里叶变换用 $X_N^*(\mathrm{e}^{\mathrm{j}\omega})$ 表示,即

$$X_N(\mathrm{e}^{\mathrm{j}\omega}) = \sum_{n=-\infty}^{\infty} x_N(n)\mathrm{e}^{-\mathrm{j}\omega n} = \sum_{n=0}^{N-1} x(n)\mathrm{e}^{-\mathrm{j}\omega n}$$

$$X_N^*(\mathrm{e}^{\mathrm{j}\omega}) = \sum_{n=-\infty}^{\infty} x_N(n)\mathrm{e}^{\mathrm{j}\omega n} = \sum_{n=-\infty}^{\infty} x_N(-n)\mathrm{e}^{-\mathrm{j}\omega n} = \sum_{n=0}^{N-1} x(-n)\mathrm{e}^{-\mathrm{j}\omega n}$$

由于式(8-69)可以看作是 $x_N(n)$ 和 $x_N(-n)$ 的线性卷积除以 N,故 $P_N(\omega)$ 可以用下式来计算:

$$P_N(\omega) = \frac{1}{N}X_N(\mathrm{e}^{\mathrm{j}\omega})X_N^*(\mathrm{e}^{\mathrm{j}\omega}) = \frac{1}{N}|X_N(\mathrm{e}^{\mathrm{j}\omega})|^2 \tag{8-70}$$

习惯上也常用 $I_N(\omega)$ 表示周期图法功率谱估计,即

$$I_N(\omega) = \frac{1}{N}|X_N(\mathrm{e}^{\mathrm{j}\omega})|^2 \tag{8-71}$$

因为序列的傅里叶变换 $X_N(\mathrm{e}^{\mathrm{j}\omega})$ 是 ω 的周期函数,所以 $I_N(\omega)$ 也是 ω 的周期函数,称之为实平稳序列 $x(n)$ 的周期图。

由于 $X_N(\mathrm{e}^{\mathrm{j}\omega}) = \sum_{n=0}^{N-1} x(n)\mathrm{e}^{-\mathrm{j}\omega n}$,令 $\omega = \dfrac{2\pi}{N}k$,则

$$X_N(\mathrm{e}^{\mathrm{j}\frac{2\pi}{N}k}) = \sum_{n=0}^{N-1} x(n)\mathrm{e}^{-\mathrm{j}\frac{2\pi}{N}nk} = \mathrm{DFT}[x(n)] = X_N(k)$$

则式(8-71)成为

$$I_N(k) = \frac{1}{N}|X_N(k)|^2 \tag{8-72}$$

因此,用周期图法求随机序列的功率谱,只需对加窗序列 $x(n)$ 进行 DFT 运算,然后取其绝对值的平方,再进行序列长度范围内的平均即可。所以,可采用 FFT 算法直接估计一个实随机序列的功率谱密度。

对于例 8.1,用加矩形窗的周期图法进行功率谱估计,其 MATLA 实现程序如下。其结果如图 8-10 所示。

```
Fs = 500;
NFFT = 1024;
n = 0:1/Fs:1;
vx = randn(1,length(n));
x = 4 * sin(2 * pi * 100 * n) - 2 * sin(2 * pi * 10 * n) + vx;
window = boxcar(length(n));
periodogram(x,window,NFFT,Fs);
```

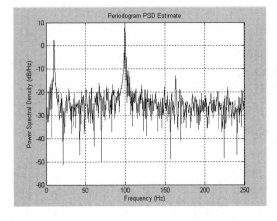

图 8-10　加矩形窗的周期图

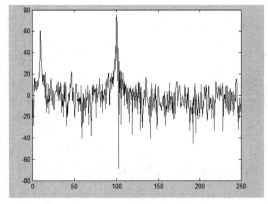

图 8-11　利用 FFT 算法计算的周期图

利用 FFT 算法计算上面噪声信号的功率谱,其 MATLAB 实现程序如下。其结果如图 8-11 所示。

```
Fs = 500;
NFFT = 1024;
n = 0:1/Fs:1;
vx = randn(1,length(n));
x = 4 * sin(2 * pi * 100 * n) - 2 * sin(2 * pi * 10 * n) + vx;
X = fft(x,NFFT);
Pxx = abs(X).^2/length(n);
t = 0:round(NFFT/2-1);
k = t * Fs/NFFT;
P = 10 * log(Pxx(t+1));
plot(k,P);
```

8.5.2　估计质量

下面从两个方面对周期图法的估计质量加以分析。

1. 偏量

因为
$$E[r_N(m)] = \frac{1}{N} \sum_{n=-\infty}^{\infty} E[x_N(n)x_N(n+m)]$$

$$= \frac{1}{N} \sum_{n=-\infty}^{\infty} E[x(n)R_N(n)x(n+m)R_N(n+m)]$$

$$= \frac{1}{N} \sum_{n=-\infty}^{\infty} R_N(n)R_N(n+m)E[x(n)x(n+m)] \tag{8-73}$$

令
$$w(m) = \frac{1}{N} \sum_{n=-\infty}^{\infty} R_N(n) R_N(n-m)$$

$$= \frac{1}{N} [R_N(m) * R_N(-m)] \tag{8-74}$$

由于 $w(m)$ 为两个矩形函数的卷积,因此它必成为一个三角形窗函数,用 $w_B(m)$ 表示。可以证明:

$$w_B(m) = \begin{cases} 1 - \dfrac{|m|}{N} & |m| < N \\ 0 & \text{其他} \end{cases} \tag{8-75}$$

而它的傅里叶变换为

$$W_B(\omega) = \frac{1}{N} \left[\frac{\sin(\omega N/2)}{\sin(\omega/2)} \right]^2 \tag{8-76}$$

又因为 $\qquad\qquad r_{xx}(m) = E[x(m)x(n+m)] = $ 自相关函数真值 $\tag{8-77}$

将式(8-77)、式(8-74)代入式(8-73)得

$$E[r_N(m)] = w_B(m) r_{xx}(m) \tag{8-78}$$

所以 $\qquad\qquad E[I_N(\omega)] = W_B(e^{j\omega}) * P_{xx}(e^{j\omega})$

令 $W_B(\omega) = W_B(e^{j\omega})$，$P_{xx}(\omega) = P_{xx}(e^{j\omega})$，有

$$E[I_N(\omega)] = W_B(\omega) * P_{xx}(\omega)$$

$$= \frac{1}{2\pi} \int_{-\pi}^{\pi} W_B(\theta) P_{xx}(\omega - \theta) \mathrm{d}\theta \tag{8-79}$$

由式(8-79)可见,除 $W_B(\theta)$ 为 δ 函数外,一般 $E[I_N(\omega)]$ 不等于 $P_{xx}(\omega)$,即偏量 $B \neq 0$。所以周期图法是 $P_{xx}(\omega)$ 的有偏估计。

但当 $N \to \infty$ 时 $\qquad\qquad w_B(m) = 1 - \dfrac{|m|}{N} = 1$

则 $W_B(\theta) = \delta(\theta)$,这样根据式(8-79),有

$$\lim_{N \to \infty} E[I_N(\omega)] = P_{xx}(\omega) \tag{8-80}$$

因此,周期图法是功率谱的渐近无偏估计。

2. 方差

由于周期图的方差与随机过程的 4 阶矩有关,因而要计算一般的随机过程的周期图方差是比较困难的,但对于复高斯白噪声随机过程计算它的周期图的方差是可能的,也是极其有用的。

令 $x(n)$ 是方差为 σ_x^2 的高斯白噪声随机过程。周期图可表示成

$$P_N(\omega) = \frac{1}{N} \left| \sum_{k=0}^{N-1} x(k) e^{-j\omega k} \right|^2 = \frac{1}{N} \left[\sum_{k=0}^{N-1} x(k) e^{-j\omega k} \right] \left[\sum_{l=0}^{N-1} x^*(l) e^{j\omega l} \right]$$

$$= \frac{1}{N} \sum_{k=0}^{N-1} \sum_{l=0}^{N-1} x(k) x^*(l) e^{-j\omega(k-l)} \tag{8-81}$$

周期图的 2 阶矩为

$$E[P_N(\omega_1) P_N(\omega_2)] = \frac{1}{N^2} \sum_{k=0}^{N-1} \sum_{l=0}^{N-1} \sum_{m=0}^{N-1} \sum_{n=0}^{N-1} E[x(k)x^*(l)x(m)x^*(n)] e^{-j\omega_1(k-l)} e^{-j\omega_2(m-n)}$$

它与 $x(n)$ 的 4 阶矩有关。由于 $x(n)$ 是复高斯随机过程,因此

$$E[x(k)x^*(l)x(m)x^*(n)]$$

$$= E[x(k)x^*(l)] E[x(m)x^*(n)] + E[x(k)x^*(n)] E[x(m)x^*(l)] \tag{8-82}$$

又由于 $x(n)$ 是白噪声随机过程,因此,有

$$E[x(k)x^*(l)]E[x(m)x^*(n)] = \begin{cases} \sigma_x^4 & k=l \text{ 和 } m=n \\ 0, & \text{其他} \end{cases}$$

$$E[x(k)x^*(n)]E[x(m)x^*(l)] = \begin{cases} \sigma_x^4, & k=n \text{ 和 } m=l \\ 0, & \text{其他} \end{cases}$$

因此 $\dfrac{1}{N^2} \displaystyle\sum_{k=0}^{N-1}\sum_{l=0}^{N-1}\sum_{m=0}^{N-1}\sum_{n=0}^{N-1} E[x(k)x^*(l)]E[x(m)x^*(n)]\mathrm{e}^{-\mathrm{j}\omega_1(k-l)}\mathrm{e}^{-\mathrm{j}\omega_2(m-n)}$

$$= \frac{1}{N^2}\sum_{k=0}^{N-1}\sum_{m=0}^{N-1}\sigma_x^4$$

$$\frac{1}{N^2}\sum_{k=0}^{N-1}\sum_{l=0}^{N-1}\sum_{m=0}^{N-1}\sum_{n=0}^{N-1} E[x(k)x^*(n)]E[x(m)x^*(l)]\mathrm{e}^{-\mathrm{j}\omega_1(k-l)}\mathrm{e}^{-\mathrm{j}\omega_2(m-n)}$$

$$= \frac{1}{N^2}\sum_{k=0}^{N-1}\sum_{l=0}^{N-1}\sigma_x^4\mathrm{e}^{\omega_1(k-l)}\mathrm{e}^{-\mathrm{j}\omega_2(k-l)}$$

$$= \frac{\sigma_x^4}{N^2}\sum_{k=0}^{N-1}\mathrm{e}^{-\mathrm{j}(\omega_1-\omega_2)k}\sum_{l=0}^{N-1}\mathrm{e}^{\mathrm{j}(\omega_1-\omega_2)l}$$

$$= \frac{\sigma_x^4}{N^2}\left[\frac{1-\mathrm{e}^{-\mathrm{j}N(\omega_1-\omega_2)}}{1-\mathrm{e}^{-\mathrm{j}(\omega_1-\omega_2)}}\right]\left[\frac{1-\mathrm{e}^{\mathrm{j}N(\omega_1-\omega_2)}}{1-\mathrm{e}^{\mathrm{j}(\omega_1-\omega_2)}}\right]$$

$$= \sigma_x^4\left[\frac{\sin N(\omega_1-\omega_2)/2}{N\sin(\omega_1-\omega_2)/2}\right]^2$$

所以
$$E[P_N(\omega_1)P_N(\omega_2)] = \sigma_x^4\left\{1+\left[\frac{\sin N(\omega_1-\omega_2)/2}{N\sin(\omega_1-\omega_2)/2}\right]^2\right\} \tag{8-83}$$

由于 $P_N(\omega_1)$ 与 $P_N(\omega_2)$ 的协方差为

$$\mathrm{Cov}[P_N(\omega_1),P_N(\omega_2)] = E[P_N(\omega_1)P_N(\omega_2)] - E[P_N(\omega_1)]E[P_N(\omega_2)]$$

$$= \sigma_x^4\left[\frac{\sin N(\omega_1-\omega_2)/2}{N\sin(\omega_1-\omega_2)/2}\right]^2$$

令 $\omega_1=\omega_2=\omega$,由上式得到周期图的方差为

$$\mathrm{Var}[P_N(\omega)] = \sigma_x^4 \tag{8-84}$$

由此可见,当 $N\to\infty$ 时,周期图的方差并不趋近于零,所以周期图不是功率谱的一致估计。实际上,由于 $r_{xx}(m)$ 的傅里叶变换 $P_{xx}(\omega)=\sigma_x^2$,所以,高斯白噪声的周期图的方差与功率谱的平方成正比

$$\mathrm{Var}[P_N(\omega)] = P_{xx}^2(\omega) \tag{8-85}$$

8.5.3　几种改进方法

为改善周期图法的估计质量,出现了几种改进方法,下面分别加以介绍。

1. 平均周期图法(Bartlett 法)

为了减少周期图法功率谱估计的方差,巴特利特提出了一种对 $x(n)$ 进行分段处理,然后对各段结果求平均的方法。这样就可以减小方差,提高估计的精确度。而且分得的段数越多,方差越小,估计偏差也越小。由于采用"平均"的思想,得名平均周期图法。

将 $x(n)$ 分成 L 段,每段 M 个样本,因而 $N=LM$。第 i 段样本序列可以写成

$$x_i(n)=x(n+iM-M) \qquad 0\leqslant n\leqslant M-1, 1\leqslant i\leqslant L$$

第 i 段周期图为

$$I_{Mi}(\omega)=\frac{1}{M}\left|\sum_{n=0}^{M-1}x_i(n)\mathrm{e}^{-\mathrm{j}\omega n}\right|^2 \qquad (8\text{-}86)$$

如果 $m>M$, $r_{xx}(m)$ 很小,则可以假定各段周期图 $I_{Mi}(\omega)$ 是互相独立的。功率谱估计可以认为是 L 段周期图的平均,即

$$I_N(\omega)=\frac{1}{L}\sum_{i=1}^{L}I_{Mi}(\omega) \qquad (8\text{-}87)$$

可以证明,分段以后对估计的偏量没有影响,但方差大大减小,理想情况下为一般周期图法估计方差的 $1/L$,但是由于 $L<N$,谱分辨率有所降低。

在 MATLAB 中一般用 psd 函数实现 Bartlett 平均周期图法的功率谱估计,用 csd 函数实现信号的互功率谱估计。

【例 8.2】 在置信度为 0.95 的区间上估计有色噪声 x 的 psd,并画出结果图。

MATLAB 实现程序如下:

```
Fs = 1000;
NFFT = 256;
p = 0.95;
[b,a] = ellip(6,2,50,0.2);
r = randn(4096,1);
x = filter(b,a,r);
psd(x,NFFT,Fs,[ ],0,p);
```

其结果如图 8-12 所示。

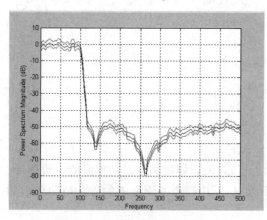

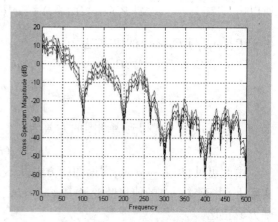

图 8-12　具有 95% 置信度的有色
噪声功率谱的区间估计

图 8-13　具有 95% 置信度的两
有色噪声功率谱的区间估计

【例 8.3】 在置信度为 0.95 的区间上估计两个有色噪声 x、y 的 csd,并画出结果图。

MATLAB 实现程序如下:

```
Fs = 1000;
NFFT = 1024;
p = 0.95
H = fir1(40,0.5,boxcar(41));
h = ones(1,10)/sqrt(10);
r = randn(4096,1);
x = filter(h,1,r);
```

```
y = filter(H,1,x);
csd(x,y,NFFT,Fs,triang(500),0,p);
```

其结果如图 8-13 所示。

2. 平滑周期图法(数据加窗法)

平滑周期图法是通过一个适当的窗函数 $W(e^{j\omega})$ 和周期图卷积来使周期图平滑,减少泄漏,即

$$\bar{I}_N(\omega) = \frac{1}{2\pi} \int_{-\pi}^{\pi} I_N(\theta) W(e^{j(\omega-\theta)}) \, d\theta \tag{8-88}$$

或者

$$\bar{I}_N(\omega) = \sum_{m=-(M-1)}^{M-1} r_N(m) w(m) e^{-j\omega m} \tag{8-89}$$

式中,$I_N(\omega)$、$W(e^{j\omega})$ 分别为 $r_N(m)$、$w(m)$ 的傅里叶变换。设序列 $w(m)$ 的长为 $2M-1$,由于 $P_{xx}(\omega)$ 为 ω 的实偶非负函数,为了使式(8-88)中的 $\bar{I}_N(\omega)$ 也为一个实偶非负函数,$w(m)$ 应为一个偶序列,并且满足

$$W(e^{j\omega}) > 0 \qquad -\pi < \omega < \pi \tag{8-90}$$

例如前面用到的三角形窗函数满足此条件,而海宁窗函数、汉明窗函数则不满足此条件。

由式(8-88)、式(8-89)可以清楚地看出,已平滑了的功率谱 $\bar{I}_N(\omega)$ 可以认为是由周期图 $I_N(\omega)$ 或自相关函数估计值 $r_N(m)$,通过单位冲激响应为 $w(n)$ 及频率响应为 $W(e^{j\omega})$ 的滤波器而得到的。由于窗函数有低通特性,因而对周期图有平滑作用。

平滑周期图法得到的功率谱估计是渐近无偏的,但谱分辨率有所下降。

对于例 8.1,用加三角形窗的周期图法进行功率谱估计,其 MATLAB 实现程序如下:

```
Fs = 500;
NFFT = 1024;
n = 0:1/Fs:1;
vx = randn(1,length(n));
x = 4*sin(2*pi*100*n)-2*sin(2*pi*10*n)+vx;
window = bartlett(length(n));
periodogram(x,window,NFFT,Fs),title('加三角形窗的周期图')
```

其结果如图 8-14 所示。

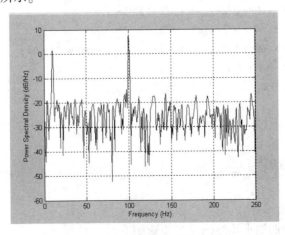

图 8-14 加三角形窗的平滑周期图

3. 平滑周期图平均法(Welch 法)

集平均周期图法与平滑周期图法的优点于一体,形成了平滑周期图平均法。

将长为 N 的实平稳随机序列 $x(n)$ 分成 L 段,每段长为 M,$M=N/L$。每段序列可以表示为

$$x_i(n)=x[n+(i-1)M] \qquad 0 \leqslant n \leqslant M-1, 1 \leqslant i \leqslant L \qquad (8\text{-}91)$$

但是在计算周期图之前,先用窗函数给每段序列 $x_i(n)$ 加权,L 个修正的周期图定义为

$$I_{Mi}(\omega)=\frac{1}{MU} \left| \sum_{n=0}^{M-1} x_i(n)w(n)\mathrm{e}^{-j\omega n} \right|^2 \qquad (8\text{-}92)$$

式中
$$U=\frac{1}{M}\sum_{n=0}^{M-1} w^2(n) \qquad (8\text{-}93)$$

U 表示窗函数平均功率,MU 为窗函数的能量。

在这种情况下,功率谱估计可写成

$$I_N(\omega)=\frac{1}{L}\sum_{i=1}^{L} I_{Mi}(\omega) \qquad (8\text{-}94)$$

可以证明,无论采用什么窗函数,$I_N(\omega)$ 总是正实函数。

由平滑周期图平均法得到的功率谱估计是渐近无偏的,L 增大时,方差减小,所以 $I_N(\omega)$ 是一致估计。

在 MATLB 函数的工具箱里,函数 psd 与 Pwelch 都可以实现 Welch 法的功率谱估计。

对于例 8.1,实现 Welch 方法的功率谱估计,其 MATLAB 实现程序如下:

```
Fs=1000;
nfft=256;
n=0:1/Fs:1;
vx=randn(1,length(n));
x=4*sin(2*pi*100*n)-2*sin(2*pi*10*n)+vx;
w=hanning(nfft)';
Pxx=(abs(fft(w.*x(1:nfft))).^2+...          %分为 256 个点段,重叠 128 个点,共 6 段
    abs(fft(w.*x(nfft*1/2+1:nfft*3/2))).^2+...
    abs(fft(w.*x(nfft*2/2+1:nfft*4/2))).^2+...
    abs(fft(w.*x(nfft*3/2+1:nfft*5/2))).^2+...
    abs(fft(w.*x(nfft*4/2+1:nfft*6/2))).^2+...
    abs(fft(w.*x(nfft*5/2+1:nfft*7/2))).^2)/(norm(w)^2*6);
f=(0:(nfft-1))./nfft*Fs;
PXX=10*log10(Pxx);
figure
plot(f,PXX);
xlabel('频率(Hz)');
ylabel('功率谱(dB)');
grid;
```

其结果如图 8-15 所示。

一个实用的平滑周期图平均法的计算步骤如下:

(1) 将长为 N 的实平稳序列 $x(n)$ 分成长为 L 的 K 个重叠段,每段重叠 $L/2$ 个样值,序列

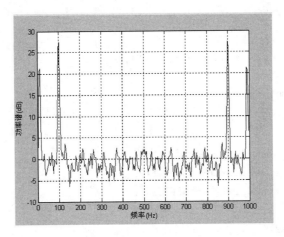

图 8-15　平滑周期图平均法实现功率谱估计

段总数

$$K=(N-L/2)/(L/2)$$

一般 N 为 $L/2$ 的整数倍（如 M、N 为 2 的正整数幂）。第 i 段序列可表示为

$$x_i(n)=x(iL/2+n) \qquad 0 \leqslant n \leqslant L-1,0 \leqslant i \leqslant K-1$$

采用每段重叠 $L/2$ 个样值，这等价于在相同段数情况下加长了每一段的长度，因而可以提高分辨率和减小偏量 B，而方差不变。

（2）求序列 $x(n)$ 的均值

$$G=\frac{1}{N}\sum_{n=0}^{N-1}x(n)$$

（3）每段序列减均值并且加窗

$$x_i(n)=[x(iL/2+n)-G]w(n) \qquad 0 \leqslant n \leqslant L-1,0 \leqslant i \leqslant K-1$$

因为维纳-辛钦定理在随机序列均值 $m_a=0$ 条件下成立，而周期图法的理论基础是维纳-辛钦定理，所以周期图法处理的序列均值也应为零，否则会造成频谱混叠。

（4）求第 i 段 M 点离散傅里叶变换（$M \geqslant L$）

$$X_i(k)=\sum_{n=0}^{M-1}x_i(n)\mathrm{e}^{-\mathrm{j}\frac{2\pi}{M}nk} \qquad 0 \leqslant k \leqslant M-1,0 \leqslant i \leqslant K-1$$

这里 M 是人为选定的，$M \gg L$ 时，$x_i(n)$ 要补 $M-L$ 个零样值，目的是用补零法进一步提高分辨率。

（5）求每段周期图

$$I_i(k)=\frac{1}{M}|X_i(k)|^2 \qquad 0 \leqslant k \leqslant M-1,0 \leqslant i \leqslant K-1$$

（6）求功率谱

$$I_N(k)=\frac{1}{KU}\sum_{i=0}^{K-1}I_i(k) \qquad 0 \leqslant k \leqslant M-1$$

式中

$$U=\frac{1}{L}\sum_{n=0}^{L-1}w^2(n)$$

对于例 8.1，应用 MATLAB 实现的平滑周期图平均法功率谱估计程序如下：

```
Fs=500;
NFFT=1024;
```

```
n = 0:1/Fs:1;
vx = randn(1,length(n));
x = 4 * sin(2 * pi * 100 * n) - 2 * sin(2 * pi * 10 * n) + vx;
window1 = boxcar(100);
window2 = hamming(100);
window3 = blackman(100);
noverlap = 20;
[Pxx1,f1] = pwelch(x,window1,noverlap,NFFT,Fs);
[Pxx2,f2] = pwelch(x,window2,noverlap,NFFT,Fs);
[Pxx3,f3] = pwelch(x,window3,noverlap,NFFT,Fs);
PXX1 = 10 * log10(Pxx1);
PXX2 = 10 * log10(Pxx2);
PXX3 = 10 * log10(Pxx3);
subplot(3,1,1)
plot(f1,PXX1);
title('矩形窗');
subplot(3,1,2)
plot(f2,PXX2);
title('海明窗');
subplot(3,1,3)
plot(f3,PXX3);
xlabel('频率(HZ)');
ylabel('功率谱(dB)');
title('布莱克曼窗');
```

其结果如图 8-16 所示。

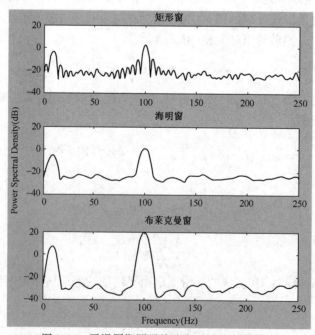

图 8-16　平滑周期图平均法实现的功率谱估计

8.5.4 各种功率谱估计方法的比较

前面介绍了用自相关函数法和周期图法及其改进方法来估计功率谱,本节讨论 4 种计算方法的性能。在方法比较时,应注意到估计的分辨率与估计方差之间存在折中的方案。在选择谱估计方法时,重要的是着眼于它的性能。首先,引入以下两个指标来描述各种谱估计方法的性能。

- 变异性 v(归一化方差)

$$v = \frac{\text{Var}[P_{xx}(\omega)]}{E^2[P_{xx}(\omega)]}$$

- 品质因数 μ

$$\mu = v\Delta\omega$$

它是变异性与分辨率的乘积,品质因数应尽可能小。

下面比较一下功率谱估计几种方法的性能。

1. 周期图法

从 8.5.2 节中可以知道,周期图是渐近无偏估计,且当 N 值很大时周期图的方差近似等于 $P_{xx}^2(e^{j\omega})$,因此

$$v = \frac{\text{Var}[I_N(\omega)]}{E^2[I_N(\omega)]} \approx \frac{P_{xx}^2(\omega)}{P_{xx}^2(\omega)} = 1$$

由于周期图的分辨率为

$$\Delta\omega = 0.89\frac{2\pi}{N}$$

所以,周期图的品质因数为

$$\mu = 0.89\frac{2\pi}{N}$$

与数据记录长度成反比关系。

2. 平均周期图法

设 $N = LM$,当 $N \to \infty$ 时,平均周期图法仍然是功率谱的渐近无偏估计,周期图的均值接近于真实的功率谱,即

$$\lim_{N \to \infty} E[I_N(\omega)] = P_{xx}(\omega)$$

假设数据子序列相互是近似不相关的,那么对于大的 N 值,$I_N(\omega)$ 的方差近似为

$$\text{Var}[I_N(\omega)] \approx \frac{1}{L}P_{xx}^2(\omega)$$

因此这种方法的变异性为

$$v = \frac{\text{Var}[I_N(\omega)]}{E^2[I_N(\omega)]} \approx \frac{1}{L}\frac{P_{xx}^2(\omega)}{P_{xx}^2(\omega)} = \frac{1}{L}$$

由于平均周期图法的分辨率为

$$\Delta\omega = 0.89\frac{2\pi}{N}L$$

所以,平均周期图法的品质因数为

$$\mu = 0.89 \frac{2\pi}{N}$$

它与周期图的品质因数相同。

3. 平滑周期图平均法

平滑周期图法的性能与相邻子序列相互重叠的点数和窗函数的类型有关。假设选用 Bartlett 窗,将长为 N 的实平稳序列 $x(n)$ 分成长为 L 的 K 个重叠段,每段重叠 $L/2$ 个样值(即相邻子序列重叠 50%),并选择很大的 N 值。

由于平滑周期图平均法也是功率谱的渐近无偏估计,所以

$$\lim_{N \to \infty} E[I_N(\omega)] = P_{xx}(\omega)$$

其方差的近似计算为

$$v = \frac{\mathrm{Var}[I_N(\omega)]}{E^2[I_N(\omega)]} \approx \frac{9}{8K} = \frac{9L}{16N}$$

已知长为 L 的 Bartlett 窗的傅里叶变换的主瓣的 3dB 带宽为 $1.28(2\pi/L)$,故可算出它的品质因数为

$$\mu = \frac{9L}{16N} \times 1.28 \frac{2\pi}{L} = 0.72 \frac{2\pi}{N}$$

4. 自相关函数法

自相关函数法的方差和分辨率都取决于所选择的滞后窗 $\omega(m)$ 的类型。假设 $\omega(m)$ 是一个长为 $2M+1$ 的 Bartlett 窗,$N \geq M \geq 1$,可算出其方差为

$$\mathrm{Var}[I_N(\omega)] \approx P_{xx}(\omega) \frac{1}{N} \sum_{m=-M}^{M} \omega^2(m) = P_{xx}(\omega) \frac{1}{N} \sum_{m=-M}^{M} \left(1 - \frac{|m|}{M}\right)^2 \approx \frac{2M}{3N} P_{xx}^2(\omega)$$

由于自相关函数法是功率谱的渐近无偏估计,则

$$\lim_{N \to \infty} E[I_N(\omega)] = P_{xx}(\omega)$$

因此,自相关函数法的变异性为

$$v = \frac{\mathrm{Var}[I_N(\omega)]}{E^2[I_N(\omega)]} \approx \frac{2M}{3N}$$

由于长为 $2M+1$ 的 Bartlett 窗的主瓣在 3dB 的带宽为 $1.28(2\pi/2M)$,所以自相关函数法的分辨率为 $0.64(2\pi/M)$,于是得到

$$\mu = \frac{2M}{3N} \times 0.64 \frac{2\pi}{M} = 0.43 \frac{2\pi}{N}$$

可以看出,每种功率谱估计方法的品质因数都是近似的,且都与数据记录长度成反比。因此,虽然每种方法的分辨率和方差都不相同,但是它们总的性能指标都受限于数据长度。

8.6 离散随机信号通过线性时不变系统

在数字信号处理的应用中,常常需要用线性时不变系统对信号进行各种加工处理。本节讨论信号作用于一个线性时不变系统时,系统所产生的响应。

设线性时不变系统的单位冲激响应用 $h(n)$ 表示,加在系统输入端的是离散随机信号 $x(n)$,系统产生的输出是离散随机信号 $y(n)$。不管 $x(n)$ 是确定性信号还是随机信号,对于系统输入、输出关系没有区别,系统的单位冲激响应、输入信号和输出信号之间总是存在着下列关系:

$$y(n) = \sum_{m=-\infty}^{\infty} h(m)x(n-m) = \sum_{m=-\infty}^{\infty} x(m)h(n-m) \tag{8-95}$$

设输入随机信号的均值、方差、自相关函数和功率谱分别为 m_x、σ^2、$r_{xx}(m)$ 和 $P_{xx}(\omega)$,下面计算输出随机信号相应的特征参数,并讨论输入随机信号与输出随机信号这些参数之间的关系。

8.6.1 输出随机信号的均值 m_y

系统的输出 $y(n)$ 的均值为

$$m_y = E[y(n)] = E\Big[\sum_{m=-\infty}^{\infty} h(m)x(n-m)\Big] = \sum_{m=-\infty}^{\infty} h(m)E[x(n-m)]$$

由于输入随机信号为平稳随机过程,故上式中的 $E[x(n-m)]$ 等于 m_x,于是上式成为

$$m_y = m_x \sum_{m=-\infty}^{\infty} h(m) = m_x H(e^{j0}) \tag{8-96}$$

式中,$H(e^{j0})$ 为系统的频率响应在 $\omega=0$ 时的值。因此,输出随机信号的均值是与时间 n 无关的一个常量,它与输入随机信号的均值 m_x 成正比,比例常数为系统频率响应在零频率点的取值。

8.6.2 输出随机信号的自相关函数 $r_{yy}(m)$

输出随机信号的自相关函数为

$$r_{yy}(n, n+m) = E[y(n)y(n+m)]$$

$$= E\Big[\sum_{k=-\infty}^{\infty} h(k)x(n-k) \sum_{l=-\infty}^{\infty} h(l)x(n+m-l)\Big]$$

$$= \sum_{k=-\infty}^{\infty} h(k) \sum_{l=-\infty}^{\infty} h(l)E[x(n-k)x(n+m-l)]$$

$$= \sum_{k=-\infty}^{\infty} h(k) \sum_{l=-\infty}^{\infty} h(l)r_{xx}(m-l+k)$$

由上式可以看出,输出随机信号的自相关函数只与时间差 m 有关,而与时间起点的选取(即 n 的选取)无关,故可将 $r_{yy}(n, n+m)$ 表示成 $r_{yy}(m)$,即

$$r_{yy}(m) = \sum_{k=-\infty}^{\infty} h(k) \sum_{l=-\infty}^{\infty} h(l)r_{xx}(m-l+k) \tag{8-97}$$

由以上讨论可知,输出随机信号的均值为常数,其自相关函数只与时间差有关,因此输出随机信号为一个平稳随机过程。

令 $l-k=q$,则式(8-97)可写成

$$r_{yy}(m) = \sum_{q=-\infty}^{\infty} r_{xx}(m-q) \sum_{k=-\infty}^{\infty} h(k)h(q+k)$$

$$= \sum_{q=-\infty}^{\infty} r_{xx}(m-q)r_{hh}(q) \tag{8-98}$$

式中

$$r_{hh}(q) = \sum_{k=-\infty}^{\infty} h(k)h(q+k) \tag{8-99}$$

$r_{hh}(q)$ 是系统单位冲激响应 $h(n)$ 的自相关函数。由式(8-98)可以看出,系统输出的自相关函数,等于系统输入的自相关函数与系统单位冲激响应的自相关函数的线性卷积。

8.6.3 输出随机信号的功率谱 $P_{yy}(e^{j\omega})$

假设输入随机信号的均值 $m_x = 0$,因此输出随机信号的均值亦为零。对式(8-98)左右两端进行 z 变换,得到

$$P_{yy}(z) = P_{xx}(z) P_{hh}(z) \tag{8-100}$$

式中,$P_{yy}(z)$ 和 $P_{xx}(z)$ 分别等于 $r_{yy}(m)$ 和 $r_{xx}(m)$ 的 z 变换,即

$$P_{yy}(z) = \sum_{m=-\infty}^{\infty} r_{yy}(m) z^{-m}$$

$$P_{xx}(z) = \sum_{m=-\infty}^{\infty} r_{xx}(m) z^{-m}$$

$P_{hh}(z)$ 为 $r_{hh}(m)$ 的 z 变换,设 $h(n)$ 是实序列,则有

$$P_{hh}(z) = \sum_{m=-\infty}^{\infty} r_{hh}(m) z^{-m} = H(z) H(z^{-1}) \tag{8-101}$$

式(8-101)中,$H(z)$ 为线性时不变系统的系统函数,如果 $h(n)$ 为复序列,则有

$$P_{hh}(z) = H(z) H^*(1/z^*) \tag{8-102}$$

于是式(8-100)可写成

$$P_{yy}(z) = P_{xx}(z) H(z) H^*(1/z^*) \tag{8-103}$$

由上式可以看出,假如 $H(z)$ 在 $z = z_p$ 处有一个极点,那么 $P_{yy}(z)$ 将在 $z = z_p$ 和共轭倒数位置 $z = 1/z_p^*$ 上各有一个极点;类似地,若 $H(z)$ 在 $z = z_0$ 处有一个零点,那么 $P_{yy}(z)$ 将在互成共轭倒数关系的两个位置 $z = z_0$ 和 $z = 1/z_0^*$ 上各有一个零点。

在 $h(n)$ 为实序列的情况下,将式(8-101)代入式(8-100),有

$$P_{yy}(z) = P_{xx}(z) H(z) H(z^{-1}) = P_{xx}(z) |H(z)|^2 \tag{8-104}$$

式中,$|H(z)|$ 是 $H(z)$ 的模。

如果系统是稳定的,那么 $P_{yy}(z)$ 的收敛域包含单位圆,由式(8-70)可以看出

$$P_{yy}(e^{j\omega}) = P_{xx}(e^{j\omega}) |H(e^{j\omega})|^2 \tag{8-105}$$

由式(8-105)看出,输出随机信号的功率谱等于输入随机信号的功率谱与系统频率响应幅度平方的乘积。当输入信号功率谱为常数时(例如输入过程是一个白噪声过程),系统输出信号的功率谱与系统频率响应幅度的平方具有完全相似的形状。

8.6.4 输入随机信号与输出随机信号的互相关函数 $r_{xy}(m)$

输入随机信号与输出随机信号的互相关函数定义为

$$r_{xy}(m) = E[x(n) y(n+m)]$$

$$= E\left[x(n) \sum_{k=-\infty}^{\infty} h(k) x(n+m-k)\right]$$

$$= \sum_{k=-\infty}^{\infty} h(k) E[x(n) x(n+m-k)]$$

$$= \sum_{k=-\infty}^{\infty} h(k) r_{xx}(m-k)$$

$$= r_{xx}(m) * h(m) \tag{8-106}$$

式(8-106)说明,系统输入信号与输出信号之间的互相关函数,等于输入信号自相关函数与系统单位冲激响应的线性卷积。

式(8-99)定义了系统单位冲激响应的自相关函数 $r_{hh}(q)$,实际上它就是 $h(m)$ 与 $h(-m)$ 的线性卷积,因为

$$h(m) * h(-m) = \sum_{m=-\infty}^{\infty} h(m)h(q+m) = r_{hh}(q)$$

将上式代入式(8-98),得到

$$r_{yy}(m) = r_{xx}(m) * h(m) * h(-m) \tag{8-107}$$

结合式(8-106)的结果,式(8-107)可写成

$$r_{yy}(m) = r_{xy}(m) * h(-m) \tag{8-108}$$

式(8-108)说明,输出随机信号的自相关函数,可以通过输入和输出间的互相关函数与系统单位冲激响应进行相关计算来得到(注意,与 $h(-m)$ 进行线性卷积运算等效于同 $h(m)$ 进行相关运算)。

如果输入为一个零均值的平稳白噪声随机过程,它的方差为 σ_x^2,自相关函数为一个冲激:$r_{xx}(m) = \sigma_x^2 \delta(m)$,自相关函数的 z 变换等于常数:$P_{xx}(z) = \sigma_x^2$,这时式(8-106)成为

$$r_{xy}(m) = \sigma_x^2 h(m) \tag{8-109}$$

其 z 变换为

$$P_{xy}(z) = \sigma_x^2 H(z)$$

或

$$H(z) = \frac{1}{\sigma_x^2} P_{xy}(z)$$

由此得到

$$H(e^{j\omega}) = \frac{1}{\sigma_x^2} P_{xy}(e^{j\omega}) \tag{8-110}$$

如果计算得到系统输入与输出之间的互相关函数或互功率谱,那么便可根据式(8-109)或式(8-110)求出系统的单位冲激响应或频率响应。这提供了一种辨识数字滤波器系统的方法。

8.6.5 输出随机信号的方差

由于前面已经讨论过均值的计算,所以这里只需讨论均方值的计算,就能解决方差的计算问题。

输出随机信号的均方值为

$$E[y^2(n)] = r_{yy}(0) = \frac{1}{2\pi j} \oint_c P_{yy}(z) z^{-1} dz \tag{8-111}$$

由式(8-104)知

$$P_{yy}(z) = P_{xx}(z) H(z) H(z^{-1})$$

将上式代入式(8-111)得

$$E[y^2(n)] = \frac{1}{2\pi j} \oint_c P_{xx}(z) H(z) H(z^{-1}) z^{-1} dz$$

式中的积分围线可选择为单位圆。直接计算上式很复杂,一个较简便的方法是利用部分分式展开来计算 z 反变换。有

$$P_{xx}(z) H(z) H(z^{-1}) z^{-1}$$

$$= \sum_{i=1}^{N} \left[\frac{A_{i1}}{z - \alpha_i} + \frac{A_{i2}}{(z - \alpha_i)^2} + \cdots \right] + \sum_{j=1}^{M} \left[\frac{B_{j1}}{z - \beta_j} + \frac{B_{j2}}{(z - \beta_j)^2} + \cdots \right] \quad (8\text{-}112)$$

式中，$|\alpha_i| < 1$，为单位圆内的极点；$|\beta_j| > 1$，为单位圆外的极点；N 和 M 分别为单位圆内、外极点的数目。如果只有一阶极点，则括号中都只有第一项存在。由式（8-112）得

$$P_{xx}(z)H(z)H(z^{-1}) = \sum_{i=1}^{N} \left[\frac{A_{i1}z}{z - \alpha_i} + \frac{A_{i2}z}{(z - \alpha_i)^2} + \cdots \right] + \sum_{j=1}^{M} \left[\frac{B_{j1}z}{z - \beta_j} + \frac{B_{j2}z}{(z - \beta_j)^2} + \cdots \right]$$

与单位圆内极点相对应的项将展开成因果序列，与单位圆外极点相对应的项将展开成非因果序列。$A_{i1}z/(z-\alpha_i)$ 的 z 反变换在 $n=0$ 处为 A_{i1}，而所有其他项的 z 反变换在 $n=0$ 处都为零。因此可以得到

$$E\left[y^2(n) \right] = \sum_{i=1}^{N} A_{i1} \quad (8\text{-}113)$$

可以看出，用式（8-113）计算均方值时只需用到 A_{i1} 参数，即在进行部分分式展开时不需要计算系数 A_{i2}、A_{i3}、$\cdots$、B_{j1}、B_{j2}、$\cdots$。如果只有 1 阶极点，没有高阶极点，则 A_{i1} 可按下式计算

$$A_{i1} = H(z)H(z^{-1})P_{xx}(z)z^{-1}(z - \alpha_i)\big|_{z = \alpha_i} \quad (8\text{-}114)$$

在式（8-112）中，如果直接展开 $P_{xx}(z)H(z)H(z^{-1})$，而不是先展开 $P_{zz}(z)H(z)$ $H(z^{-1})z^{-1}$，然后乘以 z，则得到的展开式的系数会有所不同，因而计算 $E\left[y^2(n) \right]$ 的公式也与式（8-113）不同。

离散随机信号通过线性时不变系统的数字特征总结见二维码 8-2。

离散随机信号通过线性时不变系统例题见二维码 8-3。

二维码 8-2

二维码 8-3

8.7　其他功率谱估计方法简介

周期图法与自相关函数估计法是功率谱估计的经典方法，多年来虽然在逼近真实功率谱与提高分辨率方面做了许多改进，但由于这两种方法仅利用观测的有限长数据进行傅里叶变换，因而就隐含着在已知数据以外的全部数据均为零的不合理假设。这种主观上的限制等于附加了歪曲随机过程真实面貌的额外信息，故必然会带来估计误差。在某些情况下，甚至会因误差过大而出现估计错误。特别是对于短时间序列的功率谱估计，加窗后旁瓣的影响会降低功率谱的分辨率。因为在理论上，极限分辨率等于观测时间的倒数，截取数据的序列越短，则功率谱的分辨率就越低。并且加窗所引起的主瓣能量泄漏到旁瓣的现象还会模糊其他分量。虽然可以通过选择适当的窗函数来减小能量泄漏，但其结果降低了功率谱的分辨率。

为了克服经典功率谱分析法的缺点，近年来在实现高分辨率功率谱估计的研究方面取得了较大的进展。其中最大似然法（MVSE）和最大熵法（MESE）是近代功率谱估计的主要代表。

最大似然法通过测量一组窄带滤波器的功率输出来求功率谱估计，这些滤波器对每一个频率的数学模型通常是不同的。而在周期图法中的数学模型是固定的。因此最大似然方法的分辨率比周期图法要高，比最大熵法稳定，但不如最大熵法分辨率高。该法虽然提高了分辨率和减少了功率泄漏，但不适于对时变信号进行跟踪。

最大熵法的基本思想是对所观测的有限数据以外的数据不做任何确定性假设，而仅仅假设它是随机的，在信息熵为最大的前提下，将未知的那一部分自相关函数用迭代方法推

导出来,从而求得功率谱。这样,由于数据序列长度的加长,使功率谱估计误差减小,分辨率大大提高。

自从1971年证明最大熵法与自回归(AR)谱分析法对一维平稳高斯过程等效以来,最大熵法受到广泛重视,特别是对提高短时序列谱的分辨率及对一维均匀抽样信号处理方面效果显著。

8.7.1 最大似然谱估计(MVSE)

MVSE(Minimum Variance Spectral Estimation)最早由Capon于1979年提出,用于多维地震阵列传感器的频率-波数分析。MVSE称为"最大似然谱估计",其实这是名词的误用,它并不是最大似然谱估计,而是"最小方差谱估计"。Capon称此方法为"高分辨率"谱估计方法。

下面讨论该方法的导出过程。将信号$x(n)$通过FIR滤波器$A(z) = \sum_{k=0}^{p} a(k)z^{-k}$,则其输出为

$$y(n) = x(n) * a(n) = \sum_{k=0}^{p} a(k)x(n-k) = \boldsymbol{X}^{\mathrm{T}}\boldsymbol{a} \tag{8-115}$$

$y(n)$的均方值,也即$y(n)$的功率由下式给出

$$\rho = E[\,|y(n)|^2\,] = E[\boldsymbol{a}^{\mathrm{H}}\boldsymbol{X}^*\boldsymbol{X}^{\mathrm{T}}\boldsymbol{a}] = \boldsymbol{a}^{\mathrm{H}}E[\boldsymbol{X}^*\boldsymbol{X}^{\mathrm{T}}]\boldsymbol{a} = \boldsymbol{a}^{\mathrm{H}}\boldsymbol{R}_p\boldsymbol{a} \tag{8-116}$$

式中,H为共轭转置;$\boldsymbol{R}_p$是由$r_x(0), \cdots, r_x(p)$构成的Toeplitz自相关矩阵。若假定$y(n)$的均值为零,那么ρ也是$y(n)$的方差。

为求得滤波器的系数,有两个原则:

(1) 在给定的某一个频率ω_i处,$x(n)$无失真通过,这等效于要求:

$$\sum_{k=0}^{p} a(k)\mathrm{e}^{-\mathrm{j}\omega_i k} = \boldsymbol{e}^{\mathrm{H}}(\omega_i)\,\boldsymbol{a} = 1 \tag{8-117}$$

式中

$$\boldsymbol{e}^{\mathrm{H}}(\omega_i) = [\,1, \mathrm{e}^{\mathrm{j}\omega_i}, \cdots, \mathrm{e}^{\mathrm{j}\omega_i p}\,]^{\mathrm{T}} \tag{8-118}$$

(2) 滤除ω_i附近的频率分量,也即在保证式(8-117)的条件下,让式(8-116)的ρ最小,此即"最小方差"谱估计的来历。

可以证明,在上述两个制约条件下,使方差ρ达到最小的滤波器的系数为

$$\boldsymbol{a}_{\mathrm{MV}} = \frac{\boldsymbol{R}_p^{-1}\boldsymbol{e}(\omega_i)}{\boldsymbol{e}^{\mathrm{H}}(\omega_i)\boldsymbol{R}_p^{-1}\boldsymbol{e}(\omega_i)} \tag{8-119}$$

而最小方差为

$$\rho_{\mathrm{MV}} = \frac{1}{\boldsymbol{e}^{\mathrm{H}}(\omega_i)\boldsymbol{R}_p^{-1}\boldsymbol{e}(\omega_i)} \tag{8-120}$$

这样,最小方差谱估计为

$$P_{\mathrm{MV}}(\omega) = \frac{1}{\boldsymbol{e}^{\mathrm{H}}(\omega)\boldsymbol{R}_p^{-1}\boldsymbol{e}(\omega)} \tag{8-121}$$

应该指出,$P_{\mathrm{MV}}(\omega)$并不是真正意义的功率谱,因为$P_{\mathrm{MV}}(\omega)$对ω的积分并不等于信号的功率,但它描述了信号真正功率谱的相对强度。对正弦信号,$P_{\mathrm{MV}}(\omega)$正比于信号的功率。

8.7.2 最大熵谱估计(MESE)

最大熵谱估计(Maximum Entropy Spectral Estimation, MESE)方法是由 Burg 于 1967 年提出的。MESE 方法的基本思想是,已知 $p+1$ 个自相关函数 $r_x(0), r_x(1), \cdots, r_x(p)$,现在希望利用这 $p+1$ 个值对 $m>p$ 时未知的自相关函数予以外推。外推的方法很多,Burg 主张外推后的自相关函数所对应的时间序列应具有最大熵。也就是说,在所有前 $p+1$ 个自相关函数等于原来给定值的外推后的时间序列中,所选择的自相关函数所对应的时间序列是"最随机"的。下面先简要介绍一下熵的概念,再给出最大熵谱估计的方法。

设信源是由属于集合 $X = \{x_1, x_2, \cdots, x_M\}$ 的 M 个事件所组成的,信源产生事件 x_j 的概率分布函数为 $P(x_j)$,则

$$\sum_{j=1}^{M} P(x_j) = 1$$

定义在集合 X 中事件 x_j 的信息量为

$$I(x_j) = -\ln P(x_j)$$

上式中的对数以 e 为底,$I(x_j)$ 的单位为奈特(net)。

定义整个信源 M 个事件的平均信息量为

$$H(X) = -\sum_{j=1}^{M} p(x_j) \ln p(x_j) \tag{8-122}$$

$H(X)$ 被称为信源 X 的熵。

若信源 X 是一个连续型的随机变量,其概率密度函数 $p(x)$ 也是连续函数,模仿式(8-122),信源 X 的熵定义为

$$H(X) = -\int_{-\infty}^{\infty} p(x) \ln p(x) \, dx \tag{8-123}$$

假定信源 X 是一个高斯随机过程,可以证明,它的每个样本的熵正比于

$$\int_{-\pi}^{\pi} P_{\text{MEM}}(e^{j\omega}) \, d\omega \tag{8-124}$$

式中,$P_{\text{MEM}}(e^{j\omega})$ 为信源 X 的最大熵功率谱。

Burg 对 $P_{\text{MEM}}(e^{j\omega})$ 施加了一个制约条件,即它的傅里叶反变换所得到的前 $p+1$ 个自相关函数应等于所给定的信源 X 的前 $p+1$ 个自相关函数,即

$$\int_{-\pi}^{\pi} P_{\text{MEM}}(e^{j\omega}) \, d\omega = r_x(m) \qquad 0 \leqslant m \leqslant p \tag{8-125}$$

若 X 为高斯型随机信号,则利用 Lagrange 乘子法,在式(8-125)的制约下令式(8-124)最大,得到最大熵功率谱,即

$$P_{\text{MEM}}(e^{j\omega}) = \frac{\sigma^2}{\left| 1 + \sum_{k=1}^{p} a_k e^{j\omega k} \right|^2} \tag{8-126}$$

式中,$\sigma^2, a_1, a_2, \cdots, a_p$ 是通过 Yule-Walker 方程求出的 AR 模型的参数。

对于例 8.1,应用 MATLAB 实现的最大熵功率谱估计程序如下:

```
Fs = 500;
NFFT = 1024;
```

```
n = 0 : 1/Fs : 1;
vx = randn(1, length(n));
x = 4 * sin(2 * pi * 100 * n) - 2 * sin(2 * pi * 10 * n) + vx;
pyulear(x, 20, NFFT, Fs);
```

其结果如图 8-17 所示。

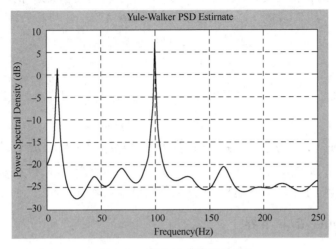

图 8-17　最大熵功率谱估计

8.7.3　ESPRIT 方法

ESPRIT(Estimation of Signal Parameters via Rotational Invariance Techniques)方法是由 Roy、Paulraj 和 Kailath 于 1986 年提出的。其主要思想是借助旋转不变技术来估计信号参数,是一种关于谐波(正弦波)频率估计的主要特征子空间方法。下面简要介绍 ESPRIT 方法的基本过程。

考虑白噪声中的 p 个谐波 $x(n)$,其信号模型为

$$x(n) = \sum_{i=1}^{p} s_i e^{j\omega_i n} + v(n) \tag{8-127}$$

其中,$\omega_i \in (-\pi, \pi)$ 是归一化频率,s_i 为第 i 个谐波的幅度。$v(n)$ 是均值为零、方差为 σ^2 的复高斯白噪声过程,即有 $E[v(k)v^*(l)] = \sigma^2 \delta_{kl}$,$E[v(k)v(l)] = 0$。令 $m > p$,构造如下 $m \times 1$ 维向量

$$x(n) = [x(n), \cdots, x(n+m-1)]^T$$
$$v(n) = [v(n), \cdots, v(n+m-1)]^T$$
$$y(n) = [y(n), \cdots, y(n+m-1)]^T$$
$$= [x(n+1), \cdots, x(n+m)]^T$$
$$a(\omega_i) = [e^{j\omega_i n}, e^{j\omega_i(n+1)}, \cdots, e^{j\omega_i(n+m-1)}]^T$$

因此,式(8-127)的矩阵形式为

$$x(n) = As + v(n) \tag{8-128}$$
$$y(n) = A\Phi s + v(n+1) \tag{8-129}$$

式中

$$A = [a(\omega_1), a(\omega_2), \cdots, a(\omega_p)]$$
$$s = [s_1, s_2, \cdots, s_p]^T$$

$$\boldsymbol{\Phi} = \mathrm{diag}(\mathrm{e}^{\mathrm{j}\omega_1}, \cdots, \mathrm{e}^{\mathrm{j}\omega_p})$$

注意,酉矩阵 $\boldsymbol{\Phi}$ 被称为旋转因子,它将向量 $\boldsymbol{x}(n)$ 和 $\boldsymbol{y}(n)$ 联系在一起。$\boldsymbol{A}$ 是一个 $m \times p$ 维范德蒙(Vandermonde)矩阵。向量 $\boldsymbol{x}(n)$ 的自相关矩阵为

$$\boldsymbol{R}_{xx} = E[\boldsymbol{x}(n)\boldsymbol{x}^{\mathrm{H}}(n)] = \boldsymbol{A}\boldsymbol{S}\boldsymbol{A}^{\mathrm{H}} + \sigma^2\boldsymbol{I} \tag{8-130}$$

式中,$\boldsymbol{S}$ 是关于谐波的 $p \times p$ 维相关矩阵。向量 $\boldsymbol{x}(n)$ 和 $\boldsymbol{y}(n)$ 的互相关矩阵为

$$\boldsymbol{R}_{xy} = E[\boldsymbol{x}(n)\boldsymbol{y}^{\mathrm{H}}(n)] = \boldsymbol{A}\boldsymbol{S}\boldsymbol{\Phi}^{\mathrm{H}}\boldsymbol{A}^{\mathrm{H}} + \sigma^2\boldsymbol{Z} \tag{8-131}$$

其中,$\sigma^2\boldsymbol{Z} = E[\boldsymbol{v}(n)\boldsymbol{v}^{\mathrm{H}}(n+1)]$,且 $\boldsymbol{Z}$ 是一个 $m \times m$ 维特殊对角矩阵,即

$$\boldsymbol{Z} = \begin{bmatrix} 0 & & & 0 \\ 1 & 0 & & \\ & \ddots & \ddots & \\ 0 & & 1 & 0 \end{bmatrix}$$

接下来对 $\boldsymbol{R}_{xx}$ 的特征值进行分解,其最小特征值为噪声方差 σ^2。利用 σ^2 计算 $\boldsymbol{C}_{xx} \triangleq \boldsymbol{R}_{xx} - \sigma^2\boldsymbol{I}$ 和 $\boldsymbol{C}_{xy} \triangleq \boldsymbol{R}_{xy} - \sigma^2\boldsymbol{Z}$。最后,通过对矩阵对 $\{\boldsymbol{C}_{xx}, \boldsymbol{C}_{xy}\}$ 进行广义特征值分解,得到 p 个位于单位圆上的广义特征值,来确定子空间旋转矩阵 $\boldsymbol{\Phi}$,从而得到谐波频率 $\omega_i, i = 1, 2, \cdots, p$。

8.7.4　Cramer-Rao 下界

Cramer-Rao 下界(CRLB)表示无偏估计量方差的下限,可用来评估估计方法的性能好坏。一方面,CRLB 可以确定估计量是否为最小方差无偏估计量。也就是说,对于未知参数的所有取值,如果估计量达到此下限,那么它就是最小方差无偏估计量。另一方面,这种方法为比较无偏估计量的性能提供了一个标准。需注意的是,我们不可能求得方差小于 CRLB 的无偏估计量。

为了方便下面介绍 CRLB 定理,令 $\boldsymbol{x}$ 表示 N 点数据集 $x[0], x[1], \cdots, x[N-1]$。由于数据固有的随机性,用概率密度函数来描述它,即 $p(\boldsymbol{x}; \theta)$。概率密度函数以未知量 θ 为参数,即我们有一组概率密度函数,其中的每一个概率密度函数由于 θ 的不同而不同。标量参数的 CRLB 定理可表述如下。

定理:Cramer-Rao 下限

假定概率密度函数 $p(\boldsymbol{x}; \theta)$ 满足"正则"条件

$$E\left[\frac{\partial \ln p(\boldsymbol{x}; \theta)}{\partial \theta}\right] = 0, \quad \forall \theta$$

其中均值是对 $p(\boldsymbol{x}; \theta)$ 求取的。那么,任何无偏估计量 $\hat{\theta}$ 的方差必定满足

$$\mathrm{var}(\hat{\theta}) \geqslant \frac{1}{-E\left[\dfrac{\partial^2 \ln p(\boldsymbol{x}; \theta)}{\partial \theta^2}\right]} \tag{8-132}$$

对于某个函数 g 和 l,当且仅当

$$\frac{\partial \ln p(\boldsymbol{x}; \theta)}{\partial \theta} = I(\theta)(g(\boldsymbol{x}) - \theta) \tag{8-133}$$

时,对所有 θ 达到下限的无偏估计量就可以求得。这个估计量是 $\hat{\theta} = g(\boldsymbol{x})$,它是最小方差无偏估计量,最小方差是 $1/I(\theta)$。由于二阶导数是与 $\boldsymbol{x}$ 有关的随机变量,所以式(8-132)的均值由下式给出

$$E\left[\frac{\partial^2 \ln p(\boldsymbol{x};\theta)}{\partial \theta^2}\right] = \int \frac{\partial^2 \ln p(\boldsymbol{x};\theta)}{\partial \theta^2} p(\boldsymbol{x};\theta)\,\mathrm{d}\boldsymbol{x}$$

通常 CRLB 与 θ 有关。

8.8 高阶谱估计

功率谱估计理论和技术为随机数字信号处理提供了许多方法,解决了许多实际问题。但是,功率谱估计只能提供信号的幅度信息,而不蕴含信号的相位信息,是"相位盲"。另外,功率谱估计通常建立在观测噪声为高斯白噪声的假设基础上,它仅利用了观测数据的二阶统计信息,因此,只适用于线性系统和最小相位系统。

在实际应用中,有时遇到的信号是非高斯的,系统是非线性、非最小相位的,同时,背景噪声也往往是有色的,在这种情况下,传统的功率谱估计方法常常会遇到困难,有时根本无法处理。因此,人们开始考虑,功率谱估计仅仅是二阶统计量,可否引入描述随机过程的新的数字特征——高阶统计量来解决上述问题。

所谓高阶统计量,通常理解为高阶矩、高阶累积量及它们的谱——高阶矩谱和高阶累积量谱这四种统计量。因为高阶累积量同高阶矩相比具有许多优点,所以人们常使用高阶累积量和高阶累积量谱。习惯上,将高阶累积量谱简称高阶谱或多谱。

高阶统计量同二阶统计量相比,具有以下几个方面的优点:

(1) 可以抑制加性高斯有色噪声(其功率谱未知)的影响,用于提取高斯背景噪声(白色或有色)中的非高斯信号;

(2) 不仅能提供有关信号的幅度信息,而且还能提供有关信号的相位信息,因而可用于辨识非因果、非最小相位系统或重构非最小相位信号;

(3) 可以检测和描述系统的非线性;

(4) 可以检测信号中的循环平稳性,以及分析和处理循环平稳信号。

高阶统计量之所以比二阶统计量优越,原因就在于高阶统计量包含了二阶统计量所没有的大量丰富信息,这些信息和特性使得高阶统计量在处理非高斯、非最小相位、有色和非线性情形时显得十分有效,并已成为信号处理领域中的一种新的强有力工具。

高阶统计量的研究始于 20 世纪 60 年代,20 世纪 80 年代末高阶统计量作为信号处理的新工具开始引起各国科技人员的广泛关注。高阶统计量中应用最广泛的是三阶累积量和双谱。

对于零均值实平稳随机过程 $\{x(n)\}$,其三阶累积量定义为

$$c_{3,x}(m_1,m_2) = E\big[x(n)x(n+m_1)x(n+m_2)\big] \tag{8-134}$$

对上式求二维傅里叶变换,可得平稳随机过程 $\{x(n)\}$ 的双谱

$$B(\omega_1,\omega_2) = \sum_{m_1=-\infty}^{\infty}\sum_{m_2=-\infty}^{\infty} c_{3,x}(m_1,m_2)\exp\big[-j(\omega_1 m_1 + \omega_2 m_2)\big] \tag{8-135}$$

同功率谱估计类似,双谱估计也有周期图法,即

$$B(\omega_1,\omega_2) = \frac{1}{N}X(\omega_1)X(\omega_2)X^*(\omega_1+\omega_2) \tag{8-136}$$

式中,$X(\omega)$ 为序列 $x(n)$ 的傅里叶变换,N 为序列 $x(n)$ 的长度。

目前,高阶统计量的应用范围已涉及通信、雷达、声呐、海洋学、天文学、电磁学、等离子体、

结晶学、地球物理、生物医学、故障诊断、振动分析、流体动力学等许多领域,高阶统计量已成为现代信号处理的核心内容之一。

本 章 小 结

本章主要介绍确定性信号和随机信号的数字谱分析方法。重点是随机信号的功率谱估计。应主要掌握以下内容:

(1) 在确定性信号频谱分析中有两种基本关系,即在抽样频率 Ω_s 大于 2 倍的信号最高频率 Ω_m 时,有

$$X(k) = X_s(kf_1)$$
$$T_s X(k) = X_1(kf_1)$$

前者说明,离散傅里叶变换 $X(k)$ 等于其相应抽样信号连续傅里叶变换的抽样 $X_s(kf_1)$,后者说明,在不发生混叠的条件下,离散傅里叶变换 $X(k)$ 乘以抽样时间间隔,等于其相应截短的连续信号的连续傅里叶变换的抽样。

(2) 对确定性连续时间信号的谱分析只能是一种近似,会产生混叠、泄漏、栅栏效应等问题。可采用抗混叠滤波、加窗、提高分辨率等措施,使这种近似较好地满足工程的需要。

(3) 维纳-辛钦定理是把随机理论与实际相联系的桥梁,是随机信号谱分析的理论根据。

(4) 随机信号谱估计的经典方法有自相关函数法与周期图法。自相关函数法是一种较好的估计,缺点是计算时间较长。周期图法简单易行,速度快,但不是一致估计。三种周期图改进法中平滑周期图平均法效果最好。

(5) 离散随机信号通过线性时不变系统,掌握输出随机信号的特征参数和输入随机信号之间的关系。

习　　题

8.1　用某台 FFT 频谱仪进行信号处理,要求其信号长度 N 为 2 的正整数次幂。已知待分析的信号上限频率为 50 kHz,要求谱分辨率为 10 Hz,试确定下列参数:

(1) 信号的最短记录长度; (2) 最大抽样时间间隔; (3) 一个记录中的最少抽样点数。

8.2　已知平稳随机过程 $x(n)$ 的自相关函数为

$$R_x(m) = 64 + \frac{6}{1 + 8m^2}$$

求 $x(n)$ 的均值和方差。

8.3　设 φ 为区间 $[0, 2\pi]$ 上的均匀分布。

(1) 用求均值和自相关函数的方法证明随机过程

$$x(n) = A\cos(2\pi f_0 n + \varphi)$$

是广义平稳的;

(2) 利用相同的假定,对单个复正弦过程

$$x(n) = A\exp[j(2\pi f_0 n + \varphi)]$$

证明它也是广义平稳的。

8.4　实广义平稳随机过程的均值为

$$\frac{1}{2M+1}\sum_{n=-M}^{M}x(n)$$

式中,M 为一随机序列的长度。证明对于均值的样本平均估计量的方差由

$$\lim_{M\to\infty}\frac{1}{2M+1}\sum_{k=-2M}^{2M}\left(1-\frac{|k|}{2M+1}\right)c_{xx}(k)=0$$

给出。式中 $c_{xx}(k)$ 为 $x(n)$ 的自协方差,自协方差等于自相关函数减去均值的平方。

8.5 已知实随机序列为均值为零、方差为 σ_x^2 的白高斯过程,求无偏自相关函数估计

$$\bar{r}_{xx}(k)=\frac{1}{N-k}\sum_{n=0}^{N-1-k}x(n)x(n+k)\qquad 0\leqslant n\leqslant N-1,0\leqslant k\leqslant N-1$$

的方差。当延迟 k 增大时会出现什么现象?

8.6 已知由广义平稳随机过程 $x(n)$ 的 N 个观测值 $x(0),\cdots,x(N-1)$ 构成的自相关函数 $r_N(m)$ 的有偏估计为

$$r_N(m)=\frac{1}{N}\sum_{n=0}^{N-1-|m|}x(n)x(n+m),\qquad |m\leqslant N-1|$$

（1）假设该随机过程的均值为 $1/N$,求对这 N 个观测值的离散傅里叶变换 $X(k)=\sum_{n=0}^{N-1}x(n)W_N^{nk}$ 的均值。

（2）若该随机过程的均值为零,试证明其对应周期图 $I_N(\omega)=\sum_{m=-N+1}^{N-1}r_N(m)e^{-j\omega m}$ 的均值为

$$E[I_N(\omega)]=\sum_{m=-N+1}^{N-1}\left(1-\frac{|m|}{N}\right)r_{xx}(m)e^{-j\omega m}$$

第9章　数字信号处理应用简介

随着计算机技术和信息科学的飞速发展,数字信号处理已经逐渐发展成为一门独立的学科并成为信息科学的重要组成部分。正如绪论中所提到的,数字信号处理技术已广泛应用于通信、语音、雷达、电视、控制系统、故障检测、仪器仪表等领域,对其诸多方面应用的理解需要相关领域的知识,许多技术已超出本书的范围,这里我们将通过几个简单例子来粗略了解数字信号处理的应用。

9.1　语音信号处理

9.1.1　语音增强算法

语音是人类相互之间进行交流最自然和最方便的形式之一,语音通信是一种理想的人机通信方式。人们一直梦想有朝一日可以摆脱键盘或遥控设备的束缚,拥有更为友好、亲切的人机界面,使得计算机或家用电器可以像人一样听懂人的话语,看懂人的动作,执行人们所希望的任何任务。而语音信号处理正是其中一项至关重要的应用技术。

语音信号处理是一门涉及面很广的交叉学科,其研究领域涉及到信号处理、人工智能、模式识别、数理统计、神经生理学和语言学等许多学科,数字话音通信、声控打印机、自动语音翻译和多媒体信息处理等许多方面都有着非常重要的应用。语音增强是语音信号处理系统进入实用阶段,保证语音识别系统、说话人识别系统和各种实际环境下语音编码系统性能的重要环节。

在不同的条件下,语音增强的方法是不同的。例如,干扰噪声的种类不同,噪声混入纯净信号的方式不同,用于增强算法的输入通道数量不同,增强所采用的方法均有所不同,如可分为基于多通道输入的语音增强算法和基于单通道输入的语音增强算法。

1. 基于多通道输入的语音增强算法

自适应噪声对消法的基本原理是,从带噪语音中减去噪声。如果采用两个话筒(或多个话筒)的采集系统,一个采集带噪语音,另一个(或多个)采集噪声,则这一任务比较容易解决。图 9-1 所示为双话筒采集系统的自适应噪声对消法原理方框图。图中带噪语音序列 $z(n)$ 和噪声序列 $w(n)$ 经傅里叶变换后,得到频域分量 Z_k 和 W_k;噪声分量幅度谱 W_k 经数字滤波后与带噪语音谱相减;然后加上带噪语音频域分量的相位;再经过傅里叶反变换恢复为时域信号。在强背景噪声时,这种方法可以得到较好的去噪效果。如果采集到的噪声足够逼真,甚至可以在时域上直接与带噪语音相减。噪声对消法可以用于平稳随机噪声相消,也可以用于准平稳随机噪声。采用噪声对消法时,两个话筒之间必须要有一定的距离。由于采集到的两路信号之间有时间差,实时采集到的两路信号中所包含的噪声段是不同的,回声及其他可变衰减特性也将影响所采集噪声的纯净性。所以,采集到的噪声需要经过自适应数字滤波器,以得到尽可能接近带噪语音中的噪声。自适应滤波器通常采用 FIR 滤波器,其系数可以采用最小均方

（LMS）法进行估计,使误差信号的能量最小。

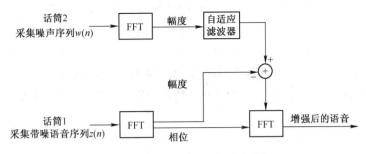

图 9-1　噪声对消法原理方框图

2. 基于单通道输入的语音增强算法

语音信号的浊音段有明显的周期性,利用这一特点,可以采用自适应梳状滤波器来提取语音分量,抑制噪声。输出信号是输入信号的延迟加权和的平均值。当延迟与周期一致时,这个平均过程将使周期性分量得到加强,而其他非周期性分量或与信号周期不同的其他周期性分量受到抑制或消除。显然,上述方法的关键是要精确估计出语音信号的基音周期,这在强背景噪声干扰下是一件很困难的事情。对语音信号进行傅里叶变换后可以鉴别出需要提取的各次谐波分量,然后经傅里叶反变换恢复为时域信号。梳状滤波器不但可增强语音信号,也可以用于抑制各种噪声干扰,包括消除同声道的其他语音的干扰。

减谱法是一种常用的单通道语音增强算法,其基本原理是利用无语音段的噪声信号估计噪声的频谱,然后从带噪语音信号的谱估计中减去相应的噪声谱估计值,从而得到纯净语音的谱估计值。但是当噪声同样为语音信号时,则难以判断不同时间的语音信号是否属于待增强的信号。减谱法的原理方框图如图 9-2 所示。

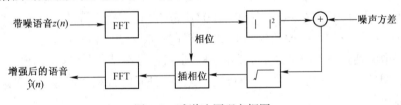

图 9-2　减谱法原理方框图

9.1.2　语音分析方法

语音通信是现代通信的重要组成部分。随着人们对多媒体通信要求的日益提高,数字语音通信也越来越受到人们的关注。同模拟语音通信系统相比,数字语音通信系统具有抗干扰能力强、灵活性高、保密性好、可控性强、寿命长等优点。根据应用形式的不同,数字语音通信系统可分为两大类:一是语音信号的数字传输,二是语音信号的数字存储。前者主要应用于双方或者多方的话音通信,也即语音信号被压缩成低比特率的数字流,经信道传输,最后在接收端解压缩以重建语音波形;后者主要应用于呼叫服务、网络通告、数字语声应答机、多媒体查询系统等单向通信中。

网络通信在近年来获得高速发展,语音通信与网络的融合已成为发展的必然趋势。将分组交换的概念同语音传输相结合,即分组语音使得语音信息与网络的接入变成现实。这其中最关键的技术之一就是低速语音编码技术,它保证了语音信息在网络传输中的实时实现。采用低速语音编码算法需要先对语音信号进行分析。

语音信号所占据的频率范围可达 10 kHz 以上,但研究发现,对语音清晰度和可懂度有明显影响的成分的最高频率约为 5.7 kHz。当抽样频率为 8 kHz 时,语音信号受损失的只是少数辅音。由于语音信号本身巨大的冗余度,少许辅音清晰度的下降并不明显影响整个语句的可懂度,因此国际上通用 8 kHz 对模拟语音信号进行抽样。语音信号具有短时平稳性,在短时段内(10~30 ms)其频谱特性和某些物理参数可认为是不变的,因此需要加窗进行分帧处理。

归一化互相关函数基音检测步骤如图 9-3 所示。它主要由预处理、基音提取、基音检测后处理三部分组成。

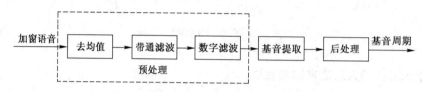

图 9-3 归一化互相关函数基音检测步骤

1. 预处理

在进行参数提取之前,要对数字语音信号进行带通滤波,用以抑制 50 Hz 的电源干扰及共振峰特性造成的干扰。滤波器带宽为 60~900 Hz。为了分帧处理,要对带通滤波后的信号加入窗函数,这里可采用汉明窗。

2. 基音周期检测

基音是指发浊音时声带震动所产生的周期性,它的检测与估计是语音信号处理中一个非常重要的问题。在低速语音编码中,准确的基音估计是非常重要的,它直接影响着系统的性能。在短时(10~30 ms)语音信号中,可以认为浊音周期保持不变。不同说话人的基音周期频率分布有所不同,男性语音主要分布在 60~200 Hz 范围内,女性语音的频率相对较高,一般分布在 200~450 Hz。在 8 kHz 的抽样频率下,基音周期一般有 20~147 个样点。

自相关函数法通过对经过低通滤波器的语音余量信号在某一范围内求取归一化自相关函数来提取基音周期。由于浊音信号的周期性,在基音周期处,自相关函数会出现峰起,通过对峰起的判断就可判断基音周期。

短时自相关是将语音信号简化为短时平稳信号,进而求其近似平均频率。在语音信号为强周期的情况下,短时自相关法能准确求出其基音周期,而在弱周期的情况下误差比较大。为此,引入归一化短时互相关函数概念,利用短时互相关函数的特性进行基音检测。对于浊音信号,只要在基音频率内求出归一化互相关函数的最大值,即为浊音周期。

互相关和自相关基音周期评估比较示意图如图 9-4 所示。图 9-4 表明:无论语音信号为弱周期或强周期,互相关基音检测方法都比自相关基音检测方法更能准确反映信号此刻的周期性。在基音检测过程中,有时会发现基音周期同相关函数的第一峰值点不完全吻合,其主要原因之一就是由声道的共振峰特性造成的干扰。之所以将带通滤波器的高端截止频率设置为 900 Hz,一方面可以除去大部分共振峰的影响,另一方面当基音频率最高为 450 Hz 时仍能保留其一、二次谐波。

为避免错误地将基音周期的整数倍判为基音周期,需利用互相关函数对其进行后处理。

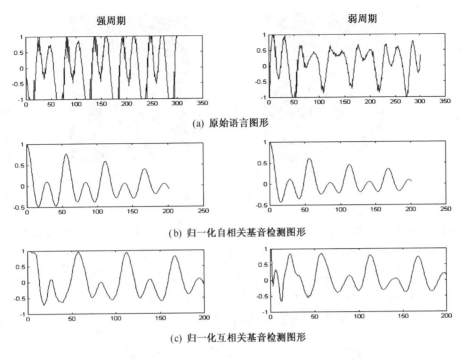

图 9-4　互相关和自相关基音周期评估比较示意图

经过处理后的语音信号应先进行语音分类,然后再根据语音类别(清音、浊音、混合音及静音)的不同分别提取不同的参数。

9.2　图 像 处 理

图像处理就是对图像信息进行加工处理,以满足人的视觉心理和实际应用的需要。简单地说,依靠计算机对图像进行的各种处理,称之为数字图像处理。常用的图像处理方法有图像增强、复原、压缩、识别等。数字图像处理在很大程度上是整个数字视频技术的关键。利用数字信号处理算法,数字图像处理可得到很高的质量。在数字图像处理中常用的是二维离散傅里叶变换和离散余弦变换,把空间时域的图像转变到空间频域上进行研究,从而很容易地了解到图像的各空间频域成分,进行相应处理。另外离散卷积也可以用来进行数字图像滤波,不同的是图像滤波系统的单位冲激响应必须是二维的。

本节简单介绍图像增强、图像平滑及图像的边缘检测。

1. 图像增强

图像对比度增强是改善图像识别效果的重要措施之一。由于图像对比度的大小主要决定于图像的灰度级差,因此,为了改善对比度过小的黑白图像的识别效果,就需要扩大图像灰度之间的级差。当前,扩大图像灰度级差的方法较多,如线性增强法、非线性增强法、直方图增强法和自适应增强法等。图 9-5 所示为采用线性增强法的图像灰度级调整的 MATLAB 仿真结果。

2. 图像平滑处理

消除或者抑制图像高频噪声的技术过程,叫作图像平滑处理。图像在形成、传输、处理过

(a) 调整前

(b) 调整后

图 9-5　图像灰度级调整

程中都可能产生噪声。图像平滑处理有两类方法：一类是对图像自身直接进行处理的空域法，包括邻域平均法、加权平均法、中值滤波法等；另一类是在图像的频率域进行处理的频域低通滤波法。中值滤波也是一种局部平均平滑技术，属于非线性的图像平滑方法，它对一个滑动窗口内的诸像素灰度排序，用其中值代替窗口中心像素原来的灰度。

图 9-6 所示为加噪后的图像及中值滤波后的图像。

(a) 加噪后的图像

(b) 中值滤波后的图像

图 9-6　加噪后的图像及中值滤波后的图像

3. 图像的边缘检测

边缘检测法是构成图像形状的基本要素，是图像性质的重要表现形式之一。因此，边缘特征是图像的重要特征，提取边缘特征是图像的特征提取中的重要一环，是解决图像处理中许多复杂问题的一条重要途径。

在理想情况下，边界线剖面图的灰度分布呈阶跃形，可以用一个阶跃函数来表示它。这时，提取边界线比较容易，例如采用一阶差分运算，就能实现边界线的提取。实际上，由于各种因素的影响，边界有时明显，有时不大明显，即使是明显的边界，其横剖面图的灰度分布一般不是阶跃，而是一个近似斜坡形。如果图像中包括有比较明显的颗粒噪声，那么边界线横剖灰度分布的非线性就更为显著，甚至可能呈现杂乱无章的状态。因此，实际上图像边界提取是一个相当复杂的问题。通常，它需要通过对图像的多种运算来完成。

图 9-7 所示为用 Roberts 算子对图像进行边缘检测的 MATLAB 仿真结果。

4. 图像压缩

小波变换是 20 世纪 80 年代中后期发展起来的一种数学分析方法，经过 10 多年的发展，已在数学和工程领域得到了广泛应用。与传统的傅里叶（Fourier）变换、短时傅里叶变换相比，小波变换是一个时间和尺度上的局域变换，因而能有效地从信号中提取信息，通过伸缩和

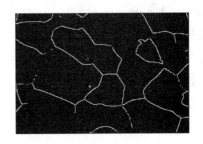

<table>
<tr><td>(a) Alumgrns 图像</td><td>(b) Alumgrns 边缘</td></tr>
</table>

图 9-7　用 Roberts 算子对图像进行边缘检测的 MATLAB 仿真结果

平移等运算功能对函数或信号进行多尺度分析（Multiscale Analysis），从而解决了傅里叶变换不能解决的许多问题。因此小波变换被称为"数学显微镜"。前面讨论的 STFT 方法虽然能够给出某一时刻的频率信息，但频率分辨率取决于窗函数，限制了它的应用范围。在实际应用中，经常希望对信号的低频成分分析时，具有较高的频率分辨率；对信号的高频成分分析时，时间分辨率要高一些。小波变换，它是一种时间–尺度变换，能够满足这一要求。

　　经过几十年的发展，小波变换的理论日趋成熟和完善，它的应用越来越广泛，它在图像数据处理和压缩、信号检测和重构、通信等领域都有广泛的应用。

　　小波分析可用于信号与图像压缩，它的特点是压缩比高，压缩速度快，压缩后能保持信号与图像的特征基本不变，且在传递过程中可以抗干扰。一个图像做小波分解后，可得到一系列不同分辨率的子图像。不同分辨率的子图像对应的频率是不相同的，高分辨率（即高频）子图像上大部分点的数值接近于 0，越是高频这种现象越明显。表现一幅图像最主要的部分是低频部分，所以最简单的压缩方法是利用小波分解，去掉图像的高频部分而只保留低频部分。

　　利用二维小波分析对图像进行压缩的图形如图 9-8 所示。

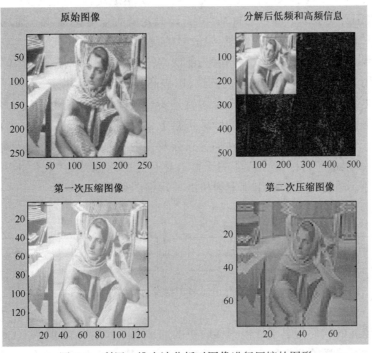

图 9-8　利用二维小波分析对图像进行压缩的图形

压缩前图像 X 的大小为：524288 Byte。

第一次压缩图像的大小为：145800 Byte。

第二次压缩图像的大小为：45000 Byte。

高光谱图像去噪见二维码 9-1。

二维码 9-1

9.3　通信信号处理

9.3.1　软件无线电技术

软件无线电最初起源于军事研究。1992 年 5 月，MILTRE 公司的 Joe Mitola 在美国国家远程系统会议上首次作为军事技术提出了软件无线电（SoftWare Radio，SWR）的概念，希望用这种新技术来解决三军无线电台多工作频段、多工作方式的互通问题。从此，对软件无线电的研究在国际范围内迅速展开。

软件无线电就是将模块化、标准化的硬件单元通过标准接口构成基本平台，并借助软件加载实现各种无线通信功能的一种开放式体系结构。软件无线电通过使用自适应的软件和灵活的硬件平台，能够解决无线产业不断演变和技术革新带来的很多问题。它在基站和移动终端的软件下载能力，对于运营商和制造商弥补软件缺陷及实现新功能和新业务非常重要。此外使用软件下载重新配置移动终端是实现多模式终端操作的有效方法，这也为用户通过一个移动终端接入多个通信系统的问题提供解决手段。软件无线电的主要优点是它的灵活性。在软件无线电中，诸如信道带宽、调制及编码等都可以动态地调整，以适应不同的标准和环境、网络通信负荷，以及用户需求的变化。

软件无线电主要由天线、射频前端、高速 A/D 及 D/A 变换器、通用和专用数字信号处理器、低速 A/D 及 D/A 变换器及各种接口和各种软件所组成。其天线一般要覆盖比较宽的频段，如 1～2000 MHz，要求每个频段的特性均匀，以满足各种业务的需求。通用 DSP 主要完成各种数据率相对较低的基带信号的处理，如信号的调制/解调，各种抗干扰、抗衰落、自适应均衡算法的实现等。还要完成经信源编码后的前向纠错（FEC）、帧调整、比特填充和链路加密等算法。也有采用多 DSP 芯片并行处理的方法，以提高其处理的能力。

软件无线电技术在电子战中的一个应用就是实现软件化的通信电子战干扰发射机。这种软件化干扰发射机在一个通用可扩展的硬件平台上，采用软件实现各种干扰样式的形成及干扰信号的整个产生过程。开放式的硬件平台只涉及发射信号的载频特征，发射信号的内部特征可以升级换代，以适应目标信号特征的千变万化。之所以称其为"软件化"干扰发射机，其含义也就在于此。软件化电子战干扰发射机的原理框图如图 9-9 所示。

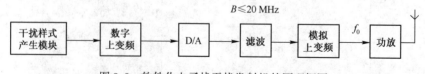

图 9-9　软件化电子战干扰发射机的原理框图

基于多相滤波的软件化电子战侦察接收机的原理框图如图 9-10 所示。图中，A/D 抽样数字化后的数据同时传送给多个数字处理模块，分别对中频带宽内的多个信号同时进行分析处理,数字处理模块对中频带宽内的哪一个信号进行分析,取决于所设置的数字下变频器的本振频率。

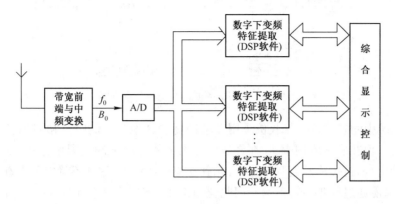

图 9-10　基于多相滤波的软件化电子战侦察接收机原理框图

9.3.2　CDMA 扩频通信

码分多址(Code Division Multiple Access,CDMA)技术的原理是基于扩频技术,即将需传送的具有一定信号带宽信息数据,用一个带宽远大于信号带宽的高速伪随机码进行调制,使原数据信号的带宽被扩展,再经载波调制并发送出去。接收端使用完全相同的伪随机码,与接收到的宽带信号做互相关处理,把宽带信号转换成原信息数据的窄带信号即解扩,以实现信息通信。CDMA 技术使多用户通信系统中所有用户共享同一频段,但是通过给每个用户分配不同的扩频码实现多址通信。利用扩频码的自相关特性能够实现对给定用户信号的正确接收;将其他用户的信号看作干扰,利用扩频码的互相关特性,能够有效抑制用户之间的干扰。此外由于扩频用户具有类似白噪声的宽带特性,它对其他共享频段的传统用户的干扰也达到最小。

CDMA 技术的出现源自于人类对更高质量无线通信的需求。第二次世界大战期间,因战争的需要而研究开发出 CDMA 技术,其初衷是防止敌方对己方通信的干扰,在战争期间广泛应用于军事抗干扰通信。后来由美国高通公司更新成为商用蜂窝电信技术。1995 年,第一个 CDMA 商用系统运行之后,CDMA 技术理论上的诸多优势在实践中得到了检验,从而在北美、南美和亚洲等地得到了迅速推广和应用。

扩频通信系统具备三个主要特征:

① 载波是一种不可预测的,或称之为伪随机的宽带信号;

② 载波的带宽比调制数据的带宽要宽得多;

③ 接收过程是通过将本地产生的宽带载波信号的复制信号与接收到的宽带信号进行互相关来实现的。

扩频通信系统具有以下特性:

① 低截获概率;

② 抗干扰能力强;

③ 高精度测距;

④ 多址接入;

⑤ 保密性强。

也正是这些特性使其获得了广泛的应用。

图 9-11 所示为一个数字扩频通信系统的基本框图。

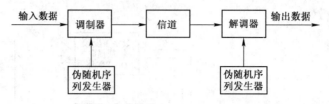

图 9-11　数字扩频通信系统的基本框图

CDMA 系统中的发射机和接收机采用高精确度和高稳定度的时钟频率源,以保证频率和相位的稳定性。但在实际应用中,存在许多事先无法估计的不确定因素,如收发时钟不稳定、发射时刻不确定、信道传输延迟及干扰等,尤其在移动通信中,这些不确定因素都有随机性,不能预先补偿,只能通过同步系统消除。因此,在 CDMA 扩频通信中,同步系统必不可少。

PN 码序列同步是扩频系统所特有的,也是扩频技术中的难点。CDMA 系统要求接收机的本地伪随机码与接收到的 PN 码在结构、频率和相位上完全一致,否则就不能正常接收所发送的信息,接收到的只是噪声。若实现了收、发同步但不能保持同步,也无法准确可靠地获取所发送的信息数据。因此,PN 码序列的同步是 CDMA 扩频通信的关键技术。

与 GSM 手机相比,CDMA 手机具有以下优点:

① CDMA 手机发射功率小(2 mW);

② CDMA 手机采用了先进的切换技术——软切换技术(即切换是先接续好后再中断),使得 CDMA 手机的通话质量可以与固定电话相媲美,而且不会有 GSM 手机的掉线现象;

③ 使用 CDMA 网络,运营商的投资相对减少,这就为 CDMA 手机资费的下调预留了空间;

④ 因采用以扩频通信为基础的一种调制和多址通信方式,其容量比模拟通信技术高 10 倍,超过 GSM 网络约 4 倍;

⑤ 基于宽带技术的 CDMA 使得移动通信中视频应用成为可能,从而使手机服务走向宽带多媒体应用。

扩频技术是未来无线通信系统中的关键技术,而软件无线电是实现未来无线通信系统的有效手段,因此采用软件无线电技术来实现扩频通信系统是很自然的思路。目前虽然软件无线电还有很多关键技术需要突破,但是其在无线通信系统中的应用成果也是显著的,用软件无线电技术来实现扩频系统的研究也一直在继续。

9.4　雷达信号处理

随着雷达技术的不断提高,从传统的模拟雷达发展到现代的数字化雷达。利用数字信号处理技术使得雷达信号处理变得更加简易、灵活和高效,大大提高了雷达对目标的探测性能。在现代数字雷达中,数字信号处理机已成为整个雷达系统的关键部分,其性能直接决定了雷达的技术水平。

雷达信号处理吸收了其他信号处理领域内很多相同的技术和概念,这些领域包括了从最为相近的通信和声呐到差异较大的语音和图像处理。线性滤波和统计检测理论是雷达最基本的任务——目标检测的核心。快速傅里叶变换(FFT)技术在雷达信号处理中被广泛使用,包括匹配滤波器的快速卷积实现、多普勒谱估计、雷达成像等。雷达中也采用基于模型的现代谱估计方法和自适应滤波技术进行波束形成和干扰抑制,采用模式识别技术进行目标/杂波鉴别和目标识别。

雷达在中频完成的常见的信号处理功能包括:匹配滤波、脉冲压缩、某种类型的多普勒滤波等。目前,越来越多的新的雷达设计在中频就对信号进行数字化,这样 A/D 变换就更加靠近雷达的前端,也使得在中频就可以采用数字信号处理技术。使用广泛的脉冲多普勒雷达接收端信号处理的流程通常是先混频、然后通过 A/D 转换实现数字下变频,得到基带信号的抽样值,然后对其进行脉冲压缩、积累及目标检测等处理。本节将介绍脉冲雷达系统中常用的匹配滤波、相参积累和目标检测处理。

1. 脉冲压缩

脉冲压缩雷达最常见的调制信号是线性调频(Linear Frequency Modulation,LFM)信号,接收时采用匹配滤波器压缩脉冲。LFM 信号经过匹配滤波处理后,其波形形状从视觉上看就像在时域被压缩了一样,如图 9-12 所示。

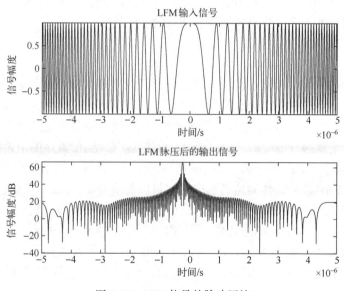

图 9-12　LFM 信号的脉冲压缩

脉冲压缩雷达能同时提高雷达的作用距离和距离分辨率。这种体制采用宽脉冲发射以提高发射的平均功率,保证足够大的作用距离;而接收时采用相应的脉冲压缩算法获得窄脉冲,以提高距离分辨率,较好地解决雷达作用距离与距离分辨率之间的矛盾。图 9-13(a)显示了不同距离的两个目标的雷达回波,信噪比分别为−16dB 和 4dB,脉冲压缩后的结果如图 9-13(b)所示。雷达通过匹配滤波来增大接收端信噪比,从而提高系统的各项性能。

2. 相参积累

在信号理论中,相参又称为相干,定义为脉冲之间存在确定的相位关系。相参处理的意义在于脉冲积累时提高信噪比,提高多普勒频率的准确度。相参积累时可以对 n 个回波进行累

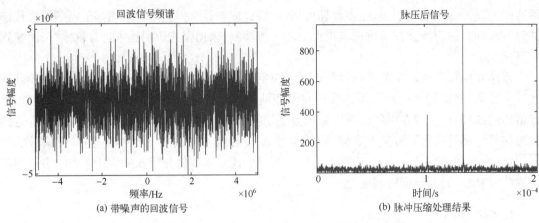

(a) 带噪声的回波信号　　　　　　　　(b) 脉冲压缩处理结果

图 9-13　雷达接收回波的脉冲压缩结果

加,由于噪声是随机的,累加的结果是信号变强,而噪声是随机的,强度反而变小,因此信号与噪声比提高了。相参积累中多个脉冲之间相位关系固定且明确,所以理论上相参积累后信噪比可提高到 n 倍。对图 9-13 中的回波脉冲压缩后的信号进行相参积累,相参积累结果如图 9-14 所示,可见通过信号处理进一步提高了接收回波的信噪比。

3. 目标检测

　　雷达目标检测是一个二元假设检验问题,目的是判定当前接收回波对应分辨单元中有没有目标。在雷达领域,通常使用的是贝叶斯准则的一种特殊情况,称为奈曼-皮尔逊准则,即将雷达虚警概率约束在一个指定常数范围内的情况下,使检测概率达到最大。因此,在雷达信号检测中,当外界干扰强度变化时,雷达能自动调整其灵敏度,使雷达的虚警概率保持不变,这种特性称为恒虚警率(Constant False-Alarm Rate, CFAR)特性。恒虚警率检测是雷达目标自动检测的一个重要组成部分,作为从雷达中提取目标的第一步,是进一步识别目标的基础。虚警率是指侦察设备在单位时间内将噪声或其他干扰信号误判为威胁辐射源信号的概率。而恒虚警率检测则证明了检测算法的稳定性和可靠性。使用 CFAR 算法对图 9-14 的处理结果进行目标检测,其结果如图 9-15 所示。图 9-15 中尖峰处即表示有目标存在,可以从目标点的时间坐标(光速来回的时间)对应该目标的距离,目标点的频率(多普勒频移)对应该目标的速度。

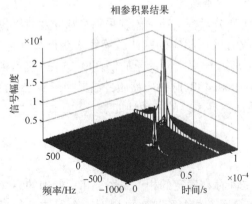

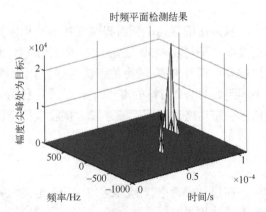

图 9-14　回波脉冲压缩后信号的相参积累结果　　　图 9-15　相参积累信号的目标检测结果

特别重要的是,相对于其他的数字信号处理应用,雷达信号带宽是比较宽的。雷达单个脉冲的瞬时带宽往往是几兆赫的数量级,在某些高分辨雷达中可以达到几百兆赫,甚至 1GHz。对于数字信号处理,处理这种大带宽的信号有很多困难。例如,需要非常高速的模数(A/D)转换器。如今,硬件的发展已经使雷达信号处理能够应用更新、更复杂的算法,使雷达的检测、跟踪和成像等能力大大提高。

9.5　无线感知网络中的信号处理

电气传感器的发明实现了从环境信息到电信号的转换,开启了传感器技术发展的新阶段,同时也将信号处理技术与传感器技术紧密结合。在感知技术发展初期,信号处理技术便已在感知噪声抑制等方面发挥重要作用,随着感知技术的不断发展,传感器的无线化、智能化与网络化成为趋势,无线感知网络中的感知节点被赋予无线通信与数据处理功能。得益于信号处理技术在信号抽样、去噪、无线传输与数据处理等方向的发展应用,信号处理成为智能无线感知网络的关键技术,对提高无线传感器感知效率、传输性能与信息有效性具有重要意义。

无线感知网络中的信号处理技术大致分为三类:第一类应用于环境感知过程,以提升抽样效率、抑制感知噪声等;第二类应用于无线传输过程,包括调制解调、信道均衡与分集技术等,以满足传感器无线化需求,该过程中的关键技术与无线通信领域相同,但需要注意的是传感器多为单天线设备且能量受限;第三类用于数据处理过程,可实现数据预测校正、多传感器信息融合等功能,提升智能化水平。本节将分别对压缩感知技术、信号分集技术及卡尔曼滤波器的基本原理进行简要介绍。

1. 压缩感知技术

压缩感知技术是本世纪初信号处理领域的重大突破,在无线感知网络信号抽样与恢复方面具有重要意义。奈奎斯特抽样定理指出:在等间隔抽样中,若抽样频率不小于信号最高频率的 2 倍,即可实现信号重构。然而奈奎斯特抽样定理仅为充分非必要条件,这意味着由于自然信号通常具有局部稀疏性,通过等间隔抽样得到的观测数据可能仍存在冗余。

压缩感知技术的核心在于利用信号的稀疏性,通过随机亚抽样从远小于奈奎斯特抽样定理所要求的样本中重构信号。其数学原理为:如果信号在某个变换域内近似满足稀疏性,则可以通过一个与稀疏基不相关的观测矩阵将信号 $x \in C_{M \times 1}$ 投影至观测值 $y \in C_{N \times 1}$($N \ll M$),进而利用少量的观测值以大概率重构出原信号。如图 9-16 所示,信号 x 在稀疏基矩阵 Ψ 的变换下可利用稀疏系数 s 重新表示为 $x = \Psi s$,其中 s 近似满足稀疏性。通过选取与 Ψ 不相关的观测矩阵 Φ,可获得观测值 $y = \Phi \Psi s = \Theta s$,此时,已知观测值 y 与传感矩阵 Θ 即可复原稀疏系数 s,进而重构原始信号 x。

由于压缩感知表达式 $y = \Theta s$ 为欠定方程,因此其重构过程与求解欠定方程方法类似,主要包括匹配追踪法、定点连续法、L1 最小二乘法等。图 9-17 为匹配追踪法的恢复信号与原始信号对比图。

2. 信号分集技术

信号分集技术可提升无线感知网络无线数据传输性能,对于配有多个天线的发射器或接收器而言,收发双端多组天线间的信道衰落特性存在差异,通过在发射端进行分散传输或在接

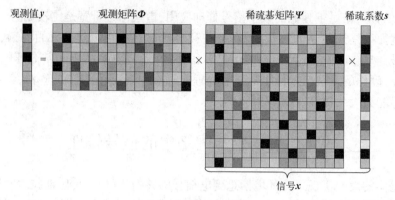

观测值 y　观测矩阵 Φ　　稀疏基矩阵 Ψ　稀疏系数 s

信号 x

图 9-16　压缩感知原理

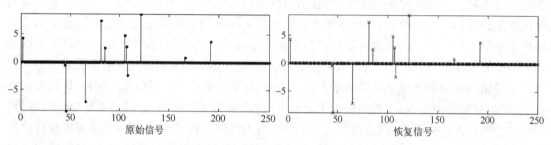

原始信号　　　　　　　　　　恢复信号

图 9-17　匹配追踪法对比图

收端进行合并接收可充分利用携带同一信息的多路信号,进而提升无线通信性能。在无线感知网络中,通常由单天线传感器向多天线接入节点进行数据传输,因此接收合并技术在无线感知网络中应用更为广泛。

接收合并技术主要包括等增益合并、选择式合并与最大比合并三种。等增益合并仅对各天线接收信号相位偏移进行消除,而不对信号幅度进行调整,因此其实质上为相位均衡技术。选择式合并即为选择任一时刻信号与噪声功率和最大的接收天线支路信号作为输入。最大比合并技术是合并接收的最优选择,其接收端权重 $W = [w_1, \cdots, w_N]$ 应满足 $w_i/w_j = h_i/h_j$,其中 h_i 表示天线 i 的信道增益。在该权重下接收端可获得最大信噪比,其最优性可证明,技术实现简单灵活,在无线感知网络中应用广泛。当各信道增益相同时,最大比合并与等增益合并是等效的。

3. 卡尔曼滤波

卡尔曼滤波是一种基于系统状态方程、控制变量与观测数据对系统当前状态进行最优估计的算法。由于系统观测数据受到系统噪声与干扰的影响,所以最优估计过程也可视为滤波过程。卡尔曼滤波广泛应用于状态预测与数据融合,可大幅提升无线感知网络的感知能力与数据精确度。

线性卡尔曼滤波原理如图 9-18 所示,对于任意观测对象,其在 k 时刻的系统控制变量与观测值可分别表示为 u_k 与 y_k,并可通过数学模型对二者关系进行表征,其中 A、B 为系统参数,C 为模型参数,卡尔曼滤波的当前状态预测值 $\hat{x}_k$ 与前一时刻状态预测值 $\hat{x}_{k-1}$ 及当前控制

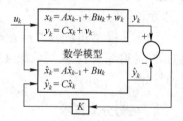

图 9-18　线性卡尔曼滤波原理

变量 u_k 有关。由于实际工程中受到过程误差 $w_k:CN(0,Q)$ 与测量误差 $v_k:CN(0,R)$ 的影响,其观测值 y_k 通常与真实状态存在误差,卡尔曼滤波的最优估计是通过调节卡尔曼增益 K 实现的。

需要注意的是,无线感知网络对信号处理技术的能效要求更为严格,信号处理贯穿无线感知网络运行的全生命周期,具有降低抽样点数量、提升传输速率、增强数据精准性的作用。由于无线感知网络具有能量、算力受限的特点,信号处理技术的选择与应用需结合无线感知网络工作场景,综合处理性能、算力需求与能耗进行全面的评估。轻量化的信号处理技术对于无线感知网络的综合性能提升至关重要。

9.6　实时通信系统信号处理

在面向实时应用的通信系统中,设备需要实时感知周围物理环境并监测系统状态,从而为智能决策和控制提供及时、有效的信息。时间延迟是抽样速率的递增函数,不能从信息时效性角度有效地刻画通信系统的信息新鲜度,会造成信息价值降低,不能满足实时状态更新的需求,降低系统决策的准确性和可靠性。这是因为低抽样速率会导致较短的传输时间延迟,此时信道几乎是空的,但因为更新不频繁,目的节点最终会保有陈旧的信息。高抽样速率会增加队列时间延迟,导致更新的信息在队列中等待时间延长,会变得陈旧。为了衡量通信系统的信息新鲜度,根据信息“老化”的思想,研究人员根据数字信号处理算法提出利用信息年龄(AoI,Age of Information)来衡量信息新鲜程度,用于表示从源节点产生信息到目的节点最近一次成功接收信息所经历的时间,它既是描述信息新鲜度性能指标的基础手段,也是时间延迟敏感性应用的研究工具。如图 9-19 所示,在单点之间信息传输过程中,信息年龄和时延之间存在着显著的差异。

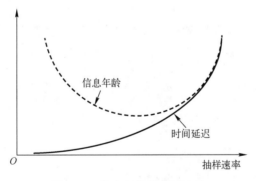

图 9-19　信息年龄和时延比较

下面简要介绍面向信息新鲜度优化的实时通信系统信号处理相关内容。

1. 无人车信号处理

由于车辆具有高移动性,导致人们对实时信息的更新与获取需求越来越迫切。在模拟车联网物理系统状态的过程中,以信息年龄为优化目标,根据信号和干扰在接收端重建信号,利用奈奎斯特抽样定理进行随机抽样和信号重建。在非因果情况下,周期性抽样可以实现带限信号的完美重建,没有误差;但是在因果信号处理中,非零的重建误差是不可避免的。在因果信号处理中,最小化重建误差优化信息年龄。

2. 生物医疗信号处理

对生物信号数字化之后,最大的好处就是可以利用计算机的处理能力对生物信号进行各种各样的处理,以获取原始生物信号隐藏的其他信号。通过对原始信号进行频谱分析,可以观察到原始信号的频率组成成分。

由于大量的可穿戴设备被用于生理信号的收集,通过修改信号中选定的离散余弦变换系数,将病人信息进行保护。此外,在心电图信号处理中,通过高通滤波抵御滤波攻击。这是通过在嵌入算法中使用错误缓冲器实现的,所提出的机制可以在存在滤波攻击的情况下提取嵌入的病人信息。通过专门设计同步序列,再解码识别出心电信号。

3. 环境监测信号处理

空气环境监测是对大气环境中污染物的浓度进行观察,分析其变化和对环境影响的测定过程。大气污染监测是测定大气中污染物的种类及其浓度,观察其时空分布和变化规律。融合事件触发机制、信息年龄优化约束,以及卡尔曼一致性滤波算法,全面考虑了网络中通信数据包丢失和通信路径丢失对信息传输的影响。提出一种基于信息年龄约束的卡尔曼一致性滤波算法,利用李亚普诺夫稳定性理论和矩阵理论证明该算法的收敛性,对密闭空间的有毒有害污染物进行监测。

本 章 小 结

本章简单介绍数字信号处理技术的应用,包括语音信号处理、图像处理、通信信号处理、雷达信号处理等。

第 10 章　MATLAB 简介

MATLAB(Matrix Laboratory)是 MathWorks 公司于 1982 年推出的一套高性能的数值计算和可视化软件。它集数值分析、矩阵运算、信号处理和图形显示于一体,构成了一个方便且界面友好的用户环境。本章以 MATLAB 7.0 为基础,简单介绍 MATLAB 程序设计语言的基本知识及数字信号处理中常用的 MATLAB 函数。

10.1　MATLAB 的应用窗口

MATLAB 的桌面系统由桌面平台及主要组件组成。其主要组件包括:命令窗口(Command Window)、历史命令(Command History)窗口、工作空间(Workspace)窗口、当前路径(Current Directory)窗口,以及菜单栏和工具栏。启动 MATLAB 后,显示的默认界面如图 10-1 所示。如要恢复默认界面,选择菜单栏 Desktop | Desktop Layout | Default 命令。

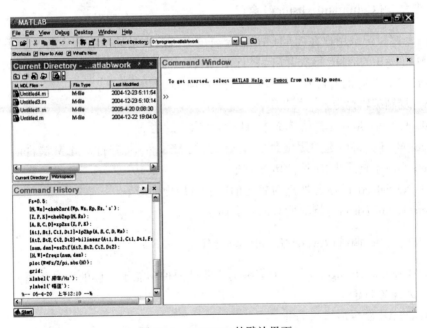

图 10-1　MATLAB 的默认界面

10.1.1　桌面平台组件的几个重要窗口介绍

1. 命令窗口(Command Window)

MATLAB 各种操作命令都是由命令窗口开始的。用户可以在命令窗口中输入 MATLAB 命令,实现其相应的功能。此命令窗口主要包括文本的编辑区域和菜单栏,如图 10-2 所示。

Evaluate Selection	
Open Selection	
Help on Selection	
Cut	Ctrl+W
Copy	Alt+W
Paste	Ctrl+Y
Clear Command Window	

图 10-2　MATLAB 命令窗口　　　　　　图 10-3　命令窗口的快捷菜单

在命令窗口空白区域单击鼠标右键,打开如图 10-3 所示的快捷菜单,各项命令功能如下:

- Evaluate Selection:计算所选文本对应的表达式的值。
- Open Selection:打开所选文本对应的 MATLAB 文件。
- Help on Selection:调用所选文本对应的函数的帮助信息。
- Cut:剪切编辑命令。
- Copy:复制编辑命令。
- Paste:粘贴编辑命令。

2. 历史命令(Command History)窗口

历史命令窗口记录用户在 MATLAB 命令窗口中所输入过的所有命令行。历史记录包括:每次开启 MATLAB 的时间,每次开启 MATLAB 后在命令窗口中运行的所有指令行。在历史命令窗口单击鼠标右键,也会打开一个快捷菜单,各项命令功能如下:

- Copy:复制编辑命令。
- Evaluate Selection:计算所选文本对应的表达式的值。
- Create M-File:将所选的历史命令写入到新的 M 文件中,并打开此 M 文件。
- Delete Selection:删除所选的历史命令。
- Delete to Selection:删除所选对象之前的所有历史命令。
- Delete Entire History:删除所有的历史命令。

3. M 文件编辑/调试(Editor/Debugger)窗口

MATLAB Editor/Debugger 是一个集编辑与调试两种功能于一体的工具环境。

(1) M 文件的创建

- 在 MATLAB 命令窗运行 edit。
- 利用 MATLAB 命令窗的 File | New 子菜单,从右拉菜单中选 M-File 项。

所创建的 M 文件的编辑/调试窗口如图 10-4 所示。

(2) M 文件的调试

选择 Debug 菜单,如图 10-5 所示,其各项命令功能如下:

- Step:逐步执行程序。
- Step In:进入子函数中逐步执行调试程序。
- Step Out:跳出子函数中逐步执行程序。
- Continue:从中断点处继续执行调试程序。

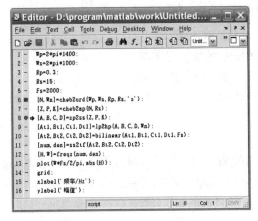

图 10-4　M 文件编辑/调试窗口　　　　　图 10-5　Debug 菜单

- Go Until Cursor：执行到光标所在处。
- Exit Debug Mode：跳出调试状态。
- Set/Clear Breakpoint：设置/取消指定的断点。
- Clear Breakpoint in All Files：允许/中止断点。

图 10-4 中的程序，取消了第 6 行的断点，在第 8 行设置断点，按 F5 键或执行 Debug | Run 命令，程序运行到第 8 行便停止，执行 Continue 命令程序继续执行，执行 Step 命令则程序逐步运行。

4. 工作空间(Workspace)窗口

工作空间窗口就是显示目前保存在内存中的 MATLAB 的数学结构、字节数、变量名，以及类型的窗口。

10.1.2　MATLAB 的搜索路径

可以在命令窗口中执行 pathtool，或者在 MATLAB 桌面、指令窗的菜单中选择 File | Path 打开路径设置对话框，如图 10-6 所示。在 MATLAB 7.0 中单击左下角的 Start 会弹出一快捷菜单，选择 Desktop Tools 右拉菜单中的 Path 也会打开路径设置对话框。

图 10-6　路径设置对话框

如果修改后单击 Save 按键,则为永久有效修改。否则关闭 MATLAB 后会消失。

用指令 path 也可以设置路径。假如路径为 D:\work,那么

- path(path,'D:\work'):把 D:\work 设置在搜索路径的尾端;
- path('D:\work',path):把 D:\work 设置在搜索路径的首端;

用 path 指令扩展的搜索路径仅在当前 MATLAB 环境下有效。

10.1.3 MATLAB 帮助系统

MATLAB 在命令窗口提供了可以获得帮助的命令,用户可以很方便地获得帮助信息。例如在命令窗口中输入 help fft,就可以得到函数 fft 的信息。常用的帮助命令有:help,demo,doc,who,whose,what,which,lookfor,helpbrowser,helpdesk,exit,web 等。

10.2 数据和函数的可视化

MATLAB 中有丰富的图形绘制函数,包括二维图形绘制、三维图形绘制及通用工具函数等,同时还包括一些专业绘图函数,如绘制条形图、箭形图及等高图等,因而其具有强大的绘图功能。本节简单介绍二维曲线绘图的基本操作。

1. plot 基本调用格式

(1) plot(X,'s')

X 为实向量时,以该向量元素的下标为横坐标,元素值为纵坐标,画出一条连续曲线。

X 为实矩阵时,则按列绘制每列元素值相对其下标的曲线。图中曲线数等于 X 矩阵的列数。

X 为复数矩阵时,则按列分别以元素实部和虚部为横、纵坐标绘制多条曲线。

s 为用来指定线型、色彩、数据点形的选项字符串。

(2) plot(X,Y,'s')

X,Y 为同维向量时,绘制以 X,Y 元素为横、纵坐标的曲线。

X 为向量,Y 为一维或 X 维等的矩阵时,绘出多条不同颜色的曲线。X 为这些曲线的共同横坐标。

X 为矩阵,Y 为向量时,情况与上述相同,只是曲线以 Y 为共同纵坐标。

X,Y 为同维矩阵时,则以 X,Y 对应列元素为横、纵坐标分别绘制曲线,曲线数等于矩阵的列数。

【例 10.1】 二维曲线绘图基本指令演示,结果如图 10-7 所示。请读者在本例运算后,再试验 plot(t), plot(Y), plot(Y,t),以观察产生图形的不同。

```
t=(0:pi/50:2*pi)';        %生成 101*1 的列向量
a=0.4:0.2:1;              %生成 1*4 的行向量
Y=sin(t)*a;               %生成 101*4 的矩阵
plot(t,Y)
```

(3) plot(X1,Y1,'s1',X2,Y2,'s2',…)

【例 10.2】 用图形表示连续调制波形 $y=\sin(t)\sin(9t)$ 及其包络线。

```
t=(0:pi/100:pi)';
```

$$y1 = \sin(t) * [1, -1];$$
$$y2 = \sin(t) . * \sin(9 * t);$$
$$t3 = [pi * (0:9)/9]';$$
$$y3 = \sin(t3) . * \sin(9 * t3); plot(t, y1, 'r:', t, y2, 'b', t3, y3, 'bo')$$
$$axis([0, pi, -1, 1]) \qquad \%控制轴的范围$$

MATLAB 运行结果如图 10-8 所示。

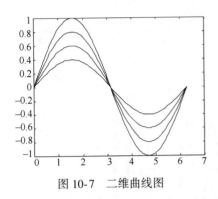

图 10-7　二维曲线图

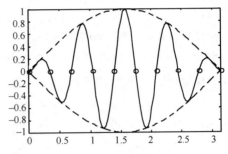

图 10-8　连续调制波形 $y = \sin(t)\sin(9t)$ 及其包络线

2. 坐标轴设置

在创建图形时,用户可以指定坐标的范围、数据间隔及坐标名称。用命令 axis 可以控制坐标轴的刻度和形式。常用格式如下:

$$axis([Xmin, Xmax, Ymin, Ymax])$$

直角坐标图形的横纵比在默认情况下与窗口的横纵比相同,用 axis 可以控制图形横纵比。axis 控制图形横纵比的格式如下:

axis square：将两个轴的长度设置为相等;

axis equal：将坐标的标记间距设置为相等;

axis equal tight：将图形以紧缩方式显示。

3. 图形标志

图形标志包括图名(Title)、坐标轴名(Label)、图形注释(Text)和图例(Legend)。常用格式如下:

title(s)	书写图名
xlabel(s)	横坐标轴名
ylabel(s)	纵坐标轴名
legend(s1, s2, ⋯)	绘制曲线所用线型、色彩或数据点形图例
text(xt, yt, s)	在图面(xt, yt)坐标处书写字符注释

4. 多子图

MATLAB 允许用户在同一图形窗里布置几幅独立的子图,具体指令为:

subplot(m, n, k)　　　　使 m * n 幅子图中的第 k 幅成为当前图

subplot(m,n,k)的含义是:图形窗中有 m * n 幅子图。k 是子图的编号。子图的序号编排原则是:左上方为第一幅,向右、向下依次排号。该指令形式产生的子图分割完全按默认值自动进行。subplot 产生的子图彼此之间独立。所有绘图指令都可以在子图中运用。

【例 10.3】 用 subplot 指令对图形窗的分割。

$$t = (pi * (0:1000)/1000)';$$
$$y1 = \sin(t); y2 = \sin(10 * t); y12 = \sin(t). * \sin(10 * t);$$
$$subplot(2,2,1), plot(t,y1); axis([0,pi,-1,1])$$
$$subplot(2,2,2), plot(t,y2); axis([0,pi,-1,1])$$
$$subplot('position',[0.2,0.05,0.6,0.45])$$
$$plot(t,y12,'b-',t,[y1,-y1],'r:'); axis([0,pi,-1,1])$$

MATLAB 运行结果如图 10-9 所示。

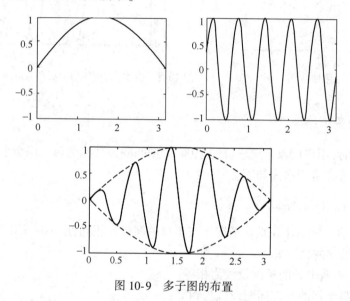

图 10-9 多子图的布置

5. stem 基本调用格式

它有以下几种调用格式。

- stem(y)
- stem(x,y)
- stem(…,'线端符号')
- stem(…,'线型')
- stem(…,'线型','线端符号')

stem(y)和 stem(x,y)分别与 plot(x)和 plot(x,y)的绘图规则相同,只是 stem 绘制的是离散序列图(或称为"杆状"图),序列线端为圆圈。

几种供实验用的线型、颜色与线端符号如表 10-1 所示。其他更多的符号

表 10-1 线型、颜色与线端符号

线 型		颜 色		线 端 符 号	
类型	符号	类型	符号	类型	符号
实线	——	红	r	实点(.)	.
点线	:	绿	g	星号(*)	*
点虚线	- ●	蓝	b	圆圈(。)	○
虚线	--	黑	k	三角形(△)	^

和颜色请查阅 MATLAB 的有关书籍。

6. figure 基本调用格式

figure 函数创建一个新的图形窗口,并成为当前图形窗口,所创建的图形窗口的序号是按同一 MATLAB 程序中创建的顺序号。

10.3　MATLAB 基本程序控制语句

1. 循环语句

MATLAB 的循环语句包括 for 循环和 while 循环两种。

（1）for 循环

其常用格式如下:

```
for 循环变量=初始值:步长:终止值
    循环体
end
```

初始值和终止值为一整数。省略步长时,默认步长为 1。例如以下语句完成将 0 赋予 x 的前 9 个元素:

```
for i=1:9
    x(i)=0;
end
```

其 MATLAB 运行结果为:

```
x =
    0   0   0   0   0   0   0   0   0
```

（2）while 循环

其常用格式如下:

```
while 表达式
    循环体
end
```

若条件成立(运算值非 0),则执行循环体;若条件不成立(运算值是 0),则退出循环体,执行 end 后的语句。例如:

```
x=4;
while x
    x=x-2
end
```

其 MATLAB 运行结果为:

```
x =
```

```
        2
x =
        0
```

2. 条件转移语句

最简单的条件转移语句 if 的常用格式如下：

```
if 逻辑表达式
    执行语句
end
```

复杂的条件转移语句 if 的常用格式如下：

```
if 逻辑表达式
    执行语句 1
else if
    执行语句 2
else if...
    执行语句 n
end
```

例如：

```
x = -3
if x<0
y = -x
else
y = x
end
```

MATLAB 运行结果为：

```
x =
    -3
y =
    3
```

10.4　数字信号处理常用 MATLAB 函数简介

10.4.1　典型离散信号的表示方法

（1）单位冲激序列 $\delta(n)$

$\delta(n)$ 可用 zeros 函数来实现，即

```
x = zeros(1,N);
x(1) = 1;
```

（2）单位阶跃序列 $u(n)$

MATLAB 中的 ones 函数可以实现 N 点单位阶跃序列，即

> x = ones(1,N);

（3）正弦序列

其格式为

> n = 0:N-1;
> x = A * sin(2 * pi * f * n * Ts);

（4）指数序列

其格式为

> n = 1:N;
> x = a.^n;

（5）复指数序列

其格式为

> n = 0:N-1;
> x = exp(j * w * n);

（6）随机序列

rand(1,N)：产生 [0,1] 上均匀分布的随机序列；

randn(1,N)：产生均值为 0，方差为 1 的高斯随机序列，即白噪声序列。

10.4.2　滤波器分析与实现

数字滤波器是指完成信号滤波处理功能的、用有限精度算法实现的离散时间线性时不变系统。滤波器分析与实现常用函数如表 10-2 所示。

表 10-2　滤波器分析与实现常用函数

abs	求绝对值	freqz	数字滤波器频率响应
angle	求相角	freqzplot	画出频率响应曲线
conv	求卷积	grpdelay	平均滤波延迟
conv2	求二维卷积	latcfilt	格型滤波器实现
deconv	反卷积	impz	数字滤波器的单位冲激响应
f1filt	重叠相加法 FFT 滤波器实现	medfilt1	一维中值滤波
filter	直接滤波器实现	sgolayfilt	Savitzky-Golay 滤波器实现
filter2	二维数字滤波器	sosfilt	二次分式滤波器实现
filtfilt	零相位数字滤波器	zplane	离散系统零、极点图
filtic	filter 初始条件选择	upfirdn	上抽样
freqs	模拟滤波器频率响应	unwrap	去除相位
freqspace	画出频率响应曲线		

下面简要介绍几个常见的 MATLAB 函数。

（1）abs

其调用格式为

$$y = abs(x)$$

该函数用于计算 x 的绝对值,当 x 为复数时,得到的是复数的模值。当 x 为字符串时, abs(x)得到字符串的各个字符的 ASCII 码。

（2）angle

其调用格式为

$$\varphi = angle(h)$$

该函数用于求复矢量或复矩阵的相角(以弧度为单位),相角介于$-\pi \sim +\pi$ 之间。

（3）conv

其调用格式为

$$c = conv(a,b)$$

该函数用于对序列 a,b 进行卷积运算。

（4）filter

其调用格式为

- $y = filter(b,a,x)$

计算输入信号 x 的滤波器输出,向量 b 和 a 分别是所采用的滤波器的分子系数向量和滤波器的分母向量。

- $[y,zf] = filter(b,a,x,zi)$

参数 zi 指定滤波器的初始条件值,其大小为 $zi = max(length(a),length(b)) - 1$

- $y = filter(b,a,x,[\ ],dim)$,或者 $y = filter(b,a,x,zi,dim)$

参数 dim 指定滤波器的维数。[ ]表示空集,或为 0。

（5）filter2

其调用格式为

- $y = filter2(b,x)$

对输入信号进行二维 FIR 数字滤波,返回值 y 和 x 具有相同的大小;矩阵 b 为二维 FIR 滤波器的系数。

- $y = filter2(b,x,'shape')$

返回值 y 的大小由输入参数 shape 来指定。该参数有下面几种取值方式。

same：返回和 x 大小相同的卷积的中间部分,为默认值;

valid：只返回计算卷积时,不带零插值边缘的那部分,size(y)<size(x);

full：返回全部结果,size(y)>size(x)。

（6）filtfilt

其调用格式为

$$y = filtfilt(b,a,x)$$

该函数用于计算输入信号的滤波输出,向量 b 和 a 分别是所采用的滤波器的分子系数向量和滤波器的分母系数向量。此滤波器是对信号 x 做向前和向后处理,实现零相位数字滤波。输入向量 x 的长度必须要比滤波器的阶数大 3 倍,而滤波器阶数为

$$\max(\text{length}(b)-1,\text{length}(a)-1)$$

(7) freqz

其调用格式为

- $[h,w]=\text{freqz}(b,a,n)$

返回数字滤波器的 n 点复频率响应,输入参数 b 和 a 分别是滤波器系数的分子和分母向量;输出参数 h 是复频率响应,w 是频率点。输入参数 n 的默认值为 512。

- $[h,w]=\text{freqz}(b,a,n,'\text{whole}')$

采用单位圆上的 n 个点,此时输入参数 w 的范围为 $[0,2\pi]$。

- $h=\text{freqz}(b,a,w)$

计算由向量 w(单位为 rad/sample,范围 $[0,\pi]$)指定的频率点的复频率响应。

- $[h,f]=\text{freqz}(b,a,n,fs)$ 和 $[h,f]=\text{freqz}(b,a,n,'\text{whole}',fs)$

同时输出实际频率点。输入 fs 为抽样频率。

- $h=\text{freqz}(b,a,f,fs)$

计算由向量 f 指定的频率点的复频率响应。

(8) impz

其调用格式为

- $[h,t]=\text{impz}(b,a)$

返回参数 h 是冲激响应的数值;返回参数 t 是冲激响应的抽样时间间隔。

- $[h,t]=\text{impz}(b,a,N)$

N 用来指定冲激信号长度。如果 N 是一个整数向量,那么只返回 N 的元素所对应时刻抽样数值的冲激响应结果。

- $[h,t]=\text{impz}(b,a,N,fs)$

参数 fs 用来指定冲激信号的抽样频率,默认值是 1。

- $[h,t]=\text{impz}(b,a,[\ ],fs)$

不指定冲激信号的长度,其长度与滤波器的结构保持一致

10.4.3 信号变换

信号变换主要有:离散傅里叶变换、快速傅里叶变换(FFT)、离散余弦变换、z 变换、Chirp z 变换、Hilbert 变换,以及倒谱变换等。常用变换函数见表 10-3。

(1) fft

其调用格式为

- $Y=\text{fft}(X)$

若 X 是向量,则采用傅里叶变换来求解 X 的离

表 10-3　常用变换函数

czt	Chirp z 变换
dct	离散余弦变换
dftmtx	离散傅里叶变换矩阵
fft	一维快速傅里叶变换
fft2	二维快速傅里叶变换
fftshift	重新排列 FFT 的输出
Hilbert	Hilbert 变换
idct	离散余弦反变换
ifft	一维快速傅里叶反变换
ifft2	二维快速傅里叶反变换

散傅里叶变换；

若 X 是矩阵,则计算该矩阵每一列的离散傅里叶变换。

- $Y = fft(X, N)$

N 是进行离散傅里叶变换的 X 的数据长度,可以通过对 X 进行补零或截取来实现。

- $Y = fft(X, [ ], dim)$ 或 $Y = fft(X, N, dim)$

在参数 dim 指定的维上进行离散傅里叶变换；

当 X 是矩阵时,dim 用来指定变换的实施方向：dim = 1,表明变换按列进行；dim = 2,表明变换按行进行。

（2）ifft

ifft 与 fft 用法相同。

10.4.4　IIR 数字滤波器设计及模拟低通滤波器设计

模拟滤波器设计是其他滤波器设计的基础,其他几种滤波器的设计可以通过频率变换的方法转换为低通滤波器的设计。所以可以先设计一个满足技术性能指标要求的模拟原型滤波器,再通过频率变换,来设计 IIR 数字滤波器。

IIR 滤波器设计常用函数如表 10-4 所示。

模拟滤波器设计常用函数如表 10-5 所示。

表 10-4　IIR 滤波器设计常用函数

Ellip	椭圆滤波器设计
maxflat	广义巴特沃思低通滤波器设计
yulewalk	递归数字滤波器设计
buttord	巴特沃思滤波器阶估计
cheb1ord	切比雪夫 1 型滤波器阶估计
cheb2ord	切比雪夫 2 型滤波器阶估计
ellipord	椭圆滤波器设计

表 10-5　模拟滤波器设计常用函数

besself	贝塞尔滤波器设计
butter	巴特沃思滤波器设计
cheby1	切比雪夫 1 型滤波器设计
cheby2	切比雪夫 2 型滤波器设计
elip	椭圆滤波器设计

模拟滤波器变换常用函数如表 10-6 所示。

滤波器离散化常用函数如表 10-7 所示。

表 10-6　模拟滤波器变换常用函数

lp2bp	低通到带通模拟滤波器变换
lp2bs	低通到带阻模拟滤波器变换
lp2hp	低通到高通模拟滤波器变换
lp2lp	低通到低通模拟滤波器变换

表 10-7　滤波器离散化常用函数

bllinear	双线性变换
impinvar	冲激响应不变变换法的模拟到数字变换

下面简要介绍几个常用函数。

（1）impinvar

该函数的功能是,实现冲激响应不变变换法的模拟到数字的变换。

其调用格式为

- $[bz,az] = impinvar(b,a,fs)$

将模拟滤波器(b,a)变换成数字滤波器(bz,az)。输入参数 fs 为模拟滤波器频率响应的抽样,默认值为 1。

- $[bz,az] = impinvar(b,a,fs,tol)$

输入参数 tol 表示区分多重极点的程度,默认值为 0.1%。

(2) bllinear

该函数的功能是,实现双线性变换。

其调用格式为

- $[zd,pd,kd] = bilinear(z,p,k,fs)$

将采用零、极点模型表达的模拟器转换为数字滤波器。列向量 z 为零点向量,列向量 p 为极点向量,k 为系统增益,fs 为指定的抽样频率,单位为 Hz。

- $[numd,dend] = bilinear(num,den,fs)$

将采用传递函数模型表达的模拟滤波器转换为数字滤波器。

- $[ad,bd,cd,dd] = bilinear(a,b,c,d,fs)$

将采用状态空间模型表达的滤波器转换为数字滤波器。

(3) buttord

该函数的功能是,实现巴特沃思滤波器阶估计。

其调用格式为

- $[n,wn] = buttord[wp,ws,rp,rs]$

返回符合性能指标要求的数字滤波器的最小阶数 n 和巴特沃思滤波器的截止频率 wn。参数 wp 和 ws 分别是通带和阻带截止频率,参数 rp 和 rs 分别是通带的最大衰减量和阻带的最小衰减量。这里 wp 和 ws 都是归一化频率,即取值范围[0,1],1 对应 π 弧度。

- $[n,wn] = buttord[wp,ws,rp,rs,'s']$

返回符合性能指标要求的模拟滤波器的最小阶数 n 和巴特沃思滤波器的截止频率 wn。

(4) cheb1ord

该函数的功能是,实现切比雪夫 1 型滤波器阶估计。

其调用格式为

- $[n,wn] = cheb1ord(wp,ws,rp,rs)$

返回符合性能指标要求的数字滤波器的最小阶数 n 和切比雪夫 1 型滤波器的截止频率 wn。参数 wp 和 ws 分别是通带和阻带截止频率,参数 rp 和 rs 分别是通带的最大衰减量和阻带的最小衰减量。

- $[n,wn] = cheb1ord(wp,ws,rp,rs,'s')$

返回符合性能指标要求的模拟滤波器的最小阶数 n 和切比雪夫 1 型滤波器的截止频率 wn。

10.4.5　FIR 数字滤波器设计

窗函数在实际 FIR 滤波器中有很重要的作用,正确选择窗函数可以提高所设计的数字滤波器的性能。常用窗函数如表 10-8 所示。FIR 滤波器设计常用函数如表 10-9 所示。

表 10-8　常用窗函数

bartlett	Bartlett 窗
blackman	Blackman 窗
boxcar	矩形窗
chebwin	Chebyshev 窗
hamming	Hamming 窗
hann	Hanning 窗
kaiser	Kaiser 窗

表 10-9　FIR 滤波器设计常用函数

convmtx	矩阵卷积
cremez	复、非线性相位等波纹滤波器设计
fir1	基于窗函数的 FIR 滤波器设计
fir2	基于窗函数的 FIR 滤波器设计
fircls	约束的最小二乘滤波器设计
fircls1	约束的最小二乘 FIR 滤波器设计
firls	最优最小二乘 FIR 滤波器设计
firrcos	升余弦滤波器设计
intfilt	内插 FIR 滤波器设计
kaiserord	基于阶数估计的凯瑟滤波器设计
remez	Chebyshev 最优 FIR 滤波器设计
remezord	基于阶估计的 remez 设计
sgolay	Savitzky-Golay FIR 滤波器设计

10.4.6　数字谱分析

数字谱分析是指用数字的方法求信号的离散近似谱。其常用函数如表 10-10 所示。

表 10-10　数字谱分析常用函数

cohere	相关函数平方幅值估计	tfe	传递函数估计
corrcoef	相关系数	xcorr	一维互相关函数估计
corrmtx	相关系数矩阵	xcorr2	二维互相关函数估计
cov	协方差矩阵	xcov	互协方差函数估计
csd	互谱密度估计	cceps	复倒谱
pburg	Burg 算法功率谱密度估计	icceps	逆复倒谱
pcov	协方差法功率谱密度估计	rceps	实倒谱与线性相位重构
peig	特征值法功率谱密度估计	arburg	Burg 法 AR 模型
periodogram	周期图法功率谱密度估计	arcov	协方差法 AR 模型
prncor	修正协方差法功率谱密度估计	armcov	修正协方差法 AR 模型
pmtm	Thomson 多维度法功率谱密度估计	aryule	Yule-Walker 法 AR 模型
pmusic	Music 法功率谱密度估计	invfreqs	模拟滤波器拟合频率响应
psdplot	绘制功率谱密度估计	invfreqz	离散滤波器拟合频率响应
pyulear	Yule-Walker 法功率谱密度估计	prony	Prony 法的离散滤波器拟合时间响应
rooteig	特征值法功率谱估计	stmcb	Steiglitz-McBride 法求线性模型
rootmusic	Music 法功率谱估计	plwelch	Welch 法的功率谱估计

下面简要介绍几种常用数字谱分析函数。

1. xcorr

该函数的功能是,实现互相关函数估计。

其调用格式为

- C = xcorr(A,B)

当 A 和 B 是长度为 $M(M>1)$ 的向量时,返回结果是长度为 $2M-1$ 的互相关函数序列;如果 A 和 B 的长度不相同,则对长度小的进行补零操作。如果 A 为列向量,则结果 C 也为列向量;如果 A 为行向量,则结果 C 也为行向量。

- C = xcorr(A)

估计向量 A 的自相关函数。

2. xcov

该函数的功能是,实现互协方差函数估计。

其调用格式为

- C = xcov(A,B)

当 A 和 B 是长度为 $M(M>1)$ 的向量时,返回结果是长度为 $2M-1$ 的互协方差函数列向量。

- C = xcov(A)

估计向量 A 的自协方差函数序列。

3. periodogram

该函数的功能是,实现周期图法功率谱密度估计。

其调用格式为

- Pxx = periodogram(x)

返回向量 x 的功率谱估计向量 Pxx。默认情况下,向量 x 要先由长度为 length(x) 的 boxcar 窗函数进行截取。如果 x 为实信号,则只返回正频率上的谱估计值;如果 x 为复信号,则正、复频率上的谱估计值均返回。

- Pxx = periodogram(x,window)

参数 window 用来指定所采用的窗函数。窗函数的长度与向量 x 一致。当窗函数为"[ ]"时,使用默认的 boxcar(rectangular)窗。

- [Pxx,w] = periodogram(x,window,NFFT)

参数 NFFT 用来指定 FFT 运算所采用的点数:

当 x 为实信号,NFFT 为偶数时,Pxx 长度为(NFFT/2+1);

当 x 为实信号,NFFT 为奇数时,Pxx 长度为(NFFT+1)/2;

当 x 为复信号时,Pxx 长度为 NFFT。

输出参数 w 为和估计 PSD 的位置一一对应的归一化角频率,单位为 rad/sample,范围如下:

当 x 为实信号时,则 w 的范围为[0,pi];

当 x 为复信号时,则 w 的范围为[0,2*pi]。

- [Pxx,f] = periodogram(x,window,NFFT,Fs)

Fs 为抽样频率,单位为 Hz。当 Fs 为空矩阵"[ ]"时,则默认值为 1 Hz。

输出参数 f 为与 PSD 估计位置一一对应的线性频率,范围如下:

x 为实信号,f 的范围为[0,Fs/2];

x 为复信号,f 的范围为[0,Fs]。

- periodogram(...)

无输出参数,在当前窗口绘制 PSD 估计结果图。

4. plwelch

该函数的功能是,实现 Welch 法的功率谱估计。

其调用格式为

- Pxx = pwelch(x)

用改进周期图法对离散时间信号 x 进行功率谱估计。默认情况下,x 以 50%的重叠率分为 8 个部分,每部分用 hamming 窗进行加窗处理。返回向量 Pxx 为与单位频率——对应的功率谱估计值。

- Pxx = pwelch(x,window)

当参数 window 为一向量时,x 被分为有重叠的、向量 window 的维数大小的几部分,每部分所采用的具体窗由 window 对应指定;当参数 window 为整数时,x 被分为有重叠的几部分,每部分的大小是 window 指定的值。如果 x 不能恰好分段,就要根据实际情况对其进行补零或截断;当 x 为"[ ]"时,x 默认为 8 部分,用 hamming 窗。

- Pxx = pwelch(x,window,noverlap)

参数 noverlap 用来指定段与段之间重叠的样本数。参数 noverlap 为空矩阵"[ ]"时,采用 50%重叠率。当参数为一整数时,noverlap 必须小于 window;当 window 为向量时,noverlap 必须小于 window 的维数。

- [Pxx,w] = pwelch(x,window,noverlap, NFFT)

参数 NFFT 用来指定 FFT 运算所采用的点数:

当 x 为实信号,NFFT 为偶数时,Pxx 长度为(NFFT/2+1);

当 x 为实信号,NFFT 为奇数时,Pxx 长度为(NFFT+1)/2;

当 x 为复信号时,Pxx 长度为 NFFT。

输出参数 w 为和估计 PSD 的位置——对应的归一化角频率,单位为 rad/sample,范围如下:

x 为实信号,则 w 的范围为[0,pi];

x 为复信号,则 w 的范围为[0,2 * pi]。

- [Pxx,w] = pwelch(x,window,noverlap, NFFT,Fs)

Fs 为抽样频率,单位为 Hz。当 Fs 为空矩阵"[ ]"时,则默认值为 1 Hz。

输出参数 f 为与 PSD 估计位置——对应的线性频率,范围如下:

x 为实信号,则 f 的范围为[0,Fs/2];

x 为复信号,则 f 的范围为[0,Fs]。

- pwelch(…)

无输出参数,在当前窗口绘制 PSD 估计结果图。

本 章 小 结

本章简单介绍了 MATLAB 程序设计语言的基本知识及数字信号处理中的常用 MATLAB 函数。利用 MATLAB 程序设计语言可以进行简单的数字信号处理。

部分习题解答或参考答案

第 1 章

1.2 解：（1）周期为 7；

（2）$x(n) = e^{j\left(\frac{n}{8} - \pi\right)} = \cos\left(\frac{n}{8} - \pi\right) + j\sin\left(\frac{n}{8} - \pi\right) = -\cos\frac{n}{8} - j\sin\frac{n}{8}$

$\frac{2\pi}{\omega_0} = 16\pi$，非周期

1.3 解：差分方程为：$y(n) - \frac{1}{3}y(n-1) = x(n)$。当为因果系统时，结果如下：

（1）$y(n) = \left(\frac{1}{3}\right)^n u(n)$

（2）$y(n) = \left[\frac{3}{2} - \frac{1}{2}\left(\frac{1}{3}\right)^n\right] u(n)$

（3）$y(n) = \left[\frac{3}{2} - \frac{1}{2}\left(\frac{1}{3}\right)^n\right] u(n) - \left[\frac{3}{2} - \frac{1}{2}\left(\frac{1}{3}\right)^{(n-N)}\right] u(n-N)$

1.4 解：（1）$y(n) = \begin{cases} n+1, & 0 \leqslant n \leqslant N-1 \\ (2N-1) - n, & N \leqslant n \leqslant 2N-2 \\ 0, & \text{其他} \end{cases}$

（2）$\delta(n) * x(n) = x(n)$　　$\delta(n-m) * x(n) = x(n-m)$　　$y(n) = \{1, 2, 3, 6, -4, -8\}$

（3）$y(n) = \begin{cases} 2 - 0.5^n, & 0 \leqslant n \leqslant 4 \\ 31 \times 0.5^n, & n \geqslant 4 \\ 0, & n < 0 \end{cases}$

1.5 解：$y(n) = -\left(\frac{1}{3}\right)^n u(-n-1)$，图略

1.6 解：（2）$y(n) = \{b_0, b_1, \cdots, b_7\}$

1.7 解：（1）非线性、时不变　　（2）线性、时变　　　　（3）非线性、时不变

1.8 解：（1）因果稳定　　　　（2）$n_0 \geqslant 0$，因果稳定；$n_0 < 0$，非因果稳定

　　（3）因果非稳定　　　　（4）非因果非稳定　　　（5）因果非稳定

　　（6）因果稳定　　　　　（7）因果非稳定　　　　（8）因果稳定

1.9 解：（1）$y(n) = \beta^n \times \frac{1 - (\alpha\beta^{-1})^{n+1}}{1 - \alpha\beta^{-1}} u(n)$

（2）$y(n) = \delta(n-2)$

1.11 解：程序如下：

```
%奇偶分解
clear all;
n = [-10:10]
x = zeros(1, length(n));
x([find((n >= 0) & (n <= 10))]) = 1;            %x(n) = u(n) - u(n-10)
y = zeros(1, length(n));                        %奇分量
```

```
y([find((n>=0)&(n<=10))])=1/2;
y([find((n<=0)&(n>=-10))])=-1/2;
z=zeros(1,length(n));                    %偶分量
z([find((n>=-10)&(n<=10))])=1/2
subplot(3,1,1);stem(n,x,'k');
title('x(n)=u(n)-u(n-10)');
subplot(3,1,2);stem(n,y,'k');
title('odd component y(n)');
subplot(3,1,3);stem(n,z,'k');
title('even component z(n)');
```

1.12 **解:** 程序如下:

```
%求卷积图示过程
n=[-5:5];
%x=zeros(1,length(n));
x=[0,0,3,11,7,0,-1,4,2,0,0];
%h=zeros(1,length(n));
h=[0,0,0,0,2,3,0,-5,2,1,0];
subplot(3,2,1);
stem(n,x,'*k');%x(n)
title('x(n)');
subplot(3,2,3);
stem(n,h,'*k');
title('h(n)');%h(n)
n1=fliplr(-n);
h1=fliplr(h);
subplot(3,2,5);
stem(n,x,'*k');
hold on;
stem(n1,h1,'k');
title('o-h(0-m) *-x(m)');
axis tight;%h(0-m).x(m)
h2=[0,h1];
h2(length(h2))=[];n2=n1;
subplot(3,2,2);
stem(n,x,'*k');
hold on;
stem(n2,h2,'k');
title('o-h(1-m) *-x(m)');
axis tight;%h(1-m).x(m)
h3=[0,h2];
h3(length(h3))=[];
n3=n2;
subplot(3,2,4);
stem(n,x,'*k');
```

```
hold on;
stem(n3,h3,'k');
title('o-h(2-m) *-x(m)');
axis tight;%h(2-m).x(m)
n4 = -n;
nmin = min(n1)-max(n4);
nmax = max(n1)-min(n4);
n = nmin:nmax;
y = conv(x,h);
subplot(3,2,6);stem(n,y,'.k');title('y(n) = x(n)*h(n)');axis tight;%y(n) = x(n)*h(n)
```

1.13 解: $y(n) = x(n) * h(n) = \sum\limits_{m=-\infty}^{\infty} x(m)h(n-m)$

(1) 当 $n < n_0$ 时, $y(n) = 0$。

(2) 当 $n_0 \leqslant n \leqslant n_0+N-1$ 时, 两序列部分重叠, 因而

$$y(n) = \sum\limits_{m=n_0}^{n} x(m)h(n-m) = \sum\limits_{m=n_0}^{n} \beta^{m-n_0}\alpha^{n-m} = \frac{\alpha^n}{\beta^{n_0}} \sum\limits_{m=n_0}^{n} \left(\frac{\beta}{\alpha}\right)^m$$

$$= \alpha^n\beta^{-n_0} \frac{\left(\frac{\beta}{\alpha}\right)^{n_0} - \left(\frac{\beta}{\alpha}\right)^{n+1}}{1 - \frac{\beta}{\alpha}} = \frac{\alpha^{n+1-n_0} - \beta^{n+1-n_0}}{\alpha - \beta}, \quad \alpha \neq \beta$$

$$y(n) = \alpha^{n-n_0}(n+1-n_0), \quad \alpha = \beta$$

(3) 当 $n \geqslant n_0 + N - 1$ 时, 两序列全重叠, 因而

$$y(n) = \sum\limits_{m=n-N+1}^{n} x(m)h(n-m) = \sum\limits_{m=n-N+1}^{n} \beta^{m-n_0}\alpha^{n-m} = \frac{\alpha^n}{\beta^{n_0}} \sum\limits_{m=n-N+1}^{n} \left(\frac{\beta}{\alpha}\right)^m$$

$$= \alpha^n\beta^{-n_0} \frac{\left(\frac{\beta}{\alpha}\right)^{n-N+1} - \left(\frac{\beta}{\alpha}\right)^{n+1}}{1 - \frac{\beta}{\alpha}} = \beta^{n+1-N-n_0} \frac{\alpha^N - \beta^N}{\alpha - \beta}, \quad \alpha \neq \beta$$

$$y(n) = N\alpha^{n-n_0}, \quad \alpha = \beta$$

第2章

2.1 解: (1) $\delta(n-n_0) \longleftrightarrow z^{-n_0}$

$n_0 > 0$ 时, $0 < |z| \leqslant \infty$ $n_0 < 0$ 时, $0 \leqslant |z| < \infty$

(2) $0.5^n u(n) \longleftrightarrow \dfrac{1}{1-0.5z^{-1}}, \quad |z| > 0.5$

(3) $-0.5^n u(n-1) \longleftrightarrow \dfrac{-0.5z^{-1}}{1-0.5z^{-1}}, \quad |z| < 0.5$

(4) $0.5^n[u(n)-u(n-10)] \longleftrightarrow \dfrac{1-(0.5z^{-1})^{10}}{1-0.5z^{-1}}, \quad |z| > 0$

(5) $0.5^n u(n) + 0.3^n u(n) \longleftrightarrow \dfrac{1}{1-0.5z^{-1}} + \dfrac{1}{1-0.3z^{-1}}, \quad |z| > 0.5$

(6) $\delta(n) - \dfrac{1}{8}\delta(n-3) \longleftrightarrow 1 - \dfrac{1}{8}z^{-3}, \quad 0 < |z| \leqslant \infty$

2.2 解: (1) 设 $\quad y(n) = \cos(\omega_0 n + \varphi) \cdot u(n)$

$$= [\cos\omega_0 n \cdot \cos\varphi - \sin\omega_0 n \cdot \sin\varphi]u(n)$$

$$= \cos\varphi \cdot \cos\omega_0 n \cdot u(n) - \sin\varphi \cdot \sin\omega_0 n \cdot u(n)$$

则
$$Y(z) = \cos\varphi \cdot \frac{1 - z^{-1}\cos\omega_0}{1 - 2z^{-1}\cos\omega_0 + z^{-2}} - \sin\varphi \cdot \frac{z^{-1}\sin\omega_0}{1 - 2z^{-1}\cos\omega_0 + z^{-2}}$$

$$= \frac{\cos\varphi - z^{-1}\cos(\varphi - \omega_0)}{1 - 2z^{-1}\cos\omega_0 + z^{-2}}, \qquad |z| > 1$$

所以 $Y(z)$ 的收敛域为 $|z| > 1$。

而 $x(n) = Ar^n \cdot y(n)$，则

$$X(z) = A \cdot Y\left(\frac{z}{r}\right) = \frac{A\left[\cos\varphi - z^{-1}r\cos(\varphi - \omega_0)\right]}{1 - 2z^{-1}r\cos\omega_0 + r^2 z^{-2}}$$

所以 $X(z)$ 的收敛域为 $|z| > |r|$。

极点: $z_1 = re^{j\omega_0}, z_2 = re^{-j\omega_0}$ 　　零点: $z_1 = 0, z_2 = \dfrac{r\cos(\omega_0 - \varphi)}{\cos\varphi}$

(2) $X(z) = \dfrac{z^N - 1}{z^{N-1}(z-1)}$

极点: $z_1 = 1, z_2 = 0$ 　　零点: $z_k = e^{j\left(\frac{2\pi}{N}\right)k}$, 　 $k = 0, 1, \cdots, N-1$

(3) $X(z) = \dfrac{z}{z-a} - \dfrac{z}{z-b}$

$|a| < |z| < |b|$ 时，双边 z 变换存在；$|a| > |b|$ 时，双边 z 变换不存在。

极点: $z_1 = a, z_2 = b$ 　　零点: $z = 0$

(4) $X(z) = \dfrac{z(1-a^2)}{(1-az)(z-a)}$, 　　 $|a| < |z| < \left|\dfrac{1}{a}\right|$

极点: $z_1 = a, z_2 = 1/a$ 　　零点: $z = 0$

(5) $X(z) = \dfrac{z}{z - e^{\sigma + 3\omega_0}}$, 　　 $|z| > e^{\sigma + 3\omega_0}$

极点: $z = e^{\sigma + 3\omega_0}$ 　　零点: $z = 0$

2.3 解：(1) $x(n) = (-0.5)^n u(n)$

(2) $x(n) = \left[4(-0.5)^n - 3(-0.25)^n\right]u(n)$

(3) $x(n) = (-0.5)^n u(n)$

(4) $x(n) = -\dfrac{1}{a}\delta(n) + \left(a - \dfrac{1}{a}\right)\left(\dfrac{1}{a}\right)^n u(n-1)$

2.4 解：(1) $x(n) = 0.5^n u(n)$ 　　　(2) $x(n) = -0.5^n u(-n-1)$

2.5 证明：(1) $-z\dfrac{\mathrm{d}x(z)}{\mathrm{d}z} = -z\dfrac{\mathrm{d}}{\mathrm{d}z}\left[\displaystyle\sum_{n=-\infty}^{\infty} x(n)z^{-n}\right] = -z\left[\displaystyle\sum_{n=-\infty}^{\infty} x(n)\dfrac{\mathrm{d}}{\mathrm{d}z}z^{-n}\right]$

$$= -z\left[\sum_{n=-\infty}^{\infty} x(n)(-n)z^{-n-1}\right] = \sum_{n=-\infty}^{\infty} nx(n)z^{-n}$$

(2) $\mathscr{Z}[x^*(n)] = \displaystyle\sum_{n=-\infty}^{\infty} x^*(n)z^{-n} = \displaystyle\sum_{n=-\infty}^{\infty}\left[x(n)(z^*)^{-n}\right]^*$

$$= \left[\sum_{n=-\infty}^{\infty} x(n)(z^*)^{-n}\right]^* = X^*(z^*)$$

(3) $\mathscr{Z}[x(-n)] = \displaystyle\sum_{n=-\infty}^{\infty} x(-n)z^{-n} = \displaystyle\sum_{m=-\infty}^{\infty} x(m)(z^{-1})^{-m} = X(z^{-1})$

2.6 解：(1) $X(z) = \dfrac{z}{(z-1)^2(z-2)} = \dfrac{z}{z-2} - \dfrac{z}{(z-1)^2} - \dfrac{z}{z-1}$

则 $x(n) = (2^n - 1 - n)u(n)$

(2) $x(n)=\dfrac{1}{2}n(n+1)e^{-n-2}u(n)$

(3) $X(z)=\dfrac{10}{(1-0.5z^{-1})(1-0.3z^{-1})}=\dfrac{25}{1-0.5z^{-1}}-\dfrac{15}{1-0.3z^{-1}}$

可得 $x(n)=[25(0.5)^n-15(0.3)^n]u(n)$

(4) $x(n)=\left[\cos(n\omega)+\dfrac{1+\cos\omega}{\sin\omega}\sin(n\omega)\right]u(n)$

(5) $x(n)=\sin\left[\dfrac{\pi}{2}(n-1)\right]u(n-1)$

2.7 解：(1) $|z|>2$，是右边序列。

$$X(z)=\dfrac{z}{z-1/2}-\dfrac{z}{z-2}\longleftrightarrow x(n)=\left[\left(\dfrac{1}{2}\right)^n-2^n\right]u(n)$$

(2) $|z|<0.5$，是左边序列。

$$X(z)=\dfrac{z}{z-1/2}-\dfrac{z}{z-2}\longleftrightarrow x(n)=\left[-\left(\dfrac{1}{2}\right)^n+2^n\right]u(-n-1)$$

(3) $0.5<|z|<2$，是双边序列。

$$X(z)=\dfrac{z}{z-1/2}-\dfrac{z}{z-2}\longleftrightarrow x(n)=\left(\dfrac{1}{2}\right)^nu(n)+2^nu(-n-1)$$

2.8 解：(1) $n<0$，　$y(n)=\dfrac{b}{b-a}b^n$；　$n\geqslant0$，　$y(n)=\dfrac{b}{b-a}a^n$

(2) $y(n)=a^{n-2}u(n-2)$

(3) $y(n)=\dfrac{1-a^{n+1}}{1-a}u(n)$，　$a\neq1$；　$y(n)=(n+1)u(n)$，$a=1$

2.9 解：$\dfrac{ze^{-b}\sin\omega_0}{z^2-2ze^{-b}\cos\omega_0+e^{-2b}}$，　$|z|>e^{-b}$

2.10 解：(1) $x(n)y(n)=a^n\sin\omega_0n\cdot u(n)\longleftrightarrow\dfrac{az\sin\omega_0}{z^2-2az\cos\omega_0+a^2}$

(2) $x(n)y(n)=a^nb^nu(n)\longleftrightarrow\dfrac{z}{z-ab}$，　　$|z|>|ab|$

2.11 解：(1) $Y(z)=\dfrac{0.05}{(1-z^{-1})(1-0.9z^{-1})}=0.5\left(\dfrac{1}{1-z^{-1}}-\dfrac{0.9}{1-0.9z^{-1}}\right)$

$$y(n)=0.5[u(n)-(0.9)^{n+1}u(n)]$$

(2) $Y(z)=\dfrac{1}{(1-z^{-1})(1+5z^{-1})}=\dfrac{1}{6}\left(\dfrac{1}{1-z^{-1}}+\dfrac{5}{1+5z^{-1}}\right)$

$$y(n)=\dfrac{1}{6}u(n)+\dfrac{5}{6}(-5)^nu(n)$$

2.12 解：(1) $H(z)=\dfrac{1}{1+z^{-1}}$，系统极点在单位圆上，系统不稳定。

(2) $Y(z)=\dfrac{10}{(1+z^{-1})(1-z^{-1})}$，　$y(n)=5[1+(-1)^n]u(n)$

2.13 解：(1) $y(n+1)-ky(n)=x(n+1)$

(3) $H(e^{j\omega})=\dfrac{e^{j\omega}}{e^{j\omega}-k}$

2.14 **解**：（1）$X(e^{j\omega}) = \dfrac{e^{2j\omega}}{(e^{j\omega}-ae^{j\omega_0})(e^{j\omega}-ae^{-j\omega_0})}$

取 $a=0.7$，$\omega_0 = \pi/4$。

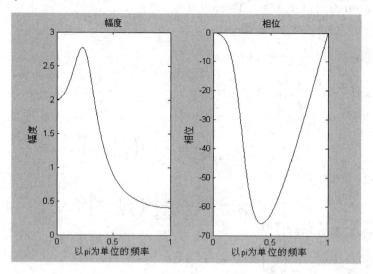

（2）$X(e^{j\omega}) = \dfrac{e^{j\omega}-a}{1-ae^{j\omega}}$

取 $a=3$ 时：

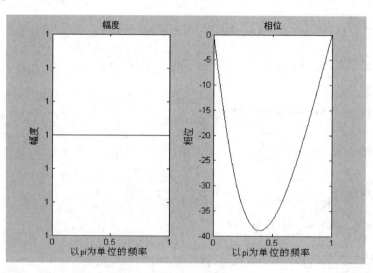

2.15 **解**：当序列满足 $n>0$，$x(n)=0$ 时，有

$$X(z) = \sum_{n=-\infty}^{0} x(n)z^{-n} = x(0) + x(-1)z + x(-2)z^2 + \cdots$$

则有 $\quad \lim_{z \to 0} X(z) = x(0)$

若序列 $x(n)$ 的 z 变换为

$$X(z) = \frac{\dfrac{7}{12}-\dfrac{19}{24}z^{-1}}{1-\dfrac{5}{2}z^{-1}+z^{-2}} = \frac{\dfrac{7}{12}z^2-\dfrac{19}{24}z}{(z-2)\left(z-\dfrac{1}{2}\right)} = \frac{\dfrac{1}{4}z}{z-2}+\frac{\dfrac{1}{3}z}{z-\dfrac{1}{2}} = X_1(z)+X_2(z)$$

所以 $X(z)$ 的极点为 $z_1=2$，$z_2=1/2$。

由题意可知，$X(z)$ 的收敛域包括单位圆，则其收敛域为：$1/2<|z|<2$，因而 $x_1(n)$ 为 $n\leqslant0$ 时有值的左边序列，$x_2(n)$ 为 $n\geqslant0$ 时有值的因果序列，则

$$x_1(0)=\lim_{z\to0}X_1(z)=\lim_{z\to0}\frac{z/4}{z-2}=0$$

$$x_2(0)=\lim_{z\to\infty}X_2(z)=\lim_{z\to\infty}\frac{z/3}{z-1/2}=\frac{1}{3}$$

得 $\quad x(0)=x_1(0)+x_2(0)=1/3$

2.16 证明： 设 $\quad y(n)=x_1(n)*x_2(n)$

$$Y(z)=X_1(z)\cdot X_2(z)$$

则 $\qquad Y(e^{j\omega})=X_1(e^{j\omega})\cdot X_2(e^{j\omega})$

即 $\qquad \dfrac{1}{2\pi}\displaystyle\int_{-\pi}^{\pi}X_1(e^{j\omega})\cdot X_2(e^{j\omega})e^{j\omega n}d\omega=\dfrac{1}{2\pi}\int_{-\pi}^{\pi}Y(e^{j\omega})e^{j\omega n}d\omega=y(n)=x_1(n)*x_2(n)$

而 $\qquad \dfrac{1}{2\pi}\displaystyle\int_{-\pi}^{\pi}X_1(e^{j\omega})\cdot X_2(e^{j\omega})d\omega=x_1(n)*x_2(n)\Big|_{n=0}=\left[\sum_{k=0}^{n}x_1(k)x_2(n-k)\right]_{n=0}$

$$=x_1(0)\cdot x_2(0)$$

又因为 $\qquad x_1(n)=\dfrac{1}{2\pi}\displaystyle\int_{-\pi}^{\pi}X_1(e^{j\omega})e^{j\omega n}d\omega,\quad x_2(n)=\dfrac{1}{2\pi}\int_{-\pi}^{\pi}X_2(e^{j\omega})e^{j\omega n}d\omega$

则 $\qquad x_1(0)=\dfrac{1}{2\pi}\displaystyle\int_{-\pi}^{\pi}X_1(e^{j\omega})d\omega,\quad x_2(0)=\dfrac{1}{2\pi}\int_{-\pi}^{\pi}X_2(e^{j\omega})d\omega$

所以 $\qquad \dfrac{1}{2\pi}\displaystyle\int_{-\pi}^{\pi}X_1(e^{j\omega})X_2(e^{j\omega})d\omega=\left\{\dfrac{1}{2\pi}\int_{-\pi}^{\pi}X_1(e^{j\omega})d\omega\right\}\left\{\dfrac{1}{2\pi}\int_{-\pi}^{\pi}X_2(e^{j\omega})d\omega\right\}$

2.17 解：（1）对题中给出的差分方程的两边做 z 变换，得

$$Y(z)=z^{-1}Y(z)+z^{-2}Y(z)+z^{-1}X(z)$$

所以 $\qquad H(z)=\dfrac{Y(z)}{X(z)}=\dfrac{z^{-1}}{1-z^{-1}-z^{-2}}=\dfrac{z}{(z-a_1)(z-a_2)}$

可求得零点为 $z_1=0$，$z_2=\infty$；极点为

$$z_1=a_1=0.5(1+\sqrt5)=1.62,\ z_2=a_2=0.5(1-\sqrt5)=-0.62$$

又因为是因果系统，所以 $|z|>1.62$ 是其收敛域。

（2）因为 $H(z)=\dfrac{z}{(z-a_1)(z-a_2)}=\dfrac{1}{a_1-a_2}\left[\dfrac{z}{z-a_1}-\dfrac{z}{z-a_2}\right]$

$$=\dfrac{1}{a_1-a_2}\left[\dfrac{1}{1-a_1z^{-1}}-\dfrac{1}{1-a_2z^{-1}}\right]=\dfrac{1}{a_1-a_2}\left[\sum_{n=0}^{\infty}a_1^nz^{-n}-\sum_{n=0}^{\infty}a_2^nz^{-n}\right]$$

所以 $\qquad h(n)=\dfrac{1}{a_1-a_2}(a_1^n-a_2^n)u(n)$

式中，$a_1=1.62$，$a_2=-0.62$。由于 $H(z)$ 的收敛域不包括单位圆，故是不稳定系统。

（3）若要使系统稳定，则收敛域应包括单位圆，因此选 $H(z)$ 的收敛域为 $|a_2|<|z|<a_1$，即 $0.62<|z|<1.62$，则

$$H(z)=\dfrac{1}{a_1-a_2}\left[\dfrac{z}{z-a_1}-\dfrac{z}{z-a_2}\right]$$

式中，第一项对应一个逆因果序列，而第二项对应一个因果序列。所以

$$H(z)=\dfrac{1}{a_1-a_2}\left[-\sum_{n=-\infty}^{-1}a_1^nz^{-n}-\sum_{n=0}^{\infty}a_2^nz^{-n}\right]$$

有 $h(n) = \dfrac{1}{a_2 - a_1}\left[a_1^n u(-n-1) + a_2^n u(n)\right]$

$$= -0.447 \times \left[(1.62)^n u(-n-1) + (-0.62)^n u(n)\right]$$

此系统是稳定的，但不是因果的。

2.18 **解**：（1）由收敛域知，$x(n)$ 为因果序列，又

$$X(z) = \frac{2z^2 + 3z}{z^2 - z + 0.8}$$

其极点为 $\quad p = \dfrac{1 \pm \sqrt{1 - 4 \times 3.2}}{2} \approx 0.5 \pm 0.7416j$

则：$\mathrm{abs}(p_1) = 0.8944 \qquad \mathrm{abs}(p_2) = 0.8944$

$\mathrm{angle}(p_1) = 1.5698 \qquad \mathrm{angle}(p_2) = -1.5698$

同时 $r_1 = \dfrac{2p_1 + 3}{p_1 - p_2} = 1 - 2.6968j \qquad r_2 = \dfrac{2p_2 + 3}{p_2 - p_1} = 1 + 2.6968j$

得 $\quad x(n) = (1 - 2.6968j)0.8944^n e^{j1.5698n} u(n) + (1 + 2.6968j)0.8944^n e^{-j1.5698n} u(n)$

$$= 0.8944^n\left[(e^{j1.5698n} + e^{-j1.5698n}) + 2.6968j(e^{-j1.5698n} - e^{+j1.5698n})\right]u(n))$$

$$= 0.8944^n(2\cos 1.5698n + 2.6968 \times 2\sin 1.5698n)u(n)$$

（2）　　　b=[2,3];　　　　　% 分子系数向量

a=[1,-1,0.8];　　　%分母系数向量

[r,p,k]=residue(b,a);% 求极点留数

n=0:19;

x=real(r(1)*p(1).^n + r(2)*p(2).^n) % 求脉冲响应

x =

Columns 1 through 12

2.0000	5.0000	3.4000	-0.6000	-3.3200	-2.8400
-0.1840	2.0880	2.2352	0.5648	-1.2234	-1.6752

Columns 13 through 20

-0.6965	0.6436	1.2009	0.6859	-0.2747	-0.8235
-0.6037	0.0551				

2.19 **解**：程序及运行结果如下：

clear

b=[1,1,0];

a=[1,-0.9,0.81]

w=pi*freqspace(100)

figure

freqz(b,a,w);

%%%%%%%%%%%%%%%%%%%%%%%%

n=[0:200]*1/100;

xn=sin(n*pi/3)+5*cos(n*pi);　　　　%输入离散信号

yn=filter(b,a,xn)　　　　　　　　%滤波输出

figure

subplot(2,1,1);

stem(100*n,xn,'k');title('x(n)');

$$\text{subplot}(2,1,2)$$
$$\text{stem}(100*n,yn,'k');\text{title}('y(n)');$$

（1）

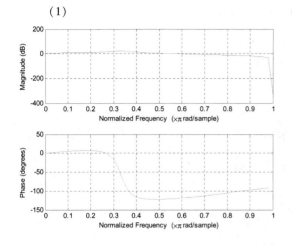

（2）

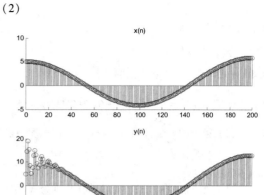

2.20 解：程序及运行结果如下：

```
clear
b=[1,0,0];
a=[1,-0.5,-0.25]
%%%%%%%%%%%%%%%%%%%%%%%%%%%%%
n=[0:20-1];
xn=(0.8).^n;%输入离散信号
y=[1,2];x=[ ];%初始状态
xic=filtic(b,a,y,x);
yn=filter(b,a,xn,xic)%滤波输出
subplot(2,1,1);
stem(n,xn,'k');title('x(n)');
subplot(2,1,2);
stem(n,yn,'k');title('y(n)');
```

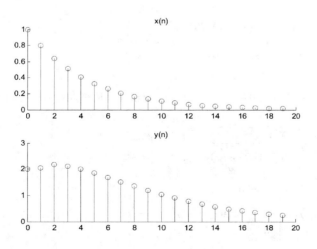

3.1 $e^{-j\frac{3}{8}\pi k}\dfrac{\sin\dfrac{\pi}{2}k}{\sin\dfrac{\pi}{8}k}$

3.4 $y(n)=\{\underset{\underset{n=0}{\uparrow}}{3},2,1,0,1,2,3\}$

3.5 $DFT[x(n)]=\{\underset{\underset{k=0}{\uparrow}}{6},2+2j,-6,2-2j\}$

3.6 (1) 第一种方法:将 $x(n)=\delta(n)$ 看作长度为 1 的序列

$$X(k)=\sum_{n=0}^{N-1}x(n)W_N^{kn}=\sum_{n=0}^{N-1}\delta(n)W_N^{kn}=1,\quad k=0$$

第二种方法:将 $x(n)=\delta(n)$ 看作长度为 N 的序列

$$X(k)=\sum_{n=0}^{N-1}x(n)W_N^{kn}=\sum_{n=0}^{N-1}\delta(n)W_N^{kn}=1,\quad 0\leqslant k\leqslant N-1$$

(2) 第一种方法:将 $x(n)=\delta(n-n_0)$ 看作长度为 1 的序列

$$X(k)=\sum_{n=0}^{N-1}x(n)W_N^{kn}=\sum_{n=0}^{N-1}\delta(n-n_0)W_N^{kn}=W_N^{n_0k}=1,\quad k=0$$

第二种方法:将 $x(n)=\delta(n-n_0)$ 看作长度为 N 的序列

$$X(k)=\sum_{n=0}^{N-1}x(n)W_N^{kn}=\sum_{n=0}^{N-1}\delta(n-n_0)W_N^{kn}=W_N^{n_0k},\quad 0\leqslant k\leqslant N-1$$

(3) $X(k)=\dfrac{1-a^N}{1-ae^{-j\frac{2\pi}{N}k}}\quad 0\leqslant k\leqslant N-1$

(4) $X(k)=\begin{cases}N, & \omega_0=\dfrac{2\pi}{N}k \\[2mm] \dfrac{1-e^{j\omega_0 N}}{1-e^{j(\omega_0-\frac{2\pi}{N}k)}}, & \omega_0\neq\dfrac{2\pi}{N}k\end{cases}\quad 0\leqslant k\leqslant N-1$

3.7 $\{\underset{\underset{n=0}{\uparrow}}{4},5,0,1,2,3\}$

3.8 (1) $\dfrac{1}{2}\left[X((k-l))_N R_N(k)+X((k+l))_N R_N(k)\right]$

(2) $\dfrac{1}{2j}\left[X((k-l))_N R_N(k)-X((k+l))_N R_N(k)\right]$

3.10 (1) $\dfrac{z^N-1}{z^N-z^{N-1}}$

零点:$z=e^{j\frac{2\pi}{N}k}$, $k=1,2,\cdots,N-1$ 极点:$z=0(N-1$ 阶极点$)$ ($z=1$ 处零极点抵消)

(2) $X(e^{j\omega})=\dfrac{1-e^{-j\omega N}}{1-e^{-j\omega}}=\dfrac{e^{-\frac{\omega N}{2}}(e^{j\frac{\omega N}{2}}-e^{-j\frac{\omega N}{2}})}{e^{-j\frac{\omega}{2}}(e^{j\frac{\omega}{2}}-e^{-j\frac{\omega}{2}})}=\dfrac{\sin\dfrac{\omega N}{2}}{\sin\dfrac{\omega}{2}}e^{-j\frac{\omega}{2}(N-1)}$

所以 $|x(e^{j\omega})|=\left|\dfrac{\sin\dfrac{\omega N}{2}}{\sin\dfrac{\omega}{2}}\right|$, $\arg[x(e^{j\omega})]=-\dfrac{N-1}{2}\omega$

(3) $X(k)=N\delta(k)$

3.11 （1）$\dfrac{1}{1-az^{-1}}$　　$|z|>a$　　（2）$X(k)=\dfrac{1}{1-aW_N^k}$　　$0\le k\le N-1$

（3）因为　　$\mathrm{DFT}\left[a^n R_N(n)\right]=\displaystyle\sum_{n=0}^{N-1}a^n\mathrm{e}^{-\mathrm{j}\frac{2\pi}{N}nk}=\dfrac{1-a^N}{1-aW_N^k}$

所以　　$\dfrac{a^n R_N(n)}{1-a^N}=\mathrm{IDFT}\left[\dfrac{1}{1-aW_N^k}\right]=\mathrm{IDFT}[X(k)]$

这道题解法较多，其他方法亦可，结果为$\dfrac{a^n R_N(n)}{1-a^N}$。

3.12　$y(n)=\displaystyle\sum_{r=0}^{N-1}x(n+rN)$，　$y_1(n)=\displaystyle\sum_{r=0}^{N-1}x(n-rN)$

$Y_1(k)=Y(k)W_{N^2}^{N(N-1)k}=Y(k)W_N^{-k}$

$$Y_1(k)=\sum_{n=0}^{N^2-1}y_1(n)W_{N^2}^{nk}$$

$$=\sum_{n=0}^{N-1}x(n)W_{N^2}^{nk}+\sum_{n=N}^{2N-1}x(n-N)W_{N^2}^{nk}+\cdots+\sum_{n=N(N-1)}^{N^2-1}x[n-N(N-1)]W_{N^2}^{nk}$$

$$=X\left(\frac{k}{N}\right)\left[\frac{1-W_N^{kN}}{1-W_N^k}\right],\quad 0\le k\le N^2-1$$

$$=\begin{cases}NX\left(\dfrac{k}{N}\right),&k=rN\\[2mm]0,&k\ne rN\end{cases}$$

$$Y(k)=Y_1(k)W_N^k=\begin{cases}NX\left(\dfrac{k}{N}\right),&k=rN\\[2mm]0,&k\ne rN\end{cases},\quad 0\le k\le N^2-1$$

3.14　**解**：程序及运行结果如下：

```
clear
n=[1:7];
xn=zeros(1,length(n));
xn2=xn;wn=xn;
xn(1:7)=[3,11,7,0,-1,4,2];        %signal
xn2(1:7)=[4,2,3,11,7,0,-1];       %delay signal
wn(1:7)=randn(1,7);               %noise
yn=xn+wn;%signal+noise
xyn=conv(xn,yn);                  %cross-correlation
subplot(2,2,1);
stem(n,xn,'k');title('x(n)');
subplot(2,2,2);
stem(n,xn2,'k');title('x(n-2)');
subplot(2,2,3);
stem(n,wn,'k');title('w(n)');
subplot(2,2,4);
stem(1:(2*length(n)-1),xyn,'k');title('xy(n)');
```

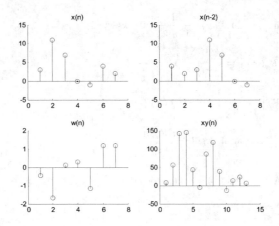

第4章

4.3 DFT 时间为 125.81 s, FFT 时间为 0.72 s。

4.8 **解**: 程序及运行结果如下。

(1) 循环卷积子函数：

```
function fn = circonvt(x1,x2,N)
%circonvt 函数实现输入序列 x1 和 x2 的循环卷积,fn 为输出序列
%N 为循环卷积长度
if (length(x1)>N|length(x2)>N)%判断输入信号的长度
error('N 的长度必须大于输入数据的长度');
end
x1 = [x1,zeros(1,N-length(x1))];
x2 = [x2,zeros(1,N-length(x2))];
m = 0:N-1;
x = zeros(N,N);
for n = 0:N-1
    x(:,n+1) = x2(mod((n-m),N)+1)';
end;
fn = x1 * x;
```

主函数：

```
function [y] = ovrlpadd(x,h,L)
x = input('请输入 x 序列:');
h = input('请输入 y 序列:');
L = input('请输入段长 L:');
lenx = length(x);          %x 的长度
M = length(h);             %h 的长度
N1 = L+M-1;                %圆周卷积点数,即每一个输出序列 Yi 的长度
m = rem(lenx,L);           %求余
if m ~= 0
x = [x zeros(1,L-m)];      %末尾补零,使每段长度为 N
K = floor(lenx/L)+1;       %段数
```

```
    else
        x = x;
        K = floor(lenx/L);
    end
    ytemp = zeros(1,N1-L);    %N1-N 为重叠部分,使其初始化为零
    n1 = 1;n2 = L;
    for k = 1:K
        xk = x(n1:n2);
        Y(k,:) = circonvt(xk,h,N1);
        for i = 1:N1-L
            Y(k,i) = Y(k,i)+ytemp(i);
            ytemp(i) = Y(k,i+L);
        end
        y(n1:n2+M-1) = Y(k,1:N1);
        n1 = n1+L ;n2 = n2+L;
    end
    stem(y);
    title('ovrlpadd');
```

请输入 x 序列:[1,2,3,4,5,6,7,8,9,10,11,12,13,14,15,16]
请输入 y 序列:[1,0,0,-1]
请输入段长 L:4
ans =

1	2	3	3	3	3	3	3	3	3	3	3	3
3	3	3	-14	-15	-16							

(2)

```
function [y] = ovrlpaddfft(x,h,L)
x = input('请输入 x 序列:');
h = input('请输入 y 序列:');
L = input('请输入段长:');
lenx = length(x);  %x 的长度
M = length(h);  %h 的长度
N1 = L+M-1;  %满足循环卷积等于线性卷积的长度
N1 = 2^(ceil(log10(N1)/log10(2)));
m = rem(lenx,L);
h = fft(h,N1);
if m~ = 0
x = [x zeros(1,L-m)];  %末尾补零,使每段长度为 N
K = floor(lenx/L)+1;  %段数
else
x = x;
K = floor(lenx/L);  %段数
end
ytemp = zeros(1,N1-L);  %N1-N 为重叠部分,使其初始化为零
```

```
n1 = 1;
n2 = L;
for k = 1:K
    z = x(n1:n2)
    xk = fft(z,N1);
    Y(k,:) = real(ifft(xk. * h));
    for i = 1:N1-L
        Y(k,i) = Y(k,i)+ytemp(i);
        ytemp(i) = Y(k,i+L);
    end
    y(n1:n2+N1-L) = Y(k,1:N1); %输出结果
    n1 = n1+L;
    n2 = n2+L;
end
y = y(1:(lenx+M-1));
stem(y);
title('ovrlpadd-2fft');
```

请输入 x 序列:[1,2,3,4,5,6,7,8,9,10,11,12,13,14,15,16]

请输入 y 序列:[1,0,0,-1]

请输入段长:4

ans =

Columns 1 through 12

1.0000	2.0000	3.0000	3.0000	3.0000	3.0000	3.0000	3.0000
3.0000	3.0000	3.0000	3.0000				

Columns 13 through 19

3.0000	3.0000	3.0000	3.0000	−14.0000	−15.0000	−16.0000

第 5 章

5.1 不对

5.2 不对

5.4 **解**：系统函数化成以下形式即可用直接型结构实现。

(2) $H(z) = \dfrac{0.8(3+2z^{-1}+2z^{-2}+5z^{-3})}{1+4z^{-1}+3z^{-2}+2z^{-3}}$ (3) $H(z) = \dfrac{-z^{-1}+2z^{-2}}{8-2z^{-1}-3z^{-2}}$

5.5 **解**：系统函数化成以下形式即可用级联型结构实现。

$$H(z) = \frac{5(1-z^{-1})(1+1.414236z^{-1}+z^{-2})}{(1+0.5z^{-1})(1-0.9z^{-1}+0.81z^{-2})}$$

5.6 **解**：系统函数化成以下形式即可用级联型或并联型结构实现。

(1) $H(z) = 3 + \dfrac{z^{-1}}{1-0.5z^{-1}} - \dfrac{z^{-2}}{1-z^{-1}+z^{-2}}$

(2) $H(z) = 4 \times \dfrac{1}{1-0.7071z^{-1}} \cdot \dfrac{1-0.7071z^{-1}+0.25z^{-2}}{1-1.4142z^{-1}+z^{-2}}$

5.7 **解**：系统函数化成以下形式即可用相应结构实现。

$$直接型: H(z) = \frac{1 + \dfrac{1}{3}z^{-1}}{1 - \dfrac{3}{4}z^{-1} + \dfrac{1}{8}z^{-2}} \qquad 级联型: H(z) = \frac{1}{1 - \dfrac{1}{2}z^{-1}} \cdot \frac{1 + \dfrac{1}{3}z^{-1}}{1 - \dfrac{1}{4}z^{-1}}$$

$$并联型: H(z) = \frac{10/3}{1 - \dfrac{1}{2}z^{-1}} - \frac{7/3}{1 - \dfrac{1}{4}z^{-1}}$$

5.8 解： $H(z) = \dfrac{1 + z^{-1}}{1 - 0.5z^{-1}}$

$$H(e^{j\omega}) = \frac{1 + e^{-j\omega}}{1 - 0.5e^{-j\omega}} = \frac{(1 + \cos\omega) - j\sin\omega}{(1 - 0.5\cos\omega) + j0.5\sin\omega}$$

$$|H(e^{j\omega})| = 2\sqrt{\frac{2 + 2\cos\omega}{5 - 4\cos\omega}}$$

$$\arg[H(e^{j\omega})] = -\arctan\frac{\sin\omega}{1 + \cos\omega} - \arctan\frac{\sin\omega}{2 - \cos\omega}$$

5.9 解： 系统函数为

$$H(z) = 0.2 + 0.2z^{-1} + 0.2z^{-2} + 0.2z^{-3} + 0.2z^{-4} + 0.2z^{-5}$$

5.10 解： 系统函数为

$$H(z) = 1 - 3z^{-3} + 5z^{-7}$$

5.11 解： 系统函数为

$$H(z) = \frac{1 - z^{-16}}{16}\left(\frac{12}{1 - W_{16}^{0}z^{-1}} + \frac{-3 - j\sqrt{3}}{1 - W_{16}^{-1}z^{-1}} + \frac{1 + j}{1 - W_{16}^{-2}z^{-1}} + \frac{1 - j}{1 - W_{16}^{-14}z^{-1}} + \frac{-3 + j\sqrt{3}}{1 - W_{16}^{-15}z^{-1}}\right)$$

5.12 解： $H(z) = (5 + 3z^{-3})(1 + z^{-1} + z^{-2})$

$$H(k) = (5 + 3e^{-j\pi k})\left(1 + e^{-j\frac{\pi}{3}k} + e^{-j\frac{2\pi}{3}k}\right)$$

$$H(0) = 24, H(1) = 2 - 2\sqrt{3}j, H(2) = 0, H(3) = 2, H(4) = 0, H(5) = 2 + 2\sqrt{3}j$$

则 $\qquad H_0(z) = \dfrac{H(0)}{1 - rz^{-1}} = \dfrac{24}{1 - 0.9z^{-1}}, \qquad H_3(z) = \dfrac{H(3)}{1 + rz^{-1}} = \dfrac{2}{1 + 0.9z^{-1}}$

$k = 1$ 时，$H_1(z) = \dfrac{4 + 3.6z^{-1}}{1 - 0.9z^{-1} + 0.81z^{-2}}$

$k = 2$ 时，$H_2(z) = 0$

5.13 解： 级联型: $H(z) = (1 - 1.4142z^{-1} + z^{-2})(1 + z^{-1})$

直接型: $H(z) = 1 - 0.4142z^{-1} - 0.4142z^{-2} + z^{-3}$

第 6 章

6.1 解： (1) $H(z) = \dfrac{Ae^{s_0}z^{-1}}{(1 - e^{s_0}z^{-1})^2}$

$$(2)\ H(z) = \sum_{k=0}^{\infty} h(k)z^{-k} = AT\frac{T^{m-1}}{(m-1)!}\sum_{k=1}^{\infty} k^{m-1}(z^{-1}e^{s_0 T})^k$$

$$= \frac{AT^m}{(m-1)!}\left(-z\frac{d}{dz}\right)^{m-1}\left(\frac{1}{1 - e^{s_0 T}z^{-1}}\right)$$

$T = 1$ 时 $\qquad H(z) = \begin{cases} \dfrac{A}{1 - e^{s_0}z^{-1}}, & m = 1 \\[3mm] \dfrac{Ae^{s_0}z^{-1}}{(1 - e^{s_0}z^{-1})^m}, & m = 2, 3, \cdots \end{cases}$

6.2 解：（1）双线性变换法：

$$H(z)=H_a(s)\Big|_{s=\frac{2}{T}\frac{1-z^{-1}}{1+z^{-1}}=4\frac{1-z^{-1}}{1+z^{-1}}}=\frac{3+6z^{-1}+3z^{-2}}{35-26z^{-1}+3z^{-2}}$$

冲激响应不变法：

$$H_a(s)=\frac{3}{2}\left(\frac{1}{s+1}-\frac{1}{s+3}\right),\quad H(z)=\frac{3}{2}\left(\frac{1}{1-e^{-\frac{1}{2}}z^{-1}}-\frac{1}{1-e^{-\frac{3}{2}}z^{-1}}\right)$$

（2）双线性变换法：

$$H(z)=H_a(s)\Big|_{s=\frac{2}{T}\frac{1-z^{-1}}{1+z^{-1}}=\frac{1-z^{-1}}{1+z^{-1}}}=\frac{3+6z^{-1}+3z^{-2}}{3+z^{-2}}$$

冲激响应不变法：

$$H_a(s)=-\sqrt{3}j\left(\frac{1}{s-\frac{-1+\sqrt{3}j}{2}}-\frac{1}{s-\frac{-1-\sqrt{3}j}{2}}\right),\quad H(z)=\frac{-\sqrt{3}j}{1-e^{-1+\sqrt{3}j}z^{-1}}+\frac{\sqrt{3}j}{1-e^{-1-\sqrt{3}j}z^{-1}}$$

（3）双线性变换法：

$$H(z)=H_a(s)\Big|_{s=\frac{2}{T}\frac{1-z^{-1}}{1+z^{-1}}=20\frac{1-z^{-1}}{1+z^{-1}}}=\frac{61+2z^{-1}-59z^{-2}}{861-1598z^{-1}+741z^{-2}}$$

冲激响应不变法：

$$H_a(s)=\frac{-1}{2s+1}+\frac{2}{s+1},\quad H(z)=\frac{-0.5}{1-e^{-\frac{1}{20}}z^{-1}}+\frac{2}{1-e^{-\frac{1}{10}}z^{-1}}$$

6.3 解：三阶巴特沃思低通滤波器归一化函数为

$$H_a(\bar{s})=\frac{1}{\bar{s}^3+2\bar{s}^2+2\bar{s}+1}=\frac{1}{(\bar{s}+1)(\bar{s}^2+\bar{s}+1)}$$

$$=\frac{1}{\bar{s}+1}+\frac{1-\sqrt{3}j}{2\sqrt{3}j\left(\bar{s}-\frac{-1+\sqrt{3}j}{2}\right)}-\frac{1+\sqrt{3}j}{2\sqrt{3}j\left(\bar{s}-\frac{-1-\sqrt{3}j}{2}\right)}$$

$\bar{s}$ 用 $\frac{s}{2\pi\times1000}$ 代替，得

$$H_a(s)=\frac{6280}{s+6280}+\frac{(1-\sqrt{3}j)\times6280}{2\sqrt{3}j[s-(-1+\sqrt{3}j)\times3140]}-\frac{(1+\sqrt{3}j)\times6280}{2\sqrt{3}j[s-(-1-\sqrt{3}j)\times3140]}$$

由冲激响应不变法得

$$H(z)=\frac{6280}{1-e^{-1.256}z^{-1}}+\frac{(1-\sqrt{3}j)\times6280}{2\sqrt{3}j[1-e^{(-1+\sqrt{3}j)\times0.628}z^{-1}]}-\frac{(1+\sqrt{3}j)\times6280}{2\sqrt{3}j[1-e^{(-1-\sqrt{3}j)\times0.628}z^{-1}]}$$

6.4 解：$\omega_c=2\pi\times400/2000=2\pi/5$

预畸变 $\Omega_c=\frac{2}{T}\tan\left(\frac{\omega_c}{2}\right)=2\times2000\times\tan\left(\frac{\pi}{5}\right)=2906(\text{rad/s})$

$$H_a(\bar{s})=\frac{1}{(\bar{s}+1)(\bar{s}^2+\bar{s}+1)}$$

$$H_a(s)=H_a(\bar{s})\Big|_{s=s/\Omega_c}=\frac{\Omega_c^3}{s^3+2\Omega_c s+2\Omega_c^2 s+\Omega_c^3}$$

$$H(z)=H_a(s)\Big|_{s=\frac{2}{T}\frac{1-z^{-1}}{1+z^{-1}}}=\frac{0.0985+0.2956z^{-1}+0.2956z^{-2}+0.0985z^{-3}}{1-0.5772z^{-1}+0.4218z^{-2}-0.0563z^{-3}}$$

6.5 解：用二阶巴特沃思函数设计此滤波器，其归一化函数为

$$H_a(s)=\frac{1}{s^2+\sqrt{2}s+1}$$

先将数字滤波器的截止频率 ω_c 预畸变成模拟高通滤波器的截止频率 Ω_c

$$\omega_c = 2\pi f_c T = \pi/2, \quad \Omega_c = \frac{2}{T}\tan\frac{\omega_c}{2} = 4\times 10^3$$

将模拟低通滤波器映射成模拟高通滤波器，得

$$H_a(s) = H_{aL}(s)\bigg|_{s=\Omega_c/s} = \frac{s^2}{16\times 10^6 + 4\sqrt{2}\times 10^3 s + s^2}$$

用双线性变换将模拟高通滤波器映射成数字高通滤波器

$$H(z) = H_a(s)\bigg|_{s=\frac{2}{T}\frac{1-z^{-1}}{1+z^{-1}}=4\times 10^3\frac{1-z^{-1}}{1+z^{-1}}} = \frac{0.2929(1-z^{-1})^2}{1+0.1716z^{-2}}$$

6.7 解： 由模拟低通滤波器映射成数字带通滤波器，得

$$\omega_1 = \Omega_1 T = \frac{2}{5}\pi, \quad \omega_2 = \Omega_2 T = \frac{7}{10}\pi$$

$$\Omega_c = 1, \text{有} \qquad D = \Omega_c \cot\left(\frac{\omega_2 - \omega_1}{2}\right) = \cot\left(\frac{3}{20}\pi\right) = 1.9626$$

$$E = 2\frac{\cos[(\omega_1+\omega_2)/2]}{\cos[(\omega_1-\omega_2)/2]} = -0.3511$$

利用三阶归一化巴特沃思低通滤波器的系统函数，得

$$H(z) = H_{LP}(s)\bigg|_{s=D\frac{1-Ez^{-1}+z^{-2}}{1-z^{-2}}}$$

$$= \frac{0.0495 - 0.1485z^{-2} + 0.1485z^{-4} - 0.0495z^{-6}}{1+0.7306z^{-1}+1.3474z^{-2}+0.6685z^{-3}+0.7874z^{-4}+0.1947z^{-5}+0.1378z^{-6}}$$

6.8 $\Omega_{c1} = \omega_0 f_s = 628.32(\text{Hz})$

$\Omega_{c2} = 125.66(\text{Hz}), \quad \Omega_{c2} = 314.16(\text{Hz}), \quad \Omega_{c2} = 1256.7(\text{Hz})$

6.9 解： 用巴特沃思低通滤波器设计

$$\omega_c = \frac{\pi}{5}, \quad \omega_{st} = \frac{183\pi}{500}$$

用双线性变换法进行预畸变

$$\Omega'_c = 2\times 10^3 \tan\frac{\pi}{10}, \quad \Omega'_{st} = 2\times 10^3 \tan\frac{183\pi}{1000}$$

由指标要求得： $\qquad 20\lg\left|H_a\left(j2000\tan\frac{\pi}{10}\right)\right| \geqslant -1$

$$20\lg\left|H_a\left(j2000\tan\frac{183\pi}{1000}\right)\right| = -19$$

$$|H_a(j\Omega)|^2 = \frac{1}{\left(1+\dfrac{\Omega}{\Omega_c}\right)^{2N}}$$

取等号计算，则有：

$$1+\left[2000\tan\frac{\pi}{10}\bigg/\Omega_c\right]^{2N} = 10^{0.1} \qquad (1)$$

$$1+\left[2000\tan\frac{183\pi}{1000}\bigg/\Omega_c\right]^{2N} = 10^{1.9} \qquad (2)$$

$N = 2.5413$，取 $N = 3$

代入(1)式通带边沿满足要求，可得 $\Omega_c = 813.9$。

代入三阶归一化巴特沃思滤波器，利用双线性变换法，得

$$H(z) = \frac{0.0305 + 0.0915z^{-1} + 0.0915z^{-2} + 0.0305z^{-3}}{1 - 1.4827z^{-1} + 0.9297z^{-2} - 0.2034z^{-3}}$$

代入(2)式通带边沿满足要求，可得 $\Omega_c = 626.3$。

$$H(z) = \frac{0.0166 + 0.0498z^{-1} + 0.0498z^{-2} + 0.0166z^{-3}}{1 - 1.8013z^{-1} + 1.2248z^{-2} - 0.2909z^{-3}}$$

6.11 (1) $A_k = \dfrac{1}{(r-k)!} \cdot \dfrac{\mathrm{d}^{r-k}}{\mathrm{d}s^{r-k}} \left[(s-s_0)^r H_a(s) \right]$

(2) $h_a(t) = \mathscr{L}^{-1} \left[H_a(s) \right] = \displaystyle\sum_{k=1}^{r} \frac{e^{s_0 t}}{(k-1)!} t^{(k-1)} A_k u(t) + g_a(t) u(t)$

(3) $H(z) = \dfrac{A_1 T}{1 - e^{s_0 T} z^{-1}} + \displaystyle\sum_{k=2}^{r} \frac{A_k T^k e^{s_0 T} z^{-1}}{(1 - e^{s_0 T} z^{-1})^k} + G(z)$

(4) $(s-s_0)^k \to (1 - e^{s_0 T} z^{-1})^k$，即 $s = s_0$ 的 k 阶极点变成 $z = e^{s_0 T}$ 的 k 阶极点。

$A_1 \to A_1 T$，$A_k \to A_k T^k e^{s_0 T} z^{-1}$，$k = 2, 3, \cdots, r$

$G_a(s) \to G(z)$ 的方法与一阶极点的变换方法一样。

第7章

7.1 解：$h_d(n) = \dfrac{1}{2\pi} \displaystyle\int_{-\omega_2}^{-\omega_1} e^{j\omega(n-\frac{N-1}{2})} \, \mathrm{d}\omega + \dfrac{1}{2\pi} \int_{\omega_1}^{\omega_2} e^{j\omega\left(n-\frac{N-1}{2}\right)} \, \mathrm{d}\omega$

$$= \frac{\sin\left[\omega_2\left(n - \dfrac{N-1}{2}\right)\right] - \sin\left[\omega_1\left(n - \dfrac{N-1}{2}\right)\right]}{\pi\left(n - \dfrac{N-1}{2}\right)}$$

加矩形窗

$$h(n) = h_d(n)\omega_R(n) = \begin{cases} \dfrac{\sin\left[\omega_2\left(n - \dfrac{N-1}{2}\right)\right] - \sin\left[\omega_1\left(n - \dfrac{N-1}{2}\right)\right]}{\pi\left(n - \dfrac{N-1}{2}\right)}, & 0 \leqslant n \leqslant N-1 \\ 0, & \text{其他} \end{cases}$$

(1) N 为奇数

$$h(n) = \begin{cases} \dfrac{\omega_2 - \omega_1}{\pi}, & n = \dfrac{N-1}{2} \\ \dfrac{\sin\left[\omega_2\left(n - \dfrac{N-1}{2}\right)\right] - \sin\left[\omega_1\left(n - \dfrac{N-1}{2}\right)\right]}{\pi\left(n - \dfrac{N-1}{2}\right)}, & 0 \leqslant n < \dfrac{N-1}{2} \ \text{且} \ \dfrac{N-1}{2} < n \leqslant N-1 \\ 0, & \text{其他} \end{cases}$$

(2) N 为偶数

$$h(n) = \begin{cases} \dfrac{\sin\left[\omega_2\left(n - \dfrac{N-1}{2}\right)\right] - \sin\left[\omega_1\left(n - \dfrac{N-1}{2}\right)\right]}{\pi\left(n - \dfrac{N-1}{2}\right)}, & 0 \leqslant n < N-1 \\ 0, & \text{其他} \end{cases}$$

(3) 选择布莱克曼窗

$$h(n) = \begin{cases} \dfrac{\sin\left[\omega_2\left(n - \dfrac{N-1}{2}\right)\right] - \sin\left[\omega_1\left(n - \dfrac{N-1}{2}\right)\right]}{\pi\left(n - \dfrac{N-1}{2}\right)} \left(0.42 + 0.5\cos\dfrac{2n\pi}{N-1} + 0.08\cos\dfrac{4n\pi}{N-1}\right), & 0 \leqslant n \leqslant N-1 \\ 0, & \text{其他} \end{cases}$$

7.2 解：

$$h_d(n) = \frac{1}{2\pi}\int_{-\pi}^{-\omega_2} e^{j\omega\left(n-\frac{N-1}{2}\right)}\,d\omega + \frac{1}{2\pi}\int_{-\omega_1}^{\omega_1} e^{j\omega\left(n-\frac{N-1}{2}\right)}\,d\omega + \frac{1}{2\pi}\int_{\omega_2}^{\pi} e^{j\omega\left(n-\frac{N-1}{2}\right)}\,d\omega$$

$$= \frac{\sin\left[\pi\left(n-\frac{N-1}{2}\right)\right] - \sin\left[\omega_2\left(n-\frac{N-1}{2}\right)\right] + \sin\left[\omega_1\left(n-\frac{N-1}{2}\right)\right]}{\pi\left(n-\frac{N-1}{2}\right)}$$

（1）加矩形窗。

N 为奇数：

$$h(n) = \begin{cases} 1+\dfrac{\omega_1-\omega_2}{\pi}, & n=\dfrac{N-1}{2} \\[2mm] \dfrac{\sin\left[\omega_1\left(n-\frac{N-1}{2}\right)\right]-\sin\left[\omega_2\left(n-\frac{N-1}{2}\right)\right]}{\pi\left(n-\frac{N-1}{2}\right)}, & 0\le n\le N-1 \text{ 且 } n\ne\dfrac{N-1}{2} \\[2mm] 0, & \text{其他} \end{cases}$$

N 为偶数：不能用来设计带阻滤波器。

（2）加布莱克曼窗。

N 为奇数：

$$h(n) = \begin{cases} \dfrac{\sin\left[\omega_1\left(n-\frac{N-1}{2}\right)\right]-\sin\left[\omega_2\left(n-\frac{N-1}{2}\right)\right]}{\pi\left(n-\frac{N-1}{2}\right)}\left(0.42+0.5\cos\dfrac{2n\pi}{N-1}+0.08\cos\dfrac{4n\pi}{N-1}\right), & 0\le n\le N-1 \\[2mm] 0, & \text{其他} \end{cases}$$

N 为偶数：不能用来设计带阻滤波器。

7.3 解： $h_d(n) = \dfrac{1}{2\pi}\int_{-\pi}^{\pi} -je^{-j\omega\alpha}e^{j\omega n}\,d\omega = -\dfrac{j\sin[\pi(n-\alpha)]}{\pi(n-\alpha)}$

由于线性相位 $\alpha=\dfrac{N-1}{2}$，则

$$h_d(n) = -\frac{j\sin\left[\pi\left(n-\frac{N-1}{2}\right)\right]}{\pi\left(n-\frac{N-1}{2}\right)}$$

加矩形窗，N 为奇数：$h(n) = \begin{cases} -j, & n=\dfrac{N-1}{2} \\[1mm] 0, & \text{其他} \end{cases}$

N 为偶数：$h(n) = \begin{cases} -\dfrac{j\sin\left[\pi\left(n-\frac{N-1}{2}\right)\right]}{\pi\left(n-\frac{N-1}{2}\right)}, & 0\le n\le N-1 \\[2mm] 0, & \text{其他} \end{cases}$

7.4 解： $h_d(n) = \dfrac{1}{2\pi}\int_{-\pi}^{\pi} -j\omega e^{-j\omega\alpha}e^{j\omega n}\,d\omega = -\dfrac{\cos[\pi(n-\alpha)]}{n-\alpha}+\dfrac{\sin[\pi(n-\alpha)]}{\pi(n-\alpha)^2}$

由于线性相位 $\alpha=\dfrac{N-1}{2}$，则

$$h_d(n) = -\frac{\cos\left[\pi\left(n-\frac{N-1}{2}\right)\right]}{n-\frac{N-1}{2}}+\frac{\sin\left[\pi\left(n-\frac{N-1}{2}\right)\right]}{\pi\left(n-\frac{N-1}{2}\right)^2}$$

加矩形窗，N 为奇数：$h(n)=\begin{cases} 0, & n=\dfrac{N-1}{2} \\ \pm\dfrac{1}{n-\alpha}, & 0\leqslant n\leqslant N-1 \text{ 且 } n\neq\dfrac{N-1}{2} \\ 0, & \text{其他} \end{cases}$

N 为偶数：

$$h(n)=\begin{cases} \dfrac{\left[\sin\pi\left(n-\dfrac{N-1}{2}\right)\right]}{\pi\left(n-\dfrac{N-1}{2}\right)^2}, & 0\leqslant n\leqslant N-1 \\ 0, & \text{其他} \end{cases}$$

7.5 解：$h(n)=\text{IDFT}[H(k)]=\dfrac{1}{N}\sum_{k=0}^{N-1}H(k)W_N^{-nk}=\dfrac{1}{15}\left(1+\cos\dfrac{2\pi n}{15}\right)$

$$H(e^{j\omega})=e^{-j\frac{(N-1)\omega}{2}}\sum_{k=0}^{N-1}H(k)e^{j\frac{(N-1)k\pi}{N}}\frac{\sin[N(\omega-2k\pi/N)/2]}{N\sin[(\omega-2k\pi/N)/2]}$$

$$=e^{-7j\omega}\sin\frac{15}{2}\omega\left[\frac{1}{15\sin\dfrac{\omega}{2}}-\frac{e^{j\frac{14}{15}\pi}}{30\sin\left(\dfrac{\omega}{2}-\dfrac{\pi}{15}\right)}-\frac{e^{j\frac{16}{15}\pi}}{30\sin\left(\dfrac{\omega}{2}+\dfrac{\pi}{15}\right)}\right]$$

$$H(z)=\sum_{n=0}^{14}h(n)z^{-n}=\frac{1}{15}(1-z^{-15})\left[\frac{1}{1-z^{-1}}+\frac{1-\left(\cos\dfrac{2\pi}{15}\right)z^{-1}}{1-\left(2\cos\dfrac{2\pi}{15}\right)+z^{-2}}\right]$$

7.7 解：$h(n)=\dfrac{1}{10}\{1,2,4,2,1\}$

$$H(e^{j\omega})=\frac{1}{10}(e^{2j\omega}+2e^{j\omega}+4+2e^{-j\omega}+e^{-2j\omega})e^{-2j\omega}$$

$$=\frac{1}{10}(4+4\cos\omega+2\cos2\omega)e^{-2j\omega}$$

$$|H(\omega)|=\frac{4+4\cos\omega+2\cos2\omega}{10}$$

$$\theta(\omega)=-\omega\frac{N-1}{2}=-2\omega$$

7.8 解：用矩形窗设计

$$h_d(n)=\frac{1}{2\pi}\int_{-\omega_c}^{\omega_c}e^{-j\omega\alpha}e^{j\omega n}d\omega=\frac{\omega_c}{\pi}\frac{\sin[\omega_c(n-\alpha)]}{\omega_c(n-\alpha)}$$

$$\alpha=\frac{N-1}{2}=10 \qquad \omega_c=0.5\pi$$

$$h(n)=h_d(n)\omega(n)=\begin{cases} -\dfrac{\sin\dfrac{n\pi}{2}}{\pi(n-10)}, & 0\leqslant n\leqslant 20 \\ 0, & \text{其他} \end{cases}$$

$$H(e^{j\omega})=\begin{cases} e^{-10j\omega}, & -0.5\pi\leqslant\omega\leqslant0.5\pi \\ 0, & \text{其他} \end{cases}$$

第 8 章

8.1 解：(1) $T_1=1/f_1=10^{-1}$ (2) $T_s=1/f_s\leqslant1/(2f_m)=10^{-5}$ (3) $N=T_1/T_s=10^4$ 取 16384

8.2 解：$m_a = \pm 8$　$\sigma^2 = 6$

8.3 解：(1) $x(n)$ 的均值为

$$m_x(n) = E[x(n)] = \frac{1}{2\pi}\int_0^{2\pi} A\cos(2\pi f_0 n + \theta)\mathrm{d}\theta = 0$$

$x(n)$ 的自相关序列为

$$R_{xx}(m,n) = E[x(m)x(n)] = \frac{1}{2\pi}\int_0^{2\pi} A\cos(2\pi f_0 m + \theta)A\cos(2\pi f_0 n + \theta)\mathrm{d}\theta$$

$$= \frac{A^2}{2}\cos[2\pi f_0 |n-m|]$$

因为 $m_x(n)$、$R_{xx}(m,n)$ 都与时间起点 n 无关，$R_{xx}(m,n)$ 只与时间差 $|n-m|$ 有关，所以 $x(n)$ 是广义平稳随机过程。

(2) $x(n)$ 的均值为

$$m_x(n) = E[x(n)] = \frac{1}{2\pi}\int_0^{2\pi} A\mathrm{e}^{\mathrm{j}(2\pi f_0 n + \theta)}\mathrm{d}\theta = 0$$

$x(n)$ 的自相关序列为

$$R_{xx}(n,m) = E[x(n)x^*(m)] = E[A\mathrm{e}^{\mathrm{j}(2\pi f_0 n + \varphi)}A^*\mathrm{e}^{\mathrm{j}(2\pi f_0 n + \varphi)}] = |A|^2\mathrm{e}^{\mathrm{j}(n-m)2\pi f_0}$$

因为 $m_x(n)$、$R_{xx}(m,n)$ 都与时间起点 n 无关，$R_{xx}(n,m)$ 只与时间差 $|n-m|$ 有关，所以 $x(n)$ 是广义平稳随机过程。

8.4 解：$\hat{m}_{2M+1} = \dfrac{1}{2M+1}\sum_{n=-M}^{M} x(n)$

$$E[\hat{m}_{2M+1}] = \frac{1}{2M+1}\sum_{n=-M}^{M} E[x(n)] = m_x$$

所以 $B = m_x - E[\hat{m}_{2M+1}] = 0$

故为无偏估计。

$$\mathrm{Var}[\hat{m}_{2M+1}] = E[(\hat{m}_{2M+1}-m_x)^2] = E\left[\left(\left(\frac{1}{2M+1}\sum_{m=-M}^{M}x(n)\right)-m_x\right)^2\right]$$

$$= E\left[\frac{1}{2M+1}\sum_{n=-M}^{M}(x(n)-m_x)\right]^2$$

$$= E\left[\left(\left(\frac{1}{2M+1}\right)^2\sum_{n=-M}^{M}\sum_{m=-M}^{M}(x(n)-m_x)(x(m)-m_x)\right)\right]$$

$$= E\left[\left(\left(\frac{1}{2M+1}\right)^2\sum_{n=-M}^{M}\sum_{m=-M}^{M}(x(n)-m_x)(x(m)-m_x)\right)\right]$$

$$= \left(\frac{1}{2M+1}\right)^2\sum_{n=-M}^{M}\sum_{m=-M}^{M}E[(x(n)-m_x)(x(m)-m_x)]$$

$$= \left(\frac{1}{2M+1}\right)^2\sum_{n=-M}^{M}\sum_{m=-M}^{M}C_{xx}(n-m)$$

注：$\displaystyle\sum_{n=0}^{N-1-|m|}\sum_{k=0}^{N-1-|m|}g(n-k) = \sum_{l=-(N-1-|m|)}^{N-1-|m|}(N-|m|-|l|)g(l)$

$$\mathrm{Val}[\hat{m}_{2M+1}] = \frac{1}{(2M+1)^2}\sum_{k=-2M}^{2M}(2M+1-|k|)C_{xx}(k)$$

当 $M\to\infty$，有 $\lim\limits_{M\to\infty}\mathrm{Var}[\hat{m}_{2M+1}]\to 0$，所以 $\hat{m}_{2M+1}$ 是 m_x 的一致性估计。

8.5 解：$E[(r_{xx}(k))^2] = \dfrac{1}{(N-k)^2}\sum_{n=0}^{N-1-k}\sum_{m=0}^{N-1-k}E[x(n)x(n+k)x(m)x(k+m)]$,　$0\leqslant k \leqslant N-1$

当 $\{x(n)\}$ 是均值为零的白色高斯过程时，有

$$E[(r_{xx}(k))^2] = \frac{1}{(N-k)^2} \sum_{n=0}^{N-1-k} \sum_{m=0}^{N-1-k} \{E[x(n)x(n+k)]E[x(m)x(m+k)] +$$

$$E[x(n)x(m)]E[x(n+m)x(m+k)] + E[x(n)x(m+k)]E[x(n+k)x(m)]\}$$

$$= \frac{1}{(N-k)^2} \sum_{n=0}^{N-1-k} \sum_{m=0}^{N-1-k} [r_{xx}^2(k) + r_{xx}^2(n-m) + r_{xx}(n-m-k)r_{xx}(n-m+k)],$$

$$0 \leqslant k \leqslant N-1$$

$$= r_{xx}^2(k) + \frac{1}{(N-k)^2} \sum_{r=-(N-1-k)}^{N-1-k} (N-k-n+m)[r_{xx}^2(n-m) +$$

$$r_{xx}(n-m-k)r_{xx}(n-m+k)]$$

方差为

$$\text{Var}[r_{xx}(k)] = E[(r_{xx}(k))^2] - \{E[r_{xx}(k)]\}^2$$

$$= \frac{1}{(N-k)^2} \sum_{q=-(N-1-k)}^{N-1-k} (N-k-q)[r_{xx}^2(q) + r_{xx}(q-k)r_{xx}(q+k)],$$

当 k 增大时 $\quad \lim_{N\to\infty} \text{Var}[r_{xx}(k)] = 0$

8.6 (1) $E[X(k)] = E\left[\sum_{n=0}^{N-1} x(n)W_N^{nk}\right] = \sum_{n=0}^{N-1} E[x(n)]W_N^{nk} = \frac{1}{N} \sum_{n=0}^{N-1} W_N^{nk} = \delta(k)$

(2) $E[I_N(\omega)] = E\left[\sum_{m=-N+1}^{N-1} r_N(m)e^{-j\omega m}\right] = \sum_{m=-N+1}^{N-1} E[r_N(m)]e^{-j\omega m}$

$$= \sum_{m=-N+1}^{N-1} E\left[\frac{1}{N} \sum_{n=0}^{N-1-|m|} x(n)x(n+m)\right] e^{-j\omega m} = \sum_{m=-N+1}^{N-1} \frac{1}{N} \sum_{n=0}^{N-1-|m|} E[x(n)x(n+m)]e^{-j\omega m}$$

$$= \sum_{m=-N+1}^{N-1} \frac{1}{N} \sum_{n=0}^{N-1-|m|} r_{xx}(m)e^{-j\omega m} = \sum_{m=-N+1}^{N-1} \left(1 - \frac{|m|}{N}\right) r_{xx}(m)e^{-j\omega m}$$

参 考 文 献

1　程佩青．数字信号处理教程．第四版．北京：清华大学出版社，2015

2　姚天任，江太辉．数字信号处理．第 3 版．武汉：华中科技大学出版社，2007

3　陈后金，薛健，胡健，李艳凤．数字信号处理．第 3 版．北京：高等教育出版社，2018

4　王立宁，乐光新，詹菲．MATLAB 与通信仿真．北京：人民邮电出版社，2000

5　胡广书．数字信号处理——理论、算法与实现（第 3 版）．北京：清华大学出版社，2012

6　俞卞章．数字信号处理．第二版．西安：西北工业大学出版社，2002

7　高西全，丁玉美．数字信号处理——原理、实现及应用（第 4 版）．北京：电子工业出版社，2022

8　刘顺兰，吴杰．数字信号处理．西安：西安电子科技大学出版社，2003

9　余成波，陶红艳，杨菁，杨如民．数字信号处理及 MATLAB 实现．北京：清华大学出版社，2008

10　周辉．数字信号处理基础及 MATLAB 实现．北京：中国林业出版社，北京希望电子出版社，2006

11　张贤达．时间序列分析——高阶统计量方法．北京：清华大学出版社，1996

12　王树勋．数字信号处理基础及实验．北京：机械工业出版社，1992

13　张贤达．现代信号处理．北京：清华大学出版社，1994